高等学校规划教材

工程招投标与合同管理

王艳艳　黄伟典　主　编
陈起俊　　　　　主　审

中国建筑工业出版社

图书在版编目（CIP）数据

工程招投标与合同管理/王艳艳等主编．—北京：中国建筑工业出版社，2011.7
高等学校规划教材
ISBN 978-7-112-13314-7

Ⅰ.①工… Ⅱ.①王… Ⅲ.①建筑工程-招标②建筑工程-投标③建筑工程-经济合同-管理 Ⅳ.①TU723

中国版本图书馆 CIP 数据核字（2011）第 151440 号

本书全面系统地介绍了工程招投标与合同管理的相关知识、基本理论与方法，并根据国家最新颁布的《标准施工招标资格预审文件》、《标准施工招标文件》、《建设工程工程量清单计价规范》GB 50500—2008 的规定和要求进行编写。内容包括：工程项目招投标与合同管理基础知识概述、工程项目招标、工程项目投标以及开标、评标、定标、建设工程合同法律基础、建设工程合同管理以及索赔管理、FIDIC 合同条件简介等。

本书通俗易懂，案例丰富，注重实务，可操作性强。可作为高等院校工程造价、工程管理、土木工程专业的教材，也可作为成人高等教育和在职工程技术人员的培训教材、自学用书，还可作为造价工程师、建造师、监理师等各类执业资格考试人员的参考用书。

* * *

责任编辑：朱首明 田立平
责任设计：李志立
责任校对：肖 剑 王雪竹

高等学校规划教材
工程招投标与合同管理
王艳艳 黄伟典 主编
陈起俊 主审
*
中国建筑工业出版社出版、发行（北京西郊百万庄）
各地新华书店、建筑书店经销
北京红光制版公司制版
北京市安泰印刷厂印刷
*
开本：787×1092 毫米 1/16 印张：18¾ 字数：450 千字
2011 年 8 月第一版 2011 年 8 月第一次印刷
定价：**36.00** 元
ISBN 978-7-112-13314-7
（20839）

前　言

随着建筑市场经济体制改革的深入和建筑市场秩序的不断规范，21世纪建设进程的加快发展，国家工程建设领域对复合型高级管理人才的需求逐渐扩大，培养具有较强合同意识和实际合同管理能力的工程管理专门人才是目前建筑类院校的重要工作。本书依据《中华人民共和国合同法》、《中华人民共和国招标投标法》、《建设工程施工合同（示范文本）》、FIDIC合同条件等与工程建设相关的法律、法规、规范并结合当前招投标与合同管理发展的前沿问题编制而成。

工程招投标与合同管理作为工程造价、工程管理、土木工程等专业的主干课程和核心课程，可以让学生掌握工程招投标和合同管理的基本理论和方法，熟悉工程招投标制度和方法，掌握工程建设领域内重要的合同基本内容及国际通用施工合同条件的运作与方法，熟悉工程招投标的全过程及合同的订立、履行、风险管理及索赔管理的理论、方法及实务。

本书的特点在于其应用性强，侧重对工程的实务操作的介绍。本书理论体系完备，实践性和可操作性强，以大量的案例阐述和分析招投标与合同管理所涉及的各类问题，在每章开始部分以引导案例的方式抛砖引玉，并在每章后配置了丰富的练习题，使读者能更好地掌握理论知识和实际应用。本书可作为普通高等院校工程造价、工程管理、土木工程、房地产管理等有关专业的教材，也可供审计部门、工程造价管理部门、建设单位、施工企业、工程造价咨询机构、招投标代理机构等从事相关专业工作的人员学习参考。

本书由山东建筑大学王艳艳、黄伟典主编。编写的具体分工如下：王艳艳、黄伟典编写第1章，张晓丽、王艳艳编写第2、3章，王艳艳、王大磊编写第4章，王静编写第5章，王艳艳、黄伟典、张琳编写第6章，周景阳编写第7章，宋红玉编写第8章。由王艳艳、黄伟典统稿，全书由山东建筑大学陈起俊教授担任主审。

本书在写作的过程中，经过反复讨论和多次修改，编写期间得到山东理工大学、山东建筑大学、济南铁路职业技术学院等院校的大力支持和帮助，特别要感谢山东建筑大学管理学院书记陈起俊教授、继续教育学院刘凤菊院长、李晓壮副院长、彭凌老师的莫大支持，另外编写过程中参考了大量文献资料，在此一并表示衷心的感谢。

目 录

第1章 概 论

[学习指南] 本章主要对工程招投标的相关知识、合同管理的内容做了概述，需要学生熟悉工程招投标的含义、原则、方式；熟悉工程招投标的范围和规模标准，掌握强制招标的范围、公开招标以及邀请招标和可以不招标的工程范围和标准；掌握公开招标和邀请招标的含义及区别。了解建设工程合同的概念、特征和工程合同体系；了解建设工程合同管理的概念。

[引导案例] 鲁布革水电站的招投标

鲁布革这个名字早已响遍全中国，甚至在世界上也有一定知名度。其实，鲁布革原本仅是一个名不见经传的布依族小山寨，离罗平县城约有46km，它坐落在云贵两省界河——黄泥河畔的山梁上。“鲁布革”是布依族语的汉语读音。“鲁”是“民族”的意思，“布”是“山清水秀”的意思，“革”是“村寨”的意思，“鲁布革”的意思就是山清水秀的布依族村寨。它的名声远播源起兴建鲁布革水电站。

鲁布革水电站位于云南省罗平县与贵州省兴义市交界的黄泥河下游河段。1981年6月，国家批准建设装机60万kW的鲁布革水电站，并被列为国家重点工程。鲁布革工程原由水电部十四工程局负责施工，开工3年后，1984年4月，水电部决定在鲁布革工程采用世界银行贷款。当时正值改革开放的初期，鲁布革工程是我国第一个利用世界银行贷款的基本建设项目。但是根据与世界银行的协议，工程三大部分之一——引水隧洞工程必须进行国际招标。在中国、日本、挪威、意大利、美国、德国、南斯拉夫、法国等八个国家承包商的竞争中，日本大成公司以比中国与外国公司联营体投标价低3600万元而中标。大成公司的报价为8463万元，而引水隧洞工程标底为14958万元，比标底大大低了43%！大成公司派到中国来的仅是一支30人的管理队伍，从中国水电十四局雇了424名劳动工人。他们开挖23个月，单头月平均进尺222.5m，相当于我国同类工程的2～2.5倍；在开挖直径8.8m的圆形发电隧洞中，创造了单头进尺373.7m的国际先进纪录。合同工期为1579天，竣工工期为1475天，提前122天。工程质量综合评定为优良。1986年10月30日，隧洞全线贯通。包括除汇率风险以外的设计变更、物价涨落、索赔及附加工程量等增加费用在内的工程初步结算为9100万元，仅为标底的60.8%，比合同价增加了7.53%。

1.1 招投标概述

招标投标是一种有序的市场竞争交易方式，也是规范选择交易主体、订立交易合同的法律程序。我国招标投标制度既是改革开放的产物，又是规范社会主义市场竞争秩序的要求，为优化资源配置，提高经济效益，规范市场行为，构建防腐倡廉体系等方面发挥了重要作用，并随着招标投标法律体系的健全而逐步发展。

1.1.1 我国工程招投标制度的形成与发展

1. 我国招标投标的产生

我国有较完整史料记载的招投标活动发生在清朝末期。最早采用招商比价（招标投标）方式发包工程的是1902年张之洞创办的湖北制革厂，5家营造商参加开价比价，结果张同升以1270.1两白银的开价中标，并签订了以质量保证、施工工期、付款办法为主要内容的承包合同。这是目前可查的我国最早的招标投标活动。1918年汉阳铁厂的两项扩建工程，曾在汉口《新闻报》刊登广告，公开招标。到1929年，当时的武汉市采办委员会曾公布招标规则，规定公有建筑物或一次采购物料大于3000元以上者，均须通过招标决定承办厂商。

在清末和民国时期，并没有形成全国性的招标投标制度。新中国成立后直到改革开放，由于长期执行计划经济的原因，因而招投标没有得到采用和发展。

2. 招投标制度初步建立

这一时期从改革开放初期到社会主义市场经济体制改革目标的确立（1979年～1989年）。

20世纪70年代后期，伴随改革开放的脚步，中国工程承包活动开始试行，在改革开放的试点城市，率先开展了工程承包业务，试行了工程发包与承包模式。1979年，不仅在国内进行了工程的发包与承包，而且开创了国际承包业务，1979年实现国际工程承包成交金额5117万美元，此后逐年发展，1979年～1985年，每年以82%的平均速度增长，而且中国建筑工程总公司于1984年率先进入世界250家国际大承包公司行列，1989年又有中国公路桥梁工程公司、中国冶金建设公司、中国水利电力公司等4家公司跻身世界250强国际大承包公司行列。伴随着工程承包业务的发展，工程发包与承包制度逐步发展起来，工程项目招标投标制度开始被试用和重视。

这一阶段招投标制度的特点是：

一是招标投标基本规则初步确立，但未能落实。80年代中期，招标管理机构在全国各地陆续成立。受当时关于计划和市场关系认识的限制，招标投标的市场交易属性尚未得到充分体现，几乎所有部门发布的办法都规定，招标工作由有关行政主管部门主持。

二是有关招标投标方面的法规建设开始起步。1980年，国务院在《关于开展和保护社会主义竞争的暂行规定》中提出，对一些适宜于承包的生产建设项目和经营项目，可以试行招标投标的办法。1983年6月，原城乡建设环境保护部颁布了《建筑安装工程招标投标试行办法》。1984年9月，国务院发布了《关于改革建筑业和基本建设管理体制若干问题的暂行规定》，明确指出，要全面推行建设项目投资包干责任制，大力推行工程招标承包制。要改革单纯用行政手段分配建设任务的老办法，实行招标投标。由发包单位择优选定勘察设计单位、建筑安装企业。1984年11月，国家计委和城乡建设环境保护部联合制定了《建设工程招标投标暂行规定》，这标志着我国建筑承包市场开展招标投标工作的正式启动。此后，有关国家部委又陆续出台了一系列规范性文件，用以指导和管理工程项目的招标投标活动。1985年6月，国家计委、城乡建设环境保护部颁发了《工程设计招标投标暂行办法》，规定："今后大中型项目的工程建设，都要积极创造条件，由建设单位或委托咨询公司进行设计招标。凡持有设计证书的国营、集体和个人设计单位，都可以按照批准的有资格承担的业务范围参加投标。"目的是，鼓励竞争，促进设计单位改进管理，采用先进技术，降低工程造价，缩短工期，提高投资效益。1985年，第六届全国人民代表大会第二次会议通过的《政府工作报告》中再次强调，要积极推行以招标承包制为核心的多种形式的责任制。至此，招标承包制作为建筑业和基本建设管理体制改革的一项关键措施，在全国各地普遍推广。

三是招标领域逐步扩大，但进展不平衡。由最初的建筑行业，逐步扩大到铁路、公路、水运等专业；由工程招标逐步扩大到机电设备、科研项目、土地出让等招标工作。但由于总体上没有明确具体的强制招标范围，有些领域的招标活动还停留在文件上。不同专业之间的招标投标活动进展得很不平衡。招标方式基本以议标为主，在纳入招标管理项目当中约90％是采用议标方式发包的，工程交易活动比较分散，没有固定场所，这种招标方式很大程度上违背了招标投标的宗旨，不能充分体现竞争机制。招标投标很大程度上还流于形式，招标的公正性得不到有效监督，工程大多形成私下交易，暗箱操作，缺乏公开公平竞争。

3. 招标投标制度规范发展阶段

这一时期从确立社会主义市场经济体制改革目标到《中华人民共和国招标投标法》颁布（1990年～1999年）。

20世纪90年代初期到中后期，全国各地普遍加强对招投标的管理和规范工作，也相继出台了一系列法规和规章，这一阶段是我国招标投标发展史上最重要的阶段，招标投标制度得到了长足的发展，全国的招标投标管理体系基本形成，为完善我国的招标投标制度打下了坚实的基础。

这一阶段招投标制度的特点是：

一是当事人市场主体地位进一步加强。1992年11月，原国家计委发布了《关于建设项目实行项目业主责任制的暂行规定》，强调项目业主的建设、生产和经营权受法律保护，对非法干预行为有权予以拒绝。

二是招标投标法制建设步入正轨。从1992年建设部第23号令的发布到1998年正式施行《建筑法》，从部分省的《建筑市场管理条例》和《工程建设招标投标管理条例》到各市制定的有关招标投标的政府令，都对全国规范建设工程招标投标行为和制度起到极大的推动作用，特别是有关招标投标程序的管理细则也陆续出台，为招标投标在公开、公平、公正下的顺利开展提供了有力保障。1996年颁布的《建设部、监察部、国家计委、国家工商行政管理局关于开展建设工项目执法监察的意见》，围绕建设工程项目的立项、报建、招标投标、工程质量和竣工验收等五个方面，重点检查工程建设中存在的严重违法违纪和不正当竞争行为。1997年，第一部《中华人民共和国建筑法》正式颁布，标志着中国建筑业走上了法制化管理轨道。

三是建设有形建筑市场。自1995年起在全国各地陆续开始建立有形建筑市场，它把管理和服务有效地结合起来，初步形成以招标投标为龙头，相关职能部门相互协作的具有“一站式”管理和“一条龙”服务特点的建筑市场监督管理新模式，为招标投标制度的进一步发展和完善开辟了新的道路。工程交易活动已由无形转为有形，隐蔽转为公开，信息公开化和招标程序规范化，已有效遏制了工程建设领域的腐败行为，为在全国推行公开招标创造了有利条件。1998年颁布的《建设部关于进一步加强工程招标投标管理的规定》中明确指出，要进一步加快有形建筑市场的建设。全国各省、自治区、直辖市、地级以上城市和大部分县级市都相继成立了招标投标监督管理机构。工程招标投标专职管理人员不断壮大，全国已初步形成招标投标监督管理网络，招标投标监督管理水平正在不断地提高。

1999年，我国工程招标投标制度面临重大转折。首先是1999年3月15日全国人大通过了《中华人民共和国合同法》，并于同年10月1日起生效实施，由于招标投标是合同订立过程中的两个阶段，因此，该法对招标投标制度产生了重要的影响。其次是1999年8月30日全国人大常委会通过了《中华人民共和国招标投标法》，并于2000年1月1日起施行。这部法律基本上是针对建设工程发包活动而言的，其中大量采用了国际惯例或通用做法，必将带来招标体制的巨大变革。

4. 招投标制度的深入发展期

这一时期从《招标投标法》颁布实施到现在，经过10余年的发展。我国招标投标领域积累了丰富的经验，为国家层面的统一立法奠定了实践基础。随着建设工程交易中心的有序运行和健康发展，全国各地开始推行工程项目的公开招标。1999年《中华人民共和国招标投标法》正式颁布和执行，标志着建设工程招标投标步入了一个新的完善发展阶段。

这一阶段招投标制度的特点是：

一是招标投标法律、法规和规章不断完善和细化。2000年5月1日，国家计委发布了《工程建设项目招标范围的规模标准规定》；2000年7月1日国家计委又发布了《工程建设项目自行招标试行办法》和《招标公告发布暂行办法》。2001年7月5日，国家计委等七部委联合发布《评标委员会和评标方法暂行规定》。其中有三个重大突破：关于低于成本价的认定标准；关于中标人的确定条件；关于最低价中标。在这里第一次明确了最低价中标的原则。这与国际惯例是接轨的。这一评标定标原则必然给我国现行的定额管理带来冲击。在这一时期，建设部也连续颁布了第79号令《工程建设项目招标代理机构资格认定办法》、第89号令《房屋建筑和市政基础设施工程施工招标投标管理办法》以及《房屋建筑和市政基础设施工程施工招标文件范本》（2003年1月1日施行）、第107号令《建筑工程施工发包与承包计价管理办法》等，对招投标活动及其承发包中的计价工作做出进一步的规范。

二是招标程序不断规范。必须招标和必须公开招标范围得到了明确，招标覆盖面进一步扩大和延伸，工程招标已从单一的土建安装延伸到道桥、装饰、建筑设备和工程监理等。全国范围内开展的整顿和规范建设市场工作和加大对工程建设领域违法违纪行为的查处力度为招标投标进一步规范提供了有力保障。工程质量和优良品率呈逐年上升态势，同时涌现出一大批优秀企业和优秀项目经理，企业正沿着围绕市场和竞争，讲究质量和信誉，突出科学管理的道路迈进。招标投标管理全面纳入建设市场管理体系，其管理的手段和水平得到全面提高。公开招标的全面实施在节约国有资金，保障国有资金有效使用以及从源头防止腐败滋生，都起到了积极作用。

1.1.2 招标投标制度的发展方向

随着招标投标实践的不断发展，现有招标投标制度已不能很好地满足实际需要，突出表现在行政监督管理体制还不健全，许多违法违规行为没有设置必要的法律责任，围标、串标、抬标以及虚假招标等违法行为认定标准不够明确，信用制度建设滞后，招标文件编制规则还不完全统一，电子招标还缺乏必要的制度保障。为了解决当前招标投标领域的突出问题，重点完成以下几个方面的任务：

1. 理顺监管体制

一方面，实现监管分离。招标投标行政监督部门不得同时负责直接管理或实施项目招标投标活动。各级政府项目管理部门或国有投资集团公司管理部门要与项目招标人形成明晰的责权关系。另一方面，加强部门协作。调整和扩充招标投标协调机制成员单位范围，充实和强化协调机制在维护招标投标方面的职责。建立部门间受理和解决招标投标投诉举报的沟通联系制度。

2. 建立电子招标投标制度

在总结电子招标投标实践经验的基础上，制定电子招标投标办法，建立电子招标公共服务平台，充分发挥电子招标在节约资源、提高效率、增强透明度和转变监督方式等方面的优势。

3. 健全招标投标信用机制

研究制度统一的招标投标信用评价指标体系，逐步整合现有分散的信用评价制度，贯彻落实好《招标投标违法行为记录公告暂行办法》，推动形成奖优罚劣的良性机制。

4. 进一步完善评标专家库制度

研究制定统一的评标专家库管理办法及其评标专家库专业分类标准，推动组建跨行业、跨地区国家综合性评标专家库，为社会提供抽取专家的公共服务平台，逐步实现专家资源共享，保证评标公正性。

5. 推动建立招标投标从业人员职业资格制度

在贯彻实施招标采购专业技术人员职业水平评价制度的基础上，进一步推动建立招标投标从业人员职业资格制度，规范从业准入和清退制度，建立职业资格与职业素质、职业责任有机结合的自律机制，有效规范招标采购行为。

1.1.3 国际工程招投标制度的形成

追溯招标与投标的发展历史，西方发达国家利用招标投标的方式并以此规范政府采购行为，已走过了两个世纪的漫长历程。据有关资料显示，第一个采用招标投标这种交易方式的国家是英国。1782年英国政府出于对自由市场的宏观调控，首先从规范政府采购行为入手，设立了文具公用局，作为负责政府部门所需要公用品采购的特别机构。这种“公共采购”或称“集中采购”也是公开招标的雏形和最原始形式。当时英国的社会购买市场可按购买人划分为公共购买和私人购买两种。私人采购的方法和程序是任意的或通过洽谈签约、或从拍卖市场买进，形式不受约束。而公共采购的方式则必须是招标。只有在招标不可能的情况下才能以谈判购买。

招投标起源于英国，继英国之后，世界上许多国家陆续成立了类似的专门机构，许多国家还立了法，通过专门的法律确定了招标采购及专职招标机构的重要地位。1809年，美国通过了第一部要求密封投标的法律。第二次世界大战以来，招标投标影响不断扩大。相当多的国家进行深入研究与实践探索，认为招标不仅是服务，对规范行为、优化采购也意义重大，因此，招标投标便由一种交易过渡为政府强制行为。这一升华，使招投标在法律上得到了保证，于是招投标成为“政府采购”的代名词。随着世界多国的“政府采购”向超越国界的方向发展，便形成了国际招标投标。一些国家为实行跨国的“政府采购”都专门制定了相应的法律与政策规定，明确规定并确认了招标投标以及与之相适应的招标机构的法律地位。最为著名的美国《联邦政府采购法》明确一专职部门为联邦事务管理总署，美国联邦政府采购法由三部法典及其实施细则组成，详细规范了美国联邦政府的采购行为。信誉、透明度、竞争是美国采购制度的三大思想精髓。美国政府采购预算占国内生产总值3%左右。因此，对其他国家产生了重要影响。欧洲共同体在政府采购上也建立了统一的招投标制度，法国、意大利、奥地利、比利时等均以法律形式对政府采购的规则、程序、实施和招标机构做出了相应规定。韩国政府于1997年1月1日起实施新的国内项目国际招标法，即“政府关于调配及合同法”。招投标在世界经济发展中，经过了漫长的两个世纪，由简单到复杂、由自由到规范、由国内到国际，对世界区域经济和整体经济发展起到了巨大的作用。招投标制度得以蓬勃发展，先是在西方发达国家，接着是世界银行、亚洲开发银行等国际金融组织在货物采购、工程承包、咨询合同中大量推行招标方式；后是发展中国家也日益重视和采用设备采购和工程承包的招标。招标作为一种成熟而高级的交易方式，其重要性和优越性在国际活动中日益为各国和各种国际金融组织所广泛认可，进而在相当多的国家和国际组织中得到立法推行。

1.2 工程招投标的相关知识

1.2.1 工程招投标的含义、原则与特性

1. 工程招投标的含义

工程招投标是指招标人发出招标公告（投标邀请）和招标文件，公布采购或出售标的物内容、标准要求和交易条件，满足条件的投标人按招标要求进行公平竞争，招标人依法组建的评标委员会按招标文件规定的评标方法和标准公正评审，择优确定中标人，公开交易结果并与中标人签订合同。

在实际建设工程招投标中，人们总是把招标和投标分成两个不同内容的过程。所谓工程招标，是指招标人就拟建工程发布公告，以法定方式吸引承包单位自愿参加竞争，从中择优选定工程承包方的行为；所谓工程投标，是指响应招标、参与投标竞争的法人或者其他组织，按照招标公告或邀请函的要求制作并递送标书，履行相关手续，争取中标的过程。招标和投标是互相依存的两个最基本的方面，缺一不可。一方面，招标人以一定的方式邀请不特定或一定数量的投标人来投标；另一方面，投标人响应招标人的要求参加投标竞争。没有招标，就不会有供应商或承包商的投标；没有投标，业主或采购人的招标就不能得到响应，也就没有了后续的开标、评标、定标和合同签订等一系列的过程。

2. 工程招投标的原则

《招标投标法》第五条规定：“招标投标活动应当遵循公开、公平、公正和诚实信用的原则”。

（1）公开原则

首先，要求招标信息公开。依法必须进行招标的项目，招标公告应当通过国家指定的报刊、信息网络或者其他媒介发布。无论是招标公告、资格预审公告还是投标邀请书，都应当载明招标人的名称和地址、招标项目的性质、数量、实施地点和时间及获取招标文件的方法等事项。其次，招投标过程公开。开标时招标人应当邀请所有投标人参加，招标人

在招标文件要求提交截止时间前收到的所有投标文件，开标时都应当当众予以拆封、宣读。中标人确定后，招标人应当在向中标人发出中标通知书的同时，将中标结果通知所有未中标的投标人。

（2）公平原则

要求给予所有投标人平等的机会，使其享有同等的权利，履行同等的义务。招标人不得以任何理由排斥或歧视任何投标人。依法必须进行招标的项目，其招标投标活动不受地区或部门的限制，任何单位和个人不得违法限制或排斥本地区、本系统以外的法人或其他组织参加投标，不得以任何方式非法干涉招投标活动。

（3）公正原则

要求招标人在招标投标活动中应当按照统一的标准衡量每一个投标人的优劣。进行资格审查时，招标人应当按照资格预审文件或招标文件中载明的资格审查的条件、标准和方法对潜在投标人或投标人进行资格审查，不得改变载明的条件或以没有载明的资格条件进行资格审查。评标委员会应当按照招标文件确定的评标标准和方法，对投标文件进行评审和比较。

（4）诚实信用原则

诚实信用原则，是我国民事活动所应当遵循的一项重要基本原则。招标投标活动作为订立合同的一种特殊方式，同样应当遵循诚实信用原则。

3. 工程招投标的特性

（1）竞争性。有序竞争，优胜劣汰，优化资源配置，提高社会和经济效益。这是社会主义市场经济的本质要求，也是招标投标的根本特性。

（2）程序性。招标投标活动必须遵循严密规范的法律程序。《招标投标法》及相关法律政策，对招标人从确定招标采购范围、招标方式、招标组织形式直至选择中标人并签订合同的招标投标全过程每一环节的时间、顺序都有严格、规范的限定，不能随意改变。任何违反法律程序的招标投标行为，都可能侵害其他当事人的权益，必须承担相应的法律后果。

（3）规范性。《招标投标法》及相关法律政策，对招标投标各个环节的工作条件、内容、范围、形式、标准以及参与主体的资格、行为和责任都作出了严格的规定。

（4）一次性。投标要约和中标承诺只有一次机会，且密封投标，双方不得在招标投标过程中就实质性内容进行协商谈判，讨价还价。

（5）技术经济性。招标采购或出售标的都具有不同程度的技术性，包括标的使用功能和技术标准、建造、生产和服务过程的技术及管理要求等；招标投标的经济性则体现在中标价格是招标人预期投资目标和投标人竞争期望值的综合平衡。

1.2.2 工程招标的方式

《招标投标法》第十条规定：招标分为公开招标和邀请招标。公开招标是指招标人以招标公告的方式邀请不特定法人或者其他组织投标；邀请招标是指招标人以投标邀请书的方式邀请特定法人或者其他组织投标。招标项目应依据法律规定条件、项目的规模、技术、管理特点要求、投标人的选择空间以及实施的急迫程度等因素选择合适的招标方式。依法必须招标的项目一般应采用公开招标，如符合条件，确实需要采用邀请招标方式的，须经有关行政主管部门审核批准。

1. 公开招标

公开招标，又称无限竞争性招标，是指由招标人通过报纸、广播、电视等大众媒体，向社会公开发布招标公告，凡对此招标项目感兴趣并符合规定条件的不特定的承包人，都可自愿参加竞标的一种工程发包方式。公开招标是最具竞争性的招标方式。在国际上，谈到招标通常都是指公开招标。公开招标也是所需费用最高、花费时间最长的招标方式。公开招标有利于开展真正意义上的竞争，最充分地展示公开、公正、平等竞争的招标原则，防止和克服垄断；能有效地促使承包人在增强竞争实力上修炼内功，努力提高工程质量，缩短工期，降低造价，求得节约和效率，创造最合理的利益回报；有利于防范招标投标活动操作人员和监督人员的舞弊现象。但是参加竞争的投标人越多，每个参加者中标的概率将越小，白白损失投标费用的风险也越大；招标人审查投标人资格、投标文件的工作量比较大，耗费的时间长，招标费用支出也比较多。

2. 邀请招标

邀请招标称有限竞争性招标或选择性招标，这种方式不发布广告，是由招标人根据自己的经验和掌握的信息资料，向有承担该项工程施工能力的三个以上（含三个）承包人发出投标邀请书，要求他们参加工程的投标竞争，收到邀请书的单位才有资格参加投标。由于邀请招标选择投标人的范围和投标人竞争的空间有限，可能会失去理想的中标人，达不到预期的竞争效果及其中标价格。

二者区别：①信息发布发生不同。公开招标是招标人在报纸、电视、广播等公众媒体发布招标公告；邀请招标是招标人以信函、电信、传真等方式发出邀请书。②招标人可选择范围不同。公开招标时，一切符合招标条件的建筑企业均可参与投标，招标人可以在众多投标人中选择报价低、工期短、信誉好的承包人；邀请招标时，仅有接到邀请书的建筑企业可以投标，缩小了招标人的选择范围，可能会将有实力的竞争者排除在外。③适用范围不同。公开招标具有较强的公开性和竞争性，是目前建筑市场通行的招标方式；邀请招标适用于私人工程、保密工程或性质特殊、需要有专业技术的工程。

按照标的物来源地划分可以将招标划分为：国内招标和国际招标。国内招标，包括国内公开招标、国内邀请招标；国际招标，包括国际公开招标、国际邀请招标。其中，使用国际组织或者外国政府贷款、援助资金的项目进行招标，贷款方、出资方对招标投标的具体条件和程序有不同规定的，可以使用其规定，但违背中华人民共和国的社会公共利益的除外。国际公开招标须通过面向国内外的公开媒介和网络发布招标公告，招标投标程序严谨、相对时间较长，适用于规模大、价值高，技术和管理比较复杂，国内难于达到要求或国际金融组织规定，需要在全球范围内选择合适的投标人，或需要引进先进的工艺、技术和管理的工程、货物或服务的项目招标。国际招标文件的编制应遵循国际贸易准则、惯例。

1.2.3 工程招标范围和标准

1. 建设项目强制招标的范围和规模标准

我国《招标投标法》指出，凡在中华人民共和国境内进行下列工程建设项目，包括项目的勘察、设计、施工、监理以及与工程建设有关的重要设备、材料等的采购，必须进行招标。一般包括：

（1）大型基础设施、公用事业等关系社会公共利益、公共安全的项目。

（2）全部或者部分使用国有资金投资或国家融资的项目。

（3）使用国际组织或者外国政府贷款、援助资金的项目。

（4）法律或国务院规定必须进行招标的其他项目。

《工程建设项目招标范围和规模标准规定》（2000 年国家计委令第 3 号）中分为具体标准与规模标准。

（1）关系社会公共利益、公众安全的基础设施项目的范围包括：

①煤炭、石油、天然气、电力、新能源等能源项目；

②铁路、公路、管道、水运、航空以及其他交通运输业等交通运输项目；

③邮政、电信枢纽、通信、信息网络等邮电通信项目；

④防洪、灌溉、排涝、引（供）水、滩涂治理、水土保持、水利枢纽等水利项目；

⑤道路、桥梁、地铁和轻轨交通、污水排放及处理、垃圾处理、地下管道、公共停车场等城市设施项目；

⑥生态环境保护项目；

⑦其他基础设施项目。

（2）关系社会公共利益、公众安全的公用事业项目的范围包括：

①供水、供电、供气、供热等市政工程项目；

②科技、教育、文化等项目；

③体育、旅游等项目；

④卫生、社会福利等项目；

⑤商品住宅，包括经济适用住房；

⑥其他公用事业项目。

（3）使用国有资金投资项目的范围包括：

①使用各级财政预算资金的项目；

②使用纳入财政管理的各种政府性专项建设基金的项目；

③使用国有企业事业单位自有资金，并且国有资产投资者实际拥有控制权的项目。

（4）国家融资项目的范围包括：

①使用国家发行债券所筹资金的项目；

②使用国家对外借款或者担保所筹资金的项目；

③使用国家政策性贷款的项目；

④国家授权投资主体融资的项目；

⑤国家特许的融资项目。

（5）使用国际组织或者外国政府资金的项目的范围包括：

①使用世界银行、亚洲开发银行等国际组织贷款资金的项目；

②使用外国政府及其机构贷款资金的项目；

③使用国际组织或者外国政府援助资金的项目。

以上第（1）条至第（5）条规定范围内的各类工程建设项目，包括项目的勘察、设计、施工、监理以及与工程建设有关的重要设备、材料等的采购，达到下列标准之一的，必须进行招标：

（1）施工单项合同估算价在 200 万元人民币以上的；

（2）重要设备、材料等货物的采购，单项合同估算价在100万元人民币以上的；

（3）勘察、设计、监理等服务的采购，单项合同估算价在50万元人民币以上的；

（4）单项合同估算价低于第（1）、（2）、（3）项规定的标准，但项目总投资额在3000万元人民币以上的；

（5）建设项目的勘察、设计，采用特定专利或者专有技术的，或者其建筑艺术造型有特殊要求的，经项目主管部门批准，可以不进行招标；

（6）依法必须进行招标的项目，全部使用国有资金投资或者国有资金投资占控股或者主导地位的，应当公开招标。

2. 依法必须公开招标的项目

依据《工程建设项目施工招标投标办法》（2003年国家七部委令第30号）第十一条的规定，以下项目应当公开招标：

（1）国务院发展计划部门确定的国家重点建设项目。

（2）各省、自治区、直辖市人民政府确定的地方重点建设项目。

（3）全部使用国有资金投资的工程建设项目。

（4）国有资金投资占控股或者主导地位的工程建设项目。

3. 经审批后可以进行邀请招标的项目

依据《工程建设项目施工招标投标办法》（2003年国家七部委令第30号），有下列情形之一的，经批准后可以进行邀请招标的项目：

（1）项目技术复杂或有特殊要求，只有少量几家潜在投标人可供选择的。

（2）受自然地域环境限制的。

（3）涉及国家安全、国家秘密或者抢险救灾，适宜招标但不宜公开招标的。

（4）拟公开招标的费用与项目的价值相比，不值得的。

（5）法律、法规规定不宜公开招标的。

国家重点建设项目的邀请招标，应当经国务院发展计划部门批准；地方重点建设项目的邀请招标，应当经各省、自治区、直辖市人民政府批准。

全部使用国有资金投资或者国有资金投资占控股或者主导地位的并需要审批的工程建设项目的邀请招标，应当经项目审批部门批准，但项目审批部门只审批立项的，由有关行政监督部门审批。

4. 可不招标的项目

根据《招标投标法》、《工程建设项目招标范围和规模标准规定》以及《工程建设项目施工招标投标办法》的规定，有下列情形之一的，可以不进行施工招标：

（1）涉及国家安全、国家秘密或者抢险救灾而不适宜招标的。

（2）属于利用扶贫资金实行以工代赈需要使用农民工的。

（3）建筑造型有特殊要求的设计。

（4）采用特定专利技术、专有技术进行勘察、设计或施工。

（5）停建或缓建后恢复建设的单位工程，且承包人未发生变更的。

（6）施工企业自建自用的工程，且该施工企业资质等级符合工程要求的。

（7）在建工程追加的附属小型工程或者主体加层工程，原中标人仍具备承包能力的。

（8）法律、行政法规规定的其他情形。

不需要审批但依法必须招标的工程建设项目，有前款规定情形之一的，可以不进行施工招标。

[案例] 某大型工程项目由政府投资建设，业主委托某招标代理公司代理施工招标。招标代理公司确定该项目采用公开招标方式招标。业主对招标代理公司提出以下要求：为了避免潜在的投标人过多，项目招标公告只在本市日报上发布，且采用邀请招标方式招标。

问题：业主对招标代理公司提出的要求是否正确？说明理由。

解析：

(1)“业主提出招标公告只在本市日报上发布”不正确。

理由：公开招标项目的招标公告，必须在指定媒介发布，任何单位和个人不得非法限制招标公告的发布地点和发布范围。

(2)“业主要求采用邀请招标方式招标”不正确。

理由：因该工程项目由政府投资建设，相关法规规定：“全部使用国有资金投资或者国有资金投资占控股或主导地位的项目，应当采用公开招标方式招标”。如果采用邀请招标方式招标，应由有关部门批准。

1.2.4 建设工程招投标的程序

招投标程序可以分为招标、投标、开标、评标定标、订立合同五个阶段。

招标阶段是招标人采取招标公告或邀请书的形式，向公众或数人发出投标邀请的阶段。招标人工作包括履行审批手续、落实资金来源；确定招标方式，自行招标的，建立招标机构，代理招标的，确定代理机构；发布招标公告和投标邀请书；编制招标文件和招标标底；对潜在投标人资格审查，售出招标文件；组织潜在投标人踏勘项目现场。

投标阶段是投标人按照招标文件的要求，向招标人提出报价的阶段。具体工作有：获取招标文件；按照要求编制投标文件；按规定时间递送投标文件至指定地点。

开标阶段是在预定时间和地点，当众启封标书，公开标书内容的阶段。开标前，招标人或代理机构应当邀请有关参与人员和确定评标委员会成员。开标时，要验收招标文件密封情况，确认无误后由工作人员当众拆封，宣读标书主要内容。开标后，将投标文件交与评标委员会评标，并且记录开标过程以存档备查。

评标定标阶段是评审有效标书，确定中标人的阶段。评标委员会按照招标文件确定的评标标准和方法评审标书；完成评标后，提出书面评标报告，并推荐中标候选人；招标人或经授权的评标委员会确定招标人；向中标人发出中标通知书。

订立合同是依据招投标文件，双方订立合同的阶段。该阶段旨在书面方式确认招投标文件，明确双方权利义务。招标人与中标人不得再订立背离合同实质性内容的其他协议。

1.3 建设工程合同及合同管理概述

1.3.1 建设工程合同概述

1. 建设工程合同的概念

我国《合同法》第二百六十九条规定：“建设工程合同是承包人进行工程建设，发包人支付价款的合同。建设工程合同包括工程勘察、设计、施工合同。”发包人可以与总承包人签订建设工程合同，也可以分别与勘察人、设计人、施工人订立勘察、设计、施工承包合同。事实上建设工程合同还应包括工程项目管理合同、工程监理合同以及与工程建设相关的其他合同（如物资采购合同、工程保险合同、技术合同）等。

广义的工程合同并不是一项独立的合同，而是一个合同体系，是一项工程项目实施过程中所有与建筑活动有关的合同的总和，包括勘察设计合同、施工合同、监理合同、咨询合同、材料供应合同、贷款合同、工程担保合同等，其合同主体包括业主、勘察设计单位、施工单位、监理单位、中介机构、材料设备供应商、保险公司等。这些众多合同互相依存，互相约束，共同促使工程建设的顺利开展。工程合同的定义包括下面三个含义：

（1）合同主体，即直接参与一定的工程建设活动，并订立相应内容的合同的单位。例如，业主、施工单位之间可以订立施工合同，业主与勘察设计单位之间可以订立勘察设计合同，而监理单位、材料供应商、设备租赁商、招标代理机构等也可以作为某种工程合同的主体。

（2）工程合同具体的目标。总体来说，所有工程合同的目标都是为了工程建设任务的圆满完成，即在合理期限内以合理成本竣工，并满足规定的质量标准。对于某一项合同，随主体不同，这一目标也将逐步分解，如设计单位的目标是完整的施工图设计方案；施工单位的目标是实现质量、成本、工期的综合控制，依图完成施工任务；监理单位的目标是协调业主与施工单位的关系，协助业主监督施工方的履约行为。

（3）工程合同的核心内容，是各方主体之间的权利义务。如建筑施工合同规定的是业主和施工单位的权利义务；建设监理合同规定的是业主和监理单位之间的权利义务；建筑材料供应合同规定的是业主或承包商与材料供应商之间的权利义务。这种权利义务关系应尽量保证公平、公正。

2. 建设工程合同的特征

（1）合同主体的严格性

《建筑法》对建设工程合同的主体有非常严格的要求。建设工程合同中的发包人必须取得准建证件，如土地使用证、规划许可证、施工许可证等。国有单位投资的经营性基本建设大中型项目，在建设阶段必须组建项目法人，由项目法人对项目的策划、资金筹措、建设实施、生产经营、债务偿还和资产保值增值承担责任。建设工程的承包人应该具有从事勘察、设计、施工、监理业务的合法资格。国家法律对建设工程承包人的资格有明确的规定。《建筑法》要求建设工程承包人应当具备下列条件：有符合国家规定的注册资本；有与其从事的建筑活动相适应的具有法定执业资格的专业技术人员；有从事相关建筑活动所应有的技术装备；法律法规规定的其他条件。承包人按照其拥有的注册资本、专业技术人员、技术装备和完成的建设工程业绩等资质条件，划分为不同的资质等级，取得相应等级的资质证书后，方可在其资质等级许可的范围内从事建筑活动。

（2）合同标的的特殊性

尽管勘察合同和设计合同的工作成果并不直接体现为建设工程项目，但它们是整个工程建设中不可缺少的环节。就建设工程合同的总体来看，其标的只能是建设工程而不能是一般的加工定做产品。建设工程是指土木工程、建筑工程、线路管道和设备安装工程以及装修工程等新建、扩建、改建以及技术改造等建设项目。建设工程具有产品的固定性、单一性和工作的流动性，这也决定了建设工程合同标的的特殊性。

（3）合同履行期限的长期性

建设工程由于结构复杂、体积大、建筑材料类型多、工程量大，与一般工业产品的生产相比，它的合同履行期限都较长；由于建设工程投资多，风险大，建设工程合同的订立和履行一般都需要较长的准备期；在合同的履行过程中，还可能因为不可抗力、工程变更、材料供应不及时等原因导致合同期限顺延。所有这些情况，决定了建设工程合同的履行期限具有长期性。

（4）合同的订立和履行的行政性

建设工程合同的订立要符合国家基本建设程序。国家重大建设工程合同，应当按照国家规定的程序和国家批准的投资计划、可行性研究报告等文件订立。《建筑法》还规定，建设工程合同的订立要采取招标投标的方式，并且开标、评标和定标都要接受有关行政主管部门的监督。建设工程必须发包给具有相应资质条件的承包人，承包人不得超越资质等级承包工程，否则将受到行政处罚。在合同履行过程中，有关行政主管部门有权对违反法律规定的行为给予行政处罚。

3. 建设工程合同体系

工程建设是一个极为复杂的社会生产过程，它分别经历可行性研究、勘察、设计、工程施工和运行等阶段；有土建、水电、机械设备、通信等专业设计和施工活动；需要各种材料、设备、资金和劳动力的供应。由于现代的社会化大生产和专业化分工，一个稍大一点的工程，其参加单位就有十几个、几十个，甚至成百上千个，它们之间形成各式各样的经济关系。由于工程中维系这种关系的纽带是合同，所以就有各式各样的合同。工程项目的建设过程实质上又是一系列经济合同的签订和履行过程。

在一个工程中，相关的合同可能有几份、几十份、几百份，甚至几千份，形成一个复杂的合同网络。在这个网络中，业主和承包商是两个最主要的节点。

（1）建设工程合同体系

按照项目任务的结构分解，就得到不同层次、不同种类的合同，它们会共同构成合同体系，包括勘察设计合同、监理合同、工程施工合同、供应合同、分包合同、运输合同、借款合同、买卖合同、劳务合同等。在合同体系中，这些合同都是为了完成业主的工程项目目标而签订和实施的。由于这些合同之间存在着复杂的内部联系，构成了该工程的合同网络。其中，建设工程施工合同是最有代表性、最普遍，也是最复杂的合同类型。它在建设工程项目的合同体系中处于主导地位，是整个建设工程项目合同管理的重点。无论是业主、监理工程师或承包商都将它作为合同管理的主要对象。建设工程项目的合同体系在项目管理中也是一个非常重要的概念。

（2）业主的主要合同关系

业主作为工程或服务的买方，是工程的所有者，他可能是政府、企业、其他投资者、几个企业的组合、政府与企业的组合（例如合资项目、BOT 项目的业主）。业主投资一个项目，通常委派一个代理人（或代表）以业主的身份进行工程的经营管理。

业主根据对工程的需求，确定工程项目的整体目标。这个目标是所有相关工程合同的核心。要实现工程目标，业主必须将建筑工程的勘察设计、各专业工程施工、设备和材料供应等工作委托出去，必须与有关单位签订如下合同。

①建设工程勘察、设计合同。是指建设单位（委托方，亦称发包方）与工程勘察、设计单位（承包方或者承接方）为完成特定的工程建设项目的勘察、设计任务，明确双方权

利、义务协议。在此类合同中委托方通常是工程建设项目的业主（建设单位）或者项目管理部门，承包方是持有与其承担的委托任务相符的勘察、设计资格证书的勘察、设计单位。根据勘察、设计合同，承包方完成委托方委托的勘察、设计项目，委托方接受符合约定要求的勘察、设计成果，并付给对方报酬。勘察、设计合同的法律特征具有以下三个方面：勘察、设计合同的当事人双方应当是具有民事权利能力和民事行为能力的；应当取得法人资格的；在法律和法规允许的范围内均可以成为合同当事人的组织或者其他组织及个人。作为发包方必须是国家批准的建设工程项目，且已落实投资计划的企事业单位、社会组织；作为承包方应当是具有国家批准的勘察、设计许可证，具有经有关部门核准的资质等级的勘察、设计单位。勘察、设计合同的订立必须符合工程项目建设程序。勘察、设计合同必须符合国家规定的工程项目建设程序，而且合同订立应以国家批准的建设工程设计任务书或者其他有关文件为基础。勘察、设计合同具有建设工程合同的基本特征。

②建设工程施工合同。是发包人（建设单位、发包人或总包单位）与承包人（施工单位）之间为完成商定的建设工程项目，确定双方权利和义务的协议，是工程建设质量控制、进度控制、投资控制的主要依据，是项目管理的法律性文件，也是维持双方关系的纽带。建设工程施工合同是建设工程的主要合同，在市场经济条件下，承发包双方的权利义务关系主要是通过合同来确定的，建筑市场实行的是先定价后成交的期货交易，其远期交割的特性决定了施工合同的高风险性。

③建设工程监理合同。是指具有相应资质的监理单位受工程项目建设单位的委托，依据国家有关工程建设的法律、法规，经建设主管部门批准的工程项目建设文件、建设工程委托监理合同及其他建设工程合同，对工程建设实施的专业化监督管理。建设工程监理工作的主要内容包括：协助建设单位进行工程项目可行性研究，优化设计方案、监督设计单位和施工单位，审查设计文件，控制工程质量、造价和工期，监督和管理建设工程合同的履行，以及协调建设单位与工程建设有关各方的工作关系等。

④建设工程物资采购合同。是指建设单位（委托方，亦称发包方）与物资设备供应商为完成特定的工程建设项目而签订建设物资及设备的购买合同，明确双方权利、义务协议。建设工程造价的60%以上是由材料、设备的价值构成的，建设工程的质量也在很大程度上取决于所使用的材料和设备的质量。由此可见，物资采购供应工作是建设工程项目的重要组成部分，签订一个好的物资采购合同并保证它能如期顺利履行，对工程项目建设的成败和经济效益有着直接的、重大的影响。材料、设备种类繁多，市场变化较大，做好物资采购供应合同是一项既有工程技术经济管理经验又要有商务知识的工作。监理方与业主方签订监理合同后，按照合同约定对勘察合同、设计合同、施工合同、物资采购合同的履行情况进行监理，虽然监理方并没有与勘察方等四方订立直接合同，但却可以向他们行使权利，而勘察方等四方要按照监理方发出的要求履行各自的义务，此时，监理方与他们之间的权利义务关系基本与合同中的权利义务关系相同，监理方与勘察方等四方之间是一种间接合同关系。监理方的权利来源于业主方的委托，通过签订监理合同与业主方产生委托服务关系，按照业主方的授权对勘察合同、设计合同、施工合同、物资采购合同进行监督。

按照工程承包方式和范围的不同，业主可能订立几十份合同。例如将工程分专业、分阶段委托，将材料和设备供应分别委托，也可能将上述委托以形式合并，如把土建和安装委托给一个承包商，把整个设备供应委托给一个成套设备供应企业。当然，业主还可以与一个承包商订立一个总承包合同，由承包商负责整个工程的设计、供应、施工，甚至管理等工作。因此，一份合同的工程范围和内容会有很大区别。

(3) 承包商的主要合同关系

承包商是工程施工的具体实施者，是工程承包合同的执行者。承包商通过投标接受业主的委托，签订工程总承包合同。承包商要完成承包合同的责任，包括由工程量表所确定的工程范围的施工、竣工和保修，为完成这些工程提供劳动力、施工设备、材料，有时也包括技术设计。任何承包商也可能不具备所有的专业工程的施工能力、材料和设备的生产和供应能力，他同样可以将许多专业工作委托出去。所以，承包商常常又有自己复杂的合同关系。

分包合同。对于一些大的工程，承包商常常必须与其他承包商合作才能完成总承包合同责任。承包商把从业主那里承接到的工程中的某些分项工程或工作分包给另一承包商来完成，则与其要签订分包合同。

承包商在承包合同下可能订立许多分包合同，而分包商仅完成总承包商分包给自己的工程，向总承包商负责，与业主无合同关系。总承包商仍向业主担负全部工程责任，负责工程的管理和所属各分包商工作之间的协调，以及各分包商之间合同责任界面的划分，同时承担协调失误造成损失的责任，向业主承担工程风险。

在投标书中，承包商必须附上拟定的分包商的名单，供业主审查。如果在工程施工中重新委托分包商，必须经过监理工程师的批准。

供应合同是承包商为工程所进行的必要的材料与设备的采购和供应，必须与供应商签订供应合同；运输合同是承包商为解决材料和设备的运输问题而与运输单位签订的合同；加工合同是承包商将建筑构配件、特殊构件加工任务委托给加工承揽单位而签订的合同；租赁合同指在建设工程中，承包商需要许多施工设备、运输设备、周转材料。当有些设备、周转材料在现场使用率较低，或自己购置需要大量资金投入而自己又不具备这个经济实力时，可以采用租赁方式，与租赁单位签订租赁合同。

劳务供应合同。建筑产品往往要花费大量的人力、物力和财力。承包商不可能全部采用固定工来完成该项工程，为了满足任务的临时需要，往往要与劳务供应商签订劳务供应合同，由劳务供应商向工程提供劳务。

保险合同。承包商按施工合同要求对工程进行保险，与保险公司签订保险合同。承包商的这些合同都与工程承包合同相关，都是为了履行承包合同而签订的。此外，在许多大型工程中，尤其是在业主要求总承包的工程中，承包商经常是几个企业的联营，即联营承包（最常见的是设备供应商、土建承包商、安装承包商、勘察设计单位的联合投标）。这时承包商之间还需订立联营合同。

[案例] 合同关系——转包工程中拖欠的工资款由谁支付?

一、案例简介

施工单位拿到工程后，又将工程转包给私人包工头，结果造成了拖欠工人工资，施工单位对私人包工头拖欠的工人工资是否要承担法律责任呢？江苏省海安县人民法院审结的一起建设工程合同工程款纠纷案件对此作出了肯定的回答。

2002年3月18日，被告建筑公司与某房地产开发公司签订工程承包协议一份，约定：房产公司将其所开发的某新村的一幢工程发包给建筑公司承建。同年5月10日，建筑公司又与挂靠在公司名下从事建筑业的徐某协商，约定：建筑公司将其所承包的上述工程转包给徐某组织人员施工，工程的一切债权债务均由徐某负责等。同年10月，徐某又将上述工程的瓦工施工工程分包给原告顾某组织人员施工。2003年3月，顾某完成了施工任务。2004年3月25日，徐某与顾某结账，应支付顾某人工工资6460.05元。此后，顾某多次向徐某追要欠款未果，引起诉讼。

二、法院判决

海安县法院经审理后认为，建筑公司与房产公司订立的建筑工程施工合同符合法律的有关规定，应当认定合法有效。建筑公司将其承接的工程转包给徐某施工，该转包行为违反了法律规定，是无效的。徐某在施工期间又将瓦工工程分包给顾某，也违反了法律规定，鉴于徐某与顾某就完成的工程量已经进行了结算，其应当承担给付欠款的责任。建筑公司与徐某之间形成的挂靠关系，违反了法律的禁止性规定，其应当对徐某履行无效合同产生的法律后果承担连带责任。法院遂依照《中华人民共和国民法通则》以及《中华人民共和国建筑法》的有关规定，判决被告徐某向原告顾某给付工程款6460.05元，被告建筑公司承担连带责任。

三、案件评析

本案是一起因建设工程转包后又分包而引起的拖欠民工工资诉讼。因此，确定本案工资支付主体的关键就是要审查转包和分包行为的合法性。本案中，建筑公司将其承包的工程转包给徐某显然违反了《建筑法》、《合同法》及《建设工程质量管理条例》中关于违法转包的规定，虽然双方之间约定了工程的一切债务均由徐某自行承担，但该约定只在其双方之间发生法律效力，而不能对抗善意的第三人，建筑公司仍然要对其转包工程的违法行为承担给付欠款的法律责任。

转包和违法分包引起的拖欠民工工资问题已经引起了国家建设行政主管部门的高度重视，2004年4月1日起施行的《房屋建筑和市政基础设施工程施工分包管理办法》第十条第一款规定："分包工程发包人和分包工程承包人应当依法签订分包合同，并按照合同履行约定的义务。分包合同必须明确约定支付工程款和劳务工资的时间、结算方式以及保证按期支付的相应措施，确保工程款和劳务工资的支付。"因此，我们广大施工企业在施工承包、发包过程中一定要注意合法的分包与转包，以免违反法律的强制性规定，并造成权益损失。

1.3.2 建设工程合同管理概述

1. 建设工程合同管理的概念及目的

工程合同管理是对工程项目中相关合同的策划、签订、履行、变更、索赔和争议解决的管理。它是工程项目管理的重要组成部分。工程合同管理既包括各级工商行政管理机关、建设行政主管机关、金融机构对工程合同管理，也包括发包单位、监理单位、承包单位对工程合同的管理。可分为两个层次：第一层次是国家机关及金融机构对工程合同的管理，即合同的外部管理，它侧重于宏观管理；第二层次则是工程合同的当事人及监理单位对工程合同的管理，即合同的内部管理。

工程合同管理是为项目总目标和企业总目标服务的，保证项目总目标和企业总目标的实现。具体目的包括：

(1) 质量成本进度三大目标控制

即整个工程项目在预定的成本、工期范围内完成，达到预定的质量和功能要求。由于建筑活动耗费资金巨大、持续时间长，结构质量关乎人民的生命财产安全，一旦出现质量问题，将导致建筑物部分或全部报废，造成大量浪费。在成本控制的问题上，业主与承包商是既有冲突，又必须协调的，合理的工程价款为成本控制奠定基础，是合同中的核心条款。工程项目涉及的流程复杂、消耗人力物力多，再加上一些不可预见因素，都为工期控制增加了难度。

(2) 各方保持良好关系

工程建设参与各方都有着自己的利益，不可避免要发生冲突。在这种情况下，各方都应尽量与其他各方协调关系，使项目的实施过程顺利，合同争议较少，合同各方面能互相协调，都能够圆满地履行合同责任。在工程结束时使双方都感到满意，业主按计划获得一个合格的工程，达到投资目的；承包人不但获得合理的利润，还赢得了信誉，建立双方友好合作关系。这是企业经营管理和发展战略对合同管理的双赢要求。保证整个工程合同的签订和实施过程符合法律的要求。

2. 工程合同管理的作用

在工程项目管理中，合同决定着工程项目的目标。工程项目管理的合同其实也就是工程项目管理的目标和依据，所以合同管理作为项目管理的起点，控制并制约着安全管理、质量管理、进度管理、成本管理等方面。合同规定并调节着双方在合同实施中的责权利关系并且是工程实施中双方的最高行为准则。合同一经签订，只要有效，双方的经济关系就限制在合同范围内。由于双方权利和义务互为条件，所以合同双方都可以、也只能利用合同保护各自利益，限制和制约对方。合同不但决定双方在工程过程中的经济地位，而且合同地位受法律保护，在当事人之间，合同是至高无上的，如果不履行合同或者违反合同规定，就必将受到经济甚至法律的制裁。合同是解决双方争执的依据。在工程实施中争执经常发生。合同对争执的解决有两个重要作用：争执的判定以合同作为法律依据。即以合同条文判定争执的性质，谁对争执负责，负什么样的责任等。争执的解决方案和程序由合同规定。

3. 工程合同管理发展过程

合同制度在国内外有着悠久的发展历史，远在古罗马时代的奴隶社会，奴隶主买卖奴隶的契约，就是合同的一种形式。合同是伴随着人类社会经济贸易的发展而形成的商品、技术、服务的交换关系的管理制度。

合同作为一种企业之间横向联系的法律工具，是现代化大规模的商品生产和商品交换高度发展的结果。自从人类进行第三次社会大分工后，商品经济得到了飞速发展，生产的社会化程度越来越高，分工越来越细，整个社会成为一个生产协作的有机整体，不同企业都是这个有机体中的一个细胞。企业法人之间，既是竞争对象，又是相互依存的伙伴。几乎任何一件产品，企业不借助外界的协助，而单凭自身的力量完成生产的全过程，那是不可想像的。早期的工程比较简单，合同关系不复杂，所以合同条款也很简单。合同的作用主要体现在法律方面，人们主要将它作为一个法律问题看待，较多地从法律方面研究合同，关注合同条件在法律方面的严谨性和严密性。在我国，直到20世纪80年代中期，还没有合同文本，即便是大型工程项目的施工合同协议书内容也仅仅3～4页纸，那时对合同的研究也主要在合同法律方面。

建设工程合同，在《合同法》以前被称为建设工程承包合同。20 世纪 90 年代初我国逐渐出台了一些合同示范文本和管理办法，1991 年颁布的《建设工程施工合同（示范文本）》，1993 年 1 月 29 日，建设部制定了《建设工程施工合同管理办法》。1998 年 3 月 1 日起实施的《中华人民共和国建筑法》（以下简称《建筑法》）也对建设工程合同作出了有关规定。1999 年 10 月 15 日实行的《合同法》总结实行建设工程合同的经验，对建设工程合同及建设工程的勘察、设计和施工过程中的当事人的权利、义务和责任作了比较全面的规定。由国家建设部、国家工商行政管理局在 1991 年印发的版本的基础上修订，并于 1999 年 12 月 24 日颁布的《建设工程施工合同示范文本》GF—1999—0201 依据合同遵循法律、促进建设监理制的全面推行、规范承发包双方行为及促进建筑市场健康有序发展、结合我国实际借鉴国际惯例等原则，在文本的结构及文本的具体内容方面均有较大、较好的修改。由于工程合同关系复杂，合同文本复杂，以及合同文本的标准化，合同的相关事务性工作越来越复杂，人们注重合同的文本管理，并开发合同的文本和相关事务性管理软件。开始注意对工程承包企业和各层次的工程管理人员加强合同、合同管理及索赔的宣传、培训和教育，使大家重视合同和合同管理，强化合同、合同管理和索赔意识。

随着工程项目管理研究和实践的深入，人们注重加强工程项目管理过程中合同管理的职能，将合同管理融于工程项目管理全过程中。在计算机应用方面，研究并开发了合同管理的信息系统。在许多工程项目管理组织和工程承包企业组织中，建立了工程合同管理职能机构，使合同管理专业化。合同管理学科的知识体系和理论体系的逐渐形成，使其真正形成一门学科。

本 章 小 结

通过对鲁布革水电站引水工程招标投标内容的简要介绍，引入了我国建设工程招投标发展的历史；对建设工程招投标的概念、特点、基本原则、招投标的方式、招投标的范围和规模标准等内容作了重点阐述。对建设工程合同的概念、目标、特征以及建设工程合同体系的相关内容进行了分析，对于建设工程合同管理的概念、作用和合同管理的发展过程等内容进行了简要论述。

思 考 与 练 习

一、填空题

1.《招标投标法》规定：招标方式分为________和________。

2. 招投标程序可以分为________、________、________、________、________五个阶段。

3.《招标投标法》第五条：“招标投标活动应当遵循________、________、________和________的原则。”

4. 建设工程合同的特征有________、________、________、________。

5. 建设工程合同包括工程________、________、________合同。

6. 建设工程合同应当采用________形式。

二、选择题

1. 根据《中华人民共和国招标投标法》和国家计委有关规定，全部或部分使用国有资金投资或国家融资的项目，其重要设备材料的采购，单项合同估算价格在（　　）万元人民币以上时，必须进行招标。

A. 3000　　B. 1000　　C. 100　　D. 50

2. 投标人少于（　　）的，招标人应当依照《中华人民共和国招投标法》重新投标。

A. 3　　B. 4　　C. 5　　D. 10

3. 凡在国内使用国有资金的项目，必须进行招标的情况包括（　　）。

A. 勘察、设计、监理等服务的采购，单项合同估算价在 50 万元人民币以上

B. 重要设备、材料采购等货物的采购，单项合同估算价在 100 万元人民币以上

C. 施工单项合同估算价在 200 万元人民币以上

D. 项目总投资额在 1000 万元人民币以上

E. 项目总投资额在 2000 万元人民币以上

4. 招投标应遵循的原则有（　　）。

A. 公开　　B. 公平　　C. 投标方资信好　　D. 公正

E. 诚实信用

5. 根据国家计委关于工程建设项目招标范围和规模标准所作出的具体规定，关系到社会公共利益、公众安全的公用事业项目的范围包括（　　）。

A. 石油项目　　B. 供电项目　　C. 教育项目　　D. 商品住宅

E. 旅游项目

6. 建设工程的招标方式可分为（　　）。

A. 公开招标　　B. 邀请招标　　C. 议标　　D. 系统内招标

E. 行业内招标

7. 以下哪种不属于建设工程合同的特征（　　）。

A. 合同主体的严格性　　B. 合同标的物的特殊性

C. 合同履行期限的严格性　　D. 合同形式的特殊要求

8. 招标人采用邀请招标方式招标时，应当向（　　）个以上具备承担招标项目的能力、资信良好的特定的法人或者其他组织发出投标邀请书。

A. 3　　B. 4　　C. 5　　D. 2

9. 公开招标亦称无限竞争性招标，是指招标人以（　　）的方式邀请不特定的法人或者其他组织投标。

A. 投标邀请书　　B. 合同谈判　　C. 行政命令　　D. 招标公告

10. 符合下列（　　）情形之一的，经批准可以进行邀请招标。

A. 国际金融组织提供贷款的

B. 受自然地域环境限制的

C. 涉及国家安全、国家秘密，适宜招标但不适宜公开招标的

D. 项目技术复杂或有特殊要求只有几家潜在投标人可供选择的

E. 紧急抢险救灾项目，适宜招标但不适宜公开招标的

11. 在招标活动的基本原则中，招标人不得以任何方式限制或者排斥本地区、本系统以外的法人或者其他组织参加投标，体现了（　　）。

A. 公开原则　　　B. 公平原则　　　C. 公正原则　　　D. 诚实信用原则

12. 在招标活动的基本原则中，与投标人有利害关系的人员不得作为评标委员会的成员，体现了（　　）。

A. 公开原则　　　B. 公平原则　　　C. 公正原则　　　D. 诚实信用原则

（答案提示：1. C；2. A；3. ABC；4. ABDE；5. BCDE；6. AB；7. D；8. A；9. D；10. BCDE；11. B；12. B）

三、简答题

1. 工程招投标的含义和特征。

2. 工程招投标的强制招标的范围。

3. 我国建设工程招标投标活动应遵循哪些基本原则？

4. 何谓公开招标和邀请招标？

5. 建设工程合同的概念及特征。

6. 工程合同管理的概念及目的。

四、案例分析题

空军某部，根据国防需要，须在北部地区建设一雷达生产厂，军方原拟订在与其合作过的施工单位中通过招标选择一家，可是由于合作单位多达20家，军方为达到保密要求，再次决定在这20家施工单位内选择3家军队施工单位投标。

问题：

（1）上述招标人的做法是否符合《中华人民共和国招标投标法》规定？

（2）在何种情形下，经批准可以进行邀请招标？

（答案提示：符合《招标投标法》的规定。由于本工程涉及国家机密，不宜进行公开招标，可以采用邀请招标的方式选择施工单位。）

第2章 建设工程招标

[**学习指南**] 招标与投标属于要约和承诺特殊表现形式，是合同的形成过程。在工程项目实施的过程中，以招标投标的方式选择实施单位，已经成为主要的形式。学习中要掌握招标的基本程序，标准施工招标文件示范文本和资格预审文件的主要内容及编制方法。本章学习过程中，为了掌握相关知识，建议仔细查阅《招标投标法》和标准施工招标文件示范文本和资格预审文件的相关内容。重点掌握工程项目招标的程序，明确招标人应具备的基本条件；通过学习中华人民共和国标准施工招标文件示范文本，掌握招标文件的组成和编制；招标资格预审文件的主要内容和资格预审的程序；熟悉招标流程。

[**引导案例**] 广州新电视塔招标经验

广州新电视塔总高610m，建筑安装工程概算约16亿元。总用地面积约17.6万m^2，总建筑面积99946m^2。整个塔的造型恰似一位女子站在珠江边扭头一望。结构由一个钢结构外筒，一个椭圆形混凝土核心筒组成，包括连接这两者的组合楼面和塔体顶部的钢结构桅杆天线，塔身高454m，上部天线高156m，总高610m。组合楼面沿整个塔体高度按功能层分组，共约37个楼层。建设工期为50个月，质量目标为国家最高奖项鲁班奖。建设阶段由广州新电视塔建设有限公司负责，广州市政府委派广州市建设委员会负责领导监管工作。新电视塔工程项目招标有国内招标也有国际招标。国内招标吸引了全国范围内顶尖的建筑企业参与投标，国际招标有设计方案竞赛和电梯、设备采购，参加设计投标的投标人来自全世界13个一流的设计所，电梯设备采购吸引了世界知名品牌及其先进设备供应商参加竞投。

新电视塔项目招标的总体思路是，通过服务招标，选择专业机构提供工程项目管理的服务，使建设单位拥有的项目管理职权中的管理部分向专业机构转移，主要有质量安全检测咨询、招标代理、造价咨询、施工监理、设计监理、设备监理等。通过工程招标引入国内最优秀、综合实力最强、工程经验丰富、管理完善、具有相应资质的施工总承包企业，按合同约定对工程项目的质量、工期、造价等向建设单位负责，负责整个项目的施工实施和总体管理协调，包括深化设计，施工组织和实施、材料采购、施工总体管理和协调、技术攻关等。其中部分专业工程由建设单位直接公开招标，但都是由总承包单位进行管理。

工程招标的典型经验（摘自论文"广州新电视塔工程建设管理实践与思考"，作者：梁硕）：

(1) 选好招标代理单位。新电视塔项目招标内容多、专业多、综合性强、要求高，首要工作是选择一家综合实力强，招标经验丰富，技术力量雄厚，熟悉国家、省、市有关招投标法规，对项目情况了解的招标代理单位。

(2) 认真调查研究，抓好招标前的准备工作。在新电视塔项目招标工作中，建设单位精心组织招标代理、设计、设计咨询、监理等单位开展了一系列的调研工作，深入了解大型项目的招标操作模式，分析其成功和失败的经验，收集和整理国内潜在投标人的情况，并了解他们对本项目的投标意向，在充分调查研究的基础上，结合新电视塔工程的特点制定了工程招标模式，编制招标文件。例如，建设单位通过考察调研，了解并吸收了国内的几个大型项目的招标模式及项目实际管理中的经验，形成了新电视塔施工总承包招标工作中总承包主体的组成和选择方式、总承包单位的承包范围和管理范围、钢材生产厂家及钢结构加工厂选择方式的思路。为了客观评价钢结构加工标潜在投标单位的实力，建设单位在钢结构加工制作招标前，根据设计单位提供的钢结构节点图纸，本着自愿的原则，以成本补偿的方式委托潜在投标人制作完成节点试验段，使建设单位更加直观、科学地考察了潜在投标人的综合实力。

(3) 招标文件的编写。在编写招标文件时，充分征求各潜在投标人的意见，多次召开招标研讨会，集中时间、地点，同时将招标文件和合同条款的初稿发给各潜在投标人，认真听取他们对招标文件和合同条款的意见，采纳合理化建议。

(4) 评标委员会的组建。为保证新电视塔项目评标工作遵循公平、公开、充分竞争、科学、择优的原则展开，考虑到该工程的技术复杂性，评标委员会专家由招标人从全国范围内遴选多名经验丰富的知名专家组成新电视塔项目评标专家库，并由招标人和建设工程交易中心从此专家库中随机抽取。

(5) 科学设定投标限价，合理控制工程投资。投标限价的准确性，直接影响工程投资。建设单位组织招标代理单位和造价咨询单位分别编制工程量清单，再综合考虑是否漏项，工程量是否准确。根据确定的工程量清单，先由招标代理和造价咨询两家单位"背靠背"制定投标限价，并经招标小组初审通过，再由市造价站审核限价，最后由建设单位综合研究后确定投标限价。

(6) 评标时增加答辩环节。可以更直接了解投标人的综合水平。例如新电视塔施工总承包标的答辩分为三部分：第一部分由投标人播放模拟施工过程、诠释施工组织设计的三维动画演示影片，并作简短综合陈述；第二部分由投标人答辩组回答由技术标评标委员会提出的固定问题；第三部分为自由提问，主要由技术标评标委员会对投标人标书中的内容或答辩陈述中的内容进行有针对性的追踪提问。答辩后，可以使评标委员会专家充分了解投标单位对项目的了解水平，哪家投标单位对项目的重点、难点、特点了解最透彻、准备最充分。

(7) 招标时充分考虑实施阶段的管理。新电视塔施工总承包招标时制定了一系列实施阶段的管理办法，同招标文件一起发出，包括新电视塔的《工程施工总承包管理办法》、《工程计量与支付管理办法》等。

2.1 工程招标的条件和程序

2.1.1 工程项目招标条件

工程项目的建设应当按照建设管理程序进行。为了保证工程项目的建设符合国家或地方的总体发展规划，以及能使招标后工作顺利进行，因此不同标的的招标均需满足相应的条件。

1. 招标单位自行招标应具备的条件

《工程建设项目自行招标试行办法》规定，招标人是指依照法律规定进行工程建设项目的勘察、设计、施工、监理，以及与工程建设有关的重要设备、材料等招标的法人。为了保证招标行为的规范化、科学地评标，达到招标选择承包人的预期目的，招标人应满足以下的要求：

（1）有与招标工作相适应的经济、法律咨询和技术管理人员；

（2）有组织编制招标文件的能力；

（3）有审查投标单位资质的能力；

（4）有组织开标、评标、定标的能力。

利用招标方式选择承包单位属于招标单位自主的市场行为，因此《招标投标法》规定，招标人具有编制招标文件和组织评标能力的，可以自行办理招标事宜，向有关行政监督部门进行备案即可。如果招标单位不具备上述要求，则需委托具有相应资质的中介机构代理招标。

2. 招标代理机构应具备的条件

（1）工程招标代理机构选择

根据我国《招标投标法》规定，招标人应是“提出招标项目，进行招标的法人或者其他组织”。“招标人应当有进行招标项目的相应资金或者资金来源已经落实，并应当在招标文件中如实载明”。同时，“招标人具有编制招标文件和组织评标能力的，可以自行组织办理招标事宜”。

按照住房和城乡建设部的有关规定，依法必须进行施工招标的工程，招标人不具备编制招标文件和组织评标的能力时，招标人应当委托具有相应资格的工程招标代理机构代理施工招标。

工程招投标代理机构及其特征

工程招投标代理机构是接受被代理人的委托，为其办理工程的勘察、设计、施工、监理以及与工程建设有关的重要设备、材料采购等招标或投标事宜的社会组织。其中，被代理人一般是指工程项目的所有者或经营者，即建设单位或承包单位。

工程招投标代理机构负责提供代理服务，并属于社会中介组织，而且其选择应当是一种自愿行为。工程招投标代理在法律上属于委托代理，其行为必须符合代理委托的授权范围，否则属于无权代理。因此，签订代理协议并详细规定授权范围及代理人的权利、义务是代理机构进行代理行为的前提和依据。

招投标代理机构有以下几个特征：

①代理人必须以被代理人（招标人或投标人）的名义办理招标或投标事宜，但在一个招标项目中，只能做招标代理人，或者做某一个投标人的代理人。

②招标投标代理人应具有独立进行意思表示的职能，这样才能使招标投标正常进行，因为他是以其专业知识和经验为被代理人提供高智能的服务。

③建设工程招标投标代理人的行为必须符合代理委托授权范围。这是因为招标投标代理在法律上属于委托代理，超出委托授权范围的代理行为属于无权代理。同样，未经被代理人（招标人或投标人）委托授权而发生的代理行为也属于无权代理。被代理人对代理人的无权代理行为有拒绝权和追认权。

④建设工程招投标代理行为的法律后果由被代理人承担。

（2）工程招标代理机构的权利和义务

①招标代理机构的权利

A. 组织或参与招标活动，并要求招标人对代理工作提供协助；

B. 依据招标文件的要求，审查投标人的资质；

C. 对已发出的招标文件进行必要的澄清或修改；

D. 拒收投标截止时间以后送达的投标文件；

E. 代替招标人主持开标；

F. 按照规定收取招标代理费用。

②招标代理机构的义务

A. 遵守国家的方针、政策、法律及法规，维护招标人的合法权益；

B. 完成招标代理工作，如招标文件的编制与解释，并对其中的技术方案、数据和分析计算等科学性与正确性负责；

C. 保密义务。建设工程招投标代理机构，对招投标工作的各种数据和资料必须严格保密，不得擅自引用、发表或提供给第三方。违反者按合同规定赔偿经济损失并负法律责任；

D. 接受招投标管理结构的监督管理及招投标行业协会的指导；

E. 履行依法约定的其他义务。

《招标投标法》规定，招标人有权自行选择招标代理机构，委托其办理招标事宜。任何单位和个人不得以任何方式为招标人指定招标代理机构。招标代理机构是依法设立、从事招标代理业务并提供相关服务的社会中介组织。招标代理机构应当具备下列条件：

A. 有从事招标代理业务的营业场所和相应资金；

B. 有能够编制招标文件和组织评标的相应专业力量；

C. 有符合招投标法规定条件、可以作为评标委员会成员人选的技术、经济等方面的专家库。

对专家库的要求包括：

专家人选：应是从事相关领域工作满 8 年并具有高级职称或具有同等专业水平的技术、经济等方面人员。专业范围：专家的专业特长应能涵盖本行业或专业招标所需各个方面；人员数量应能满足建立库的要求。

委托代理机构招标是招标人的自主行为，任何单位和个人不得强制委托代理或指定招标代理机构。招标人委托的代理机构应尊重招标人的要求，在委托范围内办理招标事宜，并遵守《招标投标法》对招标人的有关规定。依法必须招标的建设工程项目，无论是招标人自行组织招标还是委托代理招标，均应当按照法规，在发布招标公告或者发出招标邀请书前，持有关材料到县级以上地方人民政府建设行政主管部门备案。

3. 招标项目应具备的条件

《工程建设项目施工招标投标办法》规定，依法必须招标的工程建设项目，应当具备下列条件才能进行施工招标：

（1）招标人已经依法成立；

（2）初步设计及概算应当履行审批手续的，已经批准；

（3）招标范围、招标方式和招标组织形式等应当履行核准手续的，已经核准；

（4）有相应资金或资金来源已经落实；

(5) 有招标所需的设计图纸及技术资料。

2.1.2 招标工作程序

建设工程公开招标工作程序如图 2-1 所示。

1. 建设工程项目报建

建设工程项目的立项批准文件或年度投资计划下达后，按照有关规定，须向建设行政主管部门的招标投标行政监管机关报建备案。工程项目报建备案的目的是便于当地建设行政主管部门掌握工程建设的规模，规范工程实施阶段程序的管理，加强工程实施过程的监督。建设工程项目报建备案后，具备招标条件的建设工程项目，即可开始办理招标事宜。凡未报建的工程项目，不得办理招标手续和发放施工许可证。

2. 审查招标人招标资质

组织招标有两种情况，招标人自己组织招标或委托招标代理机构代理招标。对于招标人自行办理招标事宜的，必须满足一定的条件，并向其行政监督机关备案，行政监督机关对招标人是否具备自行招标的条件进行监督。对委托的招标代理机构也应检查其相应的代理资质。

3. 招标申请

当招标人自己组织招标或委托招标代理机构代理招标确定后，应向其行政监管机提出招标申请。当招标申请批准后才可进行招标。

4. 编制资格预审文件和招标文件

招标申请被批准后，即可编制资格预审文件和招标文件。

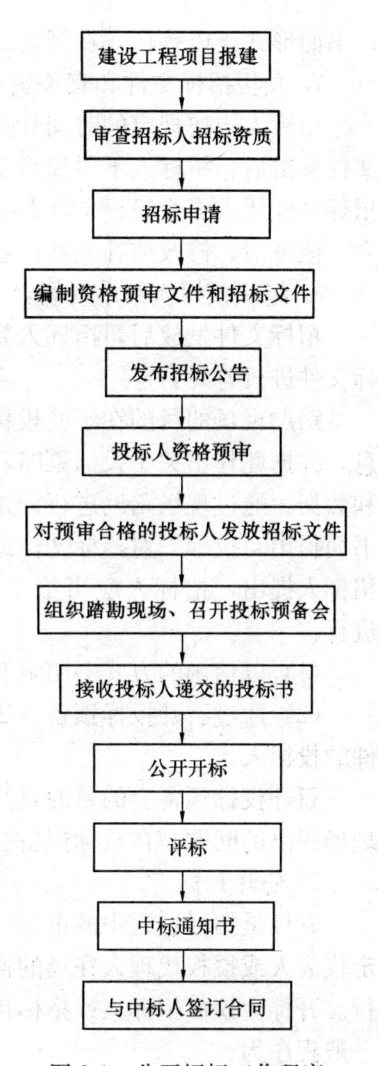

图 2-1 公开招标工作程序

(1) 资格预审文件。公开招标对投标人的资格审查，有资格预审和资格后审两种。资格预审是指在发售招标文件前，招标人对潜在投标人进行资质条件、业绩、技术、资金等方面的审查；资格后审是指在开标后评标前对投标人进行的资格审查。只有通过资格预（后）审的潜在投标人，才可以参加投标（评标）。我国通常采用资格预审的方法。

(2) 编制招标文件。招标文件的主要内容有：投标人须知，评标办法，合同条款及格式，工程量清单，图纸，技术标准和要求，投标文件格式，投标人须知前附表规定的其他材料。

5. 发布招标公告

招标文件、资格预审文件经审查批准后，招标人即可发布招标公告，吸引特定、不特定的潜在投标人前来投标。

6. 投标人资格预审

通过对申请单位填报的资格预审文件和资料进行评比和分析，按程序确定出合格的潜在投标人名单，并向其发出资格预审合格通知书。投标人收到资格预审合格通知书后，应以书面形式予以确认，在规定的时间购买招标文件、图纸及有关技术资料。

7. 发售招标文件和有关资料

招标人应按规定的时间和地点向经审查合格的投标人发售招标文件及有关资料。招标文件发出后，招标人不得擅自变更其内容。确需进行必要的澄清、修改或补充的，应当在招标文件要求提交投标文件截止时间前一定的时期内，书面通知所有获得招标文件的投标人。该澄清、修改或补充的内容是招标文件的组成部分，对招标人和投标人都有约束力。

8. 组织投标人踏勘现场，召开投标预备会，对招标文件进行答疑

招标文件发放后，招标人要在招标文件规定的时间内，组织投标人踏勘现场，并对招标文件进行答疑。

踏勘现场的目的在于使投标人了解工程现场和周围环境情况，获取对投标有帮助的信息，并据此作出关于投标策略和投标报价的决定；同时还可以针对招标文件中的有关规定和数据，通过现场踏勘进行详细的核对，对于现场实际情况与招标文件不符之处向招标人书面提出。投标人对招标文件或在现场踏勘中疑问或不清楚的问题，应当用书面的形式向招标人提出，招标人应当给予解释和答复。招标人的答疑可以根据情况采用以下方式进行：

（1）以信函的方式书面解答。解答内容应同时送达所有获得招标文件的投标人；

（2）通过召开投标预备会进行解答。以会议记录形式将解答内容送达所有获得招标文件的投标人。

召开投标预备会的目的是为了澄清招标文件中的疑问，解答投标人对招标文件和踏勘现场提出的问题。在投标预备会上还应对图纸进行交底和解释。

9. 公开开标

开标是招标过程中的重要环节。开标应在招标文件规定的时间、地点，在投标单位法定代表人或授权代理人在场的情况下举行开标会议。开标一般在当地建设工程交易中心进行。开标会议由招标人或招标代理机构组织并主持，招标管理机构到场监督。开标会议的一般程序为：

（1）参加开标会议的人员签名报到；

（2）会议主持人宣布开标会议开始，宣读招标人法定代表人资格证明或招标人代表的授权委托书，介绍参加会议的单位和人员，宣布唱标人员、记录人员名单。唱标、记录人员一般由招标人或代理机构的工作人员担任；

（3）请投标人或其推选的代表检查投标文件的密封情况，也可委托公证机构检查并公证；

（4）由主持人当众宣布评标定标原则及办法；

（5）招标人或招标投标管理机构的人员对投标文件的密封、标志、签署等情况进行检查；

（6）由唱标人员进行唱标。唱标是指公布投标文件的主要内容，如投标人名称、投标报价、工期、质量、投标保证金等；

（7）由招标投标管理机构当众宣布审定后的标底（如果有）；

（8）投标人的法定代表人或其委托代理人核对开标会议记录，并签字确认开标结果。

应当指出的是：招标人在招标文件要求提交投标文件的截止时间前收到的所有投标文件，

开标时都应当当众予以拆封。如果是在招标文件所要求的提交投标文件的截止时间以后收到的投标文件，则不予开启，应原封不动地退回。

10. 评标

当开标过程结束后，进入评标阶段。评标由招标人依法组建的评标委员会负责，评标委员会由招标人的代表和有关经济、技术方面的专家组成。与投标人有利害关系的人不得进入相关项目的评标委员会，评标委员会的名单在中标结果确定之前应保密。招标人应采取必要措施，保证评标在严格保密的情况下进行。评标委员会在完成评标后，应当向招标人提出书面评标报告，并推荐合格的中标候选人，整个评标过程应在招标投标管理机构的监督下进行。

11. 发出中标通知书

在评标结束后，招标人以评标委员会提供的评标报告为依据，对评标委员会所推荐的中标候选人进行比较确定中标人，招标人也可以授权评标委员会直接确定中标人，定标应当择优。

评标确定中标人后，招标人应当向中标人发出中标通知书，并同时将中标结果通知所有未中标的投标人。中标通知书对招标人和中标人具有法律约束效力。中标通知书发出后，招标人改变中标结果的，或者中标人放弃中标项目的，应承担法律责任。

12. 与中标人签订合同

招标人与中标人应当在发出中标通知书 30 天的规定时间期限内，正式签订书面合同，中标人要按照招标文件的约定提交履约担保或履约保函。合同订立后，招标人应及时通知其他未中标的投标人，同时退还投标保证金。

2.2 招标文件的编制

2.2.1 招标文件的概念与作用

建设工程施工招标文件是由招标单位或其委托的咨询代理机构编制发布的。它既是投标单位编制投标文件的依据，也是招标单位与将来中标单位签订工程承包合同的基础，招标文件中的各项要求，对整个招标工作乃至承包发包双方都有约束力。

招标人根据招标项目特点和需要编制招标文件，它是投标人编制投标文件和报价的依据，因此应当包括招标项目的所有实质性要求和条件。招标文件通常分为投标须知、合同条件、技术规范、图纸和技术资料、工程量清单、招标控制价等几大部分内容。

建设工程招标文件是建设工程招标投标活动中重要的文件，它不仅规定了完整的招标程序，而且还提出了各项技术标准和交易条件，拟列了合同的主要条款。招标文件是评标委员会评审的依据，也是签订合同的基础，同时也是投标人编制投标文件的重要依据。

2.2.2 招标文件的编制

2.2.2.1 工程施工招标文件范本的使用

为规范招标文件的内容和格式，节约招标文件编写的时间，提高招标文件的质量，国家有关部门分别编制了工程施工招标文件范本。如财政部编制的《世界银行贷款项目招标文件范本》，原建设部编制的《建设工程施工招标文件范本》、《房屋建筑和市政基础设施工程施工招标文件范本》，交通部编制的《公路工程国际招标文件范本》、《公路工程国内招标文件范本》，国家电力公司编制的《电力工程招标程序及招标文件范本》等。鉴于目前施工招投标还有很多领域没有招标文件范本，各行业及部门已有的范本体系不统一，概念和术语不规范，特别是对评标标准和方法等重要内容也还不规范，2004 年由国家发改委牵头，与财政部、水利部、原建设部、信息产业部等共同开始编制《施工招标文件范本》。目前，《中华人民共和国标准施工招标文件（2007 年版）》颁布后，在政府投资工程建设项目的招标投标活动中试点使用。《标准施工招标文件（2007 年版）》适用于一定规模以上，且设计和施工不是由同一承包商承担的工程施工招标。招标人可以结合工程项目具体情况，对《标准施工招标文件（2007 年版）》进行调整和修改。为了规范房屋建筑和市政工程施工招标资格预审文件、招标文件编制活动，促进房屋建筑和市政工程招标投标公开、公平和公正，根据《〈标准施工招标资格预审文件〉和〈标准施工招标文件〉试行规定》（国家发改委、财政部、建设部等九部委令第 56 号），中华人民共和国住房和城乡建设部制定了《房屋建筑和市政工程标准施工招标资格预审文件》和《房屋建筑和市政工程标准施工招标文件》，自 2010 年 6 月 9 日起施行。

这些“范本”在推进我国招投标工作中起到重要作用，在使用“范本”编制具体工程项目的招标文件中，通用文件和标准条款不需做任何改动，只需根据招标工程的具体情况，对投标人须知前附表、专用条款、技术规范、工程量清单、投标书附录等部分的内容重新进行编写，加上招标图纸即可构成一套完整的招标文件。

2.2.2.2 招标投标相关法规中关于招标文件的规定

按照我国《招标投标法》的规定，招标文件应当包括招标项目的技术要求、对投标人资格审查的标准、投标报价要求和评标标准等所有实质性要求和条件以及签订合同的主要条款。

根据《招标投标法》规定，招标文件的内容大致分为三类：

（1）关于编写和提交投标文件的规定。载入这些内容的目的是尽量减少承包商或供应商由于不明确如何编写投标文件而处于不利单位或投标文件遭到拒绝的可能。

（2）关于对投标人资格审查的标准及投标文件的评审标准和方法。这是为了提高招标过程的透明性和公平性，所以非常重要。

（3）关于合同的主要条款，其中主要是商务性条款，有利于投标人了解中标后签订合同的主要内容，明确双方的权利义务。招标人应当在招标文件中规定实质性要求和条件，并用醒目的方式标明。

根据《招标投标法》和中华人民共和国住房和城乡建设部的有关规定，施工项目招标文件编制中还应遵守如下规定：

（1）说明评标原则和评标办法。

（2）施工招标项目工期超过 12 个月的，招标文件可以规定工程造价指数体系、价格调整因素和调整方法。

（3）招标文件中建设工期比工期定额缩短 20%以上的，投标报价中可以计算赶工措施费。

（4）投标准备时间（即从开始发出招标文件之日起，至投标人提交投标文件截止之日止）最短不得少于 20 天。

（5）在招标文件中应明确投标价格的计算依据，主要有以下几个方面：过程计价类别；执行的概预算定额及费用定额；执行的人工、材料、机械设备政策性调整文件等；工程量清单。

（6）质量标准必须达到国家施工验收规范合格标准，对于要求质量达到优良标准时，应计取补偿费用，补偿费用的计算方法应按国家或地方有关文件的规定执行，并在招标文件中明确。

（7）由于施工单位原因造成不能按合同工期竣工时，计取赶工措施费的需扣除，同时还应补偿由于误工给建设单位带来的损失。其损失费用的计算方法应在招标文件中明确。

（8）如果建设单位要求按合同工期提前竣工交付使用，应考虑计取提前工期奖，提前工期奖的计算方法应在招标文件中明确。

（9）在招标文件中应明确投标保证金的数额及支付方式。

（10）关于工程量清单，招标单位需按国家颁布的统一的项目编码、项目名称、计量单位和工程量计算规则，根据施工图纸计算工程量，提供给投标单位作为投标报价的基础。

（11）合同条款的编写，招标单位在编制招标文件时，应根据《中华人民共和国合同法》、《建设工程施工合同管理办法》的规定和工程的具体情况确定合同条款的内容。

2.2.2.3 招标文件内容

根据《房屋建筑和市政工程标准施工招标文件》（2010版）和《标准施工招标文件》的内容，招标文件可分为：

第一卷

第一章　招标公告（未进行资格预审）

投标邀请书（适用于邀请招标）

投标邀请书（代资格预审通过通知书）

第二章　投标人须知

第三章　评标办法（经评审的最低投标价法和综合评估法）

第四章　合同条款及格式

第五章　工程量清单

第二卷

第六章　图纸

第三卷

第七章　技术标准和要求

第四卷

第八章 投标文件格式

现将上述内容简要说明如下：

1. 招标公告

（1）招标公告的内容

招标公告适用于资格后审方法的公开招标，主要包括的内容有：

①招标条件。包括：工程建设项目名称、项目审批、核准或备案机关名称及批准文件编号；项目业主名称；项目资金来源和出资比例；招标人名称；该项目已具备招标条件。

②工程建设项目概况与招标范围。对工程建设项目建设地点、规模、计划工期、招标范围、标段划分等进行概括性的描述，使潜在投标人能够初步判断是否有意愿以及自己是否有能力承担项目的实施。

③资格后审的投标人资格要求。申请人应具备的工程施工资质等级、类似业绩、安全生产许可证、质量认证体系证书，以及对财务、人员、设备、信誉等能力和方面的要求。是否允许联合体申请投标以及相应要求；投标人投标的标段数量或指定的具体标段。

④招标文件获取的时间、方式、地点、价格。应满足发售时间不少于5个工作日。写明招标文件的发售地点。招标文件的售价应当合理，不得以营利为目的。且招标文件售出后，不予退还。为了保证投标人在未中标后及时退还图纸，必要时，招标人可要求投标人提交图纸押金，在投标人退还图纸时退还该押金，但不计利息。

⑤投标文件递交的截止时间、地点。根据招标项目具体特点和需要确定投标文件递交的截止时间，注意应从招标文件开始发售到投标文件截止日不得少于20日。送达地点要详细告知。对于逾期送达的或者未送达指定地点的投标文件，招标人不予受理。

⑥公告发布媒体。按照有关规定同时发布本次招标公告的媒体名称。

⑦联系方式。包括招标人和招标代理机构的联系人、地址、邮编、电话、传真、电子邮箱、开户银行和账号等。

(2) 招标公告的发布

依法必须招标项目的招标公告，应当在国务院发展改革部门指定的报刊、信息网络等媒介上发布。其中，各地方人民政府依照审批权限审批、核准、备案的依法必须招标民用建筑项目的招标公告，可在省、自治区、直辖市人民政府发展改革部门指定的媒介上发布。在信息网络上发布的招标公告，至少应当持续到招标文件发出截止时间为止。招标公告的发布应当充分公开，任何单位和个人不得非法干涉、限制招标公告的发布地点、发布范围或发布方式。

根据《招标公告发布暂行办法》(国家计委［2000］4号令）规定，《中国日报》、《中国经济导报》、《中国建设报》、“中国采购与招标网”（http：//www.chinabidding.com.cn）为指定依法必须招标项目的招标公告发布媒体。其中，国际招标项目的招标公告应在《中国日报》发布。

下面以某市政府办公楼项目工程招标公告为例说明招标公告的内容。

2. 投标人须知

投标人须知是招标文件中很重要的一部分内容，投标者在投标时必须仔细阅读和理解，按须知中的要求进行投标，其内容包括：总则、招标文件、投标文件、投标、开标、评标、合同授予、重新招标和不再招标、纪律和监督与需要补充的其他内容等。一般在投标人须知前有一张“前附表”。

“前附表”是将投标人须知中重要条款规定的内容用一个表格的形式列出来，以使投标者在整个投标过程中必须严格遵守和深入地考虑见表2-1。

(1) 总则

在总则中要说明项目概况、资金来源和落实情况、招标范围、计划工期和质量要求、投标人资格要求、投标费用承担、保密、语言文字、计量单位、踏勘现场、投标预备会、分包和偏离等问题。

某政府办公楼工程招标公告

1. 招标条件

本招标项目某政府办公楼工程（项目名称）已由某市发改委批准建设，项目业主为某市政府，建设资金来自政府投资，项目已具备招标条件，现对该项目的施工进行公开招标。

2. 项目概况与招标范围

建设地点：某市政府院内

规模：3000m^2

计划工期：2009年10月1日开工　2010年3月10日竣工

招标范围：土建、装饰

3. 投标人资格要求

3.1　本次招标要求投标人须具备施工总承包叁级及以上资质，并在人员、设备、资金等方面具有相应的施工能力。

3.2　本次招标不接受联合体投标。

4. 招标文件的获取

4.1　凡有意参加投标者，请于2009年6月20日至2009年6月26日（法定公休日、法定节假日除外），每日上午 9 时至 11 时，下午 2 时至 4 时（北京时间，下同），在某市工程交易中心持单位介绍信购买招标文件。

4.2　招标文件每套售价500元，售后不退。图纸押金500元，在退还图纸时退还（不计利息）。

5. 投标文件的递交

5.1　投标文件递交的截止时间（投标截止时间，下同）为 2009 年 7 月 29 日 9 时 0 分，地点为某市工程交易中心。

5.2　逾期送达的或者未送达指定地点的投标文件，招标人不予受理。

6. 发布公告的媒介

本次招标公告同时在《某市晚报》、《某市招标信息网》上发布。

7. 联系方式

招标人：	______	招标代理机构：	______
地址：	______	地址：	______
邮编：	______	邮编：	______
联系人：	______	联系人：	______
电话：	______	电话：	______
传真：	______	传真：	______
电子邮件：	______	电子邮件：	______
网址：	______	网址：	______
开户银行：	______	开户银行：	______
账号：	______	账号：	______

投标人须知 **表 2-1**

序号	条款号	须知内容
1	1.1	项目名称：某某市政府办公楼工程 工程地点：某某市政府院内 建筑面积：3000m^2 计划工期：2009 年 10 月 1 日开工　2010 年 3 月 10 日竣工 招标方式：公开招标 计价方式：采用工程量清单报价方式，固定单价 质量要求：合格
2	2.1	资金来源：政府投资
3	4.1	投标人资格要求：房屋建筑工程施工总承包叁级及以上资质 项目经理资格：贰级及以上建造师资格
4	4.3	资格审查方式：资格后审
5	14.1	投标有效期：自开标之日起 30 日
6	15.1	投标保证金：人民币 10 万元
7	17.1	投标文件份数：每标段单独制作投标文件，正本一份，副本五份，并提供电子文档一份（光盘形式，投标文件电子文档原文件应为 WORD 或 EXCEL 格式）
8	24.3	投标文件递交地点：某市工程交易中心
9	20.1	投标截止日期：2009 年7 月29 日9 时
10	23.1	开标时间：2009 年7 月29 日9 时 开标地点：某市工程交易中心

①项目概况和资金来源通过前附表（表 2-1）中 1.1、2.1 项所述内容。

②投标人资格要求（适用于未进行资格预审的）一般应说明如下内容：

A. 参加投标的单位至少要求满足前附表（表 2-1）4.1 所规定的资质等级。

B. 参加投标的单位必须具有独立法人资格和相应的施工资质，非本国注册的应按建设行政主管部门有关管理规定取得施工资质。

C. 为说明投标单位符合投标合格的条件和履行合同的能力，在提供的投标文件中应包括下列资料：

a. 营业执照、资质等级证书、安全生产许可证及中国注册的施工企业建设主管部门核准的资质证件。

b. 投标单位近年完成的类似项目情况和正在施工的和新承接的项目情况。

c. 按规范格式提供项目管理机构组成表和主要人员简历表。主要人员简历表中的项目经理应附项目经理证、身份证、职称证、学历证、养老保险复印件，管理过的项目业绩须附合同协议书复印件；技术负责人应附身份证、职称证、学历证、养老保险复印件，管理过的项目业绩须附证明其所任技术职务的企业文件或用户证明；其他主要人员应附职称证（执业证或上岗证书）、养老保险复印件。

d. 按规定格式提供完成本合同拟投入本标段的主要施工设备表。

e. 按规定格式提供拟分包项目情况表。

f. 要求投标单位提供自身的近年财务状况表。

g. 要求投标单位提供近年发生的诉讼及仲裁情况。

D. 投标人须知前附表规定接受联合体投标的，应遵守以下规定：

a. 联合体各方应按招标文件提供的格式签订联合体协议书，明确联合体牵头人和各方权利义务。

b. 由同一专业的单位组成的联合体，按照资质等级较低的单位确定资质等级。

c. 联合体各方不得再以自己名义单独或参加其他联合体在同一标段中投标。

③投标费用。投标单位应承担投标期间的一切费用，不管是否中标，招标单位不承担投标单位的一切投标费用。

④保密。参与招标投标活动的各方应对招标文件和投标文件中的商业和技术等秘密保密，违者应对由此造成的后果承担法律责任。

⑤语言文字。除专用术语外，与招标投标有关的语言均使用中文。必要时专用术语应附有中文注释。

⑥计量单位。所有计量均采用中华人民共和国法定计量单位。

⑦踏勘现场：

A. 投标人须知前附表规定组织踏勘现场的，招标人按投标人须知前附表规定的时间、地点组织投标人踏勘项目现场。

B. 投标人踏勘现场发生的费用自理。

C. 除招标人的原因外，投标人自行负责在踏勘现场中所发生的人员伤亡和财产损失。

D. 招标人在踏勘现场中介绍的工程场地和相关的周边环境情况，供投标人在编制投标文件时参考，招标人不对投标人据此作出的判断和决策负责。

⑧投标预备会：

A. 投标人须知前附表规定召开投标预备会的，招标人按投标人须知前附表规定的时间和地点召开投标预备会，澄清投标人提出的问题。

B. 投标人应在投标人须知前附表规定的时间前，以书面形式将提出的问题送达招标人，以便招标人在会议期间澄清。

C. 投标预备会后，招标人在投标人须知前附表规定的时间内，将对投标人所提问题的澄清，以书面方式通知所有购买招标文件的投标人。该澄清内容为招标文件的组成部分。

⑨分包。投标人拟在中标后将中标项目的部分非主体、非关键性工作进行分包的，应符合投标人须知前附表规定的分包内容、分包金额和接受分包的第三人资质要求等限制性条件。

⑩偏离。投标人须知前附表允许投标文件偏离招标文件某些要求的，偏离应当符合招标文件规定的偏离范围和幅度。

（2）招标文件

①招标文件的组成

招标文件包括：

A. 招标公告（或投标邀请书）。

B. 投标人须知。

C. 评标办法。

D. 合同条款及格式。

E. 工程量清单。

F. 图纸。

G. 技术标准和要求。

H. 投标文件格式。

I. 投标人须知前附表规定的其他材料。

对招标文件所作的澄清、修改，构成招标文件的组成部分。投标单位应对组成招标文件的内容全面阅读。若投标文件实质上有不符合招标文件要求的，将有可能被拒绝。

②招标文件的澄清

A. 投标人应仔细阅读和检查招标文件的全部内容。如发现缺页或附件不全，应及时向招标人提出，以便补齐。如有疑问，应在投标人须知前附表规定的时间前以书面形式（包括信函、电报、传真等可以有形地表现所载内容的形式），要求招标人对招标文件予以澄清。

B. 招标文件的澄清将在投标人须知前附表规定的投标截止时间15天前以书面形式发给所有购买招标文件的投标人，但不指明澄清问题的来源。如果澄清发出的时间距投标截止时间不足15天，相应延长投标截止时间。

C. 投标人在收到澄清后，应在投标人须知前附表规定的时间内以书面形式通知招标人，确认已收到该澄清。

③招标文件的修改

A. 在投标截止时间15天前，招标人可以书面形式修改招标文件，并通知所有已购买招标文件的投标人。如果修改招标文件的时间距投标截止时间不足15天，相应延长投标截止时间。

B. 投标人收到修改内容后，应在投标人须知前附表规定的时间内以书面形式通知招标人，确认已收到该修改。

（3）投标文件

①投标文件的组成

投标文件应包括下列内容：

A. 投标函及投标函附录。

B. 法定代表人身份证明或附有法定代表人身份证明的授权委托书。

C. 联合体协议书。

D. 投标保证金。

E. 已标价工程量清单。

F. 施工组织设计。

G. 项目管理机构。

H. 拟分包项目情况表。

I. 资格审查资料。

J. 投标人须知前附表规定的其他材料。

投标人须知前附表规定不接受联合体投标的，或者投标人没有组成联合体的，投标文件不包括联合体协议书。

②投标报价

A. 投标人应按工程量清单的要求填写相应表格。

B. 投标人在投标截止时间前修改投标函中的投标总报价，应同时修改工程量清单中的相应报价，修改须符合有关要求。

③投标有效期

A. 在投标人须知前附表规定的投标有效期内，投标人不得要求撤销或修改其投标文件。

B. 出现特殊情况需要延长投标有效期的，招标人以书面形式通知所有投标人延长投标有效期。投标人同意延长的，应相应延长其投标保证金的有效期，但不得要求或被允许修改或撤销其投标文件；投标人拒绝延长的，其投标失效，但投标人有权收回其投标保证金。

④投标保证金

A. 投标人在递交投标文件的同时，应按投标人须知前附表规定的金额、担保形式和投标文件格式规定的投标保证金格式递交投标保证金，并作为其投标文件的组成部分。联合体投标的，其投标保证金由牵头人递交，并应符合投标人须知前附表的规定。

B. 投标人不按要求提交投标保证金的，其投标文件作废标处理。

C. 招标人与中标人签订合同后5个工作日内，向未中标的投标人和中标人退还投标保证金。

D. 有下列情形之一的，投标保证金将不予退还：

a. 投标人在规定的投标有效期内撤销或修改其投标文件；

b. 中标人在收到中标通知书后，无正当理由拒签合同协议书或未按招标文件规定提交履约担保。

⑤资格审查资料（适用于已进行资格预审的）。投标人在编制投标文件时，应按新情况更新或补充其在申请资格预审时提供的资料，以证实其各项资格条件仍能继续满足资格预审文件的要求，具备承担本标段施工的资质条件、能力和信誉。

⑥资格审查资料（适用于未进行资格预审的）

A. 投标人基本情况表应附投标人营业执照副本及其年检合格的证明材料、资质证书副本和安全生产许可证等材料的复印件。

B. 近年财务状况表应附经会计师事务所或审计机构审计的财务会计报表，包括资产负债表、现金流量表、利润表和财务情况说明书的复印件，具体年份要求见投标人须知前附表。

C. 近年完成的类似项目情况表应附中标通知书和（或）合同协议书、工程接收证书（工程竣工验收证书）的复印件，具体年份要求见投标人须知前附表。每张表格只填写一个项目，并标明序号。

D. 正在施工和新承接的项目情况表应附中标通知书和（或）合同协议书复印件。每张表格只填写一个项目，并标明序号。

E. 近年发生的诉讼及仲裁情况应说明相关情况，并附法院或仲裁机构作出的判决、裁决等有关法律文书复印件，具体年份要求见投标人须知前附表。

F. 投标人须知前附表规定接受联合体投标的，规定的表格和资料应包括联合体各方相关情况。

⑦备选投标方案。除投标人须知前附表另有规定外，投标人不得递交备选投标方案。允许投标人递交备选投标方案的，只有中标人所递交的备选投标方案可予以考虑。评标委员会认为中标人的备选投标方案优于其按照招标文件要求编制的投标方案的，招标人可以接受该备选投标方案。

⑧投标文件的编制

A. 投标文件应按投标文件格式进行编写，如有必要，可以增加附页，作为投标文件的组成部分。其中，投标函附录在满足招标文件实质性要求的基础上，可提出比招标文件要求更有利于招标人的承诺。

B. 投标文件应当对招标文件有关工期、投标有效期、质量要求、技术标准和要求、招标范围等实质性内容作出响应。

C. 投标文件应用不褪色的材料书写或打印，并由投标人的法定代表人或其委托代理人签字或盖单位章。委托代理人签字的，投标文件应附法定代表人签署的授权委托书。投标文件应尽量避免涂改、行间插字或删除。如果出现上述情况，改动之处应加盖单位章或由投标人的法定代表人或其授权的代理人签字确认。签字或盖章的具体要求见投标人须知前附表。

D. 投标文件正本一份，副本份数见投标人须知前附表。正本和副本的封面上应清楚地标记"正本"或"副本"的字样。当副本和正本不一致时，以正本为准。

E. 投标文件的正本与副本应分别装订成册，并编制目录，具体装订要求见投标人须知前附表规定。

（4）投标

①投标文件的密封和标记

A. 投标文件的正本与副本应分开包装，加贴封条，并在封套的封口处加盖投标人单位章。

B. 投标文件的封套上应清楚地标记"正本"或"副本"字样，封套上应写明的其他内容见投标人须知前附表。

C. 未按要求密封和加写标记的投标文件，招标人不予受理。

②投标文件的递交

A. 投标人应在规定的投标截止时间前递交投标文件。

B. 投标人递交投标文件的地点见投标人须知前附表。

C. 除投标人须知前附表另有规定外投标人所递交的投标文件不予退还。

D. 招标人收到投标文件后，向投标人出具签收凭证。

E. 逾期送达的或者未送达指定地点的投标文件，招标人不予受理。

③投标文件的修改与撤回

A. 在规定的投标截止时间前，投标人可以修改或撤回已递交的投标文件，但应以书面形式通知招标人。

B. 投标人修改或撤回已递交投标文件的书面通知应按照要求签字或盖章。招标人收到书面通知后，向投标人出具签收凭证。

C. 修改的内容为投标文件的组成部分。修改的投标文件应按照规定进行编制、密封、标记和递交，并标明“修改”字样。

（5）开标

①开标时间和地点。招标人在规定的投标截止时间（开标时间）和投标人须知前附表规定的地点公开开标，并邀请所有投标人的法定代表人或其委托代理人准时参加。

②开标程序。

主持人按下列程序进行开标：

A. 宣布开标纪律。

B. 公布在投标截止时间前递交投标文件的投标人名称，并点名确认投标人是否派人到场。

C. 宣布开标人、唱标人、记录人、监标人等有关人员姓名。

D. 按照投标人须知前附表规定检查投标文件的密封情况。

E. 按照投标人须知前附表的规定确定并宣布投标文件开标顺序。

F. 设有标底的，公布标底。

G. 按照宣布的开标顺序当众开标，公布投标人名称、标段名称、投标保证金的递交情况、投标报价、质量目标、工期及其他内容，并记录在案。

H. 投标人代表、招标人代表、监标人、记录人等有关人员在开标记录上签字确认。

I. 开标结束。

（6）评标

①评标委员会

A. 评标由招标人依法组建的评标委员会负责。评标委员会由招标人或其委托的招标代理机构熟悉相关业务的代表，以及有关技术、经济等方面的专家组成。评标委员会成员人数及技术、经济等方面专家的确定方式见投标人须知前附表。

B. 评标委员会成员有下列情形之一的，应当回避：

a. 招标人或投标人的主要负责人的近亲属；

b. 项目主管部门或行政监督部门的人员；

c. 与投标人有经济利益关系，可能影响对投标公正评审的；

d. 曾因在招标、评标及其他与招标投标有关活动中从事违法行为而受过行政处罚或刑事处罚的。

②评标原则。评标活动遵循公平、公正、科学和择优的原则。

③评标。评标委员会按照评标办法规定的方法、评审因素、标准和程序对投标文件进行评审。评标办法没有规定的方法、评审因素和标准，不作为评标依据。

（7）合同授予

①定标方式。除投标人须知前附表规定评标委员会直接确定中标人外，招标人依据评标委员会推荐的中标候选人确定中标人。评标委员会推荐的中标候选人应当限定在1～3人，并标明排列顺序，评标委员会推荐中标候选人的具体人数见投标人须知前附表。

②中标通知。在规定的投标有效期内，招标人以书面形式向中标人发出中标通知书，同时将中标结果通知未中标的投标人。

③履约担保

在签订合同前，中标人应按投标人须知前附表规定的金额、担保形式和合同条款及格式规定的履约担保格式向招标人提交履约担保。联合体中标的，其履约担保由牵头人递交，并应符合投标人须知前附表规定的金额、担保形式和合同条款及格式规定的履约担保格式要求。

中标人不能按要求提交履约担保的，视为放弃中标，其投标保证金不予退还，给招标人造成的损失超过投标保证金数额的，中标人还应当对超过部分予以补偿。

④签订合同

A. 招标人和中标人应当自中标通知书发出之日起 30 天内，根据招标文件和中标人的投标文件订立书面合同。中标人无正当理由拒签合同的，招标人取消其中标资格，其投标保证金不予退还；给招标人造成的损失超过投标保证金数额的，中标人还应当对超过部分予以赔偿。

B. 发出中标通知书后，招标人无正当理由拒签合同的，招标人向中标人退还投标保证金；给中标人造成损失的，还应当赔偿损失。

(8) 重新招标和不再招标

①重新招标

有下列情形之一的，招标人将重新招标：

A. 投标截止时间止，投标人少于 3 个的。

B. 经评标委员会评审后否决所有投标的。

②不再招标。重新招标后投标人仍少于 3 个或所有投标被否决的，属于必须审批或核准的工程建设项目，经原审批或核准部门批准后不再进行招标。

(9) 纪律和监督

①对招标人的纪律要求。招标人不得泄漏招标投标活动中应当保密的情况和资料，不得与投标人串通损害国家利益、社会公共利益或他人合法权益。

②对投标人的纪律要求。投标人不得相互串通投标或与招标人串通投标，不得向招标人或评标委员会成员行贿谋取中标，不得以他人名义投标或以其他方式弄虚作假骗取中标；投标人不得以任何方式干扰、影响评标工作。

③对评标委员会成员的纪律要求。评标委员会成员不得收受他人的财物或者其他好处，不得向他人透露对投标文件的评审和比较、中标候选人的推荐情况及评标有关的其他情况。在评标活动中，评标委员会成员不得擅离职守，影响评标程序正常进行，不得使用“评标办法”中没有规定的评审因素和标准进行评标。

④对与评标活动有关的工作人员的纪律要求。与评标活动有关的工作人员不得收受他人的财物或者其他好处，不得向他人透露对投标文件的评审和比较、中标候选人的推荐情况以及评标有关的其他情况。在评标活动中，与评标活动有关的工作人员不得擅离职守，影响评标程序正常进行。

⑤投诉。投标人和其他利害关系人认为本次招标活动违反法律、法规和规章规定的，有权向有关行政监督部门投诉。

(10) 需要补充的其他内容

需要补充的其他内容可参照投标人须知前附表。

3. 评标办法

《招标投标法》规定的评标方法有经评审的最低投标价法和综合评估法。具体评标的办法将在本教材第5章讲述。

4. 合同条款及格式

《合同法》第275条规定，施工合同的内容包括工程范围、建设工期、中间交工工程的开工和竣工时间、工程质量、工程造价、技术资料交付时间、材料和设备供应责任、拨款和结算、竣工验收、质量保修范围和质量保证双方相互协作等条款。

为了提高效率，招标人可以采用《标准文件》，或者结合行业合同示范文本的合同条款编制招标项目的合同条款。

中华人民共和国《标准施工招标文件》（2007版）的通用合同条款包括了一般约定、发包人义务、有关监理单位的约定、有关承包人义务的约定、材料和工程设备、施工设备和临时设施、交通运输、测量、放线、施工安全、治安保卫和环境保护、进度计划、开工和竣工、暂停施工、工程质量、试验和检验、变更与变更的估价原则、价格调整原则、计量与支付、竣工验收、缺陷责任与保修责任、保险、不可抗力、违约、索赔、争议的节约等共24条。合同附件格式包括了合同协议书格式、履约担保格式、预付款担保格式等。

《中华人民共和国房屋建筑和市政工程标准施工招标文件（2010年版）》的通用合同条款与《标准施工招标文件》（2007版）中的通用合同条款内容一致。

5. 工程量清单

自2008年12月1日起施行的《建设工程工程量清单计价规范》GB50500－2008（以下简称“规范”）中，规定了采用工程量清单方式招标，工程量清单必须作为招标文件的组成部分，其准确性和完整性由招标人负责。

（1）相关概念

①工程量清单的含义

工程量清单是表现拟建工程的分部分项工程项目、措施项目、其他项目名称及其相应工程数量的明细清单，是由招标人按照《建设工程工程量清单计价规范》附录中统一的项目编码、项目名称、计量单位和工程量计算规则进行编制。包括分部分项工程量清单、措施项目清单、其他项目清单。

工程量清单是建设工程招标文件的重要组成部分。是指由建设工程招标人发出的、对招标工程的全部项目，按统一的工程量计算规则、项目划分和计量单位计算出的工程数量列出的表格。

②工程量清单计价方法

工程量清单计价方法是建设工程招标投标中，招标人按照国家统一的工程量计算规则提供工程数量，由投标人依据工程量清单自主报价，并按照经评审低价中标的工程造价的计价方式。

③工程量清单计价

工程量清单计价是指投标人完成由招标人提供的工程量清单所需的全部费用，包括分部分项工程费、措施项目费、其他项目费和规费、税金。

（2）工程量清单的内容和编制

工程量清单由分部分项工程量清单、措施项目清单、其他项目清单、规费项目清单、税金项目清单组成。

①分部分项工程量清单

A. 分部分项工程量清单应根据附录规定的项目编码、项目名称、项目特征、计量单位和工程量计算规则进行编制。

B. 分部分项工程量清单的项目编码，应采用十二位阿拉伯数字表示。一至九位应按附录的规定设置，十至十二位应根据拟建工程的工程量清单项目名称设置，同一招标工程的项目编码不得有重码。

C. 分部分项工程量清单的项目名称应按附录的项目名称结合拟建工程的实际确定。

D. 分部分项工程量清单中所列工程量应按附录中规定的工程量计算规则计算。

E. 分部分项工程量清单的计量单位应按附录中规定的计量单位确定。

F. 分部分项工程量清单项目特征应按附录中规定的项目特征，结合拟建工程项目的实际予以描述。

②措施项目清单

措施项目是指为完成工程项目施工，发生于该工程施工前和施工过程中的非工程实体项目。

措施项目主要包括安全文明施工（含环境保护、文明施工、安全施工、临时设施)、夜间施工、二次搬运、冬雨季施工、大型机械设备进出场及安拆、施工排水、施工降水、地上、地下设施、建筑物的临时保护设施、已完工程及设备保护。

措施项目清单应根据拟建工程的实际情况列项；措施项目中可以计算工程量的项目清单宜采用分部分项工程量清单的方式编制，列出项目编码、项目名称、项目特征、计量单位和工程量计算规则；不能计算工程量的项目清单，以“项”为计量单位。

③其他项目清单

应根据拟建工程的具体情况，参照以下内容列项：暂列金额、暂估价、计日工、总承包服务费。

④规费和税金项目清单

规费项目清单应按照下列内容列项：工程排污费、工程定额测定费、社会保障费、住房公积金、危险作业意外伤害保险。税金项目清单包括营业税、城市维护建设费、教育费附加。

具体表格格式将在第 4 章部分给出。

6. 设计图纸

设计图纸是合同文件的重要组成部分，是编制工程量清单以及投标报价的重要依据，也是进行施工及验收的依据。通常招标时的图纸并不是工程所需的全部图纸，在投标人中标后还会陆续颁发新的图纸以及对招标时图纸的修改。因此，在招标文件中，除了附上招标图纸外，还应该列明图纸目录。图纸目录一般包括：序号、图名、图号、版本、出图日期等。图纸目录以及相对应的图纸将对施工过程的合同管理以及争议解决发挥重要作用。

7. 技术标准和要求

技术标准和要求也是构成合同文件的组成部分。技术标准的内容主要包括各项工艺指标、施工要求、材料检验标准，以及各分部、分项工程施工成型后的检验手段和验收标准等。有些项目根据所需行业的习惯，也将工程子目的计量支付内容写进技术标准和要求中。项目的专业特点和所引用的行业标准的不同，决定了不同项目的技术标准和要求存在区别，同样的一项技术指标，可引用的行业标准和国家标准可能不止一个，招标文件编制者应结合本项目的实际情况加以引用，如果没有现成的标准可以引用，用些大型项目还有必要将其作为专门的科研项目来研究。

8. 投标文件格式

投标文件格式的主要作用是为投标人编制投标文件提供固定的格式和编排顺序，以规范投标文件的编制，同时便于评标委员会评标。

2.2.2.4 编写工程招标文件应注意的问题

1. 招标文件应体现工程建设项目的特点和要求

招标文件牵涉到的专业内容比较广泛，具有明显的多样性和差异性，编写一套适用于具体工程建设项目的招标文件，需要具有较强的专业知识和一定的实践经验，还要准确把握项目专业特点。编制招标文件时必须认真阅读研究有关设计与技术文件，与招标人充分沟通，了解招标项目的特点和需求，包括项目概况、性质、审批或核准情况、标段划分计划、资格审查方式、评标方法、承包模式、合同计价类型、进度时间节点要求等，并充分反映在招标文件中。

2. 招标文件必须明确投标人实质性响应的内容

投标人必须完全按照招标文件的要求编写投标文件，如果投标人没有对招标文件的实质性要求和条件作出响应，或者响应不完全，都可能导致投标人投标失败。所以，招标文件中需要投标人作出实质性响应的所有内容，如招标范围、工期、投标有效期、质量要求、技术标准和要求等应具体、清晰、无争议，且宜以醒目的方式提示，避免使用原则性的、模糊的或者容易引起歧义的语句。

3. 防范招标文件中的违法、歧视性条款

编制招标文件必须熟悉和遵守招标投标的法律法规，并及时掌握最新规定和有关技术标准，坚持公平、公正、遵纪守法的要求。严格防范招标文件中出现违法、歧视、倾向条款限制、排斥或保护潜在投标人，并要公平合理划分招标人和投标人的风险责任。只有招标文件客观与公正才能保证整个招投标活动的客观与公正。

4. 保证招标文件格式、合同条款的规范一致

编制招标文件应保证格式文件、合同条款规范一致，从而保证招标文件逻辑清晰、表达准确，避免产生歧义和争议。招标文件合同条款部分如采用通用合同条款和专用合同条款形式编写的，正确的合同条款编写方式为：“通用合同条款”应全文引用，不得删改；“专用合同条款”则应按其条款编号和内容，根据工程实际情况进行修改和补充。

5. 招标文件语言要规范、简练

编制、审核招标文件应一丝不苟、认真细致。招标文件语言文字要规范、严谨、准确、精炼、通顺，要认真推敲，避免使用含义模糊或容易产生歧义的词语。招标文件的商务部分与技术部分一般由不同人员编写，应注意两者之间及各专业之间的相互结合与一致性，应交叉校核，检查各部分是否有不协调、重复和矛盾的内容，确保招标文件的质量。

招标文件的内容不得违反公开、公平、公正和诚实信用原则，以及法律、行政法规的强制性规定，否则违反部分无效。影响招标投标活动正常进行的，依法必须招标项目应当重新招标。国务院有关行政主管部门制定标准招标文件，由招标人按照有关规定使用。

6. 投标有效期的规定

招标人应当在招标文件中规定投标有效期。投标有效期从招标文件规定的提交投标文

件截止之日起计算。在投标有效期结束前出现特殊情况的，招标人可以书面形式要求所有投标人延长投标有效期。投标人同意延长的，不得要求或者被允许修改其投标文件的实质性内容，但应当相应延长其投标保证金的有效期；投标人拒绝延长的，其投标失效，但投标人有权收回其投标保证金。

2.2.3 招标文件的发出

招标人应当按招标公告规定的时间、地点发出招标文件。自招标文件开始发出之日起至停止发出之日止，最短不得少于5个工作日。招标文件发出后，不予退还。政府投资项目的招标文件应当自发出之日起至递交投标文件截止时间止，以适当方式向社会公开，接受社会监督。对招标文件的收费应当限于补偿印刷及邮寄等方面的成本支出，不得以营利为目的。

依法必须招标项目在招标文件停止发出之日止，获取招标文件的潜在投标人少于3个的，招标人应当重新招标。

2.2.4 招标文件的澄清与修改

在提交投标文件的截止时间前，招标人可对已发出的招标文件进行必要的澄清或者修改。澄清或者修改的内容可能影响投标人编制投标文件的，招标人应当在提交投标文件截止时间至少15日前，以书面形式通知所有获取招标文件的潜在投标人；不足15日的，招标人应当顺延提交投标文件的截止时间。

这里的“澄清”，是指招标人对招标文件中的遗漏、词义表述不清或对比较复杂事项进行的补充说明或回答投标人提出的问题。这里的“修改”是指招标人对招标文件中出现的遗漏、差错、表述不清等问题认为必须进行的修订。对招标文件的澄清与修改，应当注意以下三点：

（1）招标人有权对招标文件进行澄清与修改

招标文件发出后，无论出于何种原因，招标人可以对发现的错误或遗漏，在规定时间内主动地或在解答潜在投标人提出的问题时进行澄清或者修改，改正差错，避免损失。

（2）澄清与修改的时限

招标人对已发出的招标文件的澄清与修改，按《招标投标法》第23条规定，应当在提交投标文件截止时间至少15日前通知所有购买招标文件的潜在投标人。

（3）澄清或修改的内容应为招标文件的组成部分

按照《招标投标法》第二十三条关于招标人对招标文件澄清和修改应“以书面形式通知所有招标文件收受人。该澄清或修改的内容为招标文件的组成部分”的规定，招标人可以直接采取书面形式，也可以采用召开投标预备会的方式进行解答和说明，但最终必须将澄清与修改的内容以书面方式通知所有招标文件收受人，而且作为招标文件的组成部分。

2.2.5 招标终止

除因不可抗力或者其他非招标人原因取消招标项目外，招标人不得在发布资格预审公告、招标公告后或者发出投标邀请书后擅自终止招标。

终止招标的，招标人应当及时通过原公告媒介发布终止招标的公告，或者以书面形式通知被邀请投标人；已经发出资格预审文件或者招标文件的，还应当以书面形式通知所有已获取资格预审文件或者招标文件的潜在投标人，并退回其购买资格预审文件或者招标文件的费用；已提交资格预审申请文件或者投标文件的，招标人还应当退还资格预审申请文件、投标文件、投标保证金。

2.3 资格预审文件的编制

一般来说，资格审查可分为资格预审和资格后审。资格预审是指在投标前对潜在投标人进行的资格审查；资格后审是指在投标后对投标人进行的资格审查。通常公开招标采用资格预审，只有资格预审合格的施工单位才允许参加投标。不采用资格预审的公开招标应进行资格后审，即在开标后进行资格审查。

资格预审是指在投标前对潜在投标人进行的资质条件、业绩、信誉、技术能力、资金保障能力等多方面情况进行资格审查。而资格后审是指在开标后对投标人进行的资格审查。

资格后审是投标人不需经过预审即可参加投标，待开标后再对其进行资格审查，审查合格者方可参加评标。资格后审的内容和资格预审基本相同。这种审查方式通常在工程规模不大、预计投标人不会很多或者实行邀请招标的情况下采用，可以节省资格审查的时间和人力，有助于提高效率和降低招标费用。

资格预审主要是审查潜在投标人是否符合下列条件：

（1）具有独立订立合同的权利。

（2）具有圆满履行合同的能力，包括专业、技术资格和能力，资金、设备和其他物质设施状况，管理能力，经验、信誉和相应的工作人员。此外，如果国家对投标人的资格条件另有规定的，招标人必须依照其规定，不得与这些规定相冲突或低于这些规定的要求。如国家重大建筑项目的施工招标中，国家要求一级施工企业才能承包，招标人就不能让二级及以下的施工企业参与投标。在不损害商业秘密的前提下，潜在投标人或投标人应向招标人提交能证明上述有关资质和业绩情况的法定证明文件或其他资料，这样就能预先淘汰不合格的投标人，减少评标阶段的工作时间和费用，也使不合格的投标人节约购买招标文件、现场考察和投标的费用。

资格预审与资格后审的关系见表2-2。

资格预审与资格后审的关系　　表2-2

资格审查	审查时间	载明的文件	内容与标准
资格预审	投标前	资格预审文件	相同
资格后审	开标后	招标文件	

2.3.1 资格预审的目的

资格预审的目的是为了排除那些不合格的投标人，进而降低招标人的采购成本，提高招标工作的效率，可以吸引实力雄厚的投标人参加竞争。

2.3.2 资格预审的程序

1. 发出资格预审公告

进行资格预审的，招标人可以发布资格预审公告。资格预审公告的发布方式和内容与前述招标公告相同。

2. 发出资格预审文件

招标公告或资格预审公告后，招标人向申请参加资格预审的申请人出售资格预审文件。资格预审的内容包括基本资格审查和专业资格审查两部分。基本资格审查是指对审查人的合法地位和信誉等进行的审查，专业资格审查是对已经具备基本资格的申请人履行拟定招标采购项目能力的审查。

招标人应当按资格预审公告规定的时间、地点发出资格预审文件。自资格预审文件开始发出之日起至停止发出之日止，最短不得少于5个工作日。资格预审文件发出后，不予退还。政府投资项目的资格预审文件应当自发出之日起至递交资格预审申请文件止，以适当方式向社会公开，接受社会监督。对资格预审文件的收费应当限于补偿印刷及邮寄等方面的成本支出，不得以营利为目的。

依法必须招标项目在资格预审文件停止发出之日止，获取资格预审文件的申请人少于3个的，招标人应当重新进行资格预审或者不经资格预审直接招标。

3. 对潜在投标人资格的审查

政府投资项目的资格预审由招标人组建的审查委员会负责，审查委员会成员资格、人员构成以及专家选择方式，依照《招标投标法》规定执行。资格预审应当按照资格预审文件规定的标准和方法进行。资格预审文件未规定的标准和方法，不得作为资格审查的依据。

资格审查委员会的组成同评标委员会的组成要求。

招标人在规定的时间内，按照资格预审文件中规定的标准和方法，对提交资格预审申请书的潜在投标人资格进行审查。资格预审和后审的内容是相同的，主要审查潜在投标人或者投标人是否具备下列条件：

(1) 具有独立订立合同的能力。

(2) 具有履行合同的能力，包括专业、技术资格和能力，资金、设备和其他物质设施状况，管理能力，经验、信誉和相应的从业人员。

(3) 没有处于被责令停业，投标资格取消，财产被接管、冻结，破产状态。

(4) 在最近三年内没有骗取中标和严重违约及重大工程质量问题。

(5) 法律、行政法规规定的其他资格条件。

资格审查时，招标人不得以不合理的条件限制、排斥潜在投标人或投标人，不得对潜在投标人或投标人实行歧视待遇。任何单位和个人不得以行政手段或者其他不合理方式限制投标人的数量。

4. 发出资格预审合格通知书

资格预审结束后，招标人应当向通过资格预审的申请人发出资格预审通过通知书，告知获取招标文件的时间、地点和方法，并同时向未通过资格预审的申请人书面告知其资格预审结果。未通过资格预审的申请人不得参加投标。通过资格预审的申请人不足3个的，依法必须招标项目的招标人应当重新进行资格预审或者不经资格预审直接招标。

2.3.3 资格预审文件的内容

根据《中华人民共和国标准资格预审文件（2007年版）》和《中华人民共和国房屋建筑和市政工程标准施工招标资格预审文件（2010年版）》的内容，资格预审的内容主要包括：

第一章 资格预审公告

第二章　申请人须知

第三章　资格审查办法（合格制、有限数量制）

第四章　资格预审申请文件格式

第五章　项目建设概况

1. 资格预审公告

对于要求资格预审的公开招标应发布资格预审公告，对于进行资格后审的公开招标应发布招标公告。

资格预审公告的内容主要包括以下内容：

(1) 工程项目的名称、建设地点、工程规模、资金来源。

(2) 对申请资格预审施工单位的要求。主要写明投标人应具备以往类似工程经验和在施工机械设备、人员和资金、技术等方面有能力执行上述工程的、令招标人满意的证明，以便通过资格预审。

(3) 招标人和招标代理机构（如果有的话）名称、工程承包的方式、工程招标的范围、工程计划开工和竣工的时间。

(4) 要求投标人就工程的施工、竣工、质量保修所需的劳务、材料、设备和服务的供应提交资格预审申请书。

(5) 获取进一步信息和资格预审文件的具体地址、时间和价格。

(6) 资格预审申请文件递交的截止时间、地址等。

(7) 向所有参加资格预审的投标人发出资格预审通知书的时间。

2. 申请人须知

资格预审须知主要包括以下内容：

(1) 总则。在总则中分别列出招标人名称、项目名称、资金来源、项目概述等。

(2) 资格预审文件。资格预审文件包括资格预审公告、申请人须知、资格审查办法、资格预审申请文件格式、项目建设概况，以及资格预审文件的澄清和资格预审文件的修改。

(3) 资格预审申请文件。资格预审申请文件主要包括：

①资格预审申请函；

②法定代表人身份证明或附有法定代表人身份证明的授权委托书；

③联合体协议书；

④申请人基本情况表；

⑤近年财务状况表；

⑥近年完成的类似项目情况表；

⑦正在施工和新承接的项目情况表；

⑧近年发生的诉讼及仲裁情况；

⑨其他材料：见申请人须知前附表。

(4) 资格预审申请文件的递交。资格预审申请文件应按照规定要求填写，并在规定时间递交。

(5) 资格预审申请文件的审查。

(6) 通知和确认。招标人在申请人须知前附表规定的时间内以书面形式将资格预审结果通知申请人，并向通过资格预审的申请人发出投标邀请书。

3. 资格审查办法

资格审查办法有合格制和有限数量制两种。

合格制：凡符合规定审查标准的申请人均通过资格预审，不限制人数。

有限数量制：是审查委员会依据规定的审查标准和程序，对通过初步审查和详细审查的资格预审申请文件进行量化打分，按得分由高到低的顺序确定通过资格预审的申请人。通过资格预审的申请人不超过资格审查办法前附表规定的数量。

一般情况下应当采用合格制，凡符合资格预审文件规定的资格条件的资格预审申请人，都可通过资格预审。潜在投标人过多的，可采用有限数量制，招标人应当在资格预审文件中载明资格预审申请人应当符合的资格条件、对符合资格条件的申请人进行量化的因素和标准，以及通过资格预审申请人的数额，对于工程投资额 1000 万元以上的项目该数额不得少于 9 个，符合资格条件的申请人不足该数额的，不再进行量化，所有符合资格条件的申请人均视为通过资格预审。

审查方法：初步审查标准和详细审查标准见表 2-3。

资格审查相关内容　　表 2-3

<table>
<tr><th>项目</th><th colspan="4">内　容</th></tr>
<tr><td rowspan="4">资格预审的内容</td><td colspan="2">基本资格审查</td><td colspan="2">基本资格审查是对申请人合法地位和信誉进行审查</td></tr>
<tr><td colspan="2">专业资格审查</td><td colspan="2">专业资格审查是对已经具备基本资格的申请人履行拟定招标采购项目能力的审查</td></tr>
<tr><td colspan="4">①具有独立订立合同的权利；②具有履行合同的能力，包括专业、技术资格和能力，资金、设备和其他物质设施状况，管理能力，经验、信誉和相应的从业人员；③没有处于被责令停业，投标资格被取消，财产被接管、冻结，破产状态；④在最近三年内没有骗取中标和严重违约及重大工程质量问题；⑤法律、行政法规规定的其他资格条件</td></tr>
<tr><td colspan="4">对投标人的限制性规定，国家发改委等九个单位签署的第 56 号令</td></tr>
<tr><td rowspan="5">资格审查办法</td><td rowspan="2">合格制审查办法</td><td>初步审查</td><td>初步审查的要素、标准包括：①申请人名称与营业执照、资质证书、安全生产许可证一致；②有法定代表人或其委托代理人签字或加盖单位章；③申请文件格式填写符合要求；④联合体申请人已提交联合体协议书，并明确联合体牵头人（如有）</td><td rowspan="2">无论是初步审查，还是详细审查，其中有一项因素不符合审查标准的，均不能通过资格预审</td></tr>
<tr><td>详细审查</td><td>详细审查的要素、标准包括：①具备有效的营业执照；②具备有效的安全生产许可证；③资质等级、财务状况、类似项目业绩、信誉、项目经理资格、其他要求及联合体申请人等，均符合有关规定</td></tr>
<tr><td rowspan="3">有限数量制审查办法</td><td>审查方法</td><td colspan="2">审查委员会依据规定的审查标准和程序，对通过初步审查和详细审查的资格预审申请文件进行量化打分，按得分由高到低的顺序确定通过资格预审的申请人</td></tr>
<tr><td>审查情况</td><td colspan="2">评分中，通过详细评审的申请人不少于 3 个且不超过规定数量的，均通过资格预审。如超过规定数量的，审查委员会依据评分标准进行评分，按得分由高到低的顺序排列</td></tr>
<tr><td>评分标准</td><td colspan="2">主要的评分标准有：财务状况、类似项目业绩、信誉和认证体系等</td></tr>
<tr><td colspan="5">上述两种方法中，如通过详细评审的申请人不足 3 个的，招标人重新组织资格预审或不再组织资格预审而直接招标</td></tr>
</table>

审查委员会依据规定的标准，对资格预审申请文件进行初步审查。有一项因素不符合审查标准的，不能通过资格预审。可以要求申请人提交“申请人须知”中规定的有关证明和证件的原件，以便核验。

审查委员会依据规定的标准，对通过初步审查的资格预审申请文件进行详细审查。有一项因素不符合审查标准的，不能通过资格预审。

4. 资格预审申请文件格式

为了让资格预审申请人按统一的格式递交申请书，在资格预审文件中按通过资格预审的条件编制成统一的表格，让申请人填报，以便申请人公平竞争和对其进行公证评审是非常重要的。

资格预审后，招标人应当向合格的投标申请人发出资格预审合格通知书，告知获取招标文件的时间、地点和方法，并同时向资格预审不合格的投标申请人告知资格预审结果。

资格预审申请文件的内容一般包括：

①资格预审申请函；②法定代表人身份证明或授权委托书；③联合体协议书；④申请人基本情况表；⑤近年财务状况表；⑥近年完成的类似项目情况表；⑦正在施工的和新承接的项目情况表；⑧近年发生的诉讼和仲裁情况；⑨其他材料：包括其他企业信誉情况表、拟投入主要施工机械设备情况表、拟投入项目管理人员情况表等内容。

5. 项目建设概况

项目建设概况包括项目说明、建设条件、建设要求和其他需要说明的情况。

资格预审文件的内容不得违反公开、公平、公正和诚实信用原则，以及法律、行政法规的强制性规定，否则违反部分无效。因部分无效影响资格预审正常进行的，依法必须招标项目应当重新进行资格预审或者不经资格预审直接招标。国务院有关行政主管部门制定标准资格预审文件，由招标人按照有关规定使用。

2.3.4 资格预审结果的发出

资格预审结果要以书面形式通知申请人，并向通过资格预审的申请人发出投标邀请书。申请人收到投标邀请书后，应在规定的时间内以书面形式明确表示是否参加投标。未表示是否参加投标或明确表示不参加投标的，不得再参加投标；因而造成潜在投标人数量不足3个的，招标人重新组织资格预审或不再组织资格预审而直接招标。

［案例一］ 某培训中心办公楼工程为依法必须进行招标的项目，招标人采用国内公开招标方式组织该项目施工招标，在资格预审公告中表明选择不多于7名的潜在投标人参加投标。资格预审文件中规定资格审查分为“初步审查”和“详细审查”两步，其中初步审查中给出了详细的评审因素和评审标准，但详细审查中未规定具体的评审因素和标准，仅注明“在对实力、技术装备、人员状况、项目经理的业绩和现场考察的基础上进行综合评议，确定投标人名单”。

该项目有10个潜在投标人购买了资格预审文件，并在资格预审申请截止时间前递交了资格预审申请文件。招标人依照相关规定组建了资格审查委员会，对递交的10份资格预审文件进行了初步审查，结论为“合格”。在详细审查过程中，资格审查委员会没有依据资格预审文件对初步审查的申请人逐一进行评审和比较，而采取了去掉3个评审最差的申请人的方法。其中1个申请人为区县级施工企业，有评委认为其实力差；还有1个申请人据说爱打官司，合同履约信誉差，审查委员会一致同意将这两个申请人判为不通过资格审查。

审查委员会对剩下的8个申请人找不出理由确定哪个申请人不能通过资格审查，一致同意采用抓阄的方式确定最后1个不通过资格审查的申请人，从而确定了剩下的7个申请人为投标人，并据此完成了审查报告。

问题：

(1) 招标人在上述资格预审过程中存在哪些不正确的地方？为什么？

(2) 审查委员会在上述审查过程中存在哪些不正确的做法？为什么？

解析：

(1) 本案中，招标人编制的资格预审文件中，采用“在对实力、技术装备、人员状况、项目经理的业绩和现场考察的基础上进行综合评议，确定投标人名单”的做法。实际上没有载明资格审查标准和办法，违反了《工程建设项目施工招标投标办法》第十八条的规定。

(2) 本案中，资格审查委员会存在以下三方面不正确的做法：

①审查的依据不符合法规规定。本案在详细审查过程中，审查委员会没有依据资格预审文件中确定的资格审查标准和方法，对资格预审申请文件进行审查，如审查委员会没有对申请人技术装备、人员状况、项目经理的业绩和现场情况等审查因素进行审查。又如在没有证据的情况下，采信了某个申请人“爱打官司，合同履约信誉差”的说法等；同时审查过程不完整，如审查委员会仅对末位申请人进行了审查，而没有对其他7位投标人的实力、技术装备、人员状况、项目经理的业绩和现场考察进行审查就直接确定为通过资格审查申请人的做法等。

②对申请人实行了歧视性待遇，如认为区县级施工企业实力差的做法。

③以不合理条件排斥限制潜在投标人，如“采用抓阄的方式确定最后1个不通过资格审查的申请人”的做法等。

[案例二] 资格预审合格单位的取舍

某大型工程项目实行国际竞争性招标。在刊出邀请资格预审通告后，有20家承包商按限定时间和要求递交资格预审申请书。招标机构采用“定项评分法”进行评分预审，结果有12家承包商的总分达到最低标准。招标人认为获得投标资格的申请人太多，考虑到这些申请人准备投标的费用太高，遂决定再按得分高低，取总分前6名的申请人前来购买招标文件，通知其他申请人未能通过资格预审。

问题：该招标人的做法是否合适？

解析：按照惯例，所有符合资格预审标准的申请人都应允许购买招标文件参加投标。这12家申请人既然都已经达到最低分数标准，说明都具有投标承包工程的能力，因此应获得同等购买招标文件的资格。若投标，这12家承包商都有中标的可能。因此，招标人如果要取前6名，就应事先规定，而不能事后做决定，否则是不公平的。我国《工程建设项目招标投标办法》规定：任何单位和个人不得以行政手段或者其他不合理方式限制投标人的数量。所以该案例中招标人的做法是不合适的。

2.4 建设工程招标标底和招标控制价的编制

2.4.1 工程标底

1. 标底的概念

建设工程标底是建筑安装工程造价的一种重要表现形式，它是由招标人（业主）或委托具有编制标底资格和能力的工程咨询机构，根据国家（或地方）公布的统一工程项目划分、统一的计量单位、统一的计算规则以及设计图纸和招标文件，并参照国家规定的技术标准、经济定额等资料编制工程价格。

工程的标底是审核建设工程投标报价的依据，是评标、定标的参考，要求在招标文件发出之前完成。标底的编制是一项十分严肃的工作，标底在开标前要严格保密，不许泄漏。

2. 标底的编制原则、作用及依据

（1）工程标底的编制原则

遵守招标文件的规定，充分研究招标文件相关技术和商务条款、设计图纸以及有关计价规范的要求。标底应该客观反映工程建设项目实际情况和施工技术管理要求。标底应结合市场状况，客观反映工程建设项目的合理成本和利润。

①统一工程项目划分、统一的计量单位、统一的计算规则；

②以施工图纸和招标文件，并参照国家规定的技术标准、经济定额等资料编制；

③标底价格应尽量与市场的实际变化相吻合；

④一个招标项目只编制一个标底；

⑤编审分离和回避。

（2）工程标底的参考作用

投标竞争的实质是价格竞争。标底是招标人通过客观、科学计算，期望控制的招标工程施工造价。工程施工招标标底主要用于评标时分析投标报价合理性、平衡性、偏离性，分析各投标报价差异情况，作为防止投标人恶意投标的参考依据。但是，标底不能作为评定投标报价有效性和合理性的唯一和直接依据。招标文件中不得规定投标报价最接近标底的投标人为中标人，也不得规定超出标底价格上下允许浮动范围的投标报价直接作废标处理。招标人自主决定是否编制标底价格。标底应当严格保密。

（3）标底的编制依据

工程标底价格一般依据工程招标文件的发包内容范围和工程量清单，参照现行有关工程消耗定额和人工、材料、机械等要素的市场平均价格，结合常规施工组织设计方案编制。各类该工程建设项目标底编制的主要强制性、指导性或参考性依据有：

①各行业建设工程工程量清单计价规范；

②国家或省级行业建设主管部门颁发的计价定额和计价办法；

③建设工程设计文件及相关资料；

④招标文件的工程量清单及有关要求；

⑤工程建设项目相关标准、规范、技术资料；

⑥工程造价管理机构或物价部门发布的工程造价信息或市场价格信息；

⑦其他相关资料。

标底主要是评标分析的参考依据，编制标底的依据和方法没有统一的规定，一般依据招标项目的技术管理特点、工程发包模式、合同计价方式等选择标底编制的方法和依据，凡不具备编制工程量清单的招标项目，也可以使用工序分析法、经验估算法、工程设计概算分解法等方法编制参考标底，但使用这些方法编制的标底，其准确性相对较差，故不宜作为招标控制价使用。

(4) 编制工程标底的重要问题

注重工程现场调查研究。应主动收集、掌握大量的第一手相关资料，分析确定恰当的、切合实际的各种基础价格和工程单价，以确保编制合理的标底。

注重施工组织设计。应通过详细的技术经济分析比较后再确定相关施工方案、施工总平面布置、进度控制网络图、交通运输方案、施工机械设备选型等，以保证所选择的施工组织设计安全可靠、科学合理，这是编制出科学合理的标底的前提，否则将直接导致工程消耗定额选择和单价组成的偏差。

3. 标底的发展历程

原建设部从1992年12月30日发布实施，至2001年6月1日废止的《工程建设施工招标投标管理办法》第十九条关于“标底”的规定：工程施工招标必须编制标底。标底由招标单位自行编制或委托经建设行政主管部门认定具有编制标底能力的咨询、监理单位编制。第二十一条还规定：标底必须经招标投标办事机构审定。

2000年1月1日实施的《中华人民共和国招标投标法》第二十二条规定：招标人设有标底的，标底必须保密。

2003年5月1日实施的《工程建设项目施工招标投标办法》第三十四条规定：招标人可根据项目特点决定是否编制标底。编制标底的，标底编制过程和标底必须保密。招标项目编制标底的，应根据批准的初步设计、投资概算，依据有关计价办法，参照有关工程定额，结合市场供求状况，综合考虑投资、工期和质量等方面的因素合理确定。标底由招标人自行编制或委托中介机构编制。一个工程只能编制一个标底。任何单位和个人不得强制招标人编制或报审标底，或干预其确定标底。招标项目可以不设标底，进行无标底招标。

在2003年推行工程量清单计价后，各地基本取消了中标价不得低于标底多少的规定。但是如何衡量报价的合理性是面临的主要问题。实践中，一些工程项目在招标中也出现了所有投标人的报价均高于招标人的标底，即使是最低的报价，招标人也不能接受，但由于缺乏相关法律规定，招标人不接受又产生了招标的合法性问题。针对这一新的招标方式，为避免投标人串标、哄抬标价，我国多个省、市相继出台了控制最高限价的规定，但名称上不统一。因此，在新的招标方式下，不再使用标底的称谓，寻求新的称谓已形成一定的共识。在《建设工程工程量清单计价规范》GB 50500—2008中，第一次出现招标控制价这个概念。

4. 标底的编制方法

根据《建筑工程施工发包与承包计价管理办法》(中华人民共和国建设部令第107号)规定：施工图预算、招标标底和投标报价的编制可以采用以下计价办法：

(1) 工料单价法。分部分项工程量的单价为直接费。直接费以人工、材料、机械的消耗量及其相应价格确定。间接费、利润、税金按照有关规定另行计算。

(2) 综合单价法。分部分项工程量清单费用及措施项目费用的单价综合了完成单位工程量或完成具体措施项目的人工费、材料费、机械使用费、管理费和利润，并考虑一定风险因素。规费和税金按有关规定计算。

在工程实践中，常用的编制方法还有下列三种：

以施工图预算为基础的标底。编制方法除同施工图预算的编制外，还应提供准确的主要材料用量、施工措施费、包干费、议价材料差价等因素，以保证投资控制。一般的施工图设计均包括施工图预算，而标底编制就是从施工图预算审核入手。首先对比招标文件，确定拟招标的工程范围，把招标文件中未列入招标范围的内容从预算中剔除，把预算中未列入的部分加进去。其次，要对施工图纸进行审核，对未列入施工图预算而又在招标范围之内的项目，要按照图纸及定额规定计算工程费用，计入标底。

以概算为基础的标底。编制方法基本同上，所不同的只是采用了概算定额。有的在概算基础上进行了“合并”，即将施工管理费、其他间接费、计划利润、税金等所有费用均摊入每项单价内，而不是单独计算。

以平方米造价包干为基础的标底。主要适用于标准或通用住宅工程。另外，有些工程是以单方造价为基础编制标底。例如，开发商所建多层住宅项目就是以单方造价为基础编制的标底。即把每个单位工程的单方造价都计算出来，以单方造价乘以工程量的总费用编制标底；或对同标准的住宅项目单方造价进行核算，再考虑市场价格变化因素，以单方造价乘以建筑面积来确定标底。

2.4.2 招标控制价

1. 招标控制价的概念

《建设工程工程量清单计价规范》GB 50500—2008 中，第一次出现招标控制价这个概念。招标控制价是指招标人根据国家或省级、行业建设主管部门颁发的有关计价依据和办法，按设计施工图纸计算的，对招标工程限定的最高工程造价。

2. 招标控制价的编制原则和依据

国有资金投资的工程建设项目应实行工程量清单招标，并应编制招标控制价。招标控制价超过批准的概算时，招标人应将其报原概算部门审核。投标人的投标报价高于招标控制价的，其投标应予以拒绝。

(1)“国有资金投资的工程建设项目应实行工程量清单招标，并应编制招标控制价”。国有资金投资的工程在进行招标时，根据《中华人民共和国招标投标法》第二十二条第二款的规定，“招标人设有标底的，标底必须保密”。但由于实行工程量清单招标后，由于招标方式的改变，标底保密这一法律规定已不能起到有效遏止哄抬标价的作用，我国有的地区和部门已经发生了在招标项目上所有投标人的报价均高于标底的现象，致使中标人的中标价高于招标人的预算，对招标工程的项目业主带来了困扰。因此，为有利于客观、合理地评审投标报价和避免哄抬标价，造成国有资产流失，招标人应编制招标控制价，作为招标人能够接受的最高交易价格。

(2)“招标控制价超过批准的概算时，招标人应将其报原概算审批部门审核”。因为我国对国有资金投资项目的投资控制实行的是投资概算控制制度，项目投资原则上不能超过批准的投资概算。因此，在工程招标发包时，当编制的招标控制价超过批准的概算时，招标人应当将其报原概算审批部门重新审核。

（3）“投标人的投标报价高于招标控制价的，其投标应予以拒绝。”根据《中华人民共和国政府采购法》第二条和第四条的规定，财政性资金投资的工程属政府采购范围，政府采购工程进行招标投标的，适用招标投标法。

《中华人民共和国政府采购法》第三十六条规定：“在招标采购中，出现下列情形之一的，应予废标……（三）投标人的报价均超过了采购预算，采购人不能支付的。”

国有资金投资的工程，其招标控制价相当于政府采购中的采购预算。因此本条根据政府采购法第三十六条的精神，规定在国有资金投资工程的招投标活动中，投标人的投标报价不能超过招标控制价，否则，其投标将被拒绝。

（4）招标控制价应根据下列依据编制：

①工程量清单计价规范；

②国家或省级、行业建设主管部门颁发的计价定额和计价办法；

③建设工程设计文件及相关资料；

④招标文件中的工程量清单及有关要求；

⑤与建设项目相关的标准、规范、技术资料；

⑥工程造价管理机构发布的工程造价信息；工程造价信息没有发布的参照市场价；

⑦其他的相关资料。

3. 有关招标控制价的相关规定

（1）招标控制价应由具有编制能力的招标人，或受其委托具有相应资质的工程造价咨询人编制

招标控制价应由招标人负责编制，但当招标人不具备编制招标控制价的能力时，则应委托具有相应工程造价咨询资质的工程造价咨询人编制。

所谓具有相应工程造价咨询资质的工程造价咨询人是指根据《工程造价咨询企业管理办法》（建设部令第149号）的规定，依法取得工程造价咨询企业资质，并在其资质许可的范围内接受招标人的委托，编制招标控制价的工程造价咨询企业。即取得甲级工程造价咨询资质的咨询人可承担各类建设项目的招标控制价编制，取得乙级（包括乙级暂定）工程造价咨询资质的咨询人，则只能承担5000万元以下的招标控制价的编制。工程造价咨询人不得同时接受招标人和投标人对同一工程的招标控制价和投标报价的编制。

（2）招标控制价应在招标时公布，不应上调或下浮，招标人应将招标控制价及有关资料报送工程所在地工程造价管理机构备查

招标控制价的编制特点和作用决定了招标控制价不同于标底，无需保密。为体现招标的公开、公平、公正性，防止招标人有意抬高或压低工程造价，给投标人以错误信息，因此规定招标人应在招标文件中如实公布招标控制价，不得对所编制的招标控制价进行上浮或下调。招标人在招标文件中公布招标控制价时，应公布招标控制价各组成部分的详细内容，不得只公布招标控制价总价。并应将招标控制价报工程所在地工程造价管理机构备查。

（3）投标人经复核认为招标人公布的招标控制价未按照本规范的规定编制的，应在开标前5天向招投标监督机构或（和）工程造价管理机构投诉。

（4）招投标监督机构应会同工程造价管理机构对投诉进行处理，发现有错误的，应责

成招标人修改。招标控制价应由具有编制能力的招标人，或受其委托具有相应资质的工程造价咨询人编制。

4. 招标控制价的作用

（1）招标控制价作为招标人能够接受的最高交易价，可以使招标人有效控制项目投资，防止恶性投标带来的投资风险。

（2）有利于增强招投标过程的透明度。招标控制价的编制，淡化了标底作用，避免工程招标中的弄虚作假、暗箱操作等违规行为，并消除因工程量不统一而引起的在标价上的误差，有利于正确评标

（3）由于招标控制价与招标文件同步编制并作为招标文件的一部分与招标文件一同公布，有利于引导投标方投标报价，避免了投标方无标底情况下的无序竞争。

（4）招标人在编制招标控制价时通常按照政府规定的标准，即招标控制价反映的是社会平均水平。招标时，招标人可以清楚地了解最低中标价同招标控制价相比能够下浮的幅度，可以为招标人判断最低投标价是否低于成本价提供参考依据。

（5）招标控制价可以为工程变更新增项目确定单价提供计算依据。招标人可在招标文件中规定：当工程变更项目合同价中没有相同或类似项目时，可参照招标时招标控制价编制原则编制综合单价，再按原招标时中标价与招标控制价相比下浮相同比例确定工程变更新增项目的单价。

（6）招标控制价可作为评标时的参考依据，避免出现较大的偏离。设置招标控制价克服了无标底评标时对投标人的报价评审缺乏参考依据的问题，招标控制价是招标人根据08清单规范、国家或省级、行业建设主管部门颁发的计价定额和计价办法、费用或费用标准的政策规定有幅度的应按幅度的上限执行、建设工程设计文件及相关资料、招标文件中的工程量清单及有关要求、工程造价管理机构发布的工程造价信息、工程造价信息没有发布的按市场价、施工现场实际情况及合理的常规施工方法等其他相关资料编制的。这说明了招标控制价能反映工程项目和市场实际情况，而且反映的是社会平均水平，由于目前绝大多数施工企业尚未制定反映其实际生产水平的企业定额，不能用企业定额作为评标的依据，因而用招标控制价作为评标时的参考依据，具有一定的科学性和较强的可操作性。

2.4.3 招标控制价的产生及与标底的区别

从实践角度分析招标控制价的产生。招标控制价是伴随我国招投标的实践，为解决标底招标和无标底招标的问题而产生的。《中华人民共和国招标投标法》自2000年1月实施以来，对我国的招投标管理产生了深远的影响，其中第二十四条规定“招标人设有标底的，标底必须保密。”因此标底是招标单位的绝密资料，不能向任何相关人员泄露。我国国内大部分工程在招标评标时，均以标底上下的一个幅度（5%～10%）为判断投标是否合格的条件。

但在实践操作中，设标底招标存在如下弊端：

（1）设标底时易发生泄露标底及暗箱操作的问题，失去招标的公平公正性。

（2）编制的标底价一般为预算价，科学合理性差。较难考虑施工方案、技术措施对造价的影响，容易与市场造价水平脱节。

（3）将标底作为衡量投标人报价的基准，导致投标人尽力地去迎合标底，往往招投标过程反映的不是投标人实力的竞争，而是投标人编制预算文件能力的竞争，或者各种合法

或非法的“投标策略”的竞争。

实践中，一些工程项目在招标中出现了所有投标人的投标报价均高于招标人的标底的情况，即使是最低的报价，招标人也不可能接受，但由于缺乏相关制度规定，招标人不接受又产生了招标的合法性问题，为解决这种矛盾，各地相继推出“无标底招标”。

在2003年推行工程量计价以后，各地基本取消了中标价不得低于标底多少的规定，即出现了“无标底招标”，新问题也随之出现，即根据什么来确定合理报价。

无标底招标产生的问题包括：

(1) 容易出现围标、串标现象，各投标人哄抬价格，给招标人带来投资失控的风险。

(2) 容易出现低价中标后偷工减料，不顾工程质量，以此来降低工程成本；或先低价中标，后高额索赔等不良后果。

(3) 评标时，招标人对投标人的报价没有参考依据和评判标准。

针对无标底招标的众多弊端，我国多个省、市相继出台了控制最高限价的规定，但在名称上有所不同，包括拦标价、最高限价、预算控制价等，并要求在招标文件中将其公布，并规定投标人的报价，如超过公布的最高限价，其投标将作为废标处理。

在《建筑工程工程量清单计价规范》(2008版) 中，为解决上述标底招标和无标底招标的问题，也促使我国各省市关于控制最高限价规定的统一，在新的招标方式下，不再使用标底的称谓，而统一定义为“招标控制价”。对比发现，新规范规定的招标控制价与各省市有关控制最高限价的规定是类似的，目的都是为了控制投资，避免投标人串标、哄抬标价。

设立招标控制价招标与设标底招标和无标底招标相比优势在于：

(1) 可有效控制投资，防止恶性哄抬报价带来的投资风险。

(2) 提高了透明度，避免了暗箱操作、寻租等违法活动的产生。

(3) 可使各投标人自主报价、公平竞争，符合市场规律。投标人自主报价，不受标底的左右。

(4) 既设置了控制上限又尽量地减少了招标人对评标基准价的影响。

《建筑工程工程量清单计价规范》(2008版) 提出招标控制价以来，社会各方对其褒贬不一。一般认为招标控制价的实质就是通常所称的标底。但招标控制价与标底有明显的区别：

(1) 招标控制价是事先公布的最高限价。投标价不会高于它。标底是密封的，开标唱标后公布，不是最高限价。投标价、中标价都有可能突破它。

(2) 招标控制价只起到最高限价的作用，投标人的报价都要低于该价，而且招标控制价不参与评分，也不在评标中占有权重，只是作为一个对具体建设项目工程造价的参考。但标底在评标过程中一般参与评标，即复合标底A+B模式，在评标过程中占有权重，所以说标底能影响哪个投标人中标。

(3) 评标时，投标报价不能够超过招标控制价，否则废标。标底是招标人期望的中标价，投标价格越接近这个价格越容易中标。当所有的竞标价格过分低于标底价格或者过分高出标底价格时，发包人可以宣布流标，不承担责任，但过分低于标底价格的情况工程上几乎不会出现。

从信息经济学角度分析招标控制价的产生。在项目招投标阶段，招标人与投标人之间存在信息不对称，招标人要综合考虑投标人的业绩、资质、报价等选择投标人；另一方面，投标人不了解招标人的标底价格或期望价格，另外也存在对招标人的选择问题，希望选择信誉高、有资金实力的招标人。而招标控制价的设立在一定程度上减少了招标人与投标人之间的信息不对称。首先，投标人只需根据自己的企业实力、施工方案等报价，不必与招标人进行心理较量，揣测招标人的标底，提高了市场交易效率。另外，招标控制价的公布，减少了投标人的交易成本，使投标人不必花费人力、财力去套取招标人的标底。从招标人角度看，可以把工程投资控制在招标控制价范围内，提高了交易成功的可能性。因而，公开招标控制价无论从招标人还是投标人角度看都是有利的。

2.4.4 设立招标控制价应注意的问题

1. 招标控制价不宜设置过高

在招标文件中，公开招标控制价，也为投标人围标、串标创造了条件，由于招标控制价的设置实际上是“最高上限”，不是“最低下限”，其价位是社会平均水平。因而公开了招标控制价，投标人则有了报价的目标，招标人与投标人之间存在价格信息不对称，只要投标人相互串通“协定”一家中标单位（或投标人联合起来轮流“坐庄”），投标人不用考虑中标机会概率，就能达到较高预期利润。招标控制价不宜过高，因为只要投标不超过招标控制价都是有效投标，防止投标人围绕这个最高限价串标、围标。

2. 招标控制价不宜设置过低

如果公布的招标控制价远远低于市场平均价，就会影响招标效率。可能出现无人投标情况，因为按此价投标将无利可图，不按此投标又成为无效投标。结果使招标人不得不修改招标控制价进行二次招标。

另外，如果招标控制价设置太低，从信息经济学角度分析，若投标人能够提出低于招标控制价的报价，可能是因其实力雄厚，管理先进，确实能够以较其他投标者低得多的成本建设该项目。但更可能的情况是，该投标人并无明显的优势，而是恶性低价抢标，最终提供的工程质量不能满足招标人要求，或中标后在施工过程中以变更、索赔等方式弥补成本。

本 章 小 结

本章重点讲述了招标公告、资格预审公告、招标文件、资格预审文件的编制；建设工程招标的程序；招标控制价与标底的内容。招标文件是工程项目施工招标过程中最重要、最基本的技术文件，资格预审文件是进行资格预审的技术文件，编制施工招标文件和资格预审文件是学生学习本门课程需要掌握的基本技能之一。国家对施工招标文件的内容、格式均有特殊规定。

在编制招标文件和资格预审文件时要注意编制原则、组成形式、内容和范本利用等。资格审查分为资格预审和资格后审两种方式，以采用资格预审方法为多。审查因素和审查标准的正确划分和制定决定定量评审的科学性。随着国际化走向和清单计价模式完善，标底的作用在淡化，但在中国国情下，它还会在一段时间内存在并发挥其不可忽视的作用。正确认识标底和招标控制价的区别和联系。

思 考 与 练 习

一、填空题

1. 我国《招标投标法》规定，国内工程招标分为__________和__________两种方式。

2. 资格审查的方式有 ________ 和 ________ 。

3. 投标保证金的额度一般不应大于投标总价的 ________ %，且不高于 ________ 万元人民币。

4. 评标确定中标人后，招标人应当向中标人发出 ________ 。

5. 招标人与中标人应当在发出中标通知书 ________ 天内，正式签订书面合同。

6. 在投标截止时间 ________ 天前，招标人可以书面形式修改招标文件，并通知所有已购买招标文件的投标人。

7. 通过资格预审合格后，招标人向投标人发出 ________ 。

8. 投标文件中的大写金额与小写金额不一致时，以 ________ 为准。

9. 根据我国《工程建设项目招标范围和规模标准规定》，施工单项合同估算价在 ________ 万元以上的，必须进行招标。

10. 通过资格预审申请人的数量不足________ 个的，招标人重新组织资格与甚或不再组织资格预审而直接招标。

二、单项选择题

1. 国家大型工程项目的施工一般采用（ ）方式选择施工单位。

A. 公开招标　　B. 邀请招标　　C. 议标　　D. 直接委托

2. 下列排序符合《招标投标法》规定的招标程序的是（ ）。

①发布招标公告　②资质预审查　③接受投标书　④开标、评标

A. ①②③④　　B. ①③④②　　C. ②①③④　　D. ①③②④

3. 根据《工程建设项目招标范围和规模标准规定》的规定，属于工程建设项目招标范围的工程建设项目，施工单项合同估算价在（ ）人民币以上的，必须进行招标。

A. 50 万元　　B. 100 万元　　C. 150 万元　　D. 200 万元

4. 招标投标法规定开标的时间应当是（ ）。

A. 提交投标文件截止时间的同一时间　　B. 提交投标文件截止时间的 24 小时内

C. 提交投标文件截止时间的 30 天内　　D. 提交投标文件截止时间后的任何时间

5. 根据《招标投标法》的规定，自招标文件开始发出之日至投标人提交投标文件截止之日的期限不得短于（ ）日。

A. 60　　B. 30　　C. 20　　D. 10

6. 某必须招标的建设项目，共有三家单位投标，其中一家未按招标文件要求提交投标保证金，则关于对投标的处理是否重新发包，下列说法中，正确的是（ ）。

A. 评标委员会可以否决全部投标，招标人员应当重新招标

B. 评价委员会可以否决全部投标，招标人可以直接发包

C. 评价委员会必须否决全部投标，招标人应当重新招标

D. 评价委员会必须否决全部投标，招认人可以直接发包

7. 公开招标在开标时，应当由（ ）。

A. 招标监督机构主持，所有投标人均应参加

B. 招标监督机构主持，投标人自愿参加

C. 招标人主持，所有投标人均应参加

D. 招标人主持，投标人自愿参加

8. 下列关于联合体共同投标的说法，正确的是（　　）。

A. 两个以上法人或其他组织可以组成一个联合体，以一个投标人的身份共同投标

B. 联合体各方只要其中任意一方具备承担招标项目的能力即可

C. 由同一专业的单位组成的联合体，投标时按照资质等级较高的单位确定资质等级

D. 联合体中标后，应选择其中一方代表与招标人签订合同

9. 公开招标设置资格预审的目的是（　　）。

A. 评选中标人

B. 减少评标的工作量

C. 迫使投标单位降低投标报价

D. 优选最有实力的承包商参加投标

E. 了解投标人准备实施招标项目的方案

10. 投标单位有以下行为时，（　　）招标单位可视其为严重违约行为而没收投标保证金。

A. 通过资格预审后不投标

B. 不参加开标会议

C. 中标后拒绝签订合同

D. 开标后要求撤回投标书

E. 不参加现场考察

11. 按照《招标投标法》的要求，招标人如果自行办理招标事宜，应具备的条件包括（　　）。

A. 有编制招标文件的能力

B. 已发布招标公告

C. 具有开标场地

D. 有组织评标的能力

E. 已委托公证机关公证

12. 在开标时，如果发现投标文件出现（　　）等情况，应按无效投标文件处理。

A. 未按招标文件的要求予以密封

B. 投标函未加盖投标人的企业公章

C. 联合体投标未附联合体协议书

D. 明显不符合技术标准要求

13. 我国《招标投标法》规定，建设工程招标方式有（　　）。

A. 公开招标

B. 议标

C. 国际招标

D. 行业内招标

E. 邀请招标

14. 招标公告的内容不包括（　　）。

A. 招标条件

B. 项目概况与招标范围

C. 发布公告的媒介

D. 资格预审文件的获取

15. 关于资格审查的规定说法正确的是（　　）。

A. 资格审查可以分为资格预审和资格后审

B. 招标人可以改变载明的资格条件或以没有载明的资格条件对潜在投标人或者投标人进行资格审查

C. 除招标文件另有规定外，进行资格预审的，一般不再进行资格后审

D. 资格后审的目的是为了排除那些不合格的投标人，进而降低招标人的采购成本，提高招标效率

E. 专业资格审查是对已经具备基本资格的申请人履行拟定招标采购项目能力的审查

（答案提示：1. A； 2. C； 3. D； 4. A； 5. C； 6. A； 7. C； 8. A； 9. BD； 10. CD；11. AD；12. ABC；13. AE；14. D；15. ACE）

三、简答题

1. 资格预审公告、招标公告、投标邀请函分别用在何种情况下？

2. 资格预审文件与招标文件的关系。

3. 工程项目招标的方式有哪些？

4.《招标投标法》规定必须进行招标的项目有哪些？

5. 按照国家有关规定，建设项目必须具备哪些条件，方可进行工程施工招标？

6. 工程施工公开招标的程序。

7. 资格预审的程序。

8. 什么叫投标有效期？

9. 工程项目投标文件应作为废标处理的情况有哪些？

10. 思考标底的优点和缺点有哪些？

四、案例分析

1. 某工程采用公开招标方式，招标人3月1日在指定媒体上发布了招标公告，3月6日至3月12日发售了招标文件，共有A、B、C、D四家投标人购买了招标文件。在招标文件规定的投标截止日（4月5日）前，四家投标人都递交了投标文件。开标时投标人D因其投标文件的签署入没有法定代表人的授权委托书而被招标管理机构宣布为无效投标。该工程评标委员会于4月15日经评标确定投标人A为中标人，并于4月26日向中标人和其他投标人分别发出中标通知书和中标结果通知，同时通知了招标人。

问题：指出该工程在招标过程中的不妥之处，并说明理由。

（答案提示：招标管理机构宣布无效投标不妥，应由招标人宣布，评标委员会确定中标人并发出中标通知书和中标结果通知不妥，应由招标人发出。）

2. 某建设单位经相关主管部门批准，组织某建设项目全过程总承包的公开招标工作，确定招标程序如下，如有不妥，请改正。

（1）成立该工程招标领导机构；（2）委托招标代理机构代理招标；（3）发出投标邀请书；（4）对报名参加投标者进行资格预审，并将结果通知合格的申请投标人；（5）向所有获得投标资格的投标人发售招标文件；（6）召开投标预备会并踏勘现场；（7）招标文件的澄清与修改；（8）建立评标组织，制定标底和评标、定标办法；（9）召开开标会议，审查投标书；（10）组织评标；（11）与合格的投标者进行质疑澄清；（12）决定中标单位；（13）发出中标通知书；（14）建设单位与中标单位签订承发包合同。

（答案提示：①第（3）条发出招标邀请书不妥，应为发布招标公告；②第（4）条将资格预审结果仅通知合格的申请投标人不妥，资格预审的结果应通知到所有投标人；③第（6）条召开投标预备会前应先组织投标单位踏勘现场；④第（8）条制定标底和评标定标办法不妥，该工作不应安排在此进行。）

3. 国有企业××机场有限责任公司，全额利用自有资金新建××机场航站楼，建设地点为A市B区C路D号。经G以发展和改革委员会批准（批准文号：G发改［2008］×××号），工程建筑面积为120000m^2，批准的设计概算为9800万元，核准的施工招标方式为公开招标，可以自行组织招标。该工程为单体建筑，地下3层，地上3层。根据有关规定和工程实际需要，招标人拟定的招标方案概括如下：自行组织招标；采用施工总承包方式，选择一家施工总承包企业；要求投标人具有房屋建筑工程施工总承包特级资质，并至少具有一项规模相近的航站楼类似工程施工业绩；不接收联合体投标；采用资格后审方法；计划 2010 年 3 月 1 日开工建设，2012 年 3 月 1 日竣工投入使用；为降低潜在投标人投标成本，相关文件均免费发放，也不收取图纸押金，且为避免文件传递出现差错，所有文件往来均不接收邮寄；给予潜在投标人准备投标文件的时间从招标文件开始发售之日起 30 个日历日。该公司租用某写字楼作为办公场所，能够满足本次招标开、评标等招标投标活动的需要（A 市没有建设工程交易中心），联系方式均已落实。该工程现已具备施工总承包条件，拟于 2009 年 11 月 13 日（星期五）通过网络媒体发布邀请不特定潜在投标人参与投标竞争的公告。为加快招标进度，公告第二天即开始发放相关文件。

问题：请根据上述资料及有关规定对公告内容的要求，编写该工程施工总承包招标邀请不特定潜在投标人参与投标竞争的公告（要求逻辑合理、文字通顺、文字简洁）。

第3章 建设工程投标

［学习指南］ 投标是建筑企业取得工程施工合同的主要途径，学习过程中要掌握投标的程序和投标文件编制的方法和内容。搜集工程实际投标文件，对照招标文件的要求掌握工程项目投标的程序、投标文件编制的方法（包括商务标、技术标）；熟悉投标决策与报价技巧，及其在工程实践中的应用；了解工程量清单计价模式下投标报价的确定方法。

［引导案例］ 中央电视台新址工程的招投标方式

中央电视塔新台址建设工程位于东三环中路和光华路交汇处的东北角，地处北京中央商务区（CBD）的核心地带，基地总面积 196960m^2，由 CCTV 主楼，TVCC 电视文化中心及服务楼组成。

（1）基坑支护及土方开挖工程：业主实行单项招标，先行施工；

（2）施工总承包招标：采取公开招标形式，允许符合资格的单位报名，最终提交投标书的单位有三家：中建总公司、北京城建集团、上海建工集团，最后由中建总公司中标。评标标准中商务标及技术标分值各占 50%，资信部分纳入技术标中。招标采用深化的初步设计图纸招标。施工总承包单位的承包范围：桩基础、地下室及上部结构的土建工程、钢结构制造、安装；

（3）机电安装、幕墙、精装修、小市政等项目是业主直接发包，采取公开招标形式，允许总包单位进行投标，这些项目都纳入总包单位管理范围。不同的专业工程的总包管理费有所不同，但基本都在 30%～40%之间，总包管理费由业主直接支付给施工总承包单位。其中机电安装工程划分为常规机电安装、供暖、弱电三个标段；

（4）钢结构的安装相当复杂，由施工总承包单位具体实施；钢结构预埋由安装单位负责。钢结构的制造由专业的钢结构加工厂负责。央视项目中，业主经过考察后确定了五家钢结构加工单位（江苏沪宁钢机、上海冠达尔、中远川琦，以及 2 家境外单位），并在施工总承包招标文件中明确。总承包单位中标后在这范围内自行选择加工单位，并与之签订分包合同。加工单位按要求自行采购钢材，并与之签订合同；

（5）混凝土供应：由施工单位考察选定几家混凝土供应商，报送监理、业主最终审定；

（6）机电设备：大型机电设备由业主直接招标，一般的机电管材线材由机电施工单位将厂家资料报送业主审定后，自行采购。计价原则采用综合单价、综合合价结合的方式。如钢结构制作安装，由总承包单位按工程量清单中的项目，报综合单价（包括钢材材料价格、加工制作费用、运费、安装费用等），结算时按实际数量调整。综合合价主要是技术措施费部分，工程量增减不调整技术措施费。材料价格设定一个比例，当采购时的政府材料指导价波动幅度不超过此比例时，材料价格不作调整，超过部分另行商议。签订双方合同，所选用的钢厂有：舞阳钢厂、上海宝钢、武钢、首钢等四家。

3.1 投标概述

投标是指承包商根据业主的要求或以招标文件为依据，在规定期限内向招标单位递交投标文件及报价，争取工程承包权的活动。投标是建筑企业取得工程施工合同的主要途径，又是建筑企业经营决策的重要组成部分，它是针对招标的工程项目，力求实现决策最优化的活动。

属于要约与承诺特殊表现形式的招标与投标是合同的形成过程，投标文件是建筑企业对业主发出的要约。投标人一旦提交了投标文件，就必须在招标文件规定的期限内信守其承诺，不得随意退出投标竞争。因为投标是一种法律行为，投标人必须承担中途反悔撤出的经济和法律责任。

3.1.1 投标人资格要求

按照《招标投标法》的规定，投标人必须是响应招标，参加投标竞争的法人或者其他组织。投标人应按下列要求进行：

（1）投标人应具备承担招标项目的能力，国家有相关规定或者招标文件对投标人资格条件有规定的，投标人应当具备规定的资格条件。

（2）投标人应当按照招标文件的要求编制投标文件，投标文件应当对招标文件提出的要求和条件作出实质性的响应。

（3）《招标投标法》规定，两个以上法人或者其他组织可以组成一个联合体，以一个投标人的身份共同投标。联合体各方均应具备承担招标项目的能力，国家有关规定或者招标文件对投标人资格条件有规定的，联合体各方均应具各规定的资格条件。

（4）投标人不得相互串通投标报价，不得排挤其他投标人的公平竞争，损害招标人或者他人的合法权益。不得与招标人串通投标，损害国家利益，社会公共利益或者他人的合法利益；禁止投标人向招标人或者评标委员会成员用行贿的手段谋取中标。投标人不得以低于合理预算成本的报价竞标，也不得以他人名义投标或者以其他方式弄虚作假，骗取中标。

3.1.2 投标组织

进行工程投标，需要有专门的机构和人员对投标的全部活动过程加以组织和管理，实践证明，建立一个强有力的、内行的投标班子是投标获得成功的根本保证。投标组织一般由以下三种类型的人才组成：

1. 经营管理类人才

经营管理类人员是指专门从事工程承包经营管理，制订和贯彻经营方针与规划，负责投标工作的全面筹划和具有决策能力的人员。主要包括企业的经理、副经理、总经济师等。

2. 专业技术类人才

专业技术类人才主要是指工程及施工中的各类技术人员，诸如建筑师、土木工程师、电气工程师、机械工程师等各类专业技术人员。他们应拥有本学科领域最新的专业知识、熟练的实际操作能力，以便在工程项目投标时能从本公司的实际技术能力水平出发，考虑切实可行的专业实施方案。

3. 商务金融类人才

商务金融类人才主要是指具有金融、贸易、税法、保险、采购、保函、索赔等专业知识的人员。财务人员要懂税收、保险、外汇管理和结算等方面的知识。

一个投标班子仅仅做到个体素质良好是不够的，还需要各方人员的共同协作，充分发挥团队的力量，并要保持投标班子成员的相对稳定，不断提高其整体素质和水平。同时，建筑企业要根据本企业情况建立企业定额，还应逐步采用和开发投标报价的软件，使投标报价工作更加快速、准确。

3.2 工程投标程序

投标的工作程序应该与招标程序一致。投标人为了取得投标的成功，首先要了解投标工作程序流程图及其各个步骤。

3.2.1 投标的前期工作

投标的前期工作包括获取投标信息与前期投标决策，即从众多招标信息中确定选取哪些作为投标对象，这一阶段的工作要注意以下问题：

1. 获取信息并确定信息的可靠性

投标企业可通过多渠道获得信息，如各级基本建设管理部门、建设单位及主管部门、各地勘察设计单位、各类咨询机构、各种工程承包公司、行业协会等，各类刊物、广播、电视、互联网等多种媒体。目前，国内建设工程招标信息的真实性、公平性、透明度、业主支付工程价款、合同的履行等方面存在不少问题，因此要参加投标的企业在决定投标的对象时，必须认真分析所获信息的真实性、可靠性。其实，做到这一点并不困难，最简单的办法就是通过与招标单位直接洽谈，证实招标项目确实已立项批准和资金已落实即可。

2. 对业主进行必要的调查分析

对业主的调查了解是非常重要的，特别是能否得到及时的工程款支付。有些业主单位长期拖欠工程款，致使承包企业不仅不能获取利润，甚至连成本都无法收回，承包商必须对获得项目之后履行合同的各种风险进行认真的评估分析。风险是客观存在的，利用好风险可以为企业带来效益，但不良的业主风险同样也可使承包商陷入泥潭而不能自拔，当然，利润总是与风险并存的。

3. 投标方向的选择

承包商通过工程承包市场调查，大量收集工程招标信息。在许多可选择的招标工程中，必须就投标方向作出选择，这是承包商的一次重要决策。这对承包商的报价策略、合同谈判和合同签订后实施策略的制定有重要的指导作用，决策依据有：

(1) 承包市场情况、竞争形势，如市场处于发展阶段或处于不景气阶段。

(2) 该工程可能的竞争者数量以及竞争对手状况，以确定自己在投标工程中的竞争力和中标的可能性。

(3) 工程的特点、性质、规模、技术难度，时间紧迫程度，是否为重大的有影响的工程，工程施工所需的工艺、技术和设备。

(4) 业主的状况。

（5）承包商自身的情况，包括本公司的优势和劣势，技术水平，施工力量，资金状况，同类工程经验，现有的在手工程数量等。

（6）承包商的经营和发展战略。投标方向的选择要能最大限度地发挥自己的优势，符合承包商的经营总战略，如正准备在该地区或该领域发展，力图打开局面，则应积极投标。承包商不要企图承包超过自己施工技术水平、管理水平和财务能力的工程，以及自己没有竞争力的工程。

3.2.2 申请投标和递交资格预审书

向招标单位申请投标，可以直接报送，也可以采用信函、电报、电传或传真，其报送方式和所报资料必须满足招标人在招标公告中提出的有关要求，如资质要求、财务要求、业绩要求、信誉要求、项目经理资格等。申请投标和争取获得投标资格的关键是通过资格审查，因此申请投标的承包企业除向招标单位索取和递交资格预审书外，还可以通过其他辅助方式，如发送宣传本企业的印刷品，邀请业主参观本企业承建的工程等，使他们对本企业的实力及情况有更多的了解。我国建设工程招标中，投标人在获悉招标公告或投标邀请后，应当按照招标公告或投标邀请书中提出的资格审查要求，向招标人申报资格审查。资格审查是投标人投标过程中的第一关。

作为投标人，应熟悉资格预审程序，主要把握好获得资格预审文件、准备资格预审文件、报送资格预审文件等几个环节的工作。

最后招标人以书面形式向所有参加资格预审者通知评审结果，在规定的日期、地点向通过资格预审的投标人出售招标文件。

3.2.3 接受投标邀请和购买招标文件

申请者接到招标单位的招标申请书或资格预审通过通知书，就表明已具备并获得参加该项目投标的资格，如果决定参加投标，就应按招标单位规定的日期和地点凭邀请书或通知书及有关证件购买招标文件。

3.2.4 研究招标文件

由于建筑市场竞争十分激烈，加之我国建筑市场秩序尚不规范，在招标信息的真实性、公平竞争的透明度、业主支付意愿与支付实绩、承包商的履约诚意、合同条款的履行程度等方面都存在不少问题。因此，当承包商通过资格预审、得到招标文件后，必须仔细分析招标文件。

招标文件是业主对投标人的要约邀请，它几乎包括了全部合同文件。它所确定的招标条件和方式、合同条件、工程范围和工程的各种技术文件，是承包商制订实施方案和报价的依据，也是双方商谈的基础。

投标人取得（购得）招标文件后，通常首先进行总体检查，重点是检查招标文件的完备性。一般要对照招标文件目录检查文件是否齐全，是否有缺页，对照图纸目录检查图纸是否齐全。然后进行全面分析：

（1）投标人须知分析。通过分析不仅掌握招标条件、招标过程、评标的规则和各项要求，对投标报价工作作出具体安排，而且要了解投标风险，以确定投标策略。

（2）工程技术文件分析。即进行图纸会审、工程量复核、图纸和规范中的问题分析，从中了解承包商具体的工程项目范围、技术要求、质量标准。在此基础上做好施工组织和计划，确定劳动力的安排，进行材料、设备的分析，作实施方案，进行询价。

(3) 合同评审。分析的对象是合同协议书和合同条件。从合同管理的角度，招标文件分析最重要的工作是合同评审。合同评审是一项综合性的、复杂的、技术性很强的工作。它要求合同管理者必须熟悉合同相关的法律、法规，精通合同条款，对工程环境有全面的了解，有合同管理的实际工作经验和经历。

(4) 业主提供的其他文件。如场地资料，包括地质勘探钻孔记录和测试的结果；由业主获得的场地内和周围环境的情况报告（地形地貌图、水文测量资料、水文地质资料）；可以获得的关于场地及周围自然环境的公开的参考资料；关于场地地表以下的设备、设施、地下管道和其他设施的资料；毗邻场地和在场地上的建筑物、构筑物和设备的资料等。

按照诚实信用原则，业主应提出完备的招标文件，尽可能详细地、如实地、具体地说明拟建工程情况和合同条件；出具准确的、全面的规范、图纸、工程地质和水文资料；业主要使承包商十分简单而又清楚地理解招标文件，明了自己的工程范围、技术要求和合同责任。使承包商十分方便且精确地计划和报价，能够正确地执行。通常业主应对招标文件的正确性承担责任，即如果其中出现错误、矛盾，应由业主负责。

[案例] 我国某水电站建设工程，采用国际招标，选定国外某承包公司承包引水洞工程施工。在招标文件列出应由承包商承担的税赋和税率。但在其中遗漏了承包工程总额3.03%的营业税，因此承包商报价时没有包括该税。

工程开始后，工程所在地税务部门要求承包商交纳已完工程的营业税92万元，承包商按时缴纳，同时向业主提出索赔要求。

对这个问题的责任分析为：业主在招标文件中仅列出几个小额税种，而忽视了大额税种，是招标文件的不完备，或者是有意的误导行为。业主应该承担责任。索赔处理过程：索赔发生后，业主向国家申请免除营业税，并被国家批准。但对已交纳的92万元税款，经双方商定各承担50%。

分析：如果招标文件中没有给出任何税收目录，而承包商报价中遗漏税赋，本索赔要求是不能成立的。这属于承包商环境调查和报价失误，应由承包商负责。因为合同明确规定："承包商应遵守工程所在国一切法律"，"承包商应交纳税法所规定的一切税收"。

3.2.5 参加标前会议和勘查现场、环境调查

1. 标前会议

标前会议也称投标预备会，是招标人给所有投标人提供的一次答疑的机会，有利于加深对招标文件的理解，凡是想参加投标并希望获得成功的投标人，都应认真准备和积极参加前会议。

在标前会议之前应事先深入研究招标文件，并将发现的各类问题整理成书面文件，寄给招标人要求给予书面答复，或在标前会议上予以解释和澄清。参加标前会议应注意以下几点：

(1) 对工程内容范围不清的问题应提请解释、说明，但不要提出修改设计方案的要求。

(2) 如招标文件中的图纸、技术规范存在相互矛盾之处，可请求说明以何者为准，但不要轻易提出修改技术要求。

(3) 对含糊不清、容易产生理解上歧义的合同条款，可以请求给予澄清、解释，但不要提出改变合同条件的要求。

(4) 注意提问技巧，注意不使竞争对手从自己的提问中获悉本公司的投标设想和施工方案。

(5) 招标人或咨询工程师在标前会议上对所有问题的答复均应发出书面文件，并作为招标文件的组成部分，投标人不能仅凭口头答复来编制自己的投标文件。

2. 现场勘察

现场勘察一般是标前会议的一部分，招标人会组织所有投标人进行现场参观和说明。投标人应准备好现场勘察提纲并积极参加，派往参加现场勘察的人员事先应当认真研究招标文件的内容，特别是图纸和技术文件。应派经验丰富的工程技术人员参加。现场勘察中，除与施工条件和生活条件相关的一般性调查外，应根据工程专业特点有重点地结合专业要求进行勘察。

进行现场勘察应侧重以下五个方面：

(1) 工程的性质以及该工程与其他工程之间的关系。

(2) 投标人投标的那一部分工程与其他承包商或分包商之间的关系。

(3) 工地地貌、地质、气候、交通、电力、水源等情况，有无障碍物等。

(4) 工地附近的住宿条件、料场开采条件、其他加工条件、设备维修条件等。

(5) 工地附近治安情况。

现场勘察是投标者必须经过的投标程序。按照国际惯例，投标者提出的报价单一般被认为是在现场勘察的基础上编制报价的。一旦报价单提出后，投标者就无权因为现场勘察不周、情况了解不细或因素考虑不全面而提出修改投标、调整报价或提出补偿等要求。

现场勘察既是投标者的权利又是职责，因此，投标者在报价以前必须认真地进行施工现场勘察。

3. 环境调查

工程合同是在一定的环境条件下实施的。工程环境对工程实施方案、合同工期和费用有直接的影响。环境又是工程风险的主要根源。承包商必须收集、整理、保存一切可能对实施方案、工期和费用有影响的工程环境资料。这不仅是工程预算和报价的需要，而且是做施工方案、施工组织、合同控制和索赔的需要。

承包商应充分重视和仔细地进行现场考察和环境调查，以获取那些应由投标人自己负责的有关编制投标书、报价和签署合同所需的所有资料，并对环境调查的正确性负责。合同规定，只有当出现一个有经验的承包商不能预见和防范的任何自然力的作用，才属于业主的风险。

3.2.6 制订实施方案，编制施工规划

承包商的实施方案是按照他自己的实际情况（如技术装备水平、管理水平、资源供应能力、资金等），在具体环境中全面、安全、稳定、高效率地完成合同所规定的上述工程承包项目的技术、组织措施和手段。实施方案的确定有两个重要作用：

(1) 作为工程预算的依据。不同的实施方案有不同的工程预算成本，那么就有不同的报价。

(2) 虽然施工方案及施工组织文件不作为合同文件的一部分，但在投标文件中承包商必须向业主说明拟采用的实施方案和工程总的进度安排。业主以此评价承包商投标的科学性、安全性、合理性和可靠性。这是业主选择承包商的重要决定因素。

实施方案通常包括以下内容：

(1) 施工方案。如工程施工所采用的技术、工艺、机械设备、劳动组合及其各种资源的供应方案等。

(2) 工程进度计划。在业主招标文件中确定的总工期计划控制下确定工程总进度计划，包括总的施工顺序，主要工程活动工期安排的横道图，工程中主要里程碑事件的安排。

(3) 现场的平面布置方案。如现场道路、仓库、办公室、各种临时设施、水电管网、围墙、门卫等。

(4) 施工中所采用的质量保证体系以及安全、健康和环境保护措施。

(5) 其他方案。如设计和采购方案（对总承包合同）、运输方案、设备的租赁、分包方案。

招标人将根据这些资料评价投标人是否采取了充分和合理的措施，保证按期完成工程施工任务。另外，施工规划对投标人自己也十分重要，因为进度安排是否合理、施工方案选择是否恰当，与工程成本和报价有密切关系。制定施工规划的依据是设计图纸、规范、经过复核的工程量清单、现场施工条件、开工竣工的日期要求、机械设备来源、劳动力来源等。编制一个好的施工规划可以大大降低标价，提高竞争力。编制的原则是在保证工期和工程质量的前提下，尽可能使工程成本最低，投标价格合理。

3.2.7 确定投标报价

投标报价是核算承包商为全面完成招标文件规定的义务所必需的费用支出，它是承包商的保本点，是工程报价的基础。而报价一经确认，即成为有法律约束力的合同价格。

为了规范建设工程投标报价的计价行为，统一建设工程工程量清单的编制和计价方法，维护招标人（业主）和投标人（承包商）的合法权益，促进建筑市场的市场化进程，根据《中华人民共和国招标投标法》、原建设部颁布的《建筑工程施工发包和承包计价管理办法》、《建筑工程工程量清单计价规范》等一系列政策法规规定，从2003年7月1日起，建设工程招标投标中的投标报价活动，全面推行建筑工程工程清单计价的报价方法。

因此，招标人（业主）必须按照计价规范的规定编制建设工程工程量清单，并列入招标文件中提供给投标人（承包商）；投标人（承包商）必须按照规范的要求填报工程量清单计价表并据此进行投标报价，投标报价文件（即工程量清单计价表）的填报编制，是以招标文件、合同条件、工程量清单、施工设计图纸、国家技术和经济规范及标准、投标人确定的施工组织设计或施工方案为依据，根据省、市、区等现行的建筑工程消耗量定额、企业定额及市场信息价格，并结合企业的技术水平和管理水平等自主确定。

投标报价表的编制是按规范的规定与要求，对拟建工程的工程量清单计价表的填报与编制。投标人根据招标人提供的统一工程量清单，投标人自主报价的一种计价行为。以下就工程量清单计价表，即投标报价表的编制介绍如下：

（1）工程量清单计价表的编制依据。工程量清单计价表的填报与编制依据主要包括：招标人提供的招标文件和工程量清单；招标人提供的设计图纸及有关的技术说明书等资料。各省、市、区颁发的现行建筑安装工程消耗量定额及与之相配套执行的各种费用定额及规定，企业内部制定的企业定额及价格标准。

（2）工程量清单的计价方法。工程量清单的计价采用综合单价计价。所谓综合单价，是指按合同规定完成工程量清单项目工作内容的单位综合费用，包括人工费、材料费、机械费、管理费和利润等，并包含一定风险因素的费用。上述费用的具体内容可参照各省、市、区的建设工程消耗量定额中的有关说明确定。综合单价计价是将综合单价分别填入相对应的工程量清单计价表中，再将已审定后的分部分项工程量乘以综合单价，累计后即得该工程分部分项工程造价，然后再分别按已确定的措施项目清单计价表、其他项目清单计价表中的项目内容，计算拟建工程的措施项目费用和其他项目费用，汇总后就得到该拟建工程的总造价。

投标人应根据招标文件的要求和招标项目的具体特点，结合市场情况和自身竞争实力自主报价。标价的计算必须与招标文件中规定的合同形式相协调。

3.2.8 编制投标文件

编制投标文件，应按招标文件规定的要求进行编制，一般不能带有任何附加条件，否则可能导致废标。

投标文件编制的要点如下：

（1）对招标文件要研究透彻，重点是投标须知、合同条件、技术规范、工程量清单及图纸等。

（2）为编制好投标文件和投标报价，应收集现行定额标准、取费标准及各类标准图集，收集掌握政策性调价文件及材料和设备价格情况等。

（3）在投标文件编制中，投标单位应依据招标文件和工程技术规范要求，并根据施工现场情况编制施工方案或施工组织设计。

（4）按照招标文件中规定的各种因素和依据计算报价，并仔细核对，确保准确，在此基础上正确运用报价技巧和策略，并用科学方法作出报价决策。

（5）填写各种投标表格。招标文件所要求的每一种表格都要认真填写，尤其是需要签章的一定要按要求完成，否则有可能会导致废标。

（6）投标文件的封装。投标文件编写完成后要按招标文件要求的方式分装、贴封、签章。

3.2.9 投标文件的投递

投标文件编制完成，经核对无误，由投标人的法定代表人签字盖章后，分类装订成册封入密封袋中，派专人在投标截止日前送到招标人指定地点，并领取回执作为凭证。投标人在规定的投标截止日前，在递送标书后，可用书面形式向招标人递交补充、修改或撤回其投标文件的通知，如果投标人在投标截止日后撤回投标文件，投标保证金将得不到退还。

递送投标文件不宜太早，因市场情况在不断变化，投标人需要根据市场行情及自身情况对投标文件进行修改。递送投标文件的时间在招标人接受投标文件截止日前两天为宜。

3.2.10　参加开标会，中标与签约

1. 开标会议

投标人可按规定的日期参加开标会。参加开标会议是获取本次投标招标人及竞争者公开信息的重要途径，以便于比较自身在投标方面的优势和劣势，为后续即将展开的工作方向进行研究，以便于决策。

2. 中标与签约

投标人收到招标单位的中标通知书，即获得工程承建权，表示投标人在投标竞争中获胜。投标人接到中标通知书以后，应在招标单位规定的时间内与招标单位谈判，并签订承包合同，同时还要向业主提交履约保函或保证金。如果投标人在中标后不愿承包该工程而逃避签约，招标单位将按规定没收其投标保证金作为补偿。

3.3　投标文件的编制

投标文件是投标活动的一个书面成果，它是投标人能否通过评标、决标、进而签订合同的依据。在确定报价之后，即可编写投标文件。投标文件的编写要完全符合招标文件的要求，也要对招标文件做出实质性响应，否则会导致废标。

3.3.1　投标文件的组成

根据2003年国家发改委、原建设部、铁道部等七部委联合发布的《工程建设项目施工招标投标办法》第三十六条的规定：投标人应当按照招标文件的要求编制投标文件，投标文件应当对招标文件提出的实质性要求和条件作出响应。投标文件一般包括下列内容：

(1) 投标函及其附录；

(2) 法定代表人身份证明或其授权委托书；

(3) 联合体协议书（如果有的话）；

(4) 投标保证金；

(5) 已标价的工程量清单；

(6) 施工组织设计（包括管理机构、施工组织设计、拟分包单位情况等）。

3.3.1.1　投标函及其附录

投标函及其附录是指投标人按照招标文件的条件和要求，向招标人提交的有关报价、质量目标等承诺和说明的函件，是投标人为响应招标文件相关要求所作的概括性函件，一般位于投标文件的首要部分，其内容和格式必须符合招标文件的规定。

1. 投标函

工程投标函包括投标人告知招标人本次所投的项目具体名称和具体标段，以及本次投标的报价、承诺工期和达到的质量目标等，投标函内容格式见表3-1。

2. 投标函附录

投标函附录一般附于投标函之后，共同构成合同文件的重要组成部分，主要内容是对投标文件中涉及关键性或实质性的内容条款进行说明或强调。

投 标 函 表 **表 3-1**

投 标 函

致：____________（招标人名称）

在考察现场并充分研究____________（项目名称）______标段（以下简称“本工程”）施工招标文件的全部内容后，我方兹以：

人民币（大写）：____________元

RMB¥：____________元

的投标价格和按合同约定有权得到的其他金额，并严格按照合同约定，施工、竣工和交付本工程并维修其中的任何缺陷。

在我方的上述投标报价中，包括：

安全文明施工费 RMB¥：____________元

暂列金额（不包括计日工部分）RMB¥：____________元

专业工程暂估价 RMB¥：____________元

如果我方中标，我方保证在______年______月______日或按照合同约定的开工日期开始本工程的施工，______天（日历日）内竣工，并确保工程质量达到______标准。我方同意本投标函在招标文件规定的提交投标文件截止时间后，在招标文件规定的投标有效期期满前对我方具有约束力，且随时准备接受你方发出的中标通知书。

随本投标函道交的投标函附录是本投标函的组成部分，对我方构成约束力。

随同本投标函递交投标保证金一份，金额为人民币（大写）：______元（¥：______元）。

在签署协议书之前，你方的中标通知书连同本投标函，包括投标函附录，对双方具有约束力。

投标人（盖章）：

法人代表或委托代理人（签字或盖章）：

日期：______年______月______日

备注：采用综合评估法评标，且采用分项报价方法对投标报价进行评分的，应当在投标函中增加分项报价的填报。

投标人填报投标函附录时，在满足招标文件实质性要求的基础上，可以提出比招标文件要求更有利于招标人的承诺。一般以表格形式摘录列举，见表 3-2。其中“序号”一般是根据所列条款名称在招标文件合同条款中的先后顺序进行排列；“条款名称”为所摘录条款的关键词；“合同条款号”为所摘录条款名称在招标文件合同条款中的条款号；“约定内容”是投标人投标时填写的承诺内容。

工程投标函附录所约定的合同重点条款应包括工程缺陷责任期、履约担保金额、发出开工通知期限、逾期竣工违约金、逾期竣工违约金限额、提前竣工的奖金、提前竣工的奖金限额、价格调整的差额计算、工程预付款、材料、设备预付款等对于合同执行中需投标人引起重视的关键数据。

投标函附录表 **表 3-2**

投标函附录

工程名称：____________（项目名称）________标段

序号	条款内容	合同条款号	约定内容	备注
1	项目经理	1.1.2.4	姓名：________	
2	工期	1.1.4.3	________日历天	
3	缺陷责任期	1.1.4.5		
4	承包人履约担保金额	4.2		
5	分包	4.3.4	见分包项目情况表	
6	逾期竣工违约金	11.5	________元/天	
7	逾期竣工违约金最高限额	11.5	________	
8	质量标准	13.1		
9	价格调整的差额计算	16.1.1	见价格指数权重表	
10	预付款额度	17.2.1		
11	预付款保函金额	17.2.2		
12	质量保证金扣留百分比	17.4.1		
	质量保证金额度	17.4.1		
……	……			
备注：投标人在响应招标文件中规定的实质性要求和条件的基础上，可做出其他有利于招标人的承诺。此类承诺可在本表中予以补充填写。				

投标人（盖章）：

法人代表或委托代理人（签字或盖章）：

日期：______年______月______日

投标函附录除对以上合同重点条款摘录外，也可以根据项目的特点、需要，并结合合同执行者重视的内容进行摘录，这有助于投标人仔细阅读并深刻理解招标文件重要的条款和内容。如采用价格指数进行价格调整时，可增加价格指数和权重表等合同条款由投标人填报。

3.3.1.2 法定代表人身份证明或其授权委托书

1. 法定代表人身份证明

在招标投标活动中，法定代表人代表法人的利益行使职权，全权处理一切民事活动。因此，法定代表人身份证明十分重要，用以证明投标文件签字的有效性和真实性。

投标文件中的法定代表人身份证明见表 3-3。一般应包括：投标人名称、单位性质、地址、成立时间、经营期限等投标人的一般资料，除此之外还应有法定代表人的姓名、性别、年龄、职务等有关法定代表人的相关信息和资料。法定代表人身份证明应加盖投标人的法人印章。

法定代表人身份证明表 表 3-3

<table>
<tr><td>

法定代表人身份证明

投 标 人：________________________________

单位性质：________________________________

地　　址：________________________________

成立时间：__________年__________月__________日

经营期限：________________________________

姓　　名：______________性　　别：______________

年　　龄：______________职　　务：______________

系______________（投标人名称）的法定代表人。

特此证明。

投标人：______________（盖单位章）

__________年__________月__________日

</td></tr>
</table>

2. 法人授权委托书

若投标人的法定代表人不能亲自签署投标文件进行投标，则法定代表人需授权代理人全权代表其在投标过程和签订合同中执行一切与此有关的事项。

授权委托书中应写明投标人名称、法定代表人姓名、代理人姓名、授权权限和期限等，见表 3-4。授权委托书一般规定代理人不能再次委托，即代理人无转委托权。法定代表人应在授权委托书上亲笔签名。根据招标项目的特点和需要，也可以要求投标人对授权委托书进行公证。

授权委托书表 表 3-4

<table>
<tr><td>

授权委托书

本人__________（姓名）系__________（投标人名称）的法定代表人，现委托__________（姓名）为我方代理人。代理人根据授权，以我方名义签署、澄清、说明、补正、递交、撤回、修改__________（项目名称）__________标段施工投标文件、签订合同和处理有关事宜，其法律后果由我方承担。

委托期限：________________________________

________________________________。

代理人无转委托权。

附：法定代表人身份证明

投　标　人：______________（盖单位章）

法定代表人：______________（签字）

身份证号码：______________

委托代理人：______________（签字）

身份证号码：______________

__________年__________月__________日

</td></tr>
</table>

3.3.1.3 联合体协议书

《招标投标法》第三十一条规定，两个以上法人或者其他组织可以组成一个联合体，以一个投标人的身份共同投标。联合体各方均应当具备承担招标项目的相应能力；国家有关规定或者招标文件对投标人资格条件有规定的，联合体各方均应当具备规定的相应资格条件。由同一专业的单位组成的联合体，按照资质等级较低的单位确定资质等级。联合体各方应当签订共同投标协议，明确约定各方拟承担的工作和责任，并将共同投标协议连同投标文件一并提交招标人。联合体中标的，联合体各方应当共同与招标人签订合同，就中标项目向招标人承担连带责任。招标人不得强制投标人组成联合体共同投标，不得限制投标人之间的竞争。

《工程建设项目施工招标投标办法》中规定，两个以上法人或者其他组织可以组成一个联合体，以一个投标人的身份共同投标。联合体各方签订共同投标协议后，不得再以自己名义单独投标，也不得组成新的联合体或参加其他联合体在同一项目中投标。联合体参加资格预审并获通过的，其组成的任何变化都必须在提交投标文件截止之日前征得招标人的同意。如果变化后的联合体削弱了竞争，含有事先未经过资格预审或者资格预审不合格的法人或者其他组织，或者使联合体的资质降到资格预审文件中规定的最低标准以下，招标人有权拒绝。联合体各方必须指定牵头人，授权其代表所有联合体成员负责投标和合同实施阶段的主办、协调工作，并应当向招标人提交由所有联合体成员法定代表人签署的授权书。联合体投标的，应当以联合体各方或者联合体中牵头人的名义提交投标保证金。以联合体中牵头人名义提交的投标保证金，对联合体各成员具有约束力。

凡联合体参与投标的，均应签署并提交联合体协议书，见表3-5。

联合体协议书的内容：

(1) 联合体成员的数量：联合体协议书中首先必须明确联合体成员的数量。其数量必须符合招标文件的规定，否则将视为不响应招标文件规定，而作为废标。

(2) 牵头人和成员单位名称：联合体协议书中应明确联合体牵头人，并规定牵头人的职责、权利及义务。

(3) 联合体内部分工：联合体协议书一项重要内容是明确联合体各成员的职责分工和专业工程范围，以便招标人对联合体各成员专业资质进行审查，并防止中标后联合体成员产生纠纷。

(4) 签署：联合体协议书应按招标文件规定进行签署和盖章。

3.3.1.4 投标保证金

投标保证金是指投标人按照招标文件的要求向招标人出具的，以一定金额表示的投标责任担保。招标人为了防止因投标人撤销或者反悔投标的不正当行为而使其蒙受损失，因此要求投标人按规定形式和金额提交投标保证金，并作为投标文件的组成部分。投标人不按招标文件要求提交投标保证金的，其投标文件作废标处理。投标保证金采用银行保函形式的，银行保函有效期应长于投标有效期，一般应超出投标有效期30天。

1. 投标保证金的形式

投标保证金的形式一般有：现金、银行保函、银行汇票、银行电汇、信用证、支票或招标文件规定的其他形式。投标保证金具体提交的形式由招标人在招标文件中确定。

联合体协议书表 表3-5

联合体协议书

牵头人名称：________________

法定代表人：________________

法定住所：________________

成员二名称：________________

法定代表人：________________

法定住所：________________

……

鉴于上述各成员单位经过友好协商，自愿组成________（联合体名称）联合体，共同参加________（招标人名称）（以下简称招标人）________（项目名称）________标段（以下简称本工程）的施工投标并争取赢得本工程施工承包合同（以下简称合同）。现就联合体投标事宜订立如下协议：

1. ________（某成员单位名称）为________（联合体名称）牵头人。

2. 在本工程投标阶段，联合体牵头人合法代表联合体各成员负责本工程投标文件编制活动，代表联合体提交和接收相关的资料、信息及指示，并处理与投标和中标有关的一切事务；联合体中标后，联合体牵头人负责合同订立和合同实施阶段的主办、组织和协调工作。

3. 联合体将严格按照招标文件的各项要求，递交投标文件，履行投标义务和中标后的合同，共同承担合同规定的一切义务和责任，联合体各成员单位按照内部职责的部分，承担各自所负的责任和风险，并向招标人承担连带责任。

4. 联合体各成员单位内部的职责分工如下：________________。

按照本条上述分工，联合体成员单位各自所承担的合同工作量比例如下：________________。

5. 投标工作和联合体在中标后工程实施过程中的有关费用按各自承担的工作量分摊。

6. 联合体中标后，本联合体协议是合同的附件，对联合体各成员单位有合同约束力。

7. 本协议书自签署之日起生效，联合体未中标或者中标时合同履行完毕后自动失效。

8. 本协议书一式________份，联合体成员和招标人各执一份。

牵头人名称：________________（盖单位章）

法定代表人或其委托代理人：________________（签字）

成员二名称：________________（盖单位章）

法定代表人或其委托代理人：________________（签字）

……

________年________月________日

备注：本协议书由委托代理人签字的，应附法定代表人签字的授权委托书。

（1）现金

对于数额较小的投标保证金而言，采用现金方式提交是一个不错的选择。但对于数额较大的采用现金方式提交就不太合适。因为现金不易携带，不方便递交，在开标会上清点大量的现金不仅浪费时间，操作手段也比较原始，既不符合我国的财务制度，也不符合现代的交易支付习惯。

（2）银行保函

开具保函的银行性质及级别应满足招标文件的规定，并采用招标文件提供的格式。

投标人应根据招标文件要求单独提交银行保函正本，并在投标文件中附上复印件或将银行保函正本装订在投标文件正本中。一般，招标人会在招标文件中给出银行保函的格式和内容，且要求保函主要内容不能改变，否则将以不符合招标文件的要求作废标处理。

(3) 银行汇票

银行汇票是汇款人将款项存入当地出票银行，由出票银行签发的票据，交由汇款人转交给异地收款人，异地收款人再凭银行汇票在当地银行兑取汇款。投标人应在投标文件中附上银行汇票复印件，作为评标时对投标保证金评审的依据。

(4) 支票

支票是出票人签发的，委托办理支票存款业务的银行或者其他金融机构在见票时无条件支付确定的金额给收款人或者持票人的票据。投标保证金采用支票形式，投标人应确保招标人收到支票后在招标文件规定的截止时间之前，将投标保证金划拨到招标人制定账户，否则，投标保证金无效。投标人应在投标文件中附上支票复印件，作为评标时对投标保证金评审的依据。

投标保证金表 **表 3-6**

投标保证金

保函编号：________________

____________________（招标人名称）：

鉴于____________________（投标人名称）（以下简称“投标人”）参加你方__________（项目名称）__________标段的施工投标，______________________________（担保人名称）（以下简称“我方”）受该投标人委托，在此无条件地、不可撤销地保证：一旦收到你方提出的下述任何一种事实的书面通知，在 7 日内无条件地向你方支付总额不超过____________________（投标保函额度）的任何你方要求的金额：

1. 投标人在规定的投标有效期内撤销或者修改其投标文件。
2. 投标人在收到中标通知书后无正当理由而未在规定期限内与贵方签署合同。
3. 投标人在收到中标通知书后未能在招标文件规定期限内向贵方提交招标文件所要求的履约担保。

本保函在投标有效期内保持有效，除非你方提前终止或解除本保函。要求我方承担保证责任的通知应在投标有效期内送达我方。保函失效后请将本保函交投标人退回我方注销。

本保函项下所有权利和义务均受中华人民共和国法律管辖和制约。

担保人名称：______________________________（盖单位章）
法定代表人或其委托代理人：____________________（签字）
地　　址：______________________________
邮政编码：______________________________
电　　话：______________________________
传　　真：______________________________

________年________月________日

备注：经过招标人事先的书面同意，投标人可采用招标人认可的投标保函格式，但相关内容不得背离招标文件约定的实质性内容。

2. 投标保证金的额度

投标保证金金额通常有相对比例金额和固定金额两种方式。相对比例是以投标总价作为计算基数，投标保证金金额与投标报价有关；固定金额是招标文件规定投标人提交统一金额的投标保证金，投标保证金与报价无关。为避免招标人设置过高的投标保证金额度，《工程建设项目施工招标投标办法》规定，投标保证金一般不得超过投标总价的2%，但最高不得超过80万元人民币。投标保证金有效期应当超出投标有效期三十天。《工程建设项目勘察设计招标投标办法》规定，保证金数额一般不超过勘察设计费投标报价的2%，最多不超过10万元人民币；《政府采购货物和服务招标投标管理办法》规定，投标保证金数额不得超过采购项目概算的1%。

3. 投标有效期与投标保证金的有效期

投标有效期是以递交投标文件的截止时间为起点，以招标文件中规定的时间为终点的一段时间。在这段时间内，投标人必须对其递交的投标文件负责，受其约束。而在投标有效期开始生效之前（即递交投标文件截止时间之前），投标人（潜在投标人）可以自主决定是否投标、对投标文件进行补充修改，甚至撤回已递交的投标文件；在投标有效期届满之后，投标人可以拒绝招标人的中标通知而不受任何约束或惩罚。

如果在招标投标过程中出现特殊情况，在招标文件规定的投标有效期内，招标人无法完成评标并与中标人签订合同，则在原投标有效期期满之前招标人可以以书面形式要求所有投标人延长投标有效期。投标人同意延长的，不得要求或被允许修改其投标文件，但应当相应延长其投标保证金的有效期；投标人拒绝延长的，其投标在原投标有效期期满之后失效，投标人有权收回其投标保证金。

投标保证金本身也有一个有效期的问题。如银行一般都会在投标保函中明确该保函在什么时间内保持有效，当然投标保证金的有效期必须大于等于投标有效期。《工程建设项目施工招标投标办法》规定，投标保证金的有效期应当超出投标有效期30天。但《工程建设项目货物招标投标办法》规定，投标保证金有效期应当与投标有效期一致。

4. 投标保证金的作用

（1）对投标人的投标行为产生约束作用，保证招标投标活动的严肃性

招标投标是一项严肃的法律活动，投标人的投标是一种要约行为，投标人作为要约人，向招标人（受要约人）递交投标文件之后，即意味着向招标人发出了要约。在投标文件递交截止时间至招标人确定中标人的这段时间内，投标人不能要求退出竞标或者修改投标文件；而一旦招标人发出中标通知书，作出承诺，则合同即告成立，中标的投标人必须接受，并受到约束。否则，投标人就要承担合同订立过程中的缔约过失责任，就要承担投标保证金被招标人没收的法律后果。这实际上是对投标人违背诚实信用原则的一种惩罚。所以，投标保证金能够对投标人的投标行为产生约束作用，这是投标保证金最基本的功能。

（2）在特殊情况下，可以弥补招标人的损失

投标保证金一般定为投标报价的2%，这是个经验数字。因为通过对实践中大量的工程招标投标的统计数据表明，通常最低标与次低标的价格相差在2%左右。因此，如果发生最低标的投标人反悔而退出投标的情形，则招标人可以没收其投标保证金并授标给投标报价次低的投标人，用该投标保证金弥补最低价与次低价两者之间的价差，从而在一定程

度上可以弥补或减少招标人所遭受的经济损失。

(3) 督促招标人尽快定标

投标保证金对投标人的约束作用是有一定时间限制的，这一时间即是投标有效期。如果超出了投标有效期，则投标人不对其投标的法律后果承担任何义务。所以，投标保证金只是在一个明确的期限内保持有效，从而可以防止招标人无限期地延长定标时间，影响投标人的经营决策和合理调配自己的资源。

(4) 从一个侧面反映和考察投标人的实力

投标保证金采用现金、支票、汇票等形式，实际上是对投标人流动资金的直接考验。投标保证金采用银行保函的形式，银行在出具投标保函之前一般都要对投标人的资信状况进行考察，信誉欠佳或资不抵债的投标人很难从银行获得经济担保。由于银行一般都对投标人进行动态的资信评价，掌握着大量投标人的资信信息，因此，投标人能否获得银行保函，能够获得多大额度的银行保函，这也可以从一个侧面反映投标人的实力。

5. 投标保证金的没收与退还

(1) 投标保证金的没收

下列任何情况发生时，投标保证金将被没收：

①投标人在规定的投标有效期内撤回其投标；

②投标人在收到中标通知书后未按招标文件规定提交履约担保，或拒绝签订合同协议书。

(2) 投标保证金的退还

《工程建设项目施工招标投标办法》规定，招标人与中标人签订合同后5个工作日内，应向未中标的投标人退还投标保证金。

3.3.1.5 工程量清单计价表

投标人根据招标文件中工程量清单以及计价要求，结合施工现场实际情况及施工组织设计，按照企业工程施工定额或参照政府工程造价管理机构发布的工程定额，结合市场人工、材料、机械等要素价格信息进行投标报价。

工程量清单计价表主要包括：封面、总说明、汇总表、分部分项工程量清单与计价表、措施项目清单与计价表、其他项目清单与计价表、规费、税金项目清单与计价表组成。

投标人应按招标人提供的工程量清单填报价格。填写的项目编码、项目名称、项目特征、计量单位、工程量必须与招标人提供的一致。投标价由投标人自主确定，但不得低于成本。投标价应由投标人或受其委托具有相应资质的工程造价咨询人编制。

工程量清单投标报价的编制依据：

(1)《建设工程工程量清单计价规范》GB 50500—2008；

(2) 国家或省级、行业建设主管部门颁发的计价办法；

(3) 企业定额，国家或省级、行业建设主管部门颁发的计价定额；

(4) 招标文件、工程量清单及其补充通知、答疑纪要；

(5) 建设工程设计文件及相关资料；

(6) 施工现场情况、工程特点及拟定的投标施工组织设计或施工方案；

(7) 与建设项目相关的标准、规范等技术资料；

(8) 市场价格信息或工程造价管理机构发布的工程造价信息；

(9) 其他的相关资料。

工程量清单计价编制的格式：

工程量清单计价应采用统一的格式，工程量清单计价格式随招标文件发至投标人，由投标人填写。工程量清单计价格式由下列内容组成。

1. 封面

封面由投标人按规定的内容填写、签字、盖章。封面格式见表 3-7。

封　面　　**表 3-7**

××工程

工程量清单报价表

投标人：________________________(签字盖章)

法定代表人：________________________(签字盖章)

资质等级：________________________(盖业务专用章)

造价工程师及注册证号：________________________(签字盖章)

编制人：________________________

编制时间：________________________

2. 投标总价表

投标总价应按工程项目总价表合计金额填写。投标总价表格式见表 3-8。

投标总价表　　**表 3-8**

投 标 总 价

招　标　人：________________________

工 程 名 称：________________________

投标总价(小写)：________________________

(大写)：________________________

投　标　人：________________________

(单位盖章)

法定代表人

或 其 授 权 人：________________________

(签字或盖章)

编　制　人：________________________

(造价人员签字盖专用章)

编制时间：　　年　　月　　日

3. 工程项目总价表

工程项目总价表应按各单项工程费汇总表的合计金额填写。工程项目总价表格式见表3-9。

工程项目总价表 **表 3-9**

工程名称：

第 页 共 页

序号	单项工程名称	金额（元）	其中		
			暂估价（元）	安全文明施工费（元）	规费（元）

4. 单项工程投标报价汇总表

单项工程投标报价汇总表应按各单位工程投标报价汇总表的合计金额填写。单项工程投标报价汇总表格式见表 3-10。

单项工程投标报价汇总表 **表 3-10**

工程名称：

第 页 共 页

序号	单项工程名称	金额（元）	其中		
			暂估价（元）	安全文明施工费（元）	规费（元）

5. 单位工程投标报价汇总表

单位工程投标报价汇总表根据分部分项工程量清单与计价表、措施项目清单与计价表、其他项目清单与计价汇总表、规费、税金项目清单与计价表的合计填写。单位工程投标报价汇总表格式见表 3-11。

单位工程投标报价汇总表 **表 3-11**

工程名称： 标段： 第 页 共 页

序号	汇 总 内 容	金额(元)	其中：暂估价(元)
1	分部分项工程		
2	措施项目		
2.1	安全文明施工费		
3	其他项目		
3.1	暂列金额		
3.2	专业工程暂估价		
3.3	计日工		
3.4	总承包服务费		
4	规费		
5	税金		
投标报价合计=1+2+3+4+5			

6. 分部分项工程量清单与计价表

分部分项工程量清单与计价表是根据招标人提供的工程量清单填写单价与合价得到的。分部分项工程费应依据综合单价的组成内容，按招标文件中分部分项工程量清单项目的特征描述确定综合单价计算。

综合单价是完成一个规定计量单位的分部分项工程量清单项目所需的人工费、材料费、施工机械使用费和企业管理费与利润，综合单价中应考虑招标文件中要求投标人承担的风险费用。

招标文件中提供了暂估单价的材料，按暂估的单价计入综合单价。

分部分项工程量清单与计价表格式见表 3-12。

分部分项工程量清单与计价表 **表 3-12**

工程名称： 标段： 第 页 共 页

序号	项目编码	项目名称	项目特征描述	计量单位	工程量	金额(元)		
						综合单价	合价	其中：暂估价

7. 措施项目清单与计价表

措施项目清单计价应根据拟建工程的施工组织设计，可以计算工程量的措施项目，应按分部分项工程量清单的方式采用综合单价计价；其余的措施项目可以“项”为单位的方式计价，应包括除规费、税金外的全部费用。

8. 其他项目清单与计价表

(1) 暂列金额应按招标人在其他项目清单中列出的金额填写；

(2) 材料暂估价应按招标人在其他项目清单中列出的单价计入综合单价；专业工程暂估价应按招标人在其他项目清单中列出的金额填写；

（3）计日工按招标人在其他项目清单中列出的项目和数量，自主确定综合单价并计算计日工费用；

（4）总承包服务费根据招标文件中列出的内容和提出的要求自主确定。

9. 规费、税金项目清单与计价表

规费和税金应按国家或省级、行业建设主管部门的规定计算，不得作为竞争性费用。

3.3.1.6 施工组织设计

施工组织设计主要含在技术标中，是投标文件的重要组成部分，是编制投标报价的基础，是反映投标企业施工技术水平和施工能力的重要标志，在投标文件中具有举足轻重的地位。

首先，投标人应结合招标项目特点、难点和需求，研究项目技术方案，并根据招标文件统一格式和要求编制。方案编制必须层次分明，具有逻辑性，突出项目特点及招标人需求点，并能体现投标人的技术水平和能力特长。

其次，技术方案尽可能采用图表形式，直观、准确地表达方案的意思和作用。

技术标主要由以下几个部分组成：

1. 项目管理机构

包括企业为项目设立的管理机构和项目管理班子（项目经理或项目负责人、项目技术负责人等）。

2. 施工组织设计

施工组织设计是指导拟建工程施工全过程各项活动的技术、经济和组织的综合性文件。它分为招投标阶段编制的施工组织设计和接到施工任务后编制的施工组织设计。前者深度和范围都比不上后者，是初步的施工组织设计；如中标再行编制详细而全面的施工组织设计。初步的施工组织设计一般包括进度计划和施工方案等。主要包括以下内容：

（1）拟投入本工程的主要施工设备表；

（2）拟配备本工程的试验和检测仪器设备表；

（3）劳动力计划表；

（4）计划开、竣工日期和施工进度网络图；

（5）施工总平面图；

（6）临时用地表；

（7）施工组织设计编制及装订要求。

在投标阶段编制的进度计划不是施工阶段的工程施工计划，可以粗略一些，一般用横道图表示即可；除招标文件专门规定必须用网络图外，一般不采用网络计划。在编制进度计划时要考虑和满足以下要求：

（1）总工期符合招标文件的要求；如果合同要求分期、分批竣工交付使用，则应标明分期、分批交付使用的时间和数量。

（2）表示各项主要工程的开始和结束时间，如房屋建筑中的土方工程、基础工程、混凝土结构工程、屋面工程、装修工程、水电安装工程等的开始和结束时间。

（3）体现主要工序相互衔接的合理安排。

（4）有利于基本上均衡地安排劳动力，尽可能避免现场劳动力数量急剧起落，这样可以提高工效和节省临时设施。

(5) 有利于充分有效地利用施工机械设备，减少机械设备占用周期。

(6) 便于编制资金流动计划，有利于降低流动资金占用量，节省资金利息。

施工方案的制订要从工期要求、技术可行性、保证质量、降低成本等方面综合考虑，选择和确定各项工程的主要施工方法和适用、经济的施工方案。

3. 拟分包计划表

如有分包工程，投标人应说明工程的内容、分包人的资质及以往类似工程业绩等。

[案例] 联合体投标

某政府投资项目，主要分为建筑工程、安装工程和装修工程三部分。项目投资额为5000万元，其中，估价为80万元的设备由招标人采购。招标文件中，招标人对投标有关时限的规定如下：

(1) 投标截止时间为招标文件停止出售之日起第十五日上午9时整；

(2) 接受投标文件的最早时间为投标截止时间前72小时；

(3) 若投标人要修改、撤回已提交的投标文件，须在投标截止时间24小时前提出；

(4) 投标有效期从发售招标文件之日开始计算，共90天。

并规定，建筑工程应由具有一级以上资质的企业承包，安装工程和装修工程应由具有二级以上资质的企业承包。招标人鼓励投标人组成联合体投标。

在参加投标的企业中，A、B、C、D、E、F为建筑公司，G、H、J、K为安装公司，L、N、P为装修公司，除了K公司为二级企业外，其余均为一级企业。上述企业分别组成联合体投标，各联合体具体组成见下表。

各联合体的组成表

联合体编号	Ⅰ	Ⅱ	Ⅲ	Ⅳ	Ⅴ	Ⅵ	Ⅶ
联合体组成	A，L	B，C	D，K	E，H	G，N	F，J，P	E，L

在上述联合体中，某联合体协议中约定：若中标，由牵头人与招标人签订合同，然后将该联合体协议送交招标人；联合体所有与业主方的联系工作以及内部协调工作均由牵头人负责；各成员单位按投入比例分享利润并向招标人承担责任，且需向牵头人支付各自所承担合同额部分1%的管理费。

问题： (1) 该项目估价为80万元的设备采购是否可以不招标？说明理由。

(2) 分别指出招标人对投标有关期限的规定是否正确？说明理由。

(3) 按联合体的编号，判别各联合体的投标是否有效？若无效，说明原因。

(4) 指出上述联合体协议内容中的错误之处，说明理由或写出正确做法。

解析：

(1) 该设备采购必须招标，因为该项目属于政府投资项目，且投资额在3000万元以上，本项目投资额达5000万元。

(2) ①投标截止时间的规定正确，因为自招标文件开始出售至停止出售至少为五个工作日，故满足自招标文件开始出售至投标截止不得少于二十日的规定；

②接受投标文件最早时间的规定正确，因为有关法规对此没有限制性规定；

③修改、撤回投标文件时限的规定不正确，因为在投标截止时间前均可修改、撤回投标文件；

④投标有效期从发售招标文件之日开始计算的规定不正确；投标有效期应从投标截止时间开始计算。

(3) ①联合体Ⅰ的投标无效，因为投标人不得参与同一项目下不同的联合体投标。②联合体Ⅱ的投标有效。③联合体Ⅲ的投标有效。④联合体Ⅳ的投标无效，因为投标人不得参与同一项目下不同的联合体投标。⑤联合体Ⅴ的投标无效，因为缺乏建筑公司，若其中标，主体结构必然要分包，而主体结构工程分包是违法的。⑥联合体Ⅵ的投标有效。⑦联合体Ⅶ的投标无效，因为投标人不得参与同一项目下不同的联合体投标。

(4) ①有牵头人与招标人签订合同错误，应由联合体各方共同与招标人签订合同。

②签订合同后将联合体协议送交招标人错误，联合体协议应当与投标文件一同提交给招标人。

③各成员单位按投入比例向业主承担责任错误，联合体各方应就承包的工程向业主承担连带责任。

3.3.2 编制投标文件应注意的问题

(1) 对招标人的特别要求。了解清楚特别要求后再决定是否投标。如招标人在业绩上要求投标人必须有几个业绩；如土建标，要求几级以上的施工资质；要求投标人资金在多少金额以上等。

(2) 应认真领会的要点。前附表格要点；招标文件各要点；投标文件部分，尤其是组成和格式；保证金应注意开户银行级别、金额、币种以及时间；文件递交方式时间地点以及密封签字要求；几个造成废标的条件；参加开标仪式及做好澄清工作。

(3) 投标文件应严格按规定格式制作。如开标一览表、投标函、投标报价表、授权书等，包括银行保函格式亦有统一规定，不能自己随便写。

(4) 技术规格的响应。投标人应认真制作技术规格响应表，主要指标有一个偏离即会导致废标。次要指标亦应作出响应；认真填写技术规格偏离表。

(5) 编制要点。注意签字与加盖公章；正本与副本的数量；有效期的计算等。

(6) 应核对报价数据，消除计算错误。各分项分部工程的报价及单方造价、全员劳动生产率、单位工程一般用料、用工指标是否正常等，应根据现有指标和企业内部数据进行宏观审核，防止出现大的错误和漏项。

(7) 编制投标文件的过程中，投标人必须考虑开标后如果成为评标对象，其在评标过程中应采取的对策。比如在我国鲁布革引水工程招标中，日本大成公司在这方面做了很好的准备，决策及时，因而在评标中获胜，获得了合同。如果情况允许，投标人也可以向业主致函，表明投送投标文件后考虑同业主长期合作的诚意，可以提出一些优惠措施或备选方案。

3.4 工程项目施工投标决策与报价技巧

3.4.1 投标决策的概念

投标决策，就是投标人选择和确定投标项目与制定投标行动方案的决定。工程投标决策是指建设工程承包商为实现其生产经营目标，针对建设工程招标项目，而寻求并实现最优化的投标行动方案的活动。因为投标决策是公司经营决策的重要组成部分，并指导投标全过程，与公司经济效益紧密相关，所以必须及时、迅速、果断地进行投标决策。实践中，建设工程投标决策主要研究以下三个方面的内容：

(1) 投标机会决策，即是否投标的机会研究。

(2) 投标定位决策，即投何种性质的标。

(3) 投标方法性决策，采用何种策略和技巧

投标决策问题，首先是要进行是否投标的机会决策研究和投何种性质的标的投标报价决策研究；其次，是研究投标中如何采用以长制短、以优胜劣的策略和技巧。投标决策分为两个阶段：前期投标机会决策阶段和后期报价决策阶段，投标机会决策阶段主要解决是否投标的机会问题，报价决策阶段是要解决投标性质选择及报价选择问题。

1. 投标机会决策

投标机会决策阶段，主要是投标人及其决策组织成员对是否参加投标进行研究、论证并作出决策的过程。一般是在投标人购买资格预审文件前后完成。在这一阶段当中，进行决策的主要依据包括了招标人发布的招标公告，投标人对工程项目的跟踪调查情况，投标人对招标人情况进行的调查研究及了解资料。在针对国际项目的招标工程当中，进行决策的依据还应该包括投标人对工程所在国及所在地的调查研究及了解。

在下列情况下，投标人可以根据实际情况的调查，放弃投标。

(1) 工程资质要求超过本企业资质等级的项目；

(2) 本企业业务范围和经营能力之外的项目；

(3) 本企业在手承包任务比较饱满，而招标工程的风险较大或盈利水平较低的项目；

(4) 本企投标资源投入量过大时面临的项目；

(5) 有在技术等级、信誉、水平和实力等方面具有明显优势的潜在竞争对手参加的项目。

2. 投标定位决策

如果投标人经过前期的投标机会研究决定进行投标，便进入投标的后期决策阶段，即投标定位决策阶段。该阶段是指从申报投标资格预审资料至投标报价为止期间的决策研究阶段，主要研究投什么样的标及怎样进行投标。在进行决策时，可以根据投标性质不同，考虑投风险标或保险标；或者根据效益情况不同，考虑投盈利标、保本标或亏损标。

(1) 保险标指承包商对基本上不存在什么技术、设备、资金和其他方面问题的，或虽有技术、设备、资金和其他方面问题，但可预见并已有了解决办法的工程项目而投的标。

若企业经济实力较弱，经不起失误或风险的打击，投标人往往投保险标，尤其是在国际工程承包市场上承包商大多愿意投保险标。

(2) 风险标指承包商对存在技术、设备、资金或其他方面未解问题，承包难度比较大的招标工程而投的标。投标后若对于存在的问题解决的好，则可以取得较好的经济效益，同时可以得到更多的管理经验；若对于存在的问题解决不好，企业则面临经济损失、信誉损害等问题。因此，这种情况下的投标决策必须谨慎。

(3) 盈利标是指承包商为能获得丰厚利润回报的而投的标。

(4) 保本标是指承包商对不能获得多少利润但一般也不会出现亏损的招标工程而投的标。

3. 投标决策的具体方法

(1) 定性决策

影响报价的因素很多，往往很难定量的测算，就需要定性分析。定性选择投标项目，主要依靠投标决策人员个人的经验和科学的分析研究方法优选投标项目。这种方法虽有一定的局限性，但具有方法简单，对相关资料的要求不高等优点，因而应用较为广泛。

(2) 定量决策

定量决策的方法有很多，本章以决策树方法为例来介绍定量决策。决策树分析法是一种利用概率分析原理，并用树状图描述各阶段备选方案的内容、参数、状态及各阶段方案的相互关系，实现对方案进行系统分析和评价的方法。

当投标项目较多，承包商施工能力有限时，只能从中选择一些项目投标，而对另一些项目则放弃投标。分析时单纯从获利角度，从中选择期望利润最大的项目，作为投标项目。

决策树案例：某承包商由于施工能力及资源限制，只能在A、B两个工程项目中任选一项进行投标，或者两项均不投标。在选择A、B工程投标时，又可以分高标报价与低标报价两种策略。因此，在进行整个决策时就有5种方案可供选择，即A高、A低、B高、B低、不投标等5种方案。假定报价超过估计成本的20%列为高标，20%以下列为低标。根据历史资料统计分析得知，当投高标时，中标概率为0.3，失标概率为0.7，而当投低标时，中标概率及失标概率各为0.5。

若每种报价不论高低，实施结果都产生好、中、差3种不同结果，这3种不同结果的概率及损益值见表3-13。当投标不中时，A、B两工程要分别损失0.8万元和0.6万元的费用。主要包括购买标书、计算报价、差旅、现场踏勘等费用的损失。

A、B两工程对比结果表 **表3-13**

方案	结果	概率	A项工程			B项工程		
			实际效果	概率	损益值（万元）	实际效果	概率	损益值（万元）
报价（高）估计成本的120%以上	中标	0.3	好	0.3	800	好	0.3	600
			中	0.6	400	中	0.5	300
			差	0.1	−15	差	0.2	−10
	失标	0.7			−0.8			−0.6
报价（低）估计成本120%以上	中标	0.5	好	0.2	500	好	0.3	400
			中	0.6	200	中	0.6	100
			差	0.2	−20	差	0.1	−12
	失标	0.5			−0.8			−0.6
不报价		1.0			0			0

答案：

①画出决策树图，如图3-1所示。

从②③④⑤节点的期望值比较来看，应选择A项目，且采取投高标的报价策略。

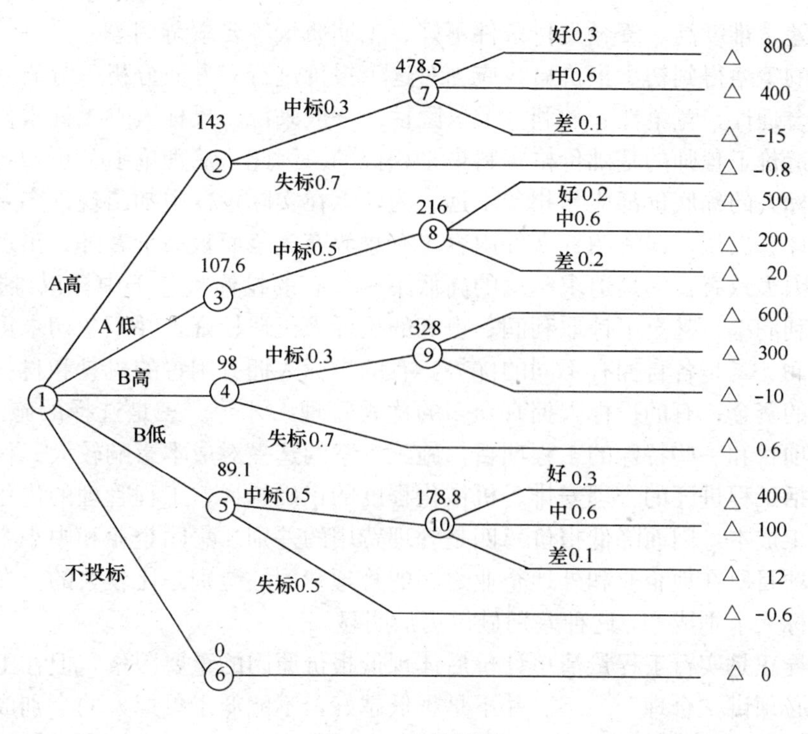

图 3-1　决策树图

3.4.2　投标报价策略

投标策略从投标的全过程分析主要表现在以下三个方面：

1. 生存型策略

投标报价以克服生存危机为目标而争取中标，可以不考虑各种影响因素。但由于社会、政治、经济环境的变化和投标人自身经营管理不善，都有可能造成投标人的生存危机。这种危机首先表现在企业的经济状况，投标项目的减少。其次，政府调整基本建设投资方向，使某些投标人擅长的工程项目减少，这种危机常常危害到营业范围单一的专业工程投标人。第三，如果投标人经营管理不善，会存在投标邀请越来越少的危机。这时投标人应以生存为重，采取不盈利甚至赔本也要夺标的措施，只要能暂时维持生存渡过难关，就会有东山再起的希望。

2. 竞争型策略

投标报价以竞争为手段，以开拓市场、低盈利为目标，在精确计算成本的基础上，充分估计竞争对手的报价目标，以有竞争力的报价达到中标的目的。投标人处在以下几种情况下，应采取竞争型报价策略：经营状况不景气，近期接收到的投标邀请较少；竞争对手有威胁性；试图打入新的地区；开拓新的工程施工类型；投标项目风险小、施工工艺简单、工程量大、社会效益好的项目；附近有本企业其他正在施工的项目。这种策略是大多数企业采用的，也叫保本低利策略。

3. 盈利型策略

这种策略是投标报价要充分发挥自身优势，以实现最佳盈利为目标。下面几种情况可以采用盈利型报价策略，如投标人在该地区已经打开局面、施工能力饱和、信誉度高、竞争对手少、具有技术优势并对招标人有较强的名牌效应、投标人目标主要是扩大影响，或者施工条件差、难度高、资金支付条件不好、工期质量等要求苛刻等。

按一定的策略得到初步报价后，应当对这个报价进行多方面分析。分析的目的是探讨这个报价的合理性、竞争性、盈利性及风险性。一般来说，投标人对投标报价的计算方法大同小异，造价工程师的基础价格资料也是相似的。因此，从理论上分析，各投标人的投标报价同招标人的标底价都应当相差不远。为什么在实际投标中却出现许多差异呢？除了那些明显的计算失误，误解招标文件内容，有意放弃竞争而报高价者外，出现投标报价差异的主要原因大致有：一是追求利润的高低不一。有的投标人急于中标以维持生存局面，不得不降低利润率，甚至不计取利润；也有的投标人机遇较好，并不急切求得中标，而追求较高的利润。二是各自拥有不同的优势。有的投标人拥有闲置的机具和材料，有的投标人拥有雄厚的资金；有的投标人拥有众多的优秀管理人才等。三是选择的施工方案不同。对于大中型项目和一些特殊的工程项目，施工方案的选择对成本影响较大。科学合理的施工方案，包括工程进度的合理安排、机械化程度的正确选择、工程管理的优化等，都可以明显降低施工成本，因而降低报价。四是管理费用的差别。集团企业和中小企业、老企业和新企业、项目所在地企业和外地企业之间的管理费用的差别是比较大的。在清单计价模式下显示投标人个别成本，这种差别显得更加明显。

这些差异正是实行工程量清单计价后体现低报价原因的重要因素，但在工程量清单计价下的低价必须讲“合理”二字。并不是越低越好，不能低于投标人的个别成本，不能由于低价中标而造成亏损。投标人必须是在保证质量、工期的前提下，保证预期的利润及考虑一定风险的基础上确定最低成本价。低价虽然重要，但不是报价唯一因素，除了低报价之外，投标人可以采取策略或投标技巧战胜对手，或可以提出能够让招标人降低投资的合理化建议或对招标人有利的一些优惠条件等，这些措施都可以弥补报高价的不足。

3.4.3 投标报价技巧

投标报价技巧是指在投标报价中采用既能使招标人接受，而中标后又能获得更多利润的方法。投标人在工程投标时，主要应该在先进合理的技术方案和较低的投标价格上下工夫，以争取中标，但还有一些投标技巧对中标及中标后的获利有一定的帮助。

影响报价的因素很多，往往难以做定量的测算，因此就需要进行定性分析。报价的最终目的有两个，一是提高中标的可能性；二是中标后企业能获得盈利。为了达到这两个目的，企业必须在投标中认真分析招标信息，掌握建设单位和竞争对手的情况，采用各种报价技巧，报出合理的标价。对标价高低的定性分析，又称为报价技巧。下面介绍几种常用报价技巧供参考。

1. 不平衡报价法

不平衡报价法是指一个工程项目的投标报价，在总价基本确定后，如何调整内部各个分项目的报价，以达到既不提高总价，不影响中标，又能在结算时得到更理想的经验效益的目的。不平衡报价法一定要建立在对工程量仔细核对的基础上，同时一定要控制在合理的幅度内（一般在10%左右)。以下几种情况，可采取不平衡报价法。

（1）不平衡报价法的应用方法

①前高后低。对能早期结账收回工程款的项目（如土方、基础等）的单价可以报高价，以利于资金周转；对后期项目（如装饰、电气设备安装等）单价可适当降低。这种方法对竣工后一次结算的工程不适用。

②工程量可能增加的报高价。工程量有可能减少的项目单价可适当降低。这种方法适用于按工程量清单报价、按实际完成工程量结算工程款的招标工程。

但上述两点要统筹考虑。对于工程量数量有错误的早期工程，如不可能完成工程量表中的数量，则不能盲目抬高单价，需要具体分析后再确定。

③图纸内容不明确的或有错误，估计修改后工程量要增加的，其单价可提高；而工程内容不明确的，其单价可降低。

④没有工程量只填报单价的项目，其单价宜高。这样，既不影响总的投标报价，又可多获利。

⑤对于暂定项目，其实施的可能性大的项目，价格可定高价；估计该工程不一定实施的，可定低价。

⑥零星用工（计日工）一般可稍高于工程单价表中的工资单价，之所以这样做是因为零星用工不属于承包有效合同总价的范围，发生时实报实销，也可多获利。

⑦量大价高的提高报价。工程量大的少数子项适当提高单价，工程量小的大多数子项则报低价。这种方法适用于采用单价合同的项目

(2) 应用不平衡报价法的注意事项

①注意避免各项目的报价畸高畸低，否则有可能失去中标机会。

②上述不平衡报价的具体做法要统筹考虑，例如某项目虽然属于早期工程，但工程量可能是减少的，则不宜报高价。

[案例] 不平衡报价

承包商参与某高层商用办公楼土建工程的投标。为了既不影响中标，又能在中标后取得较好的收益，决定采用不平衡报价法对原估价作了适当调整，具体数字见下表。现假设桩基围护工程、主体结构工程、装饰工程的工期分别为4个月、12个月、8个月，年利润1%，并假设各分部工程每月完成的工作量相同且能按月度及时收到工程款（不考虑工程款结算所需的时间）。

	桩基维护工程	主体结构工程	装饰工程	总　价
调整前估价	1480	6600	7200	15280
调整后报价	1600	7200	6480	15280

问题：

(1) 该承包商所运用的不平衡报价法是否恰当？为什么？

(2) 采用不平衡报价法后，该承包商所得工程款的现值比原估价增加多少（以开工日期为结算点。）

解析：

(1) 恰当。因为不平衡报价法的基本原理是在总价不变的前提下，调整分项工程的单价。通常对前期完成的工程、工程量可能增加的工程、计日工等项目，原估单价调高，反之则调低。该工程承包商是将属于前期工程的桩基围护工程和主体结构工程的单价调高，而将属于后期工程的装饰工程的单价调低，可以在施工的早期阶段收到较多的工程款，从而可以提高承包商所得工程款的现值；而且，这三类工种单价的调整幅度均在±10%以内，属于合理范围。

(2) 计算单价调整后的工程款现值

①单价调整前的工程款现值

桩基维护工程每月工程款 $A_1=1480\div4=370$（万元）

主体结构工程每月工程款 $A_2=6600\div12=550$（万元）

装饰工程每月工程款 $A_3=7200\div8=900$（万元）

则，单价调整前的工程款现值：

$$PV_0=A_1(P/A,1\%,4)+A_2(P/A,1\%,12)(P/F,1\%,4)+A_3(P/A,1\%,8)(P/F,1\%,16)$$

$$=370\times3.9020+550\times11.2551\times0.9610+900\times7.6517\times0.8528$$

$$=1443.74+5948.88+5872.83$$

$$=13265.45(\text{万元})$$

②单价调整后的工程款现值

桩基维护工程每月工程款 $A'_1=1600\div4=400$ 万元

主体结构工程每月工程款 $A'_2=7200\div12=600$ 万元

装饰工程每月工程款 $A'_3=6480\div8=810$ 万元

则，单价调整后的工程款现值：

$$PV'_0=A'_1(P/A,1\%,4)+A'_2(P/A,1\%,12)(P/F,1\%,4)+A'_3(P/A,1\%,8)(P/F,1\%,16)$$

$$=400\times3.9020+600\times11.2551\times0.9610+810\times7.6517\times0.8528$$

$$=1560.80+6489.69+5285.55$$

$$=13318.83(\text{万元})$$

③两者的差额为：$PV'_0-PV_0=13318.83-13265.45=53.38$（万元）

因此，采用不平衡报价法后，该承包商所得工程款的现值比原估价增加 53.38 万元。

2. 多方案报价与增加备选方案报价法

多方案报价与增加备选方案报价法是投标人针对招标文件中的某些不足，提出有利于业主的替代方案（又称备选方案），用合理化建议吸引业主争取中标的一种投标技巧。具体做法是：按招标文件的要求报正式标价；在投标书的附录中提出替代方案，并说明如果被采纳，标价将降低的数额。

多方案报价与增加备选方案报价法适用情况：

(1) 如果发现招标文件中的工程范围很不具体、明确，或条款内容很不清楚、很不公正，或对技术规范的要求过于苛刻。

(2) 如发现设计图纸中存在某些不合理并可以改进的地方或可以利用某项新技术、新工艺、新材料替代的地方，或者发现自己的技术和设备满足不了招标文件中设计图纸的要求。

(3) 对于一些招标文件，如果发现工程范围不很明确，条款不清楚或很不公正，或技术规范要求过于苛刻时，则要在充分估计投标风险的基础上，按多方案报价法处理。即是按原招标文件报一个价，然后再提出，如某某条款作某些变动，报价可降低多少，由此可报出一个较低的价。这样，可以降低总价，吸引业主。

[案例] 一个项目能否投两份投标文件？

新加坡某局为一座集装箱仓库的屋盖进行工程招标，该工程为 60000m² 仓库，上面为

6组拼连的屋盖，原招标方案用大跨度的普通钢屋架、檩条和彩色涂层压型钢板的传统式屋盖。招标文件规定除原方案报价外，允许投标者提出新的建议方案和报价，但不能改变仓库的外形和下部结构。一家中国公司参加投标，除严格按照原方案报价外，提出新的建议是，将原方案改成钢管构件的螺栓球接点空间网架结构。这个新方案不仅节约大量钢材，而且可以在中国加工制作构件和接点后，用集装箱运到新加坡现场进行拼装，从而大大降低了工程造价，施工周期可以缩短两个月。开标后，按原方案报价，中国公司名列第5名，但其可供选择的方案报价最低、工期最短且技术先进。招标人派专家到中国考察，看到大量这种空间网架结构，技术先进、可靠而且美观，因此宣布将这个仓库的大型屋盖工程以近2000万美元的承包价格授予这家中国公司。

3. 突然降价法

突然降价法是指在投标最后截止时间内，采取突然降价的手段，确定最终投标报价的方法。通常的做法是，在准备投标报价的过程中预先考虑好降价的幅度，然后有意散布一些假情报，如打算弃标，按一般情况报价或准备报高价等，等临近投标截止日期前，突然前往投标，并降低报价，以期战胜竞争对手。

[案例] 某水电站的招标，水电某工程局于开标前一天带着高、中、低三个报价到达该地后，通过各种渠道了解投标者到达的情况及可能出现的竞争者的情况，直到截止投标前10分钟，他们发现主要的竞争者已放弃投标，立即决定不用最低报价，同时又考虑到第二竞争对手的竞争力，决定放弃最高报价，选择了“中报价”，结果成为最低标，为该项目中标打下基础。

4. 先亏后赢法

对大型分期施工项目，在第一期工程投标时，可以将部分间接费用摊到第二期工程中去，少计算利润以争取中标。这样在第二期工程投标时，凭借第一期工程的经验、临时设施及树立的信誉，比较容易拿到第二期工程。另外，投标人为了打入某一地区也可采用先亏后盈法。

5. 许诺优惠条件法

投标报价附带优惠条件是行之有效的一种手段。招标人评标时，除了主要考虑报价和技术方案外，还要分析其他条件，如工期、质量、支付条件等。在投标时投标人主动提出提前竣工、低息贷款、赠给施工设备、免费转让新技术、免费技术协作、代为培训人员等，均是吸引业主、利于中标的有效手段。

6. 争取评标奖励法

有时招标文件规定，对某些技术指标的评标，投标人若提供优于规定标准的指标值时，给予适当的评标奖励。投标人应该使业主比较注重的指标适当优于规定标准，可以获得适当的评标奖励，有利于在竞争中取胜。

7. 开标升级法

在投标报价时把某些造价高的特殊工作从报价中减掉，使报价成为竞争对手无法相比的低价。利用这种“低价”来吸引招标人，从而取得与招标人进一步商谈的机会，在商谈过程中逐步提高价格。当招标人明白过来当初的“低价”实际上一是个钓饵时，往往已经在时间上招标人处于谈判弱势，丧失了与其他投标人谈判的机会。利用这种方法时，要特别注意在最初的报价中说明某项工作的缺项，否则可能会弄巧成拙，真的以“低价”中标。

8. 无利润投标法

此方法有以下几种情况：

(1) 对于分期建设的项目，可以低价获得首期项目，而后赢得竞争优势，并在以后的实施中赚得利润。

(2) 某些施工企业其投标的目的不在于从当前的工程上获利，而是着眼于长远的发展。如为了开辟市场、掌握某种有发展前途的工程施工技术等。

(3) 在一定的时期内，施工单位没有在建的工程，如果再不得标，就难以维持生存。所以，在报价中可能只考虑企业管理费用，以维持公司的日常运转，渡过暂时的难关后，再图发展。

上述策略与技巧是投标报价中经常采用的，施工投标报价是一项系统工程，报价策略与技巧的选择需要掌握充足的信息，更需要在投标实践中灵活使用，否则就可能导致投标失败。

[案例] 投标策略的应用

某承包商通过资格预审后，对招标文件进行了仔细分析，发现业主所提出的工期要求过于苛刻，且合同条款中规定每拖延1天工期罚合同价的1‰。若要保证实现该工期要求，必须采取特殊措施，从而大大增加成本；还发现原设计方案采用框架剪力墙体系过于保守。因此，该承包商在投标文件中说明业主的工期要求难以实现，因而按自己认为的合理工期（比业主要求的工期增加6个月）编制施工进度计划和据此报价；还建议将框架剪力墙体系改为框架体系，并对这两种结构体系进行了技术经济分析和比较，证明框架体系不仅能保证工程结构的可靠性和安全性，增加使用面积，提高空间利用的灵活性，而且可降低造价约3%。

该承包商将技术标和商务标分别封装，在封口处加盖本单位公章和项目经理签字后，在投标截止日前1天上午将投标文件报送业主。次日（即投标截止日当天）下午，在规定的投标截止时间前1小时，该承包商又递交了一份补充材料，其中声明将原报价降低4%，但是招标单位的有关工作人员认为，根据国际上"一标一投"的惯例，一个承包商不得递交两份投标文件，因而拒收承包商的补充材料。

问题：

(1) 该承包商运用了哪几种投标策略？其运用是否恰当？

(2) 从所介绍的背景资料看，在该项目招标过程中存在哪些问题？

解析：

(1) 该承包商运用了三种报价技巧，即多方案报价法、增加建议方案法和突然降价法。

其中，多方案报价法运用不当，因为运用该报价技巧时，必须对原方案（本案例指业主的工期要求）报价，而该承包商在投标时仅说明了该工期要求难以实现，却并未报出相应的投标价。

增加建议方案法运用得当，通过对两个结构体系方案的技术经济分析和比较（这意味着对两个方案均报了价），论证了建议方案（框架体系）的技术可行性和经济合理性，对业主有很强的说服力。

突然降价法也运用得当，原投标文件的递交时间比规定的投标截止时间仅提前1天多，这既符合常理，又为竞争对手调整、确定最终报价留有一定的时间，起到了迷惑竞争对手的作用。若提前时间太多，会引起竞争对手的怀疑，而在开标前1小时突然递交一份补充文件，这时竞争对手已不可能再调整报价了。

（2）该项目招标程序中的不妥之处在于：

“招标单位的有关工作人员拒收承包商的补充材料”不妥，因为承包商在投标截止时间之前所递交的任何正式书面文件都是有效文件，都是投标文件的有效组成部分，即补充文件与原投标文件共同构成一份投标文件，而不是两份相互独立的投标文件。

本章小结

本章主要对工程项目投标进行了详细的介绍。围绕工程项目投标的程序，重点对投标准备工作、投标报价分析、投标决策与投标技巧、投标文件的组成与编制的相关内容进行了详细说明。取得招标信息并参加资格审查、研究招标文件、组成投标班子是投标前重要的几项工作。其中研究招标文件时要重点研究招标文件条款、评标方法、合同条款和工程量清单等内容。编制投标文件应做到内容的完整性、符合性和响应性，还应注意编写技巧和编写要求。招投标阶段的施工组织设计是施工企业控制和指导施工的文件，内容要科学合理。投标决策与报价技巧是两个相互联系的不同的范畴，正确的使用会提高中标的可能性和利润的优化。

思考与练习

一、填空题

1. 投标人在____后撤回投标文件，投标保证金将得不到退还。

2. 资格审查的方式有____和____。

3. 投标文件一般由下列内容组成：____、____、____、____、____、____、____、____、____等内容。

4. 常用的投标技巧有____、____、____、____、____、____、____、____。

二、选择题

1. 某建设项目招标，采用经评审的最低投标价法评标，经评审的投标价格最低的投标人报价1020万元，评标价1010万元，评标结束后，该投标人向招标人表示，可以再降低报价，报1000万元，与此对应的评标价为990万元，则双方订立的合同价应为（　　）。

A. 1020万元　　B. 1010万元　　C. 1000万元　　D. 990万元

2. 投标人现场考察后，以书面形式提出质疑，招标人给予了书面解答。当解答与招标文件的规定不一致时，（　　）。

A. 投标人应要求招标人继续解释　　B. 以书面解答为准

C. 以招标文件为准　　D. 由人民法院判定

3. 投标文件对招标文件的响应出现偏差，可以要求投标人在评标结束前予以澄清或补正的情况是（　　）。

A. 投标文件没有加盖公章

B. 投标文件中的大写金额与小写金额不一致

C. 投标担保金额多于招标文件的规定

D. 投标文件的关键内容字迹模糊，无法辨认

4. 某招标项目开标时，发现投标人未按要求提供合格的投标保函，投标人随即要求撤回投标文件，此时应（　　）。

A. 按无效投标处理　　B. 要求投标人补交投标保函

C. 进入评标程序后淘汰　　D. 要求投标人赔偿损失

5. 关于投标有效期，下列说法中正确的是（　　）。

A. 投标有效期延长通知送达投标人时，该投标人的投标保证金随即延长

B. 投标人同意延长投标有效期的，不得修改投标文件的实质性内容

C. 投标有效期内，投标文件对招标人和投标人均具有合同约束力

D. 投标有效期内撤回投标文件，投标保证金应予退还

6. 关于联合体投标，下列说法中不正确的是（　　）。

A. 两个以上法人或者组织可以组成一个联合体

B. 联合体成员不得在同一项目再以自己名义单独投标

C. 必须以一个投标人的身份共同投标

D. 招标人可以根据项目需要要求投标人组成联合体

7. 投标有效期设置应合理，如果投标有效期过短，则造成的后果是（　　）。

A. 降低了招标人的风险

B. 加大了投标人的风险

C. 招标人在投标有效期内可能无法完成招标工作

D. 投标人可能无法完成投标文件的编制工作

8. 下列文件中，属于工程施工投标文件中技术文件的是（　　）。

A. 已标价的工程量清单　　B. 施工组织设计

C. 联合体协议书　　D. 资格审查资料

9. 投标有效期应当自（　　）的时间开始计算。

A. 投标人提交投标文件　　B. 招标人收到投标文件

C. 招标文件规定的开标　　D. 中标通知书发出

10. 通常情况下，下列施工招标项目中应放弃投标的是：（　　）。

A. 本施工企业主营和兼营能力之外的项目

B. 工程规模、技术要求超过本施工企业技术等级的项目

C. 本施工企业生产任务饱满，而招标工程的盈利水平较低或风险较大

D. 本施工企业技术等级、信誉、施工水平明显不如竞争对手的项目

E. 本施工企业在类似项目施工中信誉非常好的项目

11. 投标保证金的额度一般不应大于投标总价的（　　），且不高于 80 万元人民币。

A. 10%　　B. 5%　　C. 2%　　D. 3%

12. 在投标报价程序中，在调查研究，收集信息资料后，应当（　　）。

A. 对是否参加投标作出决定　　B. 确定投标方案

C. 办理资格审查　　D. 进行投标计价

13. 投标单位有以下（　　）行为时，招标单位可视其为严重违约行为而没收投标保

证金。

A. 通过资格预审后不投标　　　　　　B. 不参加开标会议

C. 中标后拒签订合同　　　　　　　　D. 不参加现场考察

14. 当一个工程项目总报价基本确定后，通过调整内部各个项目的报价，以期既不提高报价、不影响中标，又能在结算时得到较为理想的经济效益，这种报价技巧叫做（　　）。

A. 根据中标项目的不同特点采用不同报价

B. 多方案报价法

C. 可供选择的项目的报价

D. 不平衡报价法

15. 工程项目投标是指具有（　　）的投标人，根据招标条件，经过初步研究和估算，在指定期限内填写标书，提出报价，并等候开标，决定能否中标的经济活动。

A. 合法资格　　B. 良好信誉　　C. 委托丰富经验　　D. 合法资格和能力

16. 不属于施工投标文件的内容有（　　）。

A. 投标函　　　　　　　　　　　　B. 投标报价

C. 拟签订合同的主要条款　　　　　D. 施工方案

（答案提示 1. A；2. B；3. B；4. A；5. B；6. D；7. C；8. B；9. C；10. ABCD；11. C；12. A；13. C；14. D；15. D；16. C）

三、简答题

1. 投标单位在投标前一般需要做哪些方面的工作？

2. 投标人如何准备资格预审？

3. 什么是不平衡报价法？如何应用不平衡报价法？

4. 什么是多方案报价与增加备选方案报价法？如何应用多方案报价与增加备选方案报价法？

5. 论述常用的投标报价技巧。

6. 简述建设工程投标程序。

7. 常用的投标策略有哪些？

8. 建设工程的投标程序。

四、案例分析

1. 某房地产公司计划在北京开发某住宅项目，采用公开招标的形式，有A、B、C、D、E 5家施工单位领取了招标文件。本工程招标文件规定2003年1月20日上午10：30为投标文件接收终止时间。在提交投标文件的同时，需投标单位提供投标保证金20万元。在2003年1月20日，A、B、C、D 4家投标单位在上午10：30前将投标文件送达，E单位在上午11：00送达。各单位均按招标文件的规定提供了投标保证金。在上午10：25时，B单位向招标人递交了一份投标价格下降5%的书面说明。

问题：B单位向招标人递交的书面说明是否有效？

（答案提示：B单位向招标人递交的书面说明有效。根据《招标投标法》的规定，投标人在招标文件要求提交投标文件的截止时间前，可以补充、修改或者撤回已提交的投标文件，补充、修改的内容作为投标文件的组成部分。）

2. 某承包商经研究决定参与某工程投标。经造价工程师估价，该工程估算成本为1500万元，其中材料费占60%。拟议高、中、低三个报价方案的利润率分别为10%、7%、4%，根据过去类似工程的投标经验，相应的中标概率分别为0.3、0.6、0.9。编制投标文件的费用为5万元。该工程业主在招标文件中明确规定采用固定总价合同。据估计，在施工过程中材料费可能平均上涨3%，其发生概率为0.4。

问题：该承包商应按哪个方案投标？相应的报价为多少？

（答案提示：应投中标，相应的不含税报价为1605万元。）

3. 联合体资格条件

某建设工程发布的招标公告中，对投标人资格条件要求为：（1）本次招标资质要求是主项资质为房屋建筑工程施工总承包三级及以上资质；（2）有3个及以上同类工程业绩，并在人员、设备、资金等方面具有相应的施工能力；（3）本次招标接受联合体投标。A建筑公司具备房屋建筑工程施工总承包二级资质，且具有多个同类工程业绩；B建筑公司具备房屋建筑工程施工总承包三级资质，但同类工程业绩较少。A、B公司都想参加此次投标，但A公司目前资金比较紧张，而B公司则担心由于自己的业绩一般，在投标中处于劣势，因此，两公司协商组成联合体进行投标。在评标过程中，该联合体的资质等级被确定为房屋建筑工程施工总承包三级。评标办法中将资质等级列为一项计算得分的项目，根据评标办法中的计算办法，该联合体得分略低于另外一家投标人，失去了中标机会。

问题：

（1）什么是联合体投标？A、B怎样组成联合体投标？如果中标，双方的权利义务是什么？

（2）法律对联合体有何规定？A、B组成的联合体资质等级是如何确定的？

（答案提示：A、B双方应当签订共同投标协议，明确各方拟承担的工作和责任，并将共同投标协议连同投标文件一并提交招标人。如果A、B联合体中标，双方应当共同与招标人签订合同，就中标项目向招标人承担连带责任。A、B组成的联合体资质等级确定为三级。）

4. 请运用决策树方法为施工企业确定投标报价策略。

	中标概率	效 果	利润（万元）	效果概率
高标	0.3	好	300	0.3
		中	100	0.6
		差	−200	0.1
低标	0.6	好	200	0.3
		中	50	0.5
		差	−300	0.2

（答案提示：采取投高标的报价策略。）

第4章　建设工程开标、评标与定标

[学习指南] 了解开标、评标与定标的组织工作，掌握开标、评标与定标各个阶段的主要工作内容与工作步骤，掌握评标的常用工作方法。重点掌握工程开标评标的过程，能正确处理开标评标过程中可能出现的问题。利用案例加深对知识的理解和掌握，查找知识盲区，梳理整个招标流程，提高学习效率。

[引导案例一] 鲁布革水电站的引水工程按世界银行的规定，实行新中国成立以来第一次的国际公开（竞争性）招标。该工程由一条长8.8km、内径8m的引水隧洞和调压井等组成。招标范围包括其引水隧洞、调压井和通往电站的压力钢管等。

招标程序及合同履行情况如下表所示：

时　间	工作内容	说　明
1982年9月	刊登招标通告及编制招标文件	
1982年9月～12月	第一阶段资格预审	从13个国家32家公司中选定20家合格公司，包括我国3家公司
1983年2月～7月	第二阶段资格预审	与世界银行磋商第一阶段预审结果，中外股市为组成联合投标公司进行谈判
1983年6月15日	发售招标文件（标书）	15家外商及3家国内公司购买了标书，8家投了标
1983年11月8日	当众开标	8家公司投标，其中一家为废标
1983年11月～1984年4月	评标	确定大成、前田和英波吉洛公司3家为评标对象，最后确定日本大成公司中标，与之签订合同，合同价8463万元，比标底12958万元低43%，合同工期1597天
1984年11月	引水工程正式开工	
1988年8月13日	正式竣工	工程师签署了工程竣工移交证书，工程初步结算价9100万元，仅为标底的60.8%，比合同价增加7.53%，实际工期1475天，比合同工期提前122天

下表所示为各投标人的评标折算报价情况。按照国际惯例，只有前三名进入评标阶段，因此我国两家公司没有入选。这次国际竞争性招标，虽然国内公司享受7.5%的优惠，条件颇为有利，但未中标。

公　司	折算报价(万元)	公　司	折算报价(万元)
日本大成公司	8460	中国闽昆与挪威FHS联合公司	12210
日本前田公司	8800	南斯拉夫能源公司	13220
英波吉洛公司(美意联合)	9280	法国SBTP联合公司	17940
中国贵华与霍尔兹曼(前西德)联合公司	12000	前西德某公司	废标

[引导案例二]　“中标者”为何与合同无缘？

2007年10月，某省石油公司委托当地一家招投标公司组成评标委员会进行招投标活动，采购一批价值约600万元的钢制平板闸阀系列产品设备。通过现场竞标，某省振兴阀门有限公司被评标委员会确定为中标单位。次日，评标委员会给振兴公司出具中标书。可是，招标方——某省石油公司通过考察，不同意振兴公司为中标人，并拒绝与其签订书面合同。振兴公司一纸诉讼请求将省石油公司告上法庭。结果很快出来了。法院判定中标通知书无效。为什么经过了完整的工程招投标过程选出的中标单位没有得到法院的支持呢？原因是评标委员会没有权利直接确定中标人，确定中标人的权利归招标人所有。

4.1 建设工程开标

开标，即在招标投标活动中，由招标人主持，在招标文件预先载明的开标时间和开标地点，邀请所有投标人参加，公开宣布全部投标人的名称、投标价格及投标文件中其他主要内容，使招标投标当事人了解各个投标的关键信息，并将相关情况记录在案。开标是招标投标活动中“公开”原则的重要体现。

根据《招标投标法》(2000年）第三十四条明确规定，开标应当在招标文件确定的提交投标文件截止时间的同一时间公开进行；开标地点应当为招标文件中预先确定的地点。除不可抗力原因外，招标单位或其招标代理机构，不得以任何理由延迟开标，或拒绝开标。

4.1.1　开标准备工作

开标准备工作包括两个方面：

1. 投标文件接收

招标人应当安排专人，在招标文件指定地点接收投标人递交的投标文件（包括投标保证金)，详细记录投标文件送达人、送达时间、份数、包装密封、标识等查验情况，经投标人确认后，出具投标文件和投标保证金的接收凭证。投标文件密封不符合招标文件要求的，招标人不予受理，在开标时间前，应当允许投标人在投标文件接收场地之外自行更正修补。在投标截止时间后递交的投标文件，招标人应当拒绝接收。至投标截止时间提交投标文件的投标人少于3家的，不得开标，招标人应将接收的投标文件退回投标人，并依法重新组织招标。

2. 开标现场及资料

招标人应保证受理的投标文件不丢失、不损坏、不泄密，并组织工作人员将投标截止时间前受理的投标文件运送到开标地点。招标人应准备好开标必备的现场条件。

招标人应准备好开标资料，包括开标记录一览表、投标文件接收登记表等。

4.1.2　开标程序

开标由招标人主持，负责开标过程的相关事宜，包括对开标全过程的会议记录。开标的主要程序如下述。

1. 宣布开标纪律

主持人宣布开标纪律，对参与开标会议的人员提出会场要求，主要是开标过程中不得喧哗；通讯工具调整到静音状态；约定的提问方式等。任何人不得干扰正常的开标程序。

2. 确认投标人代表身份

招标人可以按照招标文件的约定，当场校验参加开标会议的投标人授权代表的授权委托书和有效身份证件，确认授权代表的有效性，并留存授权委托书和身份证件的复印件。

3. 公布在投标截止日前接收投标文件的情况

招标人当场宣布投标截止时间前递交投标文件的投标人名称、时间等。

4. 宣布有关人员姓名

开标会主持人介绍招标人代表、招标代理机构代表、监督人代表或公证人员等，依次宣布开标人、唱标人、记录人、监标人等有关人员姓名。

5. 检查标书的密封情况

标书密封情况的检查必须由投标人执行，如公证机关与会，也可以由公证机关对密封进行检查。

标书密封情况的检查，是为了保障投标人的合法利益，有利于维护公平的竞争环境。按照《招投标法》第五章法律责任第五十条明确规定：

招标代理机构违反本法规定，泄露应当保密的与招标投标活动有关的情况和资料的，或者与招标人、投标人串通损害国家利益、社会公共利益或者他人合法权益的，处五万元以上二十五万元以下的罚款，对单位直接负责的主管人员和其他直接责任人员处单位罚款数额百分之五以上百分之十以下的罚款；有违法所得的，并处没收违法所得；情节严重的，暂停直至取消招标代理资格；构成犯罪的，依法追究刑事责任。给他人造成损失的，依法承担赔偿责任。上述行为影响中标结果的，中标无效。

6. 宣布投标文件开标顺序

主持人宣布开标顺序。如招标文件未约定开标顺序的，一般按照投标文件递交的顺序或倒序进行唱标。

7. 唱标

按照宣布的开标顺序当众开标。唱标人应按照招标文件约定的唱标内容，严格依据投标函（或包括投标函附录，或货物、服务投标一览表），并当即做好唱标记录。唱标内容一般包括投标函及投标函附录中的报价、备选方案报价、工期、质量目标、投标保证金等。招标人设有标底的，应公布标底。

8. 开标记录签字

开标会议应当做好书面记录，如实记录开标会的全部内容，包括开标时间、地点、程序，出席开标会的单位和代表，开标会程序、唱标记录、公证机构和公证结果等。投标人代表、招标人代表、监标人、记录人等应在开标记录上签字确认，存档备查。

9. 开标结束

完成开标会议全部程序和内容后，主持人宣布开标会议结束。

4.1.3 开标注意问题

1. 开标时间和地点

《招标投标法》第三十四条规定："开标应当在招标文件确定的提交投标文件截止时间的同一时间公开进行；开标地点应为招标文件中预先确定的地点。"

开标时间和提交投标文件截止时间应为同一时间，应具体到某年某月某日的几时几分，并在招标文件中明示。开标地点可以是招标人的办公室或指定的其他地点。如果招标人需要修改开标时间和地点，应以书面形式通知所有招标文件的收受人。

2. 开标参与人

《招标投标法》第三十五条规定："开标由招标人主持，邀请所有投标人参加。"对于开标参与人需注意下列问题：

(1) 开标由招标人主持，也可以委托招标代理机构主持；

(2) 投标人自主决定是否参加开标。投标人或其授权代表有权出席开标会，也可以自主决定不参加开标会；

(3) 根据项目的不同情况，招标人可以邀请除投标人以外的其他方面相关人员参加开标，如公证机关、行政监督部门等。

4.2 建设工程评标

招标项目评标工作由招标人依法组建的评标委员会按照法律规定和招标文件约定的评标方法和具体评标标准，对开标中所有拆封并唱标的投标文件进行评审，根据评审情况出具评审报告，并向招标人推荐中标候选人，或者根据招标人的授权直接确定中标人的过程。评标是招标全过程的核心环节。高效的评标工作对于降低工程成本、提高经济效益和确保工程质量起着重要作用。

4.2.1 评标原则与纪律

1. 评标原则

(1) 评标活动遵循公平、公正、科学、择优的原则

《评标委员会和评标办法暂行规定》第三条规定："评标活动遵循公平、公正、科学、择优的原则。"第十七条规定："招标文件中规定的评标标准和评标方法应当合理，不得含有倾向或者排斥潜在投标人的内容，不得妨碍或者限制投标人之间的竞争。"为了体现"公平"和"公正"的原则，招标人和招标代理机构应在制作招标文件时，依法选择科学的评标方法和标准；招标人应依法组建合格的评标委员会；评标委员会应依法评审所有投标文件，择优推荐中标候选人。

(2) 评标活动依法进行，任何单位和个人不得非法干预或者影响评标过程和结果

评标是评标委员会受招标人的委托，由评标委员会成员依法运用其知识和技能，根据法律规定和招标文件的要求，独立对所有投标文件进行评审和比较。不论是招标人，还是主管部门，均不得非法干预、影响或者改变评标过程和结果。

(3) 招标人应当采取必要措施，保证评标活动在严格保密的情况下进行

严格保密的措施涉及很多方面，包括：评标地点保密；评标委员会成员的名单在中标结果确定之前保密；评标委员会成员在密闭状态下开展评标工作，评标期间不得与外界接触，对评标情况承担保密义务；招标人、招标代理机构或者相关主管部门等参与评标现场工作的人员，均应承担保密义务。

(4) 严格遵守评标方法

评标委员会应当根据招标文件规定的评标标准和方法，对投标文件进行系统的评审和

比较。招标文件中没有规定的标准和方法不得作为评标的依据。

2. 评标纪律

《招标投标法》第四十四条规定："评标委员会成员应当客观、公正地履行职务，遵守职业道德，对所提出的评审意见承担个人责任。评标委员会成员不得私下接触投标人，不得收受投标人的财物或者其他好处。评标委员会成员和参与评标的有关工作人员不得透露对投标文件的评审和比较、中标候选人的推荐情况以及与评标有关的其他情况。"

4.2.2 评标委员会

评标委员会是由招标人依法组建，负责评标活动，向招标人推荐中标候选人或者根据招标人的授权直接确定中标人的临时组织。从定义可以看出，评标委员会的组成是否合法、规范、合理，将直接决定评标工作的成败。

1. 评标专家的资格

为规范评标活动，保证评标活动的公平、公正，提高评标质量，评标专家应当符合《招标投标法》、《评标委员会和评标方法暂行规定》规定的条件：

(1) 从事相关领域工作满8年并具有高级职称或者具有同等专业水平；

(2) 熟悉有关招标投标的法律法规，并具有与招标项目相关的实践经验；

(3) 能够认真、公正、诚实、廉洁地履行职责；

(4) 身体健康，能够承担评标工作。

2. 评标委员会的组成

评标委员会由招标人或其委托的招标代理机构熟悉相关业务的代表，以及有关技术、经济等方面的专家组成，成员人数为五人以上单数，其中技术、经济等方面的专家不得少于成员总数的三分之二。

委员会组成人员，由招标人从省级以上人民政府有关部门提供的专家名册或者招标代理机构的专家库内的相关专家名单中确定。确定方式可以采取随机抽取或者直接确定的方式。一般项目，可以采取随机抽取的方式；技术特别复杂、专业性要求特别高或者国家有特殊要求的招标项目，采取随机抽取方式确定的专家难以胜任的，可以由招标人直接确定。

如有下列情形之一的，则该专家不得担任评标委员会成员：

(1) 投标人或者投标人主要负责人的近亲属；

(2) 项目主管部门或者行政监督部门的人员；

(3) 与投标人有经济利益关系，可能影响对投标公正评审的；

(4) 曾因在招标、评标以及其他与招标投标有关活动中从事违法行为而受过行政处罚或刑事处罚的。

评标委员会成员有上述规定情形之一的，应当主动提出回避。评标委员会成员应当客观、公正地履行职责，遵守职业道德，对所提出的评审意见承担个人责任。评标委员会成员不得与任何投标人或者与招标结果有利害关系的人进行私下接触，不得收受投标人、中介人、其他利害关系人的财物或者其他好处。评标委员会成员和与评标活动有关的工作人员不得透露对投标文件的评审和比较、中标候选人的推荐情况以及与评标有关的其他情况。

3. 组织评标委员会需要注意的问题

招标人组织评标委员会评标，应注意以下问题：

（1）评标委员会的职责是依据招标文件确定的评标标准和方法，对进入开标程序的投标文件进行系统评审和比较，无权修改招标文件中已经公布的评标标准和方法；

（2）评标委员会对招标文件中的评标标准和方法产生疑义时，招标人或其委托的招标代理机构要进行解释；

（3）招标人接收评标报告时，应核对评标委员会是否遵守招标文件确定的评标标准和方法，评标报告是否有算术性错误，签字是否齐全等内容，发现问题应要求评标委员会及时改正；

（4）评标委员会及招标人或其委托的招标代理机构参与投标的人员应严格保密，不得泄露任何信息。评标结束后，招标人应将评标的各种文件资料、记录表、草稿纸收回归档。

［案例］ 2008年10月，杭州市某建设工程在市建设工程交易中心公开开评标。洪某、范某、吴某、周某等四位专家，在对投标文件商务标的评审过程中，未按招标文件的要求进行评审，以“投标文件中工程量清单封面没有盖投标单位及法人代表章”为由，将两家投标单位随意废标，导致评标结果出现重大偏差，该项目因而不得不重新评审，严重影响了招标人正常招标流程和整个项目的进度。

处理：为严重评标纪律，端正评标态度，维护招投标评审工作的科学性与公正性，杭州市建设委员会根据《工程建设项目施工招标投标办法》（七部委第30号令）第七十八条规定，作出了“给予洪某、范某、吴某、周某等四位专家警告，并进行通报批评”的行政处理决定。

评析：上述案例中，有一个重要的事实是“两家投标单位的投标函和标书封面均已盖投标单位及法人代表章、相关造价专业人员也已签字盖章”。而根据《建设工程工程量清单计价规范》和杭州市招投标的相关规定，“投标函和标书封面已盖投标单位及法人代表章、相关造价专业人员也已签字盖章”的投标文件，实质上已经响应了招标文件的第19.3条款“投标文件封面、投标函均应加盖投标人印章并经法定代表人或其委托代理人签字或盖章”的要求，属于有效标书。评审过程中两位商务专家未能仔细领会招标文件的相关规定，在明知“投标文件商务报价书和投标函均已盖投标单位及法人代表章、相关造价专业人员也已签字盖章”的前提下，仍随意将两家投标单位废标的行为是草率和不负责任的。由此导致的项目重评，既影响了项目的正常开工，给招标单位带来了损失，也引发了多家投标单位的质疑和投诉，在社会上产生了一些负面影响。

《招标投标法》第四十四条第一款规定，“评标委员会成员应当客观、公正地履行职务，遵守职业道德，对所提出的评审意见承担个人责任”。作为评标专家这一特殊的群体，洪某等四人的行为已违反了《招标投标法》第四十四条第一款的相关规定，应该为自己的行为承担责任，为自己的过失“买单”。

4.2.3 评标程序

根据《评标委员会和评标方法暂行规定》的内容，投标文件评审包括评标的准备、初步评审、详细评审、提交评标报告和推荐中标候选人。评标一般程序包括以下环节：

1. 评标准备工作

评标委员会成员应当编制供评标使用的相应表格，认真研究招标文件，至少应了解和熟悉以下内容：招标的目标；招标项目的范围和性质；招标文件中规定的主要技术要求、标准和商务条款；招标文件规定的评标标准、评标方法和在评标过程中考虑的相关因素。招标人或者其委托的招标代理机构应当向评标委员会提供评标所需的重要信息和数据。招标人设有标底的，标底应当保密，并在评标时作为参考。

2. 初步评审

(1) 评标委员会应当根据招标文件规定的评标标准和方法，对投标文件进行系统地评审和比较。招标文件中没有规定的标准和方法不得作为评标的依据。

招标文件中规定的评标标准和评标方法应当合理，不得含有倾向或者排斥潜在投标人的内容，不得妨碍或者限制投标人之间的竞争。

(2) 评标委员会应当按照投标报价的高低或者招标文件规定的其他方法对投标文件排序。以多种货币报价的，应当按照中国银行在开标日公布的汇率中间价换算成人民币。招标文件应当对汇率标准和汇率风险作出规定。未作规定的，汇率风险由投标人承担。

(3) 评标委员会可以书面方式要求投标人对投标文件中含义不明确、对同类问题表述不一致或者有明显文字和计算错误的内容作必要的澄清、说明或者补正。澄清、说明或者补正应以书面方式进行并不得超出投标文件的范围或者改变投标文件的实质性内容。

投标文件中的大写金额和小写金额不一致的，以大写金额为准；总价金额与单价金额不一致的，以单价金额为准，但单价金额小数点有明显错误的除外；对不同文字文本投标文件的解释发生异议的，以中文文本为准。

(4) 在评标过程中，评标委员会发现投标人以他人的名义投标、串通投标、以行贿手段谋取中标或者以其他弄虚作假方式投标的，该投标人的投标应作废标处理。

(5) 在评标过程中，评标委员会发现投标人的报价明显低于其他投标报价或者在设有标底时明显低于标底，使得其投标报价可能低于其个别成本的，应当要求该投标人作出书面说明并提供相关证明材料。投标人不能合理说明或者不能提供相关证明材料的，由评标委员会认定该投标人以低于成本报价竞标，其投标应作废标处理。

(6) 投标人资格条件不符合国家有关规定和招标文件要求的，或者拒不按照要求对投标文件进行澄清、说明或者补正的，评标委员会可以否决其投标。

(7) 评标委员会应当审查每一投标文件是否对招标文件提出的所有实质性要求和条件作出响应。未能在实质上响应的投标，应作废标处理。

评标委员会应当根据招标文件，审查并逐项列出投标文件的全部投标偏差。投标偏差分为重大偏差和细微偏差。下列情况属于重大偏差：

①没有按照招标文件要求提供投标担保或者所提供的投标担保有瑕疵；

②投标文件没有投标人授权代表签字和加盖公章；

③投标文件载明的招标项目完成期限超过招标文件规定的期限；

④明显不符合技术规格、技术标准的要求；

⑤投标文件载明的货物包装方式、检验标准和方法等不符合招标文件的要求；

⑥投标文件附有招标人不能接受的条件；

⑦不符合招标文件中规定的其他实质性要求。

投标文件有上述情形之一的，为未能对招标文件作出实质性响应，并按规定作废标处理。招标文件对重大偏差另有规定的，从其规定。

细微偏差是指投标文件在实质上响应招标文件要求，但在个别地方存在漏项或者提供了不完整的技术信息和数据等情况，并且补正这些遗漏或者不完整不会对其他投标人造成不公平的结果。细微偏差不影响投标文件的有效性。

评标委员会应当书面要求存在细微偏差的投标人在评标结束前予以补正。拒不补正的，在详细评审时可以对细微偏差作不利于该投标人的量化，量化标准应当在招标文件中规定。

（8）评标委员会否决不合格投标或者界定为废标后，因有效投标不足三个使得投标明显缺乏竞争的，评标委员会可以否决全部投标。投标人少于三个或者所有投标被否决的，招标人应当依法重新招标。

3. 详细评审

经初步评审合格的投标文件，评标委员会应当根据招标文件确定的评标标准和方法，对其技术部分和商务部分作进一步评审、比较。

（1）评标方法包括经评审的最低投标价法、综合评估法或者法律、行政法规允许的其他评标方法。

（2）经评审的最低投标价法

①经评审的最低投标价法一般适用于具有通用技术、性能标准或者招标人对其技术、性能没有特殊要求的招标项目。

②根据经评审的最低投标价法，能够满足招标文件的实质性要求，并且经评审的最低投标价的投标，应当推荐为中标候选人。

③采用经评审的最低投标价法的，评标委员会应当根据招标文件中规定的评标价格调整方法，对所有投标人的投标报价以及投标文件的商务部分作必要的价格调整。

采用经评审的最低投标价法的，中标人的投标应当符合招标文件规定的技术要求和标准，但评标委员会无需对投标文件的技术部分进行价格折算。

④根据经评审的最低投标价法完成详细评审后，评标委员会应当拟定一份“标价比较表”，连同书面评标报告提交招标人。“标价比较表”应当载明投标人的投标报价、对商务偏差的价格调整和说明以及经评审的最终投标价。

（3）综合评估法

①不宜采用经评审的最低投标价法的招标项目，一般应当采取综合评估法进行评审。

②根据综合评估法，最大限度地满足招标文件中规定的各项综合评价标准的投标，应当推荐为中标候选人。衡量投标文件是否最大限度地满足招标文件中规定的各项评价标准，可以采取折算为货币的方法、打分的方法或者其他方法。需量化的因素及其权重应当在招标文件中明确规定。

③评标委员会对各个评审因素进行量化时，应当将量化指标建立在同一基础或者同一标准上，使各投标文件具有可比性。

对技术部分和商务部分进行量化后，评标委员会应当对这两部分的量化结果进行加权，计算出每一投标的综合评估价或者综合评估分。

④根据综合评估法完成评标后，评标委员会应当拟定一份“综合评估比较表”，连同

书面评标报告提交招标人。“综合评估比较表”应当载明投标人的投标报价、所作的任何修正、对商务偏差的调整、对技术偏差的调整、对各评审因素的评估以及对每一投标的最终评审结果。

4. 形成评标报告和推荐中标候选人

评标委员会对评标结果汇总，并取得一致意见，确定中标人顺序，形成评标报告。评标报告由评标委员会全体成员签字。对评标结论持有异议的评标委员会成员可以书面方式阐述其不同意见和理由。评标委员会成员拒绝在评标报告上签字且不陈述其不同意见和理由的，视为同意评标结论。评标委员会应当对此作出书面说明并记录在案。

评标委员会完成评标后，应当向招标人提出书面评标报告，并抄送有关行政监督部门。评标报告应当如实记载以下内容：

（1）基本情况和数据表；

（2）评标委员会成员名单；

（3）开标记录；

（4）符合要求的投标一览表；

（5）废标情况说明；

（6）评标标准、评标方法或者评标因素一览表；

（7）经评审的价格或者评分比较一览表；

（8）经评审的投标人排序；

（9）推荐的中标候选人名单与签订合同前要处理的事宜；

（10）澄清、说明、补正事项纪要。

评标委员会推荐的中标候选人应当限定在1～3名，并标明排列顺序。

4.2.4 评标方法确定

经过初步评审的投标文件即可进入详细评审阶段。评标方法包括经评审的最低投标价法、综合评估法或者法律、行政法规允许的其他评标方法，通常情况下，已在招标文件中说明，包括具体的评分细则。

1. 经评审的最低投标价法

经评审的最低投标价法一般适用于具有通用技术、性能标准或者招标人对其技术、性能没有特殊要求的招标项目，如一般的住宅工程项目。

经评审的最低投标价法与通常说讲的最低价中标法有着本质的区别。所谓“经评审的”，是指投标者的自主报价不能够作为最终报价，评标委员会根据招标文件中规定的评标价格调整方法，对所有投标人的投标报价以及投标文件的商务部分作必要的价格调整。

根据经评审的最低投标价法，能够满足招标文件的实质性要求，并且经评审的最低投标价的投标，应当推荐为中标候选人。

采用经评审的最低投标价法的，中标人的投标应当符合招标文件规定的技术要求和标准，但评标委员会无需对投标文件的技术部分进行价格折算。

根据经评审的最低投标价法完成详细评审后，评标委员会应当拟定一份“标价比较表”，连同书面评标报告提交招标人。“标价比较表”应当载明投标人的投标报价、对商务偏差的价格调整和说明以及经评审的最终投标价。

2. 综合评估法

根据综合评估法，最大限度地满足招标文件中规定的各项综合评价标准的投标，应当推荐为中标候选人。

衡量投标文件是否最大限度地满足招标文件中规定的各项评价标准，可以采取折算为货币的方法、打分的方法或者其他方法。需量化的因素及其权重应当在招标文件中明确规定。评标委员会对各个评审因素进行量化时，应当将量化指标建立在同一基础或者同一标准上，使各投标文件具有可比性。对技术部分和商务部分进行量化后，评标委员会应当对这两部分的量化结果进行加权，计算出每一投标的综合评估价或者综合评估分。

根据综合评估法完成评标后，评标委员会应当拟定一份“综合评估比较表”，连同书面评标报告提交招标人。“综合评估比较表”应当载明投标人的投标报价、所作的任何修正、对商务偏差的调整、对技术偏差的调整、对各评审因素的评估以及对每一投标的最终评审结果。根据招标文件的规定，允许投标人投备选标的，评标委员会可以对中标人所投的备选标进行评审，以决定是否采纳备选标。不符合中标条件的投标人的备选标不予考虑。对于划分有多个单项合同的招标项目，招标文件允许投标人为获得整个项目合同而提出优惠的，评标委员会可以对投标人提出的优惠进行审查，以决定是否将招标项目作为一个整体合同授予中标人。将招标项目作为一个整体合同授予的，整体合同中标人的投标应当最有利于招标人。

4.2.5 评标期限的有关规定

涉及评标的有关时间问题包括投标有效期、与中标人签订合同的期限、定标的期限、退还投标保证金的期限等。

1. 投标有效期

投标有效期是针对投标保证金或投标保函的有效期间所作的规定，投标有效期从提交投标文件截止日起计算，一般到发出中标通知书或签订承包合同为止。招标文件应当载明投标有效期。

《评标委员会和评标方法暂行规定》第四十条规定，评标和定标应当在投标有效期结束日 30 个工作日前完成。不能在投标有效期结束日 30 个工作日前完成评标和定标的，招标人应当通知所有投标人延长投标有效期。拒绝延长投标有效期的投标人有权收回投标保证金。同意延长投标有效期的投标人应当相应延长其投标担保的有效期，但不得修改投标文件的实质性内容。因延长投标有效期造成投标人损失的，招标人应当给予补偿，但因不可抗力需延长投标有效期的除外。中标人确定后，招标人应当向中标人发出中标通知书，同时通知未中标人，并与中标人在 30 个工作日之内签订合同。招标人与中标人签订合同后 5 个工作日内，应当向中标人和未中标的投标人退还投标保证金。

2. 定标期限

评标结束应当产生出定标结果。招标人根据评标委员会提出的书面评标报告和推荐的中标候选人确定中标人，也可以授权评标委员会直接确定中标人。定标应当择优，经评标能当场定标的，应当场宣布中标人；不能当场定标的，中小型项目应在开标之后 7 天内定标，大型项目应在开标之后 14 天内定标；特殊情况需要延长定标期限的，应经招标投标管理机构同意。招标人应当自定标之日起 15 天内向招标投标管理机构提交招标投标情况的书面报告。

3. 签订合同的期限

中标人确定后，招标人应当向中标人发出中标通知书，同时通知未中标人，并与中标人在 30 个工作日之内签订合同。

中标通知书对招标人和中标人具有法律约束力，其作用相当于签订合同过程中的承诺。中标通知书发出后，招标人改变中标结果或者中标人放弃中标的，应当承担法律责任。

4. 退还投标保证金的期限

投标保证金的有效期内，招标人应当向未中标的投标人退还投标保证金或投标保函，对中标者可以将投标保证金或投标保函转为履约保证金或履约保函。

4.2.6 关于禁止串标的有关规定

我国的《建筑法》、《招标投标法》、《评标委员会和评标方法暂行规定 》、《工程建设项目施工招标投标办法》都有禁止串标的有关规定，其中，《招标投标法》第三十二条指出：投标人不得相互串通投标报价，不得排挤其他投标人的公平竞争，损害招标人或者其他投标人的合法权益。投标人不得与招标人串通投标，损害国家利益、社会公共利益或者他人的合法权益。禁止投标人以向招标人或者评标委员会成员行贿的手段谋取中标；第三十三条指出，投标人不得以低于成本的报价竞标，也不得以他人名义投标或者以其他方式弄虚作假，骗取中标。

《工程建设项目施工招标投标办法》第四十七条规定下列行为均属招标人与投标人串通投标：

（1）招标人在开标前开启投标文件，并将投标情况告知其他投标人，或者协助投标人撤换投标文件，更改报价；

（2）招标人向投标人泄露标底；

（3）招标人与投标人商定，投标时压低或抬高标价，中标后再给投标人或招标人额外补偿；

（4）招标人预先内定中标人；

（5）其他串通投标行为。

《关于禁止串通招标投标行为的暂行规定》第三条指出：投标者不得违反《反不正当竞争法》第十五条第一款的规定，实施下列串通投标行为：

（1）投标者之间相互约定，一致抬高或者压低投标报价；

（2）投标者之间相互约定，在招标项目中轮流以高价位或者低价位中标；

（3）投标者之间先进行内部竞价，内定中标人，然后再参加投标；

（4）投标者之间其他串通投标行为。

第四条又规定投标者和招标者不得违反《反不正当竞争法》第十五条第二款的规定，进行相互勾结，实施下列排挤竞争对手的公平竞争的行为：

（1）招标者在公开开标前，开启标书，并将投标情况告知其他投标者，或者协助投标者撤换标书，更改报价；

（2）招标者向投标者泄露标底；

（3）投标者与招标者商定，在招标投标时压低或者抬高标价，中标后再给投标者或者招标者额外补偿；

(4) 招标者预先内定中标者，在确定中标者时以此决定取舍；

(5) 招标者和投标者之间其他串通招标投标行为。

在评标过程中，评标委员会发现投标人以他人的名义投标、串通投标、以行贿手段谋取中标或者以其他弄虚作假方式投标的，该投标人的投标应作废标处理。

4.3 建设工程定标

定标是指招标人根据评标委员会的评标报告，在推荐的中标候选人（一般为1～3个）中最后确定中标人；在某些情况下，招标人也可以直接授权评标委员会直接确定中标人。

4.3.1 定标依据

评标委员会根据招标文件提交评标报告，推荐的中标候选人应当限定在一至三人，并标明排列顺序。招标人根据报告确定中标人。中标人的投标应当符合下列条件之一：

(1) 能够最大限度满足招标文件中规定的各项综合评价标准；

(2) 能够满足招标文件的实质性要求，并且经评审的投标价格最低；但是投标价格低于成本的除外。

在确定中标人之前，招标人不得与投标人就投标价格、投标方案等实质性内容进行谈判。

使用国有资金投资或者国家融资的项目，招标人应当确定排名第一的中标候选人为中标人。排名第一的中标候选人放弃中标、因不可抗力提出不能履行合同，或者招标文件规定应当提交履约保证金而在规定的期限内未能提交的，招标人可以确定排名第二的中标候选人为中标人。排名第二的中标候选人因前款规定的同样原因不能签订合同的，招标人可以确定排名第三的中标候选人为中标人。招标人可以授权评标委员会直接确定中标人。

招标人按照有关规定确定中标人后，自确定中标人的15日内，向工程所在地建设行政主管部门提交招投标的书面报告，发出中标通知书。对于未中标的投标人，招标人也应当下发通知，说明本工程的中标人，不得遗漏。

4.3.2 中标通知书

1. 中标通知书的性质

我国法学界一般认为，建设工程招标公告和投标邀请书是要约邀请，而投标文件是要约，中标通知书是承诺。我国《合同法》也明确规定，招标公告是要约邀请。也就是说，招标实际上是邀请投标人对其提出要约（即报价），属于要约邀请。投标则是一种要约，它符合要约的所有条件，如具有缔结合同的主观目的；一旦中标，投标人将受投标书的约束；投标书的内容具有足以使合同成立的主要条件等。招标人向中标的投标人发出的中标通知书，则是招标人同意接受中标的投标人的投标条件，即同意接受该投标人的要约的意思表示，应属于承诺

2. 中标通知书的法律效力

中标通知书对招标人和中标人具有法律效力。中标通知书发出后，招标人改变中标结果的，或者中标人放弃中标项目的，应当依法承担法律责任。

3. 中标通知书及未中标通知书格式

中标通知书参考格式见表4-1。

中标通知书格式 **表 4-1**

<table>
<tr><td>

中标通知书

______________（中标人名称）：

你方于__________（投标日期）所递交的__________（项目名称）______标段施工投标文件已被我方接受，被确定为中标人。

中标价：______________元。

工期：______________日历天。

工程质量：符合__________标准。

项目经理：______________（姓名）。

请你方在接到本通知书后的______日内到__________（指定地点）与我方签订施工承包合同，在此之前按招标文件第二章“投标人须知”第 7.3 款规定向我方提交履约担保。

特此通知。

招标人：______________（盖单位章）

法定代表人：______________（签字）

______年___月___日

</td></tr>
</table>

招标方向未中标人发的中标结果通知书，格式见表 4-2。

中标结果通知书格式 **表 4-2**

<table>
<tr><td>

中标结果通知书

______________（未中标人名称）：

我方已接受__________（中标人名称）于__________（投标日期）所递交的__________（项目名称）__________标段施工投标文件，确定__________（中标人名称）为中标人。

感谢你单位对我们工作的大力支持！

招标人：______________（盖单位章）

法定代表人：______________（签字）

______年___月___日

</td></tr>
</table>

中标方收到中标通知书的确认通知书，格式见表 4-3。

确认通知格式 表 4-3

<table>
<tr><td>

确认通知

______________________（招标人名称）：

我方已接到你方______年______月______日发出的______________________（项目名称）标段施工招标关于______________________的通知，我方已于______年______月______日收到。

特此确认。

投标人：______（盖单位章）

______年____月____日

</td></tr>
</table>

4.3.3 合同签订

1. 合同的签订

招标人和中标人应当自中标通知书发出之日起30日内，按照招标文件和中标人的投标文件订立书面合同。招标人和中标人不得再订立背离合同实质性内容的其他协议。如果投标书内提出的某些非实质性偏离的不同意见而发包人也同意接受时，双方应就这些内容通过谈判达成书面协议。通常的做法是，不改动招标文件中的通用条件和专用条件，将某些条款协商一致后改动的部分在合同协议书中予以明确。

2. 投标保证金的退还和履约担保

（1）投标保证金的退还

招标人与中标人签订合同后5个工作日内，应当向中标人和未中标的投标人一次性退还投标保证金。

中标通知书发出后，中标人放弃中标项目的，无正当理由不与招标人签订合同的，在签订合同时向招标人提出附加条件或者更改合同实质性内容的，或者拒不提交所要求的履约保证金的，招标人可取消其中标资格，并没收其投标保证金；给招标人的损失超过投标保证金数额的，中标人应当对超过部分予以赔偿；没有提交投标保证金的，应当对招标人的损失承担赔偿责任。

（2）提交履约担保

招标文件要求中标人提交履约保证金或者其他形式履约担保的，中标人应当提交；拒绝提交的，视为放弃中标项目。招标人要求中标人提供履约保证金或其他形式履约担保的，招标人应当同时向中标人提供工程款支付担保。招标人不得擅自提高履约保证金，不得强制要求中标人垫付中标项目建设资金。

4.3.4 招标人与中标人的违法行为及应负的责任

（1）招标人在评标委员会依法推荐的中标候选人以外确定中标人的，依法必须进行招标的项目在所有投标被评标委员会否决后自行确定中标人的，中标无效。责令改正，可以处中标项目金额千分之五以上千分之十以下的罚款；对单位直接负责的主管人员和其他直接责任人员依法给予处分。

（2）中标人将中标项目转让给他人的，将中标项目肢解后分别转让给他人的，违反本法规定将中标项目的部分主体、关键性工作分包给他人的，或者分包人再次分包的，转让、分包无效，处转让、分包项目金额千分之五以上千分之十以下的罚款；有违法所得的，并处没收违法所得；可以责令停业整顿；情节严重的，由工商行政管理机关吊销营业执照。

（3）招标人与中标人不按照招标文件和中标人的投标文件订立合同的，或者招标人、中标人订立背离合同实质性内容的协议的，责令改正；可以处中标项目金额千分之五以上千分之十以下的罚款。

（4）中标人不履行与招标人订立的合同的，履约保证金不予退还，给招标人造成的损失超过履约保证金数额的，还应当对超过部分予以赔偿；没有提交履约保证金的，应当对招标人的损失承担赔偿责任。

（5）中标人不按照与招标人订立的合同履行义务，情节严重的，取消其二年至五年内参加依法必须进行招标的项目的投标资格并予以公告，直至由工商行政管理机关吊销营业执照。

4.4 综合案例分析

［案例一］ 投标文件的有效性

背景：政府投资的某工程，监理单位承担了施工招标代理和施工监理任务。该工程采用无标底公开招标方式选定施工单位。工程实施中发生了下列事件：

事件1：工程招标时，A、B、C、D、E、F、G共7家投标单位通过资格预审，并在投标截止时间前提交了投标文件。评标时，发现A投标单位的投标文件虽加盖了公章，但没有投标单位法定代表人的签字，只有法定代表人授权书中被授权人的签字（招标文件中对是否可由被授权人签字没有具体规定）；B投标单位的投标报价明显高于其他投标单位的投标报价，分析其原因是施工工艺落后造成的；C投标单位以招标文件规定的工期380天作为投标工期，但在投标文件中明确表示如果中标，合同工期按定额工期400天签订；D投标单位投标文件中的总价金额汇总有误。

事件2：经评标委员会评审，推荐G、F、E投标单位为前3名中标候选人。在中标通知书发出前，建设单位要求监理单位分别找G、F、E投标单位重新报价，以价格低者为中标单位，按原投标报价签订施工合同后，建设单位与中标单位再以新报价签订协议书作为实际履行合同的依据。监理单位认为建设单位的要求不妥，并提出了不同意见，建设单位最终接受了监理单位的意见，确定G投标单位为中标单位。

问题：

（1）分别指出事件1中A、B、C、D投标单位的投标文件是否有效？说明理由。

（2）事件2中，建设单位的要求违反了招标投标有关法规的哪些具体规定？

解析：

（1）①A单位的投标文件有效。招标文件对此没有具体规定，签字人有法定代表人的授权书。

②B单位的投标文件有效。招标文件中对高报价没有限制。

③C单位的投标文件无效。没有响应招标文件的实质性要求（或：附有招标人无法接

受的条件)。

④D单位的投标文件有效。总价金额汇总有误属于细微偏差(或:明显的计算错误允许补正)。

(2) ①确定中标人前,招标人不得与投标人就投标文件实质性内容进行协商;

②招标人与中标人必须按照招标文件和中标人的投标文件订立合同,不得再行订立背离合同实质性内容的其他协议。

[案例二] 投标要求

背景: 某大型工程项目由政府投资建设,业主委托某招标代理公司代理施工招标。招标代理公司确定该项目采用公开招标方式招标,招标公告在当地政府规定的招标信息网上发布。招标文件中规定:投标担保可采用投标保证金或投标保函方式得保。评标方法采用经评审的最低投标价法。投标有效期为60天。

业主对招标代理公司提出以下要求:为了避免潜在的投标人过多,项目招标公告只在本市日报上发布,且采用邀请招标方式招标。项目施工招标信息发布以后,共有12家潜在的投标人报名参加投标。业主认为报名参加投标的人数太多,为减少评标工作量,要求招标代理公司仅对报名的潜在投标人的资质条件、业绩进行资格审查。开标后发现:

(1) A投标人的投标报价为8000万元,为最低投标价,经评审后推荐其为中标候选人;

(2) B投标人在开标后又提交了一份补充说明,提出可以降价5%;

(3) C投标人提交的银行投标保函有效期为70天;

(4) D投标人投标文件的投标函盖有企业及企业法定代表人的印章,但没有加盖项目负责人的印章;

(5) E投标人与其他投标人组成了联合体投标,附有各方资质证书,但没有联合体共同投标协议书;

(6) F投标人投标报价最高,故F投标人在开标后第二天撤回了其投标文件。

经过标书评审,A投标人被确定为中标候选人。发出中标通知书后,招标人和A投标人进行合同谈判,希望A投标人能再压缩工期、降低费用。经谈判后双方达成一致:不压缩工期,降价3%。

问题:

(1) 业主对招标代理公司提出的要求是否正确?说明理由。

(2) 分析A、B、C、D、E投标人的投标文件是否有效?说明理由。

(3) F投标人的投标文件是否有效?对其撤回投标文件的行为应如何处理?

(4) 该项目施工合同应该如何签订?合同价格应是多少?

解析:

(1) ①"业主提出招标公告只在本市日报上发布"不正确,理由:公开招标项目的招标公告,必须在指定媒介发布,任何单位和个人不得非法限制招标公告的发布地点和发布范围。②"业主要求采用邀请招标"不正确,理由:因该工程项目由政府投资建设,相关法规规定:"全部使用国有资金投资或者国有资金投资占控股或者主导地位的项目",应当采用公开招标方式招标。如果采用邀请招标方式招标,应由有关部门批准。③"业主提出的仅对潜在投标人的资质条件、业绩进行资格审查"不正确,理由:资格审查的内容还应包括：信誉、技术、拟投入人员、拟投入机械、财务状况等。

(2) ①A投标人的投标文件有效。

②B投标人的投标文件（或原投标文件）有效。但补充说明无效，因开标后投标人不能变更（或更改）投标文件的实质性内容。

③C投标人的投标文件无效。因投标保函的有效期应超过投标有效期30天（或28天）（或在投标有效期满后的30天（或28天）内继续有效）。

④D投标人的投标文件有效。

⑤E投标人的投标文件无效。因为组成联合体投标的，投标文件应附联合体各方共同投标协议书。

(3) F投标人的投标文件有效。招标人可以没收其投标保证金，给招标人造成损失超过投标保证金的，招标人可以要求其赔偿。

(4) ①该项目应自中标通知书发出后30天内按招标文件和A投标人的投标文件签订书面合同，双方不得再签订背离合同实质性内容的其他协议。

②合同价格应为8000万元。

[案例三] 工程评标经评审的最低投标价法案例

背景：某工程施工项目采用资格预审方式招标，并采用经评审最低投标价法进行评标。共有4个投标人进行投标，且4个投标人均通过了初步评审，评标委员会对经算术性修正后的投标报价进行详细评审。

招标文件规定工期为30个月，工期每提前1个月给招标人带来的预期收益是50万元，招标人提供临时用地500亩，临时用地每亩用地费为6000元，评标价的折算考虑以下两个因素：投标人所报的租用临时用地的数量；提前竣工的效益。

投标人A：算术修正后的投标报价为6200万元，提出需要临时用地400亩，承诺的工期为28个月。投标人B：算术修正后的投标报价为5800万元，提出需要临时用地480亩，承诺的工期为31个月。投标人C：算术修正后的投标报价为5500万元，提出需要临时用地500亩，承诺的工期为28个月。投标人D：算术修正后的投标报价为5000万元，提出需要临时用地550亩，承诺的工期为30个月。

问题：

根据经评审的最低投标价法确定中标人。

解析：临时用地调整因素：

投标人A：(400－500)×6000＝－600000元

投标人B：(480－500)×6000＝－120000元

投标人C：(500－500)×6000＝0元

投标人D：(550－500)×6000＝300000元

提前竣工因素的调整：

投标人A：(28－30)×500000＝－1000000元

投标人B：(31－30)×500000＝500000元

投标人C：(28－30)×500000＝－1000000元

投标人D：(30－30)×500000＝0元

评标价格比较表见表4-4。

评标价格比较表 **表 4-4**

项　　目	投标人A	投标人B	投标人C	投标人D
算术性修正后的报价（元）	62000000	58000000	55000000	50000000
临时用地导致报价调整（元）	−600000	−120000	0	300000
提前竣工导致报价调整（元）	−1000000	500000	−1000000	0
评标价（元）	60400000	58380000	54000000	5300000
排　序	4	3	2	1

投标人D是经评审的投标价最低，评标委员会推荐其为第一中标候选人。

［案例四］ 工程评标综合评估法案例一

背景： 某大型工程，由于技术难度大，对施工单位的施工设备和同类工程施工经验要求高，而且对工期的要求也比较紧迫。业主在对有关单位和在建工程考察的基础上，仅邀请了3家国有一级施工企业参加投标，并预先与咨询单位和该3家施工单位共同研究确定了施工方案。业主要求投标单位将技术标和商务标分别装订报送。经招标领导小组研究确定的评标规定如下：

(1) 技术标共30分，其中施工方案10分（因已确定施工方案，各投标单位均得10分）、施工总工期为10分、工程质量10分、满足业主总工期要求（36个月）者得4分，每提前1个月加1分，不满足者不得分；自报工程质量合格者得4分，自报工程质量优良者得6分（若实际工程质量未达到优良者将扣罚合同价的2%），近三年内获鲁班工程奖每项加2分，获省优工程奖每项加1分。

(2) 商务标共70分。报价不超过标底（35500万元）的±5%者为有效标，超过者为废标。报价为标底的98%者得满分（70分），在此基础上，报价比标底每下降1%，扣1分，每上升1%，扣2分（计分按四舍五入取整）。各投标单位的有关情况见表4-5。

投标参数汇总表 **表 4-5**

投标单位	报价(万元)	总工期(月)	自报工程质量	鲁班工程奖	省优工程奖
A	35642	33	优良	1	1
B	34364	31	优良	0	2
C	33867	32	合格	0	1

问题：

(1) 该工程采用邀请招标方式且仅邀请3家施工单位投标，是否违反有关规定？为什么？

(2) 请按综合得分最高者中标的原则确定中标单位。

(3) 若改变该工程评标的有关规定，将技术标增加到40分，其中施工方案20分（各投标单位均得20分），商务标减少为60分，是否会影响评标结果？为什么？若影响，应由哪家施工单位中标？

解析：

(1) 不违反（或符合）有关规定。因为根据有关规定，对于技术复杂的工程，允许采用邀请招标方式，邀请参加投标的单位不得少于3家。

(2) ①计算各投标单位的技术标得分见表4-6。

投标单位技术标得分　　表4-6

投标单位	施工方案	总工期(月)	工程质量	合计
A	10	4+(36−33)×1=7	6+2+1=9	26
B	10	4+(36−31)×1=9	6+1×2=8	27
C	10	4+(36−32)×1=8	4+1=5	23

②计算各投标单位的商务标得分见表4-7。

投标单位商务标得分　　表4-7

投标单位	报　价	报价与标底的比例(%)	扣　分	得　分
A	10	35642/35500=100.4	(100.4−98)×2=5	70−5=65
B	10	34364/35500=96.8	(98−96.8)×1=1	70−1=69
C	10	33867/35500=95.4	(98−95.4)×1=3	70−3=67

③计算各投标单位的综合得分见表4-8。

投标单位综合得分　　表4-8

投标单位	技术标得分	商务标得分	综合得分
A	26	65	91
B	27	69	96
C	23	67	90

因B公司综合得分最高，故选B公司为中标单位。

(3) 这样改变评标方法不会影响评标结果，因为各投标单位的技术标得分均增加10分（20～10），而商务标得分均减少10分（70～60），综合得分不变。

[案例五]　工程评标综合评估法案例二

背景：某市政府拟投资建一大型垃圾焚烧发电站工程项目。该项目除厂房及有关设施的土建工程外，还有配套进口垃圾焚烧发电设备及垃圾处理专业设备的安装工程。厂房范围内地质勘察资料反映地基条件复杂，地基处理采用钻孔灌注桩。招标单位委托某咨询公司进行全过程投资管理。该项目厂房土建工程更有A、B、C、D、E共五家施工单位参加投标，资格预审结果均合格。招标文件要求投标单位将技术标和商务标分别封装。评标原则及方法如下：

(1) 采用综合评估法，按照得分高低排序，推荐三名合格的中标候选人。

(2) 技术标共40分，其中施工方案10分，工程质量及保证措施15分，工期、业绩信誉、安全文明施工措施分别为5分。

(3) 商务标共60分。①若最低报价低于次低报价15%以上（含15%），最低报价的商务标得分为30分，且不再参加商务标基准价计算；②若最高报价高于次高报价15%以上（含15%），最高报价的投标按废标处理；③人工、钢材、商品混凝土价格参照当地有关部门发布的工程造价信息，若低于该价格10%以上时，评标委员会应要求该投标单位作必要的澄清；④以符合要求的商务报价的算术平均数作为基准价（60 分），报价比基准价每下降 1%扣 1 分，最多扣 10 分，报价比基准价每增加 1%扣 2 分，扣分不保底。

各投标单位的技术标得分和商务标报价见表 4-9、表 4-10。

各投标单位技术标得分汇总表 **表 4-9**

投标单位	施工方案	工期	质保措施	安全文明施工	业绩信誉
A	8.5	4	14.5	4.5	5
B	9.5	4.5	14	4	4
C	9.0	5	14.5	4.5	4
D	8.5	3.5	14	4	3.5
E	9.0	4	13.5	4	3.5

各投标单位商务标报价汇总表 **表 4-10**

投标单位	A	B	C	D	E
报价(万元)	3900	3886	3600	3050	3784

（4）评标过程中又发生 E 投标单位不按评标委员会要求进行澄清，说明补正。

问题：

（1）该项目应采取何种招标方式？如果把该项目划分成若干个标段分别进行招标，划分时应当综合考虑的因素是什么？本项目可如何划分？

（2）按照评标办法，计算各投标单位商务标得分。

（3）按照评标办法，计算各投标单位综合得分。

（4）推荐合格的中标候选人并排序。

（计算结果均保留两位小数）（2009 造价工程师案例分析考试真题）

解析：

（1）①应采取公开招标方式。因为根据有关规定，垃圾焚烧发电站项目是政府投资项目，属于必须公开招标的范围。②标段划分应综合考虑以下因素：招标项目的专业要求、招标项目的管理要求、对工程投资的影响、工程各项工作的衔接，但不允许将工程肢解成分部分项工程进行招标。③本项目可划分成：土建工程、垃圾焚烧发电进口设备采购、设备安装工程三个标段招标。

（2）计算各投标单位商务标得分：

①最低 D 与次低 C 报价比：(3600－3050)/3600＝15.28%＞15%，最高 A 与次高 B 报价比：(3900－3886)/3886＝0.36% ＜15%，承包商 D 的报价(3050 万元)在计算基准价时不予以考虑，且承包商 D 商务标得分 30 分；

②E 投标单位不按评委要求进行澄清和说明，按废标处理；

③基准价＝(3900＋3886＋3600)/3＝3795.33(万元)

④计算各投标单位商务标得分见表 4-11。

投标单位商务标得分 **表 4-11**

投标单位	报价(万元)	报价与基准价比例(%)	扣 分	得 分
A	3900	3900÷3795.33=102.76	(102.76−100)×2=5.52	54.48
B	3886	3886÷3795.33=102.39	(102.39−100)×2=4.78	55.22
C	3600	3600÷3795.33=94.85	(100−94.85)×1=5.15	54.85
D	3050			30
E	3784	按废标处理		

(3) 计算各投标单位综合得分见表 4-12。

投标单位综合得分 **表 4-12**

投标单位	技术标得分	商务标得分	综合得分
A	8.5+4+14.5+4.5+5=36.5	54.48	90.98
B	9.5+4.5+14+4+4=36.00	55.22	91.22
C	9.0+5+14.5+4.5+4=37.00	54.85	91.85
D	8.5+3.5+14+4+3.5=33.50	30	63.5
E	按废标处理		

(4) 推荐中标候选人及排序：1. C；2. B；3. A。

［**案例六**］ 招投标全过程案例分析

背景：某超高写字楼工程为政府投资项目，于 2008 年 5 月 8 日发布招标公告。招标公告中对招标文件的发售和投标截止时间规定如下：

(1) 各投标人于 5 月 17～18 日，每日 9：00～16：00 在指定地点领取招标文件；

(2) 投标截止时间为 6 月 5 日 14：00。

对招标作出响应的投标人有 A，B，C，D，以及 E、F 组成的联合体。A，B，C，D，E，F 均具备承建该项目的资格。评标委员会委员由招标人确定，共 8 人组成，其中招标人代表 4 人，有关技术、经济专家 4 人。在开标阶段，经招标人委托的市公证处人员检查了投标文件的密封情况，确认其密封完好后，投标文件当众拆封。招标人宣布有 A，B，C，D 以及 E、F 联合体 5 个投标人投标，并宣读其投标报价、工期、质量标准和其他招标文件规定的唱标内容。其中，A 的投标总报价为壹亿肆仟叁佰贰拾万元整，其相关数据见表 4-13。

正式报价相关数据 **表 4-13**

	桩基维护工程	主体结构工程	装饰工程	总 价
正式报价	1450	6600	6270	14320

招标人委托造价咨询机构编制的标底部分数据见表 4-14。

标底价相关数据 **表 4-14**

	桩基维护工程	主体结构工程	装饰工程	总 价
标底价	1320	6100	6900	14320

评标委员会按照招标文件中确定的评标标准对投标文件进行评审与比较，并综合考虑各投标人的优势，评标结果为：各投标人综合得分从高到低的顺序依次为 A，D，B，C 以

及E、F联合体。评标委员会由此确定承包人A为中标人，其中标价为14310万元人民币。由于承包人A为外地企业，招标人于6月7日以挂号方式将中标通知书寄出，承包人A于6月11日收到中标通知书。

此后，自6月13日至7月3日招标人又与中标人A就合同价格进行了多次谈判，于是中标人A在正式报价的基础上又下调了200万元，最终双方于7月9日签订了书面合同。

问题：

(1) 什么是不平衡报价法？投标人A的报价是否属于不平衡报价？请评析评标委员会接受A承包人运用的不平衡报价法是否恰当？

(2) 逐一指出在该项目的招标投标中，哪些方面不符合《招标投标法》的有关规定？

解析：

(1) 不平衡报价法，是指在估价（总价）不变的前提下，调整分项工程的单价，以达到较好收益目的的报价策略。

参考招标人的标底文件，可以认为A投标人采用了不平衡报价法。表现在其将属于前期工程的桩基围护工程和主体结构工程的单价调高，而将属于后期工程的装饰工程的单价调低，可以在施工的早期阶段收到较多的工程款，从而可以提高其所得工程款的现值；A投标人对桩基围护工程主体结构工程和装饰工程的单价调整幅度均未超过10%，在合理范围之内。评标委员会接受A投标人运用的不平衡报价法并无不当。

(2) 在该项目招标投标中，不符合《招标投标法》规定的情形有：

①招标文件的发售时间只有2日，不符合（工程建设项目施工招标投标办法）(30号令）关于招标文件的发售时间最短不得少于5个工作日的规定。

②招标文件开始发出之日起至投标人提交投标文件截止之日的时间段不符合规定。该工程项目建设使用财政资金，按照《招标投标法》的规定必须进行招标，并满足自招标文件开始发出之日起至投标人提交投标文件截止之日止，最短不得少于20日。本案5月17日开始发出招标文件，至招标公告规定的投标截止时间6月5日止，不足20日。

③评标委员会成员组成及人数不符合《招标投标法》规定。《招标投标法》第三十七条规定，评标委员会由招标人代表和有关技术、经济等方面的专家组成，成员人数为5人以上单数，其中招标人代表不得超过成员总数的1/3。

④评标委员会对投标文件差错采用的修正原则不正确。在投标文件中，用数字表示的数额与用文字表示的数额不一致时，以文字数额为准；单价与工程量的乘积与总价之间不一致时，以单价为准，若单价有明显的小数点错位，应以总价为准，并修改单价。本案中，评标委员会应认定A承包人的投标报价为14320万元。

⑤中标通知书发出后，招标人不应与中标人A就合同价格进行谈判。《招标投标法》第四十六条规定，招标人和中标人应当按照招标文件和投标文件订立书面合同，不得再行订立背离合同实质性内容的其他协议。

⑥招标人和中标人签订书面合同的日期不当。《招标投标法》第四十六条规定，招标人和中标人应当自中标通知书发出之日起30日内，按照招标文件和中标人的投标文件订立书面合同。本案中标通知书于6月7日已经发出，双方直至7月9日才签订了书面合同，已超过法律规定的30日期限。

［案例七］ 某高速公路工程施工招标全过程分析

背景：某省国道主干线高速公路土建施工项目实行公开招标，根据项目的特点和要求，招标人提出了招标方案和工作计划。采用资格预审方式组织项目土建施工招标，招标过程中出现了下列事件：

事件1：7月1日（星期一）发布资格预审公告。公告载明资格预审文件自7月2日起发售，资格预审申请文件于7月22日下午16：00之前递交至招标人处。某投标人因从外地赶来。7月8日（星期一）上午上班时间前来购买资审文件，被告知已经停售。

事件2：资格审查过程中，资格审查委员会发现某省路桥总公司提供的业绩证明材料部分是其下属第一工程有限公司业绩证明材料，且其下属的第一工程有限公司具有独立法人资格和相关资质。考虑到属于一个大单位，资格审查委员会认可了其下属公司业绩为其业绩。

事件3：投标邀请书向所有通过资格预审的申请单位发出，投标人在规定的时间内购买了招标文件。按照招标文件要求，投标人须在投标截止时间5日前递交投标保证金，因为项目较大，要求每个标段100万元投标担保金。

事件4：评标委员会人数为5人，其中3人为工程技术专家，其余2人为招标人代表。

事件5：评标委员会在评标过程中。发现B单位投标报价远低于其他报价。评标委员会认定B单位报价过低，按照废标处理。

事件6：招标人根据评标委员会书面报告，确定各个标段排名第一的中标候选人为中标人，并按照要求发出中标通知书后，向有关部门提交招标投标情况的书面报告，同中标人签订合同并退还投标保证金。

事件7：招标人在签订合同前，认为中标人C的价格略高于自己期望的合同价格，因而又与投标人C就合同价格进行了多次谈判。考虑到招标人的要求，中标人C觉得小幅度降价可以满足自己利润的要求，同意降低合同价，并最终签订了书面合同。

问题：

(1) 招标人自行办理招标事宜需要什么条件？

(2) 所有事件中有哪些不妥当？请逐一说明。

(3) 事件6中，请详细说明招标人在发出中标通知书后应于何时做其后的这些工作？

解析：

(1)《工程建设项目自行招标试行办法》（国家计委5号令）第四条规定，招标人自行办理招标事宜，应当具有编制招标文件和组织评标的能力，具体包括：①具有项目法人资格（或者法人资格）；②具有与招标项目规模和复杂程度相适应的工程技术、概预算、财务和工程管理等方面专业技术力量；③有从事同类工程建设项目招标的经验；④设有专门的招标机构或者拥有3名以上专职招标业务人员；⑤熟悉和掌握招标投标法及有关法规规章。

(2) 事件1～事件5和事件7做法不妥当，分析如下：

事件1不妥当。《工程建设项目施工招标投标办法》（30号令）第十五条规定，自招标文件或者资格预审文件出售之日起至停止出售之日止，最短不得少于5个工作日。本案中，7月2日周二开始出售资审文件，按照最短5个工作日，最早停售日期应是7月8日

（星期一）下午截止。

事件2不妥当。《招标投标法》第二十五条规定，投标人是响应招标、参加投标竞争的法人或者其他组织。本案中，投标人或是以总公司法人的名义投标，或是以具有法人资格的子公司的名义投标。法人总公司或具有法人资格的子公司投标，只能以自己的名义、自己的资质、自己的业绩投标，不能相互借用资质和业绩。

事件3不妥当。《工程建设项目施工招标投标办法》第三十七条规定，投标保证金一般不得超过投标总价的2%，但最高不得超过80万元人民币，本案中，投标保证金的金额太高，违反了最高不得超过80万元人民币的规定；同时，投标保证金从性质上属于投标文件，在投标截止时间前都可以递交。本案招标文件约定在投标截止时间5日前递交投标保证金不妥，其行为侵犯了投标人权益。

事件4不妥当。《招标投标法》第三十七条规定，依法必须进行招标的项目，其评标委员会由招标人的代表和有关技术、经济等方面的专家组成，成员人数为5人以上单数，其中技术、经济等方面的专家不得少于成员总数的2/3。本案中，评标委员会5人中专家人数至少为4人才符合法定要求。

事件5不妥当。《评标委员会和评标方法暂行规定》（12号令）第二十一条规定，在评标过程中，评标委员会发现投标人的报价明显低于其他投标报价或者在设有标底时明显低于标底，使得其投标报价可能低于其个别成本的，应当要求该投标人作出书面说明并提供相关证明材料。投标人不能合理说明或者不能提供相关证明材料的，由评标委员会认定该投标人以低于成本报价竞标，其投标应作废标处理。本案中，评标委员会判定B的投标为废标的程序存在问题。评标委员会应当要求B投标人作出书面说明并提供相关证明材料，仅当投标人B不能合理说明或者不能提供相关证明材料时，评标委员会才能认定该投标人以低于成本报价竞标。作废标处理。

事件7不妥当。《招标投标法》第四十三条规定，在确定中标人前，招标人不得与投标人就投标价格、投标方案等实质性内容进行谈判。同时，《工程建设项目施工招标投标办法》（30号令）第五十九条规定，招标人不得向中标人提出压低报价、增加工作量、缩短工期或其他违背中标人意愿的要求，以此作为发出中标通知书和签订合同的条件。本案中，招标人与中标人就合同中标价格进行谈判。直接违反了法律规定。

（3）招标人在发出中标通知书后，应完成以下工作：

①自确定中标人之日起15日内。向有关行政监督部门提交招标投标情况的书面报告。

②自中标通知书发出之日起30日内，按照招标文件和中标人的投标文件，与中标人订立书面合同；招标文件要求中标人提交履约担保的，中标人应当在签订合同前提交，同时招标人向中标人提供工程款支付担保。

③与中标人签订合同后5个工作日内，向中标人和未中标的投标人退还投标保证金。

本 章 小 结

本章主要讲述工程开标、评标与定标的组织工作、基本工作程序以及各个阶段的工作要求和方法。开标评标是定标的关键环节，为了保证评标的公平、公正，我国法律对评标委员会的组建由明确的规定。对于两种评标方法的适用范围和使用方法进行案例分析。对于中标人的确定应参照我国《招标投标法》，其中明确规定中标人应符合的条件。

思考与练习

一、填空题

1. 评标活动遵循________、________、________、________的原则。

2. 建设工程评标主要有________和________两种办法。

3. 评标委员会成员中，成员人数应为________人以上单数，其中经济、技术专家不得少于成员总数的________。

4.《招标投标法》规定：中标人的投标应当符合两个条件是：________、________。

5. 招标人和中标人应当自中标通知书发出之日起________内，按照招标文件和中标人的投标文件订立书面合同。

二、选择题

1. 关于评标，下列不正确的说法是(　　)。

A. 评标委员会成员名单一般应于开标前确定，且该名单在中标结果确定前应当保密

B. 评标委员会必须由技术、经济方面的专家组成，其人数为五人以上的单数

C. 评标委员会成员应是从事相关专业领域工作满 5 年并具有高级职称或同等专业水平

D. 评标委员会成员不得与任何投标人进行私人接触

2. 评标过程中应当作为废标处理的情况包括(　　)。

A. 投标文件未按对投标文件的要求予以密封

B. 拒不按要求对投标文件进行澄清、说明或补正

C. 投标文件未能对招标文件提出的所有实质性要求和条件做出响应

D. 经评标委员会确认投标人报价低于其成本价

E. 组成联合体投标，投标文件未附联合体各方投标协议

3. 符合(　　)情形之一的标书，应作为废标处理。

A. 逾期送达的

B. 按招标文件要求提交投标保证金的

C. 无单位盖章并无法定代表人签字或盖章的

D. 投标人名称与资格预审时不一致的

E. 联合体投标附有联合体各方共同投标协议的

4. 根据《招标投标法》的有关规定，下列说法符合开标程序的是(　　)。

A. 开标应当在招标文件确定的提交投标文件截止时间的同一时间公开进行

B. 开标地点由招标人在开标前通知

C. 开标由建设行政主管部门主持，邀请中标人参加

D. 开标由建设行政主管部门主持，邀请所有投标人参加

5. 在建设工程招投标活动中，在提交投标文件截止时间后到投标有效期终止之前，下列对有关投标文件处理的表述中，正确的是(　　)。

A. 投标人可以替换已提交的投标文件

B. 投标人可以补充已提交的投标文件

C. 招标人可以修改已提交的招标文件

D. 投标人撤回投标文件的，其投标保证金将被没收

6. 对于投标文件存在的下列偏差，评标委员会应书面要求投标人在评标结束前予以补正的情形是(　　)。

A. 未按招标文件规定的格式填写，内容不全的

B. 所提供的投标担保有瑕疵的

C. 投标人名称与资格预审时不一致的

D. 实质上响应招标文件要求但个别地方存在漏项的细微偏差

7. 某高速公路项目招标采用经评审的最低投标价法评标，招标文件规定对同时投多个标段的评标修正率为4%。现有投标人甲同时投标1号、2号标段，其报价依次为6300万元、5000万元，若甲在1号标段已被确定为中标，则其在2号标段的评标价是(　　)万元。

A. 4748　　B. 4800　　C. 5200　　D. 5252

8. 下列有关建设项目施工招标投标评标定标的表述中，正确的是(　　)。

A. 若有评标委员会成员拒绝在评标报告上签字同意的，评标报告无效

B. 使用国家融资的项目，招标人不得授权评标委员会直接确定中标人

C. 招标人和中标人只需按照中标人的投标文件订立书面合同

D. 合同签订后5个工作日内，招标人应当退还中标人和未中标人的投标保证金

9. 关于投标有效期，下列说法中正确的是(　　)。

A. 投标有效期延长通知送达投标人时，该投标人的投标保证金随即延长

B. 投标人同意延长投标有效期的，不得修改投标文件的实质性内容

C. 投标有效期内，投标文件对招标人和投标人均具有合同约束力

D. 投标有效期内撤回投标文件，投标保证金应予退还

10. 在评标过程中，评标委员会对同一投标文件中表述不一致的问题，正确的处理方法是(　　)。

A. 投标文件的小写金额和大写金额不一致的，应以小写为准

B. 投标函与投标文件其他部分的金额不一致的，应以投标文件其他部分为准

C. 总价金额与单价金额不一致的，应以总价金额为准

D. 对不同文字文本的投标文件解释发生异议的，以中文文本为准

11. 招标项目开标时，检查投标文件密封情况的应当是(　　)。

A. 投标人　　B. 招标人

C. 招标代理机构人员　　D. 招标单位的纪检部门人员

12. 招标项目的中标人确定后，招标人对未中标投标人应做的工作是(　　)。

A. 通知中标结果并退还投标保证金

B. 通知中标结果但不退还投标保证金

C. 不通知中标结果，也不退还投标保证金

D. 不通知中标结果，但退还投标保证金

13. 某施工项目招标，四家投标人的报价和评标价分别为：甲，1800万元、1870万元；乙，1850万元、1890万元；丙，1880万元、1820万元；丁，1990万元、1880万元，则中标候选人中排序第一的应是(　　)。

A. 甲　　B. 乙　　C. 丙　　D. 丁

14. 招标项目开标后发现投标文件存在下列问题，可以继续评标的情况包括(　　)。

A. 没有按照招标文件要求提供投标担保

B. 报价金额的大小写不一致

C. 总价金额和单价与工程量乘积之和的金额不一致

D. 货物包装方式高于招标文件要求

E. 货物检验标准低于招标文件要求

15. 某建设项目采用评标价法评标，其中一位投标人的投标报价为3000万元，工期提前获得评标优惠100万元，评标时未考虑其他因素，则评标价和合同价分别为(　　)。

A. 2900万元，3000万元　　B. 2900万元，2900万元

C. 3100万元，3000万元　　D. 3100万元，2900万元

16. 招标人可以考虑使用备选投标方案的情形是(　　)。

A. 投标人的主选方案是废标

B. 投标人的备选方案经评审的投标价格比主选方案低

C. 中标人的备选投标方案优于其主选方案

D. 排名第二的中标候选人的备选方案优于排名第一的中标候选人

（答案提示：1. C；2. ABCDE；3. ACDE；4. A；5. D；6. D；7. B；8. D；9. B；10. D；11. A；12. A；13. C；14. BC；15. A；16. C）

三、简答题

1. 简述开标流程。

2. 简述评标原则。

3. 简述评标委员会的组成及要求。

4. 什么是综合评标法?

5. 简述定标依据。

四、案例分析

1. 某电器设备厂筹资新建一生产流水线，该工程设计已完成，施工图纸齐备，施工现场已完成“三通一平”工作，已具备开工条件。工程施工招标委托招标代理机构采用公开招标方式代理招标。招标代理机构编制了标底（800万元）和招标文件。招标文件中要求工程总工期为365天。按国家工期定额规定，该工程的工期应为460天。通过资格预审并参加投标的共有A、B、C、D、E五家施工单位。开标会议由招标代理机构主持，开标结果是这五家投标单位的报价均高出标底近300万元。这一异常引起了业主的注意，为了避免招标失败，业主提出由招标代理机构重新复核和制定新的标底，招标代理机构复核标底后，确认是由于工作失误，漏算部分工程项目，使标底偏低。在修正错误后，招标代理机构确定了新的标底。A、B、C三家投标单位认为新的标底不合理，向招标人要求撤回投标文件。由于上述问题纠纷导致定标工作在原定的投标有效期内一直没有完成。为早日开工，该业主更改了原定工期和工程结算方式等条件，指定了其中一家施工单位中标。

问题：

（1）上述招标工作存在哪些问题?

（2）A、B、C三家投标单位要求撤回投标文件的作法是否正确？为什么?

（3）如果招标失败，招标人可否另行招标？投标单位的损失是否应由招标人赔偿？为什么？

（答案提示：（1）在招标工作中，存在以下问题：①开标以后，又重新确定标底。②在投标有效期内，没有完成定标工作。③更改招标文件的合同工期和工程结算条件。④直接指定施工单位。

（2）①不正确。②投标是一种要约行为；

（3）①招标人可以重新组织招标。②招标人不应给予赔偿，因招标属于要约邀请。）

2. 某工程采用公开招标方式，招标人3月1日在指定媒体上发布了招标公告，3月6日至3月12日发售了招标文件，共有A、B、C、D四家投标人购买了招标文件。在招标文件规定的投标截止日（4月5日）前，四家投标人都递交了投标文件。开标时投标人D因其投标文件的签署人没有法定代表人的授权委托书而被招标管理机构宣布为无效投标。

该工程评标委员会于4月15日经评标确定投标人A为中标人，并于4月26日向中标人和其他投标人分别发出中标通知书和中标结果通知，同时通知了招标人。

问题：指出该工程在招标过程中的不妥之处，并说明理由。

（答案提示：招标管理机构宣布无效投标不妥，应由招标人宣布。评标委员会确定中标人并发出中标通知书和中标结果通知不妥，应由招标人发出。）

3. 某工程采用公开招标方式，有A、B、C、D、E、F6家承包商参加投标，经资格预审该6家承包商均满足业主要求。该工程采用两阶段评标，评标委员会由7名委员组成，评标的具体规定如下：

（1）第一阶段评技术标：技术标共计40分，其中施工方案5分，总工期8分，工程质量6分，项目班子6分，企业信誉5分。技术标各项内容的得分，为各评委评分去除一个最高分和一个最低分后的算术平均分数。技术标合计得分不满28分者，不再评其商务标。表4-15为各评委对6家承包商施工方案评分的汇总表。表4-16为各承包商总工期、工程质量、项目班子、企业信誉得分汇总表。

评委对承包商施工方案评分表　　表4-15

投标单位＼评委	一	二	三	四	五	六	七
A	13.0	11.5	12.0	11.0	11.0	12.5	12.5
B	14.5	13.5	14.5	13.0	13.5	14.5	14.5
C	12.0	10.0	11.5	11.0	10.5	11.5	11.5
D	14.0	13.5	13.5	13.0	13.5	14.0	14.5
E	12.5	11.5	12.0	11.0	11.5	12.5	12.5
F	10.5	10.5	10.5	10.0	9.5	11.0	10.5

承包商总工期、工程质量、项目班子、企业信誉得分汇总表　　表4-16

投标单位	总工期	工程质量	项目班子	企业信誉
A	6.5	5.5	4.5	4.5
B	6.0	5.0	5.0	4.5
C	5.0	4.5	3.5	3.0
D	7.0	5.5	5.0	4.5
E	7.5	5.0	4.0	4.0
F	8.0	4.5	4.0	3.5

（2）第二阶段评商务标

商务标共计 60 分。以标底的 50%与承包商报价算术平均数的 50%之和为基准价，但最高（或最低）报价高于（或低于）次高（或次低）报价的 15%者，在计算承包商报价算术平均数时不予考虑，且商务标得分为 15 分。以基准价为满分（60 分），报价比基准每下降 1%，扣 1 分，最多扣 10 分；报价比基准价每增加 1%，扣 2 分，扣分不保底。表 4-17 为标底和各承包商的报价汇总表。

标底和各承包商的报价汇总表（万元）　　**表 4-17**

投标单位	A	B	C	D	E	F	标底
报价	13656	11108	14303	13098	13241	14125	13790

问题：

（1）请按综合得分最高者中标的原则确定中标单位。

（2）若该工程未编制标底，以各承包商报价的算术平均数作为基准价，其余评标规定不变，试按原定标原则确定中标单位。

（答案提示：（1）A、B、D、E、F 的得分依次是 92.87、49.60、91.59、89.43、83.60，C 为废标。（2）A、B、D、E、F 的得分依次是 91.04、49.60、92.51、90.36、81.60，C 为废标。）

4. 某工业厂房项目的业主经过多方了解，邀请了 A、B、C 三家技术实力和资信俱佳的承包商参加该项目的投标。在招标文件中规定：评标时采用最低综合报价中标的原则，但最低投标低于次低投标价 10%的报价将不予考虑。工期不得长于 18 个月，若投标人自报工期少于 18 个月，在评标时将考虑其给业主带来的收益，折算成综合报价后进行评标。若实际工期短于自报工期，每提前 1 天奖励 1 万元；若实际工期超过自报工期，每拖延 1 天罚款 2 万元。A、B、C 三家承包商投标书与报价和工期有关的数据汇总见表 4-18。

假定：贷款月利率为 1%，各分部工程每月完成的工作量相同，在评标时考虑工期提前给业主带来的收益为每月 40 万元。

承包商投标书与报价和工期有关的数据汇总表　　**表 4-18**

投标人	基础工程		上部结构工程		安装工程		安装工程与上部结构工程搭接时间（月）
	报价（万元）	工期（月）	报价（万元）	工期（月）	报价（万元）	工期（月）	
A	400	4	1000	10	1020	6	2
B	420	3	1080	9	960	6	2
C	420	3	1100	10	1000	5	3

现值系数表　　**表 4-19**

N	2	3	4	6	7	8	9	10	12	13	14	15	16
$(P/A,1\%,n)$	1.970	2.941	3.902	5.795	6.728	7.625	8.566	9.471	—	—	—	—	—
$(P/F,1\%,n)$	0.980	0.971	0.961	0.942	0.933	0.923	0.941	0.905	0.887	0.879	0.870	0.861	0.853

问题：

（1）我国《招标投标法》对中标人的投标应当符合的条件是如何规定的？

（2）若不考虑资金的时间价值，应选择哪家承包商作为中标人？

（3）若考虑资金的时间价值，应选择哪家承包商作为中标人？

（答案提示：（2）不考虑资金的时间价值时，A 的综合报价为 2420 万元，B 的综合报价为 2380 万元，C 的综合报价为 2400 万元，承包商 B 的综合报价最低，选其为中标人。（3）考虑资金的时间价值时，A 的综合报价现值为 2171.86 万元，B 的综合现值报价为 2181.44 万元，C 的综合报价现值为 2200.49 万元，承包商 A 的综合报价最低，选其为中标人。）

第5章　建设工程合同法律基础

[学习指南]　《合同法》的内容较多，也是建设工程合同的基础，学习中要掌握《合同法》的基本知识。在学习中为便于更好的记忆和理解，应注意结合案例来领会分析。

建设工程的相关法律法规应结合相关法规进一步学习，以便具体了解相关知识。重点掌握合同生效的条件，效力待定合同、无效合同、可变更或者可撤销的合同的具体情况；合同履行的一般规则，合同履行中的抗辩权、代位权和撤销权的概念；合同终止和解除的条件；合同违约责任的承担方式。了解建设工程的相关法律法规。

[引导案例]　无效建设工程合同如何适用"返还财产"？

原告刘某是没有任何建筑资质的个人，其与被告中铁某局第三建筑工程公司（总承包人）签订了一份铁路建设工程施工合同。原告分包被告中标段铁路建设土石方工程，合同约定工程项目计价采用综合单价一次性包死。原告按合同约定完成全部工程项目，工程验收合格后，双方进行了决算但没有达成结算协议，原告认为被告尚欠99万元工程款，故诉至法院。

原告刘某是没有任何建筑资质的自然人，被告将铁路工程建设土石方部分工程分包给原告违反法律强制性规定，双方签订的《施工合同》是无效合同。合同法第五十八条规定："合同无效或者被撤销后，因该合同取得的财产，应当予以返还；不能返还或者没有必要返还的，应当折价补偿。有过错的一方应当赔偿对方因此所受到的损失，双方都有过错的，应当各自承担相应的责任。"本案中，无效建设工程合同如何适用财产返还？如何具体确定工程折价补偿呢？

第一种意见认为，不能由于处理无效合同时采取折价返还而使违法行为人实现预期的经济目的，因此，折价补偿不能按发包人（被告）和承包人（原告）在建设工程施工合同中约定的价格计算，因为这会造成合同形式上无效，实质上却有效的结果。应分两部分折价返还：(1) 根据原告的实际所使用的建筑材料按其实际价格返还；(2) 对原告所花费人力折算为工日按国家劳务定额计算。

第二种意见认为，建设工程合同无效即自始没有法律效力，其价格条款没有法律约束力，应当适用国家价格标准，根据承包人的实际资质适用国家工程造价定额计算，由司法鉴定部门重新计算价款。

比较符合民法的基本原则和民法解释的方法是：(1) 承认原施工合同约定的价格条款，是充分尊重当事人当初意思自治的一种变通办法。当事人双方所约定的价格，往往充分考虑了市场的变化，其价格有一定的合理性双方才会予以确认。(2) 从审判实践来看，建设施工合同的双方当事人在合同履行过程中每月都进行验工计价并给付工程进度款，有些无效合同履行完毕后，总承包人和分包人对价款对工程等进行了双方决算验收，并已履行了部分工程款，只要这种价款约定不违反法律法规强制性规定，是双方真实一致的意思表示，则处理时同样可直接参照这些价格予以裁判，而无须去按市场价甚至委托鉴定部门来重新定价。(3) 承认原施工合同的价格约定与认定施工合同无效没有矛盾。根据《合同法》第五十七条规定：合同无效、被撤销或者终止的，不影响合同中独立存在的有关解决争议方法的条款效力。因此可以将双方当事人对价格的约定视为《合同法》第五十七条规定的争议解决方法的内容。

5.1 合同法律基础

《中华人民共和国合同法》(以下简称《合同法》) 于 1999 年 3 月 15 日第九届全国人民代表大会第二次会议审议通过并发布，自 1999 年 10 月 1 日起施行，是规范我国社会主义市场交易的基本法律。《合同法》分总则和分则两部分。总则的规定是共性规定，对合同的订立、合同的效力、合同的履行、合同的变更和转让、合同的权利义务终止、违约责任做了规定。

《合同法》第二条第一款规定："本法所称合同是平等主体的自然人、法人、其他组织之间设立、变更、终止民事权利义务关系的协议。婚姻、收养、监护等有关身份关系的协议，适用其他法律的规定。"

5.1.1 合同的法律特征

1. 合同是一种民事法律行为

民事法律行为，是指以意思表示为要素，依其意思表示的内容而引起民事法律关系设立、变更和终止的行为。而合同是合同当事人意思表示的结果，是以设立、变更、终止财产性的民事权利义务为目的，且合同的内容即合同当事人之间的权利义务是由意思表示的内容来确定的。因而，合同是一种民事法律行为。

2. 合同是一种双方或多方或共同的民事法律行为

合同是两个或两个以上的民事主体在平等自愿的基础上互相或平行作出意思表示，且意思表示一致而达成的协议。首先，合同的成立须有两个或两个以上的当事人；其次，合同的各方当事人须互相或平行作出意思表示；再次，各方当事人的意思在达成一致，即达成合意或协议，且这种合意或协议是当事人平等自愿协商的结果。因而，合同是一种双方、多方或共同的民事法律行为。

3. 合同是以在当事人之间设立、变更、终止财产性的民事权利义务为目的

首先，合同当事人签订合同的目的，在于为了各自的经济利益或共同的经济利益，因而合同的内容为当事人之间财产性的民事权利义务；其次，合同当事人为了实现或保证各自的经济利益或共同的经济利益，以合同的方式来设立、变更、终止财产性的民事权利义务关系，是指当事人通过订立合同来形成某种财产性的民事法律关系，从而具体地享有民事权利，承担民事义务；所谓变更财产性的民事权利义务关系，是指当事人通过订立合同使原有的合同关系在内容上发生变化；所谓终止财产性的民事权利义务关系，是指当事人通过订立合同以消灭原法律关系。无论当事人订立合同是为了设立财产性的民事权利义务关系，还是为了变更或终止财产性的民事权利义务关系，只要当事人达成的协议依法成立并生效，就会对当事人产生法律约束力，当事人也必须依合同规定享有权利和履行义务。

4. 订立、履行合同，应当遵守法律、行政法规

这其中包括：合同的主体必须合法，订立合同的程序必须合法，合同的形式必须合

法，合同的内容必须合法，合同的履行必须合法，合同的变更、解除必须合法等。

5. 合同依法成立即具有法律约束力

所谓法律约束力，是指合同的当事人必须遵守合同的规定，如果违反，就要承担相应的法律责任。合同的法律约束力主要体现在以下两个方面：①不得擅自变更或解除合同。合同成立后，当事人认真履行合同的过程中发生了新的情况需要变更或解除合同，也必须依照合同法的有关规定办理，不得擅自变更或者解除合同，否则必须承担相应的法律责任。②违反合同应当承担相应的违约责任。除了不可抗力等法律规定的情况外，合同当事人不履行或者不完全履行合同时，必须承担违反合同的责任，即按照合同和法律的规定由违反合同的一方承担违反合同的责任，即按照合同和法律的规定由违反合同的一方当事人向对方支付违约金和赔偿金等；同时，如果对方当事人仍要求违约方履行合同时，违反合同的一方当事人还应当继续履行。

5.1.2 合同订立的原则

合同订立要遵循合法、平等、自愿、公平、诚实信用、合法的原则，这是在订立合同的整个过程中，对双方签订合同起指导和规范作用的、双方应当遵循的准则。

1. 平等的原则

《合同法》第三条规定："合同当事人的法律地位平等，一方不得将自己的意志强加给另一方。"具体表现在：

(1) 当事人的法律地位平等，一方不能将自己的意志强加给另一方。在订立合同时，任何一方都无权以大欺小、以上压下。合同内容平等协商确定，任何一方都不得把自己提出的条款强加于对方，不得强迫对方同自己签订合同。

(2) 履行合同时当事人法律地位平等。合同一旦依法成立，就具有法律效力。当事人都必须平等地受合同的约束，要严格地履行合同规定的义务。任何一方都不得擅自变更或解除合同。

(3) 承担合同违约责任时当事人法律地位平等。任何当事人违反合同，都应当承担违约责任，包括承担经济责任、行政责任或刑事责任。

2. 自愿的原则

《合同法》第四条规定："当事人依法享有自愿订立合同的权利，任何单位和个人不得非法干预。"具体表现在：依据自己的意志决定是否签订合同；依据自己的意志决定与谁签订合同；依据自己的意志决定合同的内容和形式。

合同自愿原则赋予合同当事人从事民事活动时一定的意志自由，要求当事人在民事活动中表达自己的真实意志。但并不意味着当事人可以随心所欲地订立合同而不受任何约束。合同订立自愿，是在法律规定范围内享有的自愿，并不是不受限制、不受约束的自由。

3. 公平的原则

《合同法》第五条规定："当事人应当遵循公平原则确定各方的权利和义务。"具体表现在：合同当事人权利义务要对等；当事人合理承担责任和风险。

公平原则要求合同双方当事人之间的权利义务要公平合理，合同上的负担和风险的合理分配。在订立建设工程合同中贯彻公平原则，反映了商品交换等价有偿的客观规律和要求。

4. 诚实信用的原则

合同法第六条规定："当事人行使权利、履行义务应当遵循诚实信用原则。"具体表现在：当事人在订立合同时，应当诚实地陈述真实情况，不得有任何隐瞒、欺诈；当事人在履行合同时，应当全面地履行合同的约定或法定的义务，恪守合同；合同纠纷时，应当力求正确地解释合同，不得故意曲解合同条款。

要求当事人在订立履行合同，以及合同终止后的全过程中，都要诚实，讲信用，相互协作。

5. 合法的原则

合同法第七条规定："当事人订立、履行合同，应当遵守法律、行政法规，尊重社会公德，不得扰乱社会经济秩序，损害社会公共利益。"

这是订立任何合同必须遵守的首要原则。根据该原则，订立合同的主体、内容、形式、程序等都要符合法律、行政法规的规定，尊重社会公德，不得扰乱社会经济秩序，损害社会公共利益。只有这样，合同才受国家法律的保护，当事人预期的经济利益、目的才有保障。

5.1.3 合同的分类

1. 要式合同与不要式合同

根据合同的成立是否需要特定的形式，可将合同分为要式合同与不要式合同。要式合同，是指法律要求必须具备一定的形式和手续的合同。不要式合同，是指法律不要求必须具备一定形式和手续的合同。

2. 双务合同和单务合同

根据当事人双方权利义务的分担方式，可把合同分为双务合同与单务合同。双务合同，是指当事人双方相互享有权利、承担义务的合同。在双务合同中，一方享有的权利正是对方所承担的义务，反之亦然，每一方当事人既是债权人又是债务人。买卖、互易、租赁、承揽、运送、保险等合同均为双务合同。单务合同，是指当事人一方只享有权利，另一方只承担义务的合同。如赠与、借用合同就是单务合同。

3. 有偿合同与无偿合同

根据当事人取得权利是否以偿付为代价，可以将合同分为有偿合同与无偿合同。有偿合同，是指当事人一方享有合同规定的权利，须向另一方付出相应代价的合同，如买卖、租赁、运输、承揽等合同。有偿合同是常见的合同形式。无偿合同，是一方当事人享有合同规定的权益，但无须向另一方付出相应代价的合同，如无偿借用合同。有些合同既可以是有偿的也可以是无偿的，由当事人协商确定，如委托、保管等合同。双务合同都是有偿合同，单务合同原则上为无偿合同，但有的单务合同也可为有偿合同，如有息贷款合同。

4. 有名合同与无名合同

根据法律是否赋予特定合同名称并设有专门规范，合同可以分为有名合同与无名合同。有名合同，也称典型合同，是法律对某类合同赋予专门名称，并设定专门规范的合同。无名合同也称非典型合同，是法律上未规定专门名称和专门规则的合同。

5.1.4 合同的订立

1. 合同订立的形式

当事人订立合同，有书面形式、口头形式和其他形式。法律法规规定采用书面形式的，或当事人约定采用书面形式的，应当采用书面形式。

2. 合同订立的过程

当事人订立合同需要经过要约和承诺两个阶段。

（1）要约

要约是希望和他人订立合同的意思表示，要约邀请是希望他人向自己发出要约的意思表示。寄送的价目表、拍卖公告、招标公告、招标说明书、商业广告等为要约邀请。要约到达受要约人时生效。

要约可以撤回。撤回要约的通知应当在要约到达受要约人之前或者与要约同时到达受要约人。

要约可以撤销。撤销要约的通知应当在受要约人发出承诺通知之前到达受要约人。有下列情形之一的要约不得撤销：①要约人确定了承诺期限或者以其他形式明示要约不可撤销；②受要约人有理由认为要约是不可撤销的，并已经为履行合同作了准备工作。

有下列情形之一的，要约失效：①拒绝要约的通知到达要约人；②要约人依法撤销要约；③承诺期限届满，受要约人未作出承诺；④受要约人对要约的内容作出实质性变更。

要约有效的条件：

①内容具体确定。是指要约的内容必须是明确的、具体的和详细的，其具体明确和详细的程度必须达到足以使合同成立的水平。

②表明经受要约人承诺，要约人即受该意思表示约束。

（2）承诺

承诺是受要约人同意要约的意思表示。承诺应当在要约确定的期限内到达要约人。

承诺通知到达要约人时生效，承诺生效时合同成立。承诺不需要通知的，根据交易习惯或者要约的要求作出承诺的行为时生效。

承诺可以撤回。撤回承诺的通知应当在承诺通知到达要约人之前或者与承诺通知同时到达要约人。

受要约人超过承诺期限发出承诺的，除要约人及时通知受要约人该承诺有效的以外，为新要约。

受要约人在承诺期限内发出承诺，按照通常情形能够及时到达要约人，但因其他原因承诺到达要约人时超过承诺期限的，除要约人及时通知受要约人因承诺超过期限不接受该承诺的以外，该承诺有效。

承诺的内容应当与要约的内容一致。受要约人对要约的内容作出实质性变更的，为新要约。

3. 合同的内容

合同的内容由当事人约定，一般包括以下条款：当事人的名称或者姓名和住所、标的、数量、质量、价款或者报酬、履行期限、地点和方式、违约责任、解决争议的方法。

当事人可以参照各类合同的示范文本订立合同，例如《工程建设合同示范文本》、《建设工程施工合同（示范文本）》、《FIDIC 施工合同条件》。

5.1.5 合同的效力

1. 合同生效

合同生效与合同成立是两个不同的概念。合同的成立，是指双方当事人依照有关法律对合同的内容进行协商并达成一致的意见。合同生效，是指合同产生法律上的效力，具有法律约束力。在通常情况下，合同依法成立之时就是合同生效之日，二者在时间上是同步的。但有些合同在成立后，并非立即产生法律效力，而是需要其他条件成就之后，才开始生效。

当事人对合同的效力可以约定附条件，附生效条件的合同，自条件成就时生效；附解除条件的合同，自条件成就时失效。当事人为自己的利益不正当地阻止条件成就的，视为条件已成熟；不正当地促成条件成熟的，视为条件不成熟。当事人对合同的效力可以约定附期限。附生效期限的合同，自期限届至时生效。附终止期限的合同，自期限届满时失效。

2. 效力待定合同

效力待定合同是指合同已经成立，但合同效力能否产生尚不能确定的合同。效力待定合同包括下列四种情况：

(1) 限制民事行为能力人订立的合同

限制民事行为能力人是指10周岁以上不满18周岁的未成年人，以及不能完全辨认自己行为的精神病人。限制民事行为能力人订立的合同，经法定代理人追认后，该合同有效，但纯获利益的合同或者与其年龄、智力精神健康状况相适应而订立的合同，不必经法定代理人追认。

相对人可以催告法定代理人在一个月内予以追认。法定代理人未作表示的，视为拒绝追认。合同被追认之前，善意相对人有撤销的权利。撤销应当以通知的方式作出。

(2) 无权代理人代订的合同

无权代理人代订的合同主要包括行为人没有代理权、超越代理权限范围或者代理权终止后仍以被代理人的名义订立的合同。

《合同法》第四十八和四十九条规定，行为人没有代理权、超越代理权或者代理权终止后以被代理人名义订立的合同，未经被代理人追认，对被代理人不发生效力，由行为人承担责任。相对人可以催告被代理人在一个月内予以追认。被代理人未作表示的，视为拒绝追认。合同被追认之前，善意相对人有撤销的权利。撤销应当以通知的方式作出。行为人没有代理权、超越代理权或者代理权终止后以被代理人名义订立合同，相对人有理由相信行为人有代理权的，该代理行为有效。

(3) 法人或者其他组织的法定代表人、负责人超越权限订立的合同

法人或者其他组织的法定代表人、负责人超越权限订立的合同，除相对人知道或者应当知道其超越权限的以外，该代表行为有效。

(4) 无处分权的人处分他人财产的合同

无处分权的人处分他人财产的合同一般情况下为无效合同。但是，在《合同法》第五十一条规定："无处分权的人处分他人财产，经权利人追认或者无处分权的人订立合同后取得处分权的，该合同有效。"

[案例] 甲与乙订立了一份建筑施工设备买卖合同，合同约定甲向乙交付5台设备，分别为设备A、设备B、设备C、设备D、设备E，总价款为100万元；乙向甲交付定金20万元，余下款项由乙在半年内付清。双方还约定，在乙向甲付清设备款之前，甲保留该5台设备的所有权。甲向乙交付了该5台设备。

问题：假设在设备款付清之前，乙与丁达成一项转让设备D的合同，在向丁交付设备D之前，该合同的效力如何？为什么？

解析：该合同效力待定。因为设备款付清之前，设备D的所有权属于甲，乙无权处分。根据《合同法》第五十一条规定，无处分权的人处分他人财产的，经权利人追认或无处分权的人订立合同后取得处分权的，合同有效。

3. 无效合同

无效合同是指其内容和形式违反了法律、行政法规的强制性规定，或者损害了国家利益、集体利益、第三人利益和社会公共利益，因而不为法律所承认和保护、不具有法律效力的合同。

有下列情形之一的，合同无效：

(1) 一方以欺诈、胁迫的手段订立合同，损害国家利益；

(2) 恶意串通，损害国家、集体或者第三人利益；

(3) 以合法形式掩盖非法目的；

(4) 损害社会公共利益；

(5) 违反法律、行政法规的强制性规定。

免责条款，是指合同当事人在合同中约定免除或者限制其未来责任的合同条款；免责条款无效，是指没有法律约束力的免责条款。合同中的下列免责条款无效：造成对方人身伤害的；因故意或者重大过失造成对方财产损失的。

[案例] 某建筑公司在施工的过程中发现所使用的水泥混凝土的配合比无法满足强度要求，于是将该情况报告给了建设单位，请求改变配合比。建设单位经过与施工单位负责人协商认为可以将水泥混凝土的配合比做一下调整。于是双方就改变水泥混凝土配合比重新签订了一个协议，作为原合同的补充部分。你认为该新协议有效吗？

分析：无效。尽管该新协议是建设单位与施工单位协商一致达成的但是由于违反法律强制性规定而无效。《建设工程勘察设计管理条例》第二十八条规定："建设单位、施工单位、监理单位不得修改建设工程勘察、设计文件；确需修改建设工程勘察、设计文件的，应当由原建设工程勘察、设计单位修改。经原建设工程勘察、设计单位书面同意，建设单位也可以委托其他具有相应资质的建设工程勘察、设计单位修改。"所以，没有设计单位的参加，仅仅建设单位与施工单位达成的协议是无效的。

4. 可变更或者可撤销的合同

可变更、可撤销合同是指欠缺一定的合同生效条件，但当事人一方可依照自己的意思使合同的内容得以变更或者使合同的效力归于消灭的合同。可变更、可撤销合同的效力取决于当事人的意思，属于相对无效的合同。

下列合同，当事人一方有权请求人民法院或者仲裁机构变更或者撤销：

(1) 因重大误解订立的；

(2) 在订立合同时显失公平的；

(3) 一方以欺诈、胁迫的手段或者乘人之危，使对方在违背真实意思的情况下订立的。

当事人请求变更的，人民法院或者仲裁机构不得撤销。

有下列情形之一的，撤销权消灭：具有撤销权的当事人自知道或者应当知道撤销事由之日起一年内没有行使撤销权；具有撤销权的当事人知道撤销事由后明确表示或者以自己的行为放弃撤销权。

无效的合同或者被撤销的合同自始没有法律约束力。合同部分无效，不影响其他部分效力的，其他部分仍然有效。合同无效、被撤销或者终止的，不影响合同中独立存在的有关解决争议方法的条款的效力。

合同无效或者被撤销后，因该合同取得的财产，应当予以返还；不能返还或者没有必要返还的，应当折价补偿。有过错的一方应当赔偿对方因此所受到的损失，双方都有过错的，应当各自承担相应的责任。

[案例] 2005年9月，某钢铁总厂（甲方）与某建筑安装公司（乙方）签订建设工程施工合同，约定：甲方的150m^3高炉改造工程由乙方承建，2005年9月15日开工，2006年5月1日具备投产条件；从乙方施工到完成1000万工程量的当月起，甲方按月计划报表的50%支付工程款，月末按统计报表结算。合同签订后，乙方按照约定完成工程，但甲方未支付全额工程款，截止2008年6月尚欠应付工程款1117万元。2008年7月3日，乙方起诉甲方要求支付工程款、延期付款利息及滞纳金。甲方主张，因合同中含有带资承包条款，所以合同无效，甲方不应承担违约责任。

分析：就合同中带有垫资承包条款是否影响合同效力，生效判决认定：虽然垫资条款违反了政府行政主管部门的规定，但是不违反法律、行政法规的禁止性、强制性规定，只要符合合同成立生效的其他条件，合同应为有效。

5. 合同的履行

当事人应当按照约定全面履行自己的义务。当事人应当遵循诚实信用原则，根据合同的性质、目的和交易习惯履行通知、协助、保密等义务。合同生效后，当事人不得因姓名、名称的变更或者法定代表人、负责人、承办人的变动而不履行合同义务。

（1）合同履行的一般规则

合同生效后，当事人就质量、价款或者报酬、履行地点等内容没有约定或者约定不明确的，可以协议补充；不能达成补充协议的，按照合同有关条款或者交易习惯确定，仍不能确定的，适用下列规定：

①质量要求不明确的，按照国家标准、行业标准履行；没有国家标准、行业标准的，按照通常标准或者符合合同目的的特定标准履行。

②价款或者报酬不明确的，按照订立合同时履行地的市场价格履行；依法应当执行政府定价或者政府指导价的，按照规定履行。

③履行地点不明确，给付货币的，在接受货币一方所在地履行；交付不动产的，在不动产所在地履行；其他标的，在履行义务一方所在地履行。

④履行期限不明确的，债务人可以随时履行，债权人也可以随时要求履行，但应当给对方必要的准备时间。

⑤履行方式不明确的，按照有利于实现合同目的的方式履行。

⑥履行费用的负担不明确的，由履行义务一方负担。

（2）执行政府价格的合同

执行政府定价或者政府指导价的合同，在合同约定的交付期限内政府价格调整时，按照交付时的价格计价。逾期交付标的物的，遇价格上涨时，按照原价格执行；价格下降时，按照新价格执行。逾期提取标的物或者逾期付款的，遇价格上涨时，按照新价格执行；价格下降时，按照原价格执行。

（3）合同履行中的抗辩权

抗辩权是指在双务合同中，当事人一方有依法对抗对方要求或否认对方权利主张的权利。

①同时履行抗辩权。当事人互负债务，没有先后履行顺序的，应当同时履行。一方在对方履行债务不符合约定时，有权拒绝其相应的履行要求。

②先履行抗辩权。当事人互负债务，有先后履行顺序，先履行一方未履行的，后履行一方有权拒绝其履行要求。先履行一方债务不符合约定的，后履行一方有权拒绝其相应的履行要求。

③不安抗辩权。在应当先履行的双务合同履行过程中，当事人一方根据合同规定应向对方先为履行合同义务，但在其履行合同义务之前，如果发现对方的财产状况明显恶化或者其履行合同义务的能力明显降低甚至丧失，致使其难以履行合同给付义务时，可拒绝先为履行自己合同义务的权利。

应当先履行债务的当事人，有确切证据证明对方有下列情形之一的，可以中止履行：①经营状况严重恶化；②转移财产、抽逃资金，以逃避债务；③丧失商业信誉；④有丧失或者可能丧失履行债务能力的其他情形。当事人依照上述规定中止履行的，应当及时通知对方，对方提供适当担保时，应当恢复履行。中止履行后，对方在合理期限内未恢复履行能力并且未提供适当担保的，中止履行的一方可以解除合同。当事人没有确切证据中止履行的，应当承担违约责任。

[案例] 不安抗辩权

2000年8月20日，甲公司和乙公司订立承揽合同一份。合同约定，甲公司按乙公司要求，为乙公司加工300套桌椅，交货时间为10月1日。乙公司应在合同成立之日起10日内支付加工费10万元人民币。合同成立后，甲公司积极组织加工。但乙公司没有按约定期限支付加工费。同年9月2日，当地消防部门认为甲公司生产车间存在严重的安全隐患，要求其停工整顿。甲公司因此将无法按合同约定期限交货。乙公司在得知这一情形后，遂于同年9月10日向人民法院提起诉讼，要求甲公司承担违约责任。甲公司答辩称，合同尚未到履行期限，其行为不构成违约。即使其在合同履行期限届满时不能交货，也不是其责任，而是因为消防部门要求其停工。并且乙公司至今未能按合同约定支付加工费，其行为已构成违约，因此提起反诉，要求乙公司承担违约责任。

评析：在本案中，乙公司作为先履行合同的一方当事人未按合同约定支付加工款，其行为应属违约，但是甲公司在乙公司未能按合同约定期限支付加工费时，并没有提出解除合同，因此加工合同仍然对双方存在法律约束力，乙公司仍应先行支付加工费，而甲公司也有义务交付货物。但由于当地消防部门认为甲公司生产车间存在严重的安全隐患，要求其停工整顿，因此可明知甲公司将无法按合同约定期限交货，根据《合同法》第六十八条的规定，乙公司有权主张不安抗辩，中止履行其义务。反之，如果要求乙公司先行支付加工费，由于甲公司已明显不能履行合同，乙公司利益将受到严重损害。但是，乙公司并不能请求甲公司承担违约责任。因为根据我国《合同法》第六十九的规定，当事人一方在丧失履行债务能力的时候，另一方当事人只能中止履行其义务，并且在中止履行后，还应当立即通知对方，在对方提供适当担保时，应当恢复履行。在中止履行后，对方在合同期限内未恢复履行能力并且未提供适当担保的，中止履行的一方才可以解除合同。因此，乙公司在得知甲公司将不能履行合同时，只能中止履行其支付加工费的义务，而不能直接请求甲公司承担违约责任。

(4) 合同履行中债权人的代位权和撤销权

在合同履行过程中，为了保护债权人的合法权益，预防因债务人的财产不当减少，而危害债权人的债权时，法律允许债权人为保全其债权的实现而采取法律保障措施，此项法律保障措施包括代位权和撤销权。

债权人的代位权，是指债权人为了保障其债权不受损害，而以自己的名义代替债务人行使债权的权利。《合同法》规定，因债务人怠于行使其到期债权，对债权人造成了损害，债权人可以向人民法院请求以自己的名义代位行使债务人的债权。代位权的行使范围以债权人的债权为限。债权人行使代位权的必要费用，由债务人负担。比如：乙欠甲的钱，丙欠乙的钱，但丙欠乙的钱到期了，乙却不主动要求丙偿还，导致乙没有钱还甲，这时甲可以向法院请求以甲自己的名义代位向丙要钱。

债权人的撤销权，是指债权人对于债务人危害其债权实现的不当行为，有请求人民法院予以撤销的权利。《合同法》规定，因债务人放弃其到期债权或者无偿转让财产，对债权人造成了损害，债权人可以请求人民法院撤销债务人的行为。债务人以明显不合理的低价转让财产，对债权人造成损害，并且受让方知道该情形，债权人也可以请求人民法院撤销债务人的行为。撤销权的行使范围以债权人的权限为限。债权人行使撤销权的必要费用，由债务人负担。撤销权自债务人知道或者应当知道撤销事由之日起一年内行使，五年内没有行使撤销权的，该撤销权消灭。

5.1.6 合同的变更和转让

1. 合同的变更

合同的变更是指对已经依法成立的合同，在承认其法律效力的前提下，对其进行修改或补充。当事人协商一致，可以变更合同。当事人对合同变更的内容约定不明确，令人难以判断约定的新内容与原内容的本质区别，则推定为未变更。

2. 合同的转让

合同转让是当事人一方取得另一方同意后将合同的权利义务转让给第三方的法律行为。合同转让是合同变更的一种特殊形式，它不是变更合同中规定的权利义务内容，而是变更合同主体。

(1) 债权转让

债权人可以将合同的权利全部或者部分转让给第三人。列出了三种不得转让的债权：①根据合同性质不得转让；②按照当事人约定不得转让；③依照法律规定不得转让。

若债权人转让权利，债权人应当通知债务人。未经通知，该转让对债务人不发生效力。除非经受让人同意，债权人转让权利的通知不得撤销。

债权让与后，该债权由原债权人转移给受让人，受让人取代让与人（原债权人）成为新债权人，依附于主债权的从债权也一并移转给受让人，例如抵押权、留置权等。为保护债务人利益，不致其因债权转让而蒙受损失，凡债务人对让与人的抗辩权（例如同时履行的抗辩权等），可以向受让人主张。

（2）债务转让

应当经债权人同意，债务人才能将合同的义务全部或者部分转移给第三人。

债务人转移义务后，原债务人可享有的对债权人的抗辩权也随债务转移而由新债务人享有，新债务人可以主张原债务人对债权人的抗辩权。与主债务有关的从债务，例如附随于主债务的利息债务，也随债务转移而由新债务人承担。

（3）债权债务一并转让

当事人一方经对方同意，可以将自己在合同中的权利和义务一并转让给第三人。权利和义务一并转让的处理，适用上述有关债权人和债务人转让的有关规定。

当事人订立合同后合并的，由合并后的法人或其他组织行使合同权利，履行合同义务。当事人订立合同后分立的，除另有约定外，由分立的法人或其他组织对合同的权利和义务享有连带债权，承担连带债务。

［案例］ 某开发公司是某住宅小区的建设单位；某建筑公司是该项目的施工单位；某采石场是为建筑公司提供建筑石料的材料供应商。

2008年9月18日，住宅小区竣工。按照施工合同约定，开发公司应该于2008年9月30日向建筑公司支付工程款。而按照材料采供合同约定，建筑公司应该于同一天向采石场支付材料款。

2008年9月28日，建筑公司负责人与采石场负责人协议并达成一致意见，由开发公司代替建筑公司向采石场支付材料款。建筑公司将该协议的内容通知了开发公司。

2008年9月30日，采石场请求开发公司支付材料款，但是开发公司却以未经其同意为由拒绝支付。你认为开发公司的拒绝应该予以支持吗？

分析：不应该予以支持。《合同法》第八十条规定："债权人转让权利的，应该通知债务人。未经通知，该转让对债务人不发生效力。债权人转让权利的通知不得撤销，但经受让人同意的除外。"可见，债权转让的时候无须征得债务人的同意，只要通知债务人即可。该案例中，建筑公司已经将债权转让事宜通知了债务人开发公司，所以，该转让行为是有效的。建设单位必须支付材料款。

5.1.7 合同的终止和解除

1. 合同终止的条件

合同终止是指合同当事人双方依法使相互间的权利义务关系终止，即合同关系消灭。

合同终止的情形包括：①债务已经按照约定履行；②合同解除；③债务相互抵消；④债务人依法将标的物提存；⑤债权人免除债务；⑥债权债务同归于一人；⑦法律规定或者当事人约定终止的其他情形。

债权人免除债务人部分或者全部债务的，合同的权利义务部分或者全部终止；债权和债务同归于一人的，合同的权利义务终止，但涉及第三人利益的除外。

合同权利义务的终止，不影响合同中结算和清理条款的效力以及通知、协助、保密等义务的履行。

2. 合同的解除

合同的解除是指当事人一方在合同规定的期限内未履行、未完全履行或者不能履行合同时，另一方当事人或者发生不能履行情况的当事人可以根据法律规定的或者合同约定的条件，通知对方解除双方合同关系的法律行为。

合同解除的条件，可以分为约定解除条件和法定解除条件。

约定解除条件包括：①当事人协商一致，可以解除合同；②当事人可以约定一方解除合同的条件。解除合同的条件成就时，解除权人可以解除合同。

法定解除条件包括：①因不可抗力致使不能实现合同目的；②在履行期届满之前，当事人一方明确表示或者以自己的行为表明不履行主要债务；③当事人一方延迟履行主要债务，经催告后在合理期限内仍未履行；④当事人一方延迟履行债务或者有其他违约行为致使不能实现合同目的；⑤法律规定的其他情形。

5.1.8 违约责任

违约责任是指合同当事人不履行合同义务或者履行合同义务不符合约定的，应依法承担的责任。当事人一方不履行合同义务或者履行合同义务不符合约定的，应当承担继续履行、采取补救措施或者赔偿损失等违约责任。

1. 继续履行

当事人一方明确表示或者以自己的行为表明不履行合同义务的，对方有权要求其在合同履行期限满后继续按照原合同约定的主要条件履行合同义务的行为。继续履行是合同当事人一方违约时，其承担违约责任的首选方式。

当事人一方未支付价款或者报酬的，对方可以要求其支付价款或者报酬。当事人一方不履行非金钱债务或者履行非金钱债务不符合约定的，对方可以要求履行，但有下列情形之一的除外：①法律或者事实上不能履行；②债务的标的不适于强制履行或者履行费用过高；③债权人在合理期限内未要求履行。

2. 采取补救措施

合同标的物的质量不符合约定的，应当按照当事人的约定承担违约责任，其中属于对合同中条款和补充协议中没有约定或者约定不明确，并且按照合同中的有关条款和交易习惯也不能确定的违约责任，受损害方根据标的的性质以及损失的大小，可以合理选择要求对方承担修理、更做、重做、退货、减少价款或者报酬等违约责任。当事人一方违约后，对方应当采取适当措施防止损失的扩大；没有采取适当措施致使损失扩大的，不得就扩大的损失要求赔偿。当事人因防止损失扩大而支出的合理费用，由违约方承担。

3. 赔偿损失

当事人一方不履行合同义务或者履行合同义务不符合约定的，在履行义务或者采取补救措施后，对方还有其他损失的，应当赔偿损失。损失赔偿额应当相当于因违约所造成的损失，包括合同履行后可以获得的利益，但不得超过违反合同一方订立合同时预见到或者应当预见到的因违反合同可能造成的损失。

当事人一方违约后，对方应当采取适当措施防止损失的扩大；没有采取适当措施致使损失扩大的，不得就扩大的损失要求赔偿。当事人因防止损失扩大而支出的合理费用，由违约方承担。

合同的变更或解除，不影响当事人要求赔偿损失的权利。

4. 违约金和定金

当事人可以约定一方违约时应当根据违约情况向对方支付一定数额的违约金，也可以约定因违约产生的损失赔偿额的计算方法。约定的违约金低于造成的损失的，当事人可以请求人民法院或者仲裁机构予以增加；约定的违约金过分高于造成的损失的，当事人可以请求人民法院或者仲裁机构予以适当减少。当事人迟延履行约定违约金的，违约方支付违约金后，还应当履行债务。

定金属于担保的一种形式，当事人可以依照《担保法》约定一方向对方给付定金作为债权的担保。债务人履行债务后，定金应当抵作价款或者收回。给付定金的一方不履行约定的债务的，无权要求返还定金；收受定金的一方不履行约定的债务的，应当双倍返还定金。

当事人既约定违约金，又约定定金的，一方违约时，对方可以选择适用违约金或者定金条款。

[案例一] 2008年3月5日，某路桥公司与建设单位签订了某高速公路的施工承包合同。合同中约定2008年5月8日开始施工，于2009年9月28日竣工。结果路桥公司在2009年10月3日才竣工。建设单位要求路桥公司承担违约责任。但是路桥公司以施工期间累计下了10天雨，属于不可抗力为由请求免除违约责任。你认为路桥公司的理由成立吗?

分析：首先分析下雨是否属于不可抗力。

下雨要分两种情况：正常的下雨与非正常的下雨。正常的下雨不属于不可抗力，因为每年都会下雨属于常识，谈不上不能预见。而且，对其结果也是可以采取措施减少损失的；非正常的下雨属于不可抗力，例如多年不遇的洪涝灾害。

本案例中施工期间累计下了10天雨显然不属于非正常的下雨，不属于不可抗力。在投标的时候是可以预见的，不能以此作为免责的理由。

[案例二] 建筑公司与采石场签订了一个购买石料的合同，合同中约定了违约金的比例。为了确保合同的履行，双方还签订了定金合同。建筑公司交付了5万元定金。

2006年4月5日是合同中约定交货的日期，但是采石场却没能按时交货。建筑公司要求其支付违约金并返还定金。但是采石场认为如果建筑公司选择适用了违约金条款，就不可以要求返还定金了。你认为采石场的观点正确吗?

分析：不正确。

《合同法》第一百一十六条规定："当事人既约定违约金，又约定定金的，一方违约时，对方可以选择适用违约金或者定金条款。"采石场违约，建筑公司可以选择违约金条款，也可以选择定金条款。

建筑公司选择了违约金条款，并不意味着定金不可以收回。定金无法收回的情况仅仅发生在给付定金的一方不履行约定的债务的情况下。本案例中不存在这个前提条件，建筑公司是可以收回定金的。

5.1.9 建设工程合同

建设工程合同是指勘察单位、设计单位、施工单位为建设单位完成某项工程项目的勘察、设计、施工工作，建设单位接收工作成果并支付相应价款的协议。

1. 建设工程合同的类型

根据承发包的工程范围，可以分为建设工程总承包合同和分包合同。

根据工程建设的不同阶段，可以分为勘察合同、设计合同和施工合同等。

根据付款方式，可以分为总价合同、单价合同和成本加酬金合同。

2. 建设工程合同的内容

勘察、设计合同的内容包括提交有关基础资料和文件（包括概预算）的期限、质量要求、勘察或设计费用以及其他协作条件等条款。

施工合同的内容包括工程范围、建设工期、中间交工工程的开工和竣工时间、工程质量、工程造价、技术资料交付时间、材料和设备供应责任、拨款和结算、竣工验收、质量保修范围和质量保证期、双方相互协作等条款。

3. 违约责任

勘察、设计的质量不符合要求或者未按照期限提交勘察、设计文件拖延工期，造成发包人损失的，勘察人、设计人应当继续完善勘察、设计，减收或者免收勘察、设计费并赔偿损失。

因施工方的原因致使建设工程质量不符合约定的，发包方有权要求施工方在合理期限内无偿修理或者返工、改建。经过修理或者返工、改建后，造成逾期交付的，施工方应当承担违约责任。

因承包方的原因致使建设工程在合理使用期限内造成人身和财产损害的，承包方应当承担损害赔偿责任。

发包方未按照约定的时间和要求提供原材料、设备、场地、资金、技术资料的，承包方可以顺延工程日期，并有权要求赔偿停工、窝工等损失。

因发包方的原因致使工程中途停建、缓建的，发包方应当采取措施弥补或者减少损失，赔偿承包方因此造成的停工、窝工、倒运、机械设备调迁、材料和构件积压等损失和实际费用。

因发包方变更计划，提供的资料不准确，或者未按照期限提供必需的勘察、设计工作条件而造成勘察、设计的返工、停工或者修改设计，发包方应当按照勘察方、设计方实际消耗的工作量增付费用。

发包方未按照约定支付价款的，承包方可以催告发包方在合理期限内支付价款。发包方逾期不支付的，除按照建设工程的性质不宜折价、拍卖的以外，承包方可以与发包方协议将该工程折价，也可以申请人民法院将该工程依法拍卖。建设工程的价款就该工程折价或者拍卖的价款优先受偿。

为了使建设工程合同合法规范，建设部会同国家工商行政管理局联合制定了《建设工程施工合同（示范文本）》。我国境内的建设工程可以按照这一合同范本，并加入专用条款。对于国际建筑市场上的建设工程合同应参照相应的合同条件，例如 FIDIC《土木工程施工合同条件》，并应遵守相关国家的法律。

5.2 建设工程相关法律法规的概述

1.《民法通则》

《中华人民共和国民法通则》（简称《民法通则》），自 1986 年 4 月 12 日起施行。该法旨在调整平等主体的公民之间、法人之间、公民和法人之间的财产关系和人身关系。它是订立和履行合同以及处理合同纠纷的法律基础。

2.《建筑法》

《中华人民共和国建筑法》（简称《建筑法》），自 1998 年 3 月 1 日起施行。它是建筑业的基本法律，制定的主要目的在于：加强对建筑业活动的监督管理，维护建筑市场秩序，保障建筑工程的质量和安全，促进建筑业健康发展。

《建筑法》主要适用于各类房屋建筑及其附属设施的建造和与其配套的线路、管道、设备的安装活动。建筑法是一部规范建筑活动的重要法律。它确立了建筑许可、建筑工程发包与承包、建筑工程监理、建筑安全生产管理、建筑工程质量管理制度。

3.《招标投标法》

《中华人民共和国招标投标法》（简称《招标投标法》），自 2000 年 1 月 1 日起施行。该法包括招标、投标、开标、评标和中标等内容，其制定目的在于规范招标投标活动，保护国家利益、社会公共利益和招标投标活动当事人的合法权益，提高经济效益及保证工程项目质量等。

4.《安全生产法》

《中华人民共和国安全生产法》（简称《安全生产法》），自 2002 年 11 月 1 日起施行。该法旨在加强安全生产监督管理，防止和减少生产安全事故，保障人民群众生命安全和财产安全，促进经济发展。

5.《环境保护法》

《中华人民共和国环境保护法》（简称《环境保护法》），自 1989 年 12 月 26 日起施行。该法旨在保护和改善生活环境与生态环境，防止污染和其他公害，保障人身健康，促进社会主义现代化的发展。建设项目的选址、规划、勘察、设计、施工、使用和维修均应遵循该法。

6.《环境影响评价法》

《中华人民共和国环境影响评价法》（简称《环境影响评价法》），自 2002 年 11 月 1 日起施行。该法旨在实施可持续发展战略，预防因规划和建设项目实施后对环境造成不良影响，以促进经济、社会和环境的协调发展。内容包括规划的环境影响评价、建设项目的环境影响评价及相关的法律责任。

7.《劳动法》

《中华人民共和国劳动法》（简称《劳动法》），自 1995 年 1 月 1 日起施行。该法旨在保护劳动者的利益，调整劳动关系，建立和维护适应社会主义市场经济的劳动制度，促进经济发展和社会进步。建设工程中，有关订立劳动合同和集体合同、工作时间和工资、劳动安全、女职工和未成年人的特殊保护、职工培训、社会保险和福利及劳动争议解决等事项应遵循该法。

8.《仲裁法》

《中华人民共和国仲裁法》（简称《仲裁法》），自 1995 年 9 月 1 日起施行。该法旨在保证公正、及时地仲裁经济纠纷，保护当事人的合法权益及保障社会主义市场经济健康发展。

9.《保险法》

《中华人民共和国保险法》（简称《保险法》），自 1995 年 10 月 1 日起施行。该法旨在规范保险活动，保护保险活动当事人的合法权益，加强对保险业的监督管理，促进保险业的健康发展，并对保险合同，包括财产保险合同和人身保险合同作了规定。

10.《建设工程环境保护管理条例》

《建设工程环境保护管理条例》，自 1998 年 11 月 29 日起施行。该条例旨在防止建设项目产生新的污染，破坏生态环境。内容包括环境影响评价、环境保护设施建设、法律责任等。

11.《建设工程勘察设计管理条例》

《建设工程勘察设计管理条例》，自2000年9月25日起施行。该条例旨在加强对建设工程勘察、设计活动的管理，保证建设工程勘察、设计质量，保护人民生命和财产安全。内容包括资质资格管理、建设工程勘察设计发包与承包、建设工程勘察设计文件的编制与实施、建设工程勘察设计活动的监督管理、罚则等。

12.《建设工程质量管理条例》

《建设工程质量管理条例》，自2001年1月30日起施行。该条例旨在加强对建设工程质量的管理，保证建设工程质量，保护人民生命和财产安全。内容包括建设单位、勘察设计单位、施工单位及工程监理单位的质量责任和义务，建设工程质量保修和监督管理、罚则等。

13.《建设工程安全生产管理条例》

《建设工程安全生产管理条例》，自2004年2月1日起施行。该条例旨在加强建设工程安全生产监督管理，保障人民群众生命和财产安全。内容包括建设单位的安全责任，勘察、设计、工程监理及其他有关单位的安全责任，施工单位的安全责任，建设工程安全生产的监督管理，生产安全事故的应急救援和调查处理，法律责任等。

除了上述法律和条例，国务院下属各部委还通过并发布了与建设工程有关的部门规章，具体如下所列：《工程建设项目招标范围和规模标准规定》、《评标委员会和评标方法暂行规定》、《工程建设项目招标代理机构资格认定办法》、《工程建设项目自行招标试行办法》、《招标公告发布暂行办法》、《实施工程建设强制性标准监督管理》、《房屋建筑和市政基础设施工程施工招标投标管理办法》、《评标专家和评标专家库管理暂行办法》、《工程建设项目施工招标投标办法》。

从2001年起，为了深化建筑业的改革及与国际惯例接轨，建设部与有关部门制定颁布了一系列的规范及文件，例如《建设工程工程量清单计价规范》GB 50500—2008等。

本 章 小 结

合同的订立要遵循合法、平等、自愿、公平、诚实信用的原则，订立合同需要经过要约和承诺两个阶段。合同生效与合同成立是两个不同的概念。无效合同是不为法律所承认和保护、不具有法律效力的合同。可变更、可撤销合同是指欠缺一定的合同生效条件，但当事人一方可依照自己的意思使合同的内容得以变更或者使合同的效力归于消灭的合同。合同履行中的抗辩权是指在双务合同中，当事人一方有依法对抗对方要求或否认对方权利主张的权利。代位权和撤销权是在合同履行过程中，为了保护债权人的合法权益不受损害而行使的权利。合同的变更是指对已经依法成立的合同，在承认其法律效力的前提下，对其进行修改或补充。合同转让是当事人一方取得另一方同意后将合同的权利义务转让给第三方的法律行为。合同终止是指合同当事人双方依法使相互间的权利义务关系终止。违约责任是指合同当事人不履行合同义务或者履行合同义务不符合约定的，应依法承担的责任。当事人一方不履行合同义务或者履行合同义务不符合约定的，应当承担继续履行、采取补救措施或者赔偿损失等违约责任。

建设工程相关法律法规有《民法通则》、《建筑法》、《招标投标法》、《安全生产法》、《环境保护法》、《环境影响评价法》、《劳动法》、《仲裁法》、《保险法》、《建设工程环境保护管理条例》、《建设工程勘察设计管理条例》、《建设工程质量管理条例》、《建设工程安全生产管理条例》等。

思考与练习

一、填空题

1. 合同订立要遵循________、平等、自愿、公平、________的原则。

2. 当事人订立合同需要经过________和________两个阶段。

3. 效力待定合同包括________________合同和______________合同。

4. 具有撤销权的当事人自知道或者应当知道撤销事由之日起________内没有行使撤销权，撤销权消灭。

5. 当事人一方不履行合同义务或者履行合同义务不符合约定的，应当承担继续履行、采取补救措施或者________、________等违约责任。

6. 合同解除的条件，可以分为________条件和________条件。

7.《建筑法》主要适用于各类________及其附属设施的建造和与其配套的线路、管道、设备的安装活动。

8.《招标投标法》包括__________________等内容。

二、选择题

1. 依当事人之间是否互负义务，合同可以分为双务合同与单务合同。下列合同中，属于单务合同的是(　　)。

A. 买卖合同　　B. 赠与合同

C. 建设工程施工合同　　D. 勘察设计合同

2. 下列各项中属于要约的是(　　)。

A. 招标公告　　B. 投标文件　　C. 中标通知书　　D. 合同谈判会议纪要

3. 某建材供应商向某建筑公司发出一份销售建筑材料的广告，其内容只是介绍多种建筑材料的规格、价格与性能，则此广告的性质属于(　　)。

A. 要约　　B. 要约邀请　　C. 承诺　　D. 合同

4. (　　)合同属于无效合同。

A. 因重大误解而订立　　B. 订立时显失公平

C. 损害公共利益　　D. 以欺诈、胁迫手段订立

5. 在执行政府定价或政府指导价的合同履行过程中，如逾期付款又遇到标的物的价格发生变化，则处理的原则是(　　)。

A. 遇价格上涨，按原价执行，价格下降，按新价执行

B. 遇价格上涨，按新价执行，价格下降，按原价执行

C. 无论价格上涨还是下降，按原价执行

D. 无论价格上涨还是下降，按新价执行

6. 某施工单位与某汽车厂签订了一份买卖合同，约定5月30日施工单位付给汽车厂100万元预付款，6月30日由汽车厂向施工单位交付两辆汽车，但到了5月30日，施工

单位发现汽车厂已全面停产，经营状况严重恶化。此时施工单位可以行使（　　），以维护自己的权益。

A. 同时履行抗辩权　　B. 先履行抗辩权

C. 不安抗辩权　　D. 预期违约抗辩权

7. 甲建设单位欠乙总承包商50万元工程款，到期没有清偿。而甲享有对丙企业的60万元到期债权，却未去尽力追讨。此时，乙可以行使（　　）。

A. 代位权　　B. 确认权　　C. 否认权　　D. 撤销权

8. 当事人因对方违约采取适当的措施防止损失的扩大而支出的合理费用，由（　　）承担。

A. 违约方　　B. 非违约方

C. 双方各一半　　D. 依据责任的大小双方分担

9. 2000年2月，甲公司未经依法招标与乙公司签订建设工程承包合同，约定由乙公司为甲建房一栋。乙与丙签订内部承包协议，约定由丙承包建设该楼房并承担全部经济和法律责任，乙收取丙支付的工程价款5%的管理费，丙实际施工至主楼封顶。2004年1月，乙向法院起诉请求甲支付拖欠的工程款并解除施工合同。以下关于乙与丙的内部承包协议效力的判断正确的是（　　）。

A. 是效力待定的从合同，取决于法院是否裁定甲乙间的主合同无效

B. 是无效的从合同，因为甲乙间的主合同违反法律强制性规定无效

C. 是有效合同，因为当事人自愿签订，符合合同法原则

D. 是无效的转包合同，因为违反法律的禁止性规定

10. 甲公司向乙公司发出要约转手一批汽车，乙公司收到信后于次日将购车款汇出，不久，执法机关发现这是一批走私汽车将其扣押。甲乙之间订立的这份合同（　　）。

A. 没有成立　　B. 已经成立

C. 已经成立，但是无效　　D. 成立且有效

11. 甲手机专卖店门口立有一块木板，上书“假一罚十”四个醒目大字。乙从该店购买了一部手机，后经有关部门鉴定，该手机属于假冒产品，乙遂要求甲履行其“假一罚十”的承诺。关于本案，下列正确的是（　　）。

A. “假一罚十”过分加重了甲的负担，属于无效的格式条款

B. “假一罚十”没有被订入到合同之中，故对甲没有约束力

C. “假一罚十”显失公平，甲有权请求法院予以变更或者撤销

D. “假一罚十”是甲自愿作出的真实意思表示，应当认定为有效

12. A市甲建筑公司向B市乙建材公司订购了100t钢材，约定货款30万元。但双方事先未就提货和付款地点做好约定，后发生纠纷。下列表述中，正确的是（　　）。

A. 付款地点为A市　　B. 交货地点为A市

C. 付款地点在B市　　D. 交货地点在B市

13. 某合同执行政府指导价。签定合同时约定价格为每千克1000元，每天逾期交货和逾期付款违约金均为每千克1元。供货方按时交货，但买方逾期付款30天。付款时市场价格为每千克1200元。则买方应付货款为每千克（　　）元。

A. 1000　　B. 1030　　C. 1200　　D. 1230

14. 光华大厦将于2005年11月底竣工，2005年5月主体封顶前，承包商建科公司突然得知大厦建设单位光彩集团因资金周转不灵已被众多催债人诉请进入破产程序，建科公司遂中止施工，并发函要求光彩集团提供足额的工程款支付担保。这一行为在我国合同法理论上称为（　　）。

A. 同时履行抗辩权　　B. 先诉抗辩权

C. 先履行抗辩权　　D. 不安抗辩权

15. 某工程项目的总承包商甲公司为逃避分包商乙公司的分包工程款，于2004年11月20日放弃了其对丙房地产开发公司10万元剩余工程款的债权。乙公司2006年7月1日方得知此事，向律师咨询后欲依法行使撤销权，请问，根据我国合同法的规定，乙公司必须在（　　）之前行使其撤销权，否则该权利将消灭。

A. 2006年11月20日　　B. 2007年7月1日

C. 2008年7月1日　　D. 2009年11月20日

（答案提示：1. B；2. B；3. B；4. C；5. B；6. C；7. A；8. A；9. D；10. C；11. D；12. CD；13. D；14. D；15. B）

三、简答题

1. 简述合同订立的原则。

2. 哪些合同属于无效合同？哪些合同属于可撤销的合同？

3. 在什么情况下，合同可以中止履行？

4. 合同在什么情况下可以约定解除？

5. 简述债权人的代位权和撤销权的概念。

6. 简述合同履行中的抗辩权的概念。

四、案例分析

1. 2005年底，某发包人与某承包人签订施工承包合同，约定施工到月底结付当月工程进度款。2006年初承包人接到开工通知后随即进场施工，截至2006年4月，发包人均结清当月应付工程进度款。承包人计划2006年5月完成的当月工程量约为500万元，此时承包人获悉，法院在另一诉讼案中对发包人实施保全措施，查封了其办公场所；同月，承包人又获悉，发包人已经严重资不抵债。2006年5月，承包人向发包人发出书面通知称，“鉴于贵公司工程款支付能力严重不足，本公司决定暂时停止施工，并愿意与贵公司协商解决后续事宜。”

问题：本案例中，承包人的行为是否合理？为什么？

（答案提示：本案例是行使不安抗辩权的典型情形，上述情况属于有证据表明发包人经营情况严重恶化，承包人可以中止施工，并有权要求发包人提供适当担保，并可根据是否获得担保再决定是否终止合同。）

2. 某开发公司作为建设单位与施工单位某建筑公司签订了某住宅小区的施工承包合同。合同中约定该项目于2005年6月6日开工，2007年8月8日竣工。2006年1月20日，有群众举报该建设项目存在严重的偷工减料行为。经权威部门鉴定确认该工程已完成部分为“豆腐渣”工程。开发公司以此为由单方面与建筑公司解除了合同。建筑公司认为解除合同需要当事人双方协商一致方可解除。

问题：本案例中，建筑公司的观点正确吗？为什么？

（答案提示：不正确。合同的解除分为约定解除与法定解除两种情形。根据《合同法》第九十四条，当事人一方延迟履行债务或者有其他违约行为致使不能实现合同目的的，当事人可以解除合同。该解除合同属于法定解除，无须与对方协商。建筑公司的偷工减料行为是违法行为，也是违约行为，开发公司可以与建筑公司解除合同而不需要征得建筑公司的同意。）

第6章 建设工程施工合同管理

［学习指南］ 根据工程的规模、施工难易程度、图纸的详细程度、工期的要求等条件合理选择建设工程施工合同的类型。对于施工合同的订立、履行、解除、违约及争议的合同管理过程中，熟悉合同履行的原则、合同双方的权利和义务；熟悉影响工程质量的因素，影响工程价款调整及变更的因素，工程竣工结算的程序，工程验收的条件，程序及要求、合同争议产生的原因及解决方式，当事人的违约责任；重点掌握《建设工程施工合同（示范文本）》GF-1999-0201中有关质量管理、工期管理、价款管理、安全管理、竣工验收等的规定。通过案例的学习对所学知识进行综合练习。

［引导案例］ 某中外合资项目，合同标的为一商住楼的施工工程。主楼地下1层，地上24层，裙楼4层，总建筑面积36000m^2。合同协议书由甲方自己起草。合同工期为670天。合同中的价格条款为："本工程合同价格为人民币3500万元。此价格固定不变，不受市场上材料、设备、劳动力和运输价格的波动及政策性调整影响而改变。因设计变更导致价格增减另外计算。"本合同签字后经过了法律机关的公证。显然本合同属固定总价合同。在招标文件中，业主提供的图纸虽号称"施工图"，但实际上很粗略，没有配筋图。在承包商报价时，国家对建材市场实行控制，有钢材最高市场限价，约1800元/t。承包商则按此限价投标报价。工程开始后一切顺利，但基础完成后，国家取消钢材限价，实行开放的市场价格，市场钢材价格在很短的时间内上涨至3500元/t以上。另外由于设计图纸过粗，后来设计虽未变更，但却增加了许多承包商未考虑到的工作量和新的分项工程。其中最大的是钢筋。承包商报价时没有配筋图，仅按通常商住楼的每平方米建筑面积钢筋用量估算，而最后实际使用量与报价所用的钢筋工程量相差500t以上。按照合同条款，这些都应由承包商承担。

开工后约5个月，承包商再作核算，预计到工程结束承包商至少亏本2000万元。承包商与业主商议，希望业主照顾到市场情况和承包商的实际困难，给予承包商以实际价差补偿，因为这个风险已大大超过承包商的承受能力。承包商已不期望从本工程获得任何利润，只要求保本。但业主予以否决，要求承包商按原价格全面履行合同责任。承包商无奈，放弃了前期工程及基础工程的投入，撕毁合同，从工程中撤出人马，蒙受了很大的损失。而业主不得不请另外一个承包商进场继续施工，结果也蒙受很大损失：不仅工期延长，而且最后花费也很大。因为另一个承包商进场完成一个半拉子工程，只能采用议标的形式，价格也比较高。在这个工程中，几个重大风险因素都集中一起：工程量大、工期长、设计文件不详细、市场价格波动大、做标期短、采用固定总价合同。最终不仅承包商蒙受了损失，而且也伤害了业主的利益，影响了工程整体效益。

6.1 建设工程施工合同概述

6.1.1 建设工程施工合同的概念、类型及特点

6.1.1.1 建设工程施工合同的概念

建设工程施工合同即建筑安装工程承包合同，是发包人和承包人为完成商定的建筑安装工程，明确相互权利、义务关系的合同。依照施工合同，承包人应完成一定的建筑、安装工程任务，发包人应提供必要的施工条件并支付工程价款。施工合同是建设工程合同的一种，它与其他建设工程合同一样是一种双务合同，在订立时也应遵循自愿、公平、诚实信用等原则。

建设工程施工合同的当事人是发包人和承包人，双方是平等的民事主体。承发包双方签订施工合同，必须具备相应资质条件和履行施工合同的能力。对合同范围内的工程实施建设时，发包人必须具备组织协调能力；承包人必须具备有关部门核定的资质等级并持有营业执照等证明文件。发包人既可以是建设单位，也可以是取得建设项目总承包资格的项目总承包单位。

目前，在建设工程施工合同中，我国实行的是以工程师为核心的管理体系。施工合同中的工程师是指监理单位委派的总监理工程师或发包人指定的履行合同的负责人，其具体身份和职责由双方在合同中约定。

6.1.1.2 建设工程施工合同的类型

建设工程施工合同可以划分为以下不同的类型：

1. 单价合同

单价合同是最常见的一种合同类型，适用范围广，如FIDIC土木工程施工合同。我国的建设工程施工合同也主要是这一类合同。在这种合同中，承包商仅按照合同规定承担报价的风险，而工程量的风险由业主承担。由于风险分配比较合理，能够适应大多数工程，能调动承包商和业主双方管理的积极性。

单价合同允许随工程量变化而调整工程总价，业主和承包商都不存在工程量方面的风险，因此对合同双方都比较公平。另外，在招标前，发包单位无需对工程范围作出完整的、详尽的规定，从而可以缩短招标准备时间，投标人也只需对所列工程内容报出自己的单价，从而缩短投标时间。

单价合同又可分为固定单价和可调单价等形式。

固定单价合同条件下，无论发生哪些影响价格的因素都不对单价进行调整，因而对承包商而言就存在一定的风险。当采用变动单价合同时，合同双方可以约定一个估计的工程量，当实际工程量发生较大变化时可以对单价进行调整，同时还应该约定如何对单价进行调整；当然也可以约定，当通货膨胀达到一定水平或国家政策发生变化时，可以对哪些工程内容的单价进行调整以及如何调整等。因此，承包商的风险就相对较小。固定单价合同适用于工期较短、工程量变化幅度不会太大的项目。

2. 固定总价合同

固定总价合同以一次包死的总价委托，价格不因环境的变化和工程量增减而变化，所以在这类合同中承包商承担了全部的工程量和价格风险。除了设计有重大变更，一般不允

许调整合同价格。由于承包商承担了全部风险，报价中不可预见风险费用较高。承包商报价的确定必须考虑施工期间物价变化以及工程量变化带来的影响。价格风险有报价计算错误、漏报项目、物价和人工费上涨等；工程量风险有工程量计算错误、工程范围不确定、工程变更或由于设计深度不够所造成的误差等。

固定总价合同适用于以下情况：

(1) 工程量小，工期短，估计在施工过程中环境因素变化小，工程条件稳定并合理；

(2) 工程设计详细，图纸完整、清楚，工程任务和范围明确；

(3) 工程结构和技术简单，风险小；

(4) 投标期相对宽裕，承包商可以有充足的时间详细考察现场、复核工程量，分析招标文件，拟定施工计划。

3. 成本加酬金合同

成本加酬金是与固定总价合同截然相反的合同类型。工程最终合同价格按承包商的实际成本加一定比率的酬金计算。在合同签订时不能确定一个具体的合同价格，只能确定酬金的比率。由于合同价格按承包商的实际成本结算，所以在这类合同中，承包商不承担任何风险，而业主承担了全部的工程量和价格风险，所以承包商在工程中没有成本控制的积极性，常常不仅不愿意压缩成本，相反期望提高成本以提高他自己的工程经济效益。这样会损害工程的整体效益。所以这类合同的使用应受到限制，通常应用于如下情况：投标阶段依据不准、工程的范围无法界定，无法准确估价、缺少工程的详细说明；工程特别复杂，工程技术、结构方案不能预先确定；时间特别紧急，要求尽快开工。

对承包商来说，这种合同比固定总价的风险低，利润比较有保证，因而比较有积极性。其缺点是合同的不确定性，由于设计未完成，无法准确确定合同的工程内容、工程量以及合同的终止时间，有时难以对工程计划进行合理安排。

成本加酬金合同的形式：

(1) 成本加固定费用合同

根据双方讨论同意的工程规模、估计工期、技术要求、工作性质及复杂性、涉及的风险等来考虑确定一笔固定数目的报酬金额作为管理费及利润，对人工、材料、机械台班等直接成本则实报实销。如果设计变更或增加新项目，当直接费超过原估算成本的一定比例（如10%）时，固定的报酬也要增加。在工程总成本开始估价不准，可能变化不大的情况下，可采用此合同形式，有时可分几个阶段谈判付给固定报酬。这种方式虽然不能鼓励承包商降低成本，但为了尽快得到酬金，承包商会尽快缩短工期。有时也可在固定费用之外根据工程质量、工期和节约成本等因素，给承包商另加奖金，以鼓励承包商积极工作。

(2) 成本加固定比例费用合同

工程成本中直接费加一定比例的报酬费，报酬部分的比例在签订合同时由双方确定。这种方式的报酬费用总额随成本加大而增加，不利于缩短工期和降低成本。一般在工程初期很难描述工作范围和性质，或工期紧迫，无法按常规编制招标文件招标时采用。

(3) 成本加奖金合同

奖金是根据报价书中的成本估算指标制定的，在合同中对这个估算指标规定一个底点和顶点，分别为成本估算的60%～75%和110%～135%。承包商在估算指标的顶点以下完成工程则可得到奖金，超过顶点则要对超出部分支付罚款。如果成本在底点之下，则可加大酬金值或酬金百分比。采用这种方式通常规定，当实际成本超过顶点对承包商罚款时，最大罚款限额不超过原先商定的最高酬金额。在招标时，当图纸、规范等准备不充分，不能据以确定合同价格，而仅能制定一个估算指标时采用这种方式。

(4) 最大成本加费用合同

在工程成本总价合同基础上加固定酬金费用的方式，即当设计深度达到可以报总价的深度，投标人报一个工程成本总价和一定固定的酬金（包括各项管理费、风险费和利润）。如果实际成本超过合同中规定的工程成本总价，由承包商承担所有的额外费用，若实施过程中节约成本，节约的部分归业主，或者由业主与承包商分享，在合同中要确定节约分成比例。

在施工承包合同中采用成本加酬金计价方式时，业主与承包商应注意：

①必须有一个明确的如何向承包商支付酬金的条款，包括支付时间和金额百分比。如果发生变更和其他变化，酬金支付如何调整。

②应该列出工程费用清单，要规定一套详细的工程现场有关的数据记录、信息存储甚至记账的格式和方法，以便对工地实际发生的人工、材料和机械消耗等数据认真而及时地记录。应该保留有关工程实际成本的发票或付款的账单、表明款额已经支付的记录或证明等，以便业主进行审核和结算。

[案例一] 单价合同

某工程总报价为 2700000 元，投标书中混凝土的单价为 550 元/m^3，工程量为 1000m^3，合价为 55000 元。

分析：

(1) 由于单价合同是单价优先，实际上承包商混凝土的合价为 550000 元，所以评标时应将总报价修正。承包商的正确报价为：

$$2700000+(550000-55000)=3195000\text{ 元}$$

(2) 如果实际承包商按图纸完成了 1200m^3 的混凝土量，（由于业主的工作量表是错的，或业主指令增加工程量），则实际混凝土的结算价格为：550×1200=660000 元。

(3) 单价的风险由承包商承担，如果承包商将 550 元/m^3 误写成 50 元/m^3，则按 50 元/m^3 结算。

单价合同的特点是单价优先，在工程结算时，按实际发生的工程量乘以单价来支付价款，所以在评标时要考虑计算错误对总价的影响。

[案例二] 总价合同

某建筑构件厂因上海欧尚杨浦一号项目的钢结构工程与上海某超市有限公司签订建设工程施工合同，合同约定为固定总价合同，总价款 800 万元。工程按期完成，质量合格。承包商在施工过程中较工程量清单少用钢材 40t（价值人民币约 80 万元），在结算时业主以承包商少用钢材为由拒付该部分工程款，遂酿成纠纷。最后处理结果：按合同结算。

分析：任何承包商在签订固定总价工程合同后，在保证质量的情况下，采用新技术、新工艺、新方法节约材料不仅是为了企业自身利益的需要，也是符合包括业主等整个社会的价值取向，其行为是应该鼓励的。如果业主认为承包商报价过高，那也属于签订合同之前的问题，合同一经签订就应该严格履行，不能否定承包商因节约而获利，也不能为自己签约时的过失推卸责任。其按合同支付工程款是理所应当的。

[案例三] 成本加酬金合同

某市因传染疫情严重，为了使传染病人及时隔离治疗，临时将郊区的一座疗养院改为传染病医院，投资概算为2500万元，因情况危急，建设单位决定邀请三家有医院施工经验的一级施工总承包企业进行竞标，设计和施工同时进行，采用了成本加酬金的合同形式，通过谈判，选定一家施工企业，按实际成本加15%的酬金比例进行工程价款的结算，工期为40天。合同签订后，因时间紧迫，施工单位加班加点赶工期，工程实际支出为2800万元，建设单位不愿承担多出概算的300万元。

问题：

(1) 该工程采用成本加酬金的合同形式是否合适？为什么？

(2) 成本增加的风险应由谁来承担？

(3) 采用成本加酬金合同的不足之处？

解析：

(1) 本工程采用成本加酬金的合同形式是合适的。因工程紧迫，设计图纸尚未出来，工程造价无法准确计算。

(2) 该项目的风险应由建设单位来承担。成本加酬金合同中，建设单位需承担项目发生的实际费用，也就承担了项目的全部风险，施工单位只是按15%提取酬金，无需承担责任。

(3) 工程总价不容易控制，建设单位承担了全部风险；施工单位往往不注意降低成本；施工单位的酬金一般较低。

6.1.1.3 建设工程施工合同的特点

建设工程施工合同作为最主要的建设工程合同，除具有建设工程合同的特征外，还具有以下特点：

1. 合同内容的多样性和复杂性

虽然建设工程施工合同的当事人只有两方，但其涉及的主体却有许多。与大多数合同相比较，建设工程施工合同的履行期限长、标的额大、涉及的法律关系包括劳动关系、保险关系、运输关系等具有多样性和复杂性。这就要求建设工程施工合同的内容尽量详尽。建设工程施工合同除了具备合同的一般内容外，还应对安全施工、专利及时使用、发现地下障碍和文物、工程分包、不可抗力、工程设计变更、材料设备的供应、运输、验收等内容作出规定。在建设工程施工合同的履行过程中，除施工企业与发包方的合同关系外，还涉及与劳务人员的劳动关系、与保险公司的保险关系、与材料设备供应商的买卖关系、与运输企业的运输关系等。所有这些，都决定了建设工程施工合同的内容具有多样性和复杂性的特点。

2. 合同监督的严格性

由于建设工程施工合同的履行对国家经济发展、公民工作和生活都有重大的影响，因此，国家对建设工程施工合同的监督是十分严格的。具体体现在以下几个方面：

(1) 对合同主体监督的严格性

建设工程施工合同主体一般只能是法人。发包人一般只能是经过批准进行工程项目建设的法人，必须具有国家批准的建设项目，落实投资计划，并且应当具备相应的协调能力；承包人则必须具备法人资格，而且应当具备相应的施工资质。无营业执照或无承包资质的单位不能作为建设工程施工合同的主体，资质等级低的单位不能越级承包建设工程。

《最高人民法院关于审理建设工程施工合同纠纷案件适用法律问题的解释》第四条中规定：承包人非法转包、违法分包建设工程或者没有资质的实际施工人借用有资质的建筑施工企业名义与他人签订建设工程施工合同的行为无效。人民法院可以根据《民法通则》第一百三十四条规定，收缴当事人已经取得的非法所得。

(2) 对合同订立监督的严格性

订立建设工程施工合同必须以国家批准的投资计划为前提，即使是国家计划投资以外的，以其他方式筹集的投资也要受到当年的贷款规模和批准限额的限制，纳入当年投资规模的平衡，并经过严格的审批程序。建设工程施工合同的订立，还必须符合国家关于建设程序的规定。

(3) 合同管理的经济效益显著

建设工程施工合同管理得好，可使承包商避免亏本，获得盈利，否则，将要蒙受较大的经济损失。一般对于正常的工程，合同管理的成功与失误对工程经济效益产生的影响之差能达20%的工程造价。

6.1.2 建设工程施工合同的内容

《合同法》第二百七十五条规定，施工合同的内容包括工程范围、建设工期、中间交工工程的开工和竣工时间、工程质量、工程造价、技术资料交付时间、材料和设备供应责任、拨款和结算、竣工验收、质量保修范围和质量保证期、双方相互协作等条款。

1. 工程范围

当事人应在合同中附上工程项目一览表及其工程量，主要包括建筑栋数、结构、层数、资金来源、投资总额以及工程的批准文号等。

2. 建设工期

即全部建设工程的开工和竣工日期。

3. 中间交工工程的开工和竣工日期

所谓中间交工工程，是指需要在全部工程完成期限之前完工的工程。对中间交工工程的开工和竣工日期，也应当在合同中作出明确约定。

4. 工程质量

建设项目百年大计，必须做到质量第一，因此这是最重要的条款之一。发包人、承包人必须遵守《建设工程质量管理条例》的有关规定，保证工程质量符合工程建设强制性标准。

5. 工程造价

工程造价，或工程价格，由成本（直接成本、间接成本）、利润（酬金）和税金构成。工程价格包括合同价款、追加合同价款和其他款项。实行招投标的工程应当通过工程所在地招标投标监督管理机构采用招投标的方式定价；对于不宜采用招投标的工程，可采用施工图预算加变更洽商的方式定价。

6. 技术资料交付时间

发包人应当在合同约定的时间内按时向承包人提供与本工程项目有关的全部技术资料，否则造成的工期延误或者费用增加应由发包人负责。

7. 材料和设备供应责任

即在工程建设过程中所需要的材料和设备由哪一方当事人负责提供，并应对材料和设备的验收程序加以约定。

8. 拨款和结算

即发包人向承包人拨付工程价款和结算的方式和时间。

9. 竣工验收

竣工验收是工程建设的最后一道程序，是全面考核设计、施工质量的关键环节，合同双方还将在该阶段进行结算。竣工验收应当根据《建设工程质量管理条例》第16条的有关规定执行。

10. 质量保修范围和质量保证期

合同当事人应当根据实际情况确定合理的质量保修范围和质量保证期，但不得低于《建设工程质量管理条例》规定的最低质量保修期限。

除了上述10项基本合同条款以外，当事人还可以约定其他协作条款，如施工准备工作的分工、工程变更时的处理办法等。

6.1.3 建设工程施工合同示范文本概述

建设工程施工合同是建设工程合同的主要合同，是工程建设质量控制、进度控制、投资控制的主要依据。通过合同关系确定建设市场主体之间的相互权利义务关系，对规范建筑市场起着重要的作用。根据《建设工程施工合同（示范文本）》GF-1999-0201和《中华人民共和国标准施工招标文件》（2007版）的相关内容，从建设过程的三个阶段分为施工合同签订过程的管理、实施阶段的合同管理、竣工阶段的合同管理三个部分。

《房屋建筑和市政基础设施工程施工招标文件范本》自2003年1月1日实行。招标文件内的合同条款，推荐使用建设部、国家工商行政管理局制定的《建设工程施工合同（示范文本）》GF-1999-0201。

《施工合同文本》由《协议书》、《通用条款》、《专用条款》三部分组成，并附有三个附件，附件一是《承包人承揽工程项目一览表》，附件二是《发包人供应材料设备一览表》，附件三是《工程质量保修书》。

《协议书》是《施工合同文本》中总纲性的文件。虽然其文字量并不大，但它规定了合同当事人双方最主要的权利义务，规定了组成合同的文件及合同当事人对履行合同义务的承诺，并且合同当事人在这份文件上签字盖章，因此具有很高的法律效力。《协议书》的内容包括工程概况、工程承包范围、合同工期、质量标准、合同价款、组成合同的文件等。

《通用条款》是根据《合同法》、《建筑法》、《建设工程施工合同管理办法》等法律、法规对承发包双方的权利义务作出的规定，除双方协商一致对其中的某些条款作了修改、补充或取消，双方都必须履行。它是将建设工程施工合同中共性的一些内容抽象出来编写的一份完整的合同文件。《通用条款》具有很强的通用性，基本适用于各类建设工程。《通用条款》共有十一部分四十七条组成。这十一部分内容包括（1）词语定义及合同文件；（2）双方一般权利和义务；（3）施工组织设计和工期；（4）质量与检验；（5）安全施工；（6）合同价款与支付；（7）材料设备供应；（8）工程变更；（9）竣工验收与结算；（10）违约、索赔和争议；（11）其他。

考虑到建设工程的内容各不相同，工期、造价也随之变动，承包、发包人各自的能力、施工现场的环境和条件也各不相同，《通用条款》不能完全适用于各个具体工程，因此配之以《专用条款》对其作必要的修改和补充，使《通用条款》和《专用条款》成为双方统一意愿的体现。《专用条款》的条款号与《通用条款》相一致，但主要是空格，由当事人根据工程的具体情况予以明确或者对《通用条款》进行修改。

《施工合同文本》的附件则是对施工合同当事人的权利义务的进一步明确，并且使得施工合同当事人的有关工作一目了然，便于执行和管理。

6.2 建设工程施工合同的订立

6.2.1 订立建设工程施工合同的过程

根据我国《合同法》和建设工程相关法律法规的规定，工程合同的订立有两种方式。一种是遵循合同的一般订立程序（即要约—承诺）订立工程合同；另一种是通过特殊的方式，即招标投标的方式订立合同，通过招标公告或招标邀请（要约邀请）—投标（要约）—中标通知书（承诺）—签订书面工程合同四个阶段订立工程合同。

建设工程施工合同的招标，一般不指向某个特定的承包单位，也不提出订立工程承包合同的具体条件，即使招标方提供了招标文件，因不具备标价等主要合同条件，在法律上还不具备要约的性质。但招标是一种与合同成立有密切关系的行为，目的是通过招标广告或招标文件，承包单位提出合同条件——投标（要约），投标人的投标是向招标人提出的一项要约。要约的具体形式是投标文件，承包商的投标文件符合要约的成立条件，内容具体明确（具体标明了标价、工期、质量等级、施工方法等），经受要约人承诺即受其约束。中标通知书是建设单位同意施工单位要约的意思表示，故为承诺。根据《招标投标法》的规定，自中标通知书发出之日起三十日内，按照招标文件和中标人的投标文件订立书面合同。签订合同的必须是中标的施工企业，投标书中已确定的合同条款在签订时不得更改，合同价应与中标价相一致。如果中标施工企业拒绝与建设单位签订合同，则建设单位将不再返还其投标保证金，建设行政主管部门或其授权机构还可给予一定的行政处罚。

订立建设工程施工合同应当具备条件：

（1）初步设计已经批准；

（2）工程项目已列入年度建设计划；

（3）有能够满足施工需要的设计文件和有关技术资料；

（4）建设资金和主要建筑材料设备来源已经落实；

（5）招投标工程项目，中标通知已经下达。

6.2.2 合同订立阶段中应注意的合同管理问题

1. 避免缔约过失行为

缔约过失责任是指在合同订立过程中，一方因违反诚实信用原则所产生的义务，而致另一方的信赖利益损失，所应承担的损害赔偿责任。我国《合同法》第四十二条确立了缔约过失责任制度，该条规定："当事人在订立合同过程中有下列情形之一，给对方造成损失的，应当承担损害赔偿责任：（一）假借订立合同，恶意进行磋商；（二）故意隐瞒与订立合同有关的重要事实或者提供虚假情况；（三）有其他违背诚实信用原则的行为。"缔约过失责任实质上是诚实信用原则在缔约过程中的体现。

缔约过失责任的构成要件：

（1）缔约过失责任发生在合同订立过程中。双方做出了订立合同的意思表示，但合同尚未成立。

（2）缔约当事人一方主观上有过错行为。包括主观上的故意行为、过失行为而引发合同不成立。

（3）缔约人另一方受到实际损失。实际损失是构成缔约过失责任的前提条件，也即缔约人一方基于对另一方的信赖，能够订立有效的合同，却因对方的过错行为，致使合同不能成立，而造成损失，有权依法得到保护，而追究对方的缔约过失责任。

（4）缔约当事人一方的过错行为与另一方当事人的损失之间存在因果关系。缔约过程中，当事人一方的过错行为与当事人另一方的损失之间在客观上有因果关系，是承担法律责任的前提条件之一。缔约过失责任人承担其行为造成相对人实际损失的法律责任，不属于合同中的违约责任，而是因其订约中的过错行为违反了法定的合同义务形成的因果关系。

在建设工程项目招标投标过程中，招标人和投标人应注意尽到自己的相关法律义务，有效避免缔约过失行为。招标人的缔约过失行为主要有以下形式：招标人变更或者修改招标文件后未履行通知义务；招标人采用不公正、不合理的招标方式进行招标；招标人违反公平、公正和诚实信用原则拒绝所有投标；业主借故不与中标人签订工程合同等。投标人的缔约过失责任主要有以下形式：投标人串通投标，如哄抬标价、压低标价；投标人以虚假手段骗取中标（如投标人不如实填写资格预审文件，虚报企业资质等级，以他人名义投标等）；中标人借故不与招标人签订工程合同等。

2. 避免签订无效施工合同

建设工程施工合同一经依法订立，即具有法律效力，双方当事人应当按合同约定严格履行。

《最高人民法院关于审理建设工程施工合同纠纷案件适用法律问题的解释》中规定：建设工程施工合同具有下列情形之一的，认定无效：

（1）承包人未取得建筑施工企业资质或者超越资质等级的；

（2）没有资质的实际施工人借用有资质的建筑施工企业名义的；

（3）建设工程必须进行招标而未招标或者中标无效的。

《招标投标法》规定了中标无效的六种情形：招标代理机构泄密或恶意串通；招标人泄露招标情况或标底；招标人在定标前与投标人进行实质性谈判；招标人违法确定中标人；投标人串标或行贿；投标人弄虚作假骗取中标。

（4）承包人非法转包、违法分包建设工程所订立的建设工程施工合同

工程转包，是指不行使承包人的管理职能，不承担技术经济责任，将所承包的工程倒手转给他人承包的行为。承包人不得将其承包的全部工程转包给他人，也不得将其承包的全部工程肢解以分包的名义分别转包给他人。工程转包，不仅违反合同，也违反我国有关法律和法规的规定。

下列行为均属转包：

①承包人将承包的工程全部包给其他施工单位，从中提取回扣者；

②承包人将工程的部分或群体工程中半数以上的单位工程包给其他施工单位者；

③分包单位将承包的工程再次分包给其他施工单位者。

建设工程施工合同被确认无效后，将导致合同自始无效，而不是从合同被确认无效之时起无效，即建设工程施工合同自成立时起就不具备法律效力，即使合同当事人在事后予以追认，也不能使这类合同在法律上生效。无效建设工程施工合同在当事人之间不产生合同责任，其法律后果常常使当事人无法有效实现欲通过建设工程施工合同实现的预期目标和合同权益。

3. 合理确定风险分担

风险是一种客观存在的、可以带来损失的、不确定的状态。它具有客观性、损失性、不确定性三大特性，并且风险始终是与损失相联系的。建设工程项目由于投资的巨大性、地点的固定性、生产的单件性以及规模大、周期长、施工过程复杂等特点，比一般产品生产具有更大的风险。工程施工发包是一种期货交易行为，工程建设本身又具有单件性和建设周期长的特点。在工程施工过程中影响工程施工及工程造价的风险因素很多，但并非所有的风险都是承包人能预测、能控制和应承担其造成损失的。施工环境恶化、通货膨胀、政策调整、复杂技术等常常造成建设工程项目目标失控，如工期延长、成本增加、计划修改等，最终导致项目经济效益降低，甚至导致项目失败。基于市场交易的公平性和工程施工过程中发、承包双方权、责的对等性要求，发、承包双方应合理分摊风险。

为有效地控制风险并尽可能减少风险对建设工程项目的影响，在工程合同订立时，合同当事人双方应对建设工程项目风险转化为工程合同风险。工程合同风险应根据一定的风险分配原则在工程合同当事人双方之间公平合理地分配。比如签订了固定总价合同，在材料价格变动的一定的幅度范围内工程总价不变，由承包商在报价中综合考虑这部分费用，但是如果是因为通货膨胀导致物价大幅上涨或因国家产业政策的调整或国家定价物资大幅调价造成的物价大幅度上涨，承包商则无法完全承担此部分费用，涨价部分应当由发包方合理负责一部分。

6.2.3 合同内容的约定

依据合同范本，订立合同时应注意通用条款及专用条款需明确说明的内容。

6.2.3.1 施工合同管理中涉及的有关各方

《施工合同示范文本》第1条中的1.3款~1.9款规定了工程相关的各方定义：

发包人是指在协议书中约定，具有工程发包主体资格和支付工程价款能力的当事人以及取得该当事人资格的合法继承人。承包人是指在协议书中约定，被发包人接受的具有工程施工承包主体资格的当事人以及取得该当事人资格的合法继承人。项目经理是指承包人在专用条款中指定的负责施工管理和合同履行的代表。设计单位是指发包人委托的负责本工程设计并取得相应工程设计资质等级证书的单位。监理单位是指发包人委托的负责本工程监理并取得相应工程监理资质等级证书的单位。工程师是指本工程监理单位委派的总监理工程师或发包人指定的履行本合同的代表，其具体身份和职权由发包人承包人在专用条款中约定。工程造价管理部门是指国务院有关部门、县级以上人民政府建设行政主管部门或其委托的工程造价管理机构。

6.2.3.2 合同双方一般权利和义务

《施工合同示范文本》第5条~第9条有了明确规定：

第 5 条：有关工程师的规定

实行工程监理的，发包人应在实施监理前将委托的监理单位名称、监理内容及监理权限以书面形式通知承包人。

监理单位委派的总监理工程师在本合同中称工程师，其姓名、职务、职权由发包人承包人在专用条款内写明。工程师按合同约定行使职权，发包人在专用条款内要求工程师在行使某些职权前需要征得发包人批准的，工程师应征得发包人批准。

发包人派驻施工场地履行合同的代表在本合同中也称工程师，其姓名、职务、职权由发包人在专用条款内写明，但职权不得与监理单位委派的总监理工程师职权相互交叉。双方职权发生交叉或不明确时，由发包人予以明确，并以书面形式通知承包人。

合同履行中，发生影响发包人承包人双方权利或义务的事件时，负责监理的工程师应依据合同在其职权范围内客观公正地进行处理。一方对工程师的处理有异议时，按本通用条款第 37 条关于争议的约定处理。

除合同内有明确约定或经发包人同意外，负责监理的工程师无权解除本合同约定的承包人的任何权利与义务。

不实行工程监理的，本合同中工程师专指发包人派驻施工场地履行合同的代表，其具体职权由发包人在专用条款内写明。

第 6 条：工程师的委派和指令

工程师可委派工程师代表，行使合同约定的自己的职权，并可在认为必要时撤回委派。委派和撤回均应提前 7 天以书面形式通知承包人，负责监理的工程师还应将委派和撤回通知发包人。委派书和撤回通知作为本合同附件。

工程师代表在工程师授权范围内向承包人发出的任何书面形式的函件，与工程师发出的函件具有同等效力。承包人对工程师代表向其发出的任何书面形式的函件有疑问时，可将此函件提交工程师，工程师应进行确认。工程师代表发出指令有失误时，工程师应进行纠正。

除工程师或工程师代表外，发包人派驻工地的其他人员均无权向承包人发出任何指令。

工程师的指令、通知由其本人签字后，以书面形式交给项目经理，项目经理在回执上签署姓名和收到时间后生效。确有必要时，工程师可发出口头指令，并在 48 小时内给予书面确认，承包人对工程师的指令应予执行。工程师不能及时给予书面确认的，承包人应于工程师发出口头指令后 7 天内提出书面确认要求。工程师在承包人提出确认要求后 48 小时内不予答复的，视为口头指令已被确认。

承包人认为工程师指令不合理，应在收到指令后 24 小时内向工程师提出修改指令的书面报告，工程师在收到承包人报告后 24 小时内作出修改指令或继续执行原指令的决定，并以书面形式通知承包人。紧急情况下，工程师要求承包人立即执行的指令或承包人虽有异议，但工程师决定仍继续执行的指令，承包人应予执行。因指令错误发生的追加合同价款和给承包人造成的损失由发包人承担，延误的工期相应顺延。

本款规定同样适用于由工程师代表发出的指令、通知。

工程师应按合同约定，及时向承包人提供所需指令、批准并履行约定的其他义务。由于工程师未能按合同约定履行义务造成工期延误，发包人应承担延误造成的追加合同价款，并赔偿承包人有关损失，顺延延误的工期。

如需更换工程师，发包人应至少提前7天以书面形式通知承包人，后任继续行使合同文件约定的前任的职权，履行前任的义务。

第7条：项目经理

项目经理的姓名、职务在专用条款内写明。

承包人依据合同发出的通知，以书面形式由项目经理签字后送交工程师，工程师在回执上签署姓名和收到时间后生效。

项目经理按发包人认可的施工组织设计（施工方案）和工程师依据合同发出的指令组织施工。在情况紧急且无法与工程师联系时，项目经理应当采取保证人员生命和工程、财产安全的紧急措施，并在采取措施后48小时内向工程师送交报告。责任在发包人或第三人，由发包人承担由此发生的追加合同价款，相应顺延工期；责任在承包人，由承包人承担费用，不顺延工期。

承包人如需更换项目经理，应至少提前7天以书面形式通知发包人，并征得发包人同意。后任继续行使合同文件约定的前任的职权，履行前任的义务。

发包人可以与承包人协商，建议更换其认为不称职的项目经理。

第8条：发包人工作

发包人按专用条款约定的内容和时间完成以下工作：

(1) 办理土地征用、拆迁补偿、平整施工场地等工作，使施工场地具备施工条件，在开工后继续负责解决以上事项遗留问题；

(2) 将施工所需水、电、电信线路从施工场地外部接至专用条款约定地点，保证施工期间的需要；

(3) 开通施工场地与城乡公共道路的通道，以及专用条款约定的施工场地内的主要道路，满足施工运输的需要，保证施工期间的畅通；

(4) 向承包人提供施工场地的工程地质和地下管线资料，对资料的真实准确性负责；

(5) 办理施工许可证及其他施工所需证件、批件和临时用地、停水、停电、中断道路交通、爆破作业等的申请批准手续（证明承包人自身资质的证件除外）；

(6) 确定水准点与坐标控制点，以书面形式交给承包人，进行现场交验；

(7) 组织承包人和设计单位进行图纸会审和设计交底；

(8) 协调处理施工场地周围地下管线和邻近建筑物、构筑物（包括文物保护建筑）、古树名木的保护工作，承担有关费用；

(9) 发包人应做的其他工作，双方在专用条款内约定。

发包人可以将上述部分工作委托承包人办理，双方在专用条款内约定，其费用由发包人承担。

发包人未能履行各项义务，导致工期延误或给承包人造成损失的，发包人赔偿承包人有关损失，顺延延误的工期。

第9条：承包人工作

承包人按专用条款约定的内容和时间完成以下工作：

(1) 根据发包人委托，在其设计资质等级和业务允许的范围内，完成施工图设计或与工程配套的设计，经工程师确认后使用，发包人承担由此发生的费用；

（2）向工程师提供年、季、月度工程进度计划及相应进度统计报表；

（3）根据工程需要，提供和维修非夜间施工使用的照明、围栏设施，并负责安全保卫；

（4）按专用条款约定的数量和要求，向发包人提供施工场地办公和生活的房屋及设施，发包人承担由此发生的费用；

（5）遵守政府有关主管部门对施工场地交通、施工噪音以及环境保护和安全生产等的管理规定，按规定办理有关手续，并以书面形式通知发包人，发包人承担由此发生的费用，因承包人责任造成的罚款除外；

（6）已竣工工程未交付发包人之前，承包人按专用条款约定负责已完工程的保护工作，保护期间发生损坏，承包人自费予以修复；发包人要求承包人采取特殊措施保护的工程部位和相应的追加合同价款，双方在专用条款内约定；

（7）按专用条款约定做好施工场地地下管线和邻近建筑物、构筑物（包括文物保护建筑）、古树名木的保护工作；

（8）保证施工场地清洁符合环境卫生管理的有关规定，交工前清理现场达到专用条款约定的要求，承担因自身原因违反有关规定造成的损失和罚款；

（9）承包人应做的其他工作，双方在专用条款内约定。

承包人未能履行上述各项义务，造成发包人损失的，承包人赔偿发包人有关损失。

6.2.3.3 合同文件的组成

合同文件应能相互解释，互为说明。除专用条款另有约定外，组成本合同的文件及优先解释顺序如下：

（1）合同协议书；

（2）中标通知书；

（3）投标书及其附件；

（4）合同专用条款；

（5）合同通用条款；

（6）标准、规范及有关技术文件；

（7）图纸；

（8）工程量清单；

（9）工程报价单或预算书。

合同履行中，发包人承包人有关工程的洽商、变更等书面协议或文件视为本合同的组成部分。当合同文件内容含糊不清或不相一致时，在不影响工程正常进行的情况下，由发包人承包人协商解决。双方也可以提请负责监理的工程师作出解释。双方协商不成或不同意负责监理的工程师的解释时，按争议的约定处理。

6.2.3.4 语言文字和适用法律、标准及规范

1. 语言文字

合同文件使用汉语语言文字书写、解释和说明。如专用条款约定使用两种以上（含两种）语言文字时，汉语应为解释和说明本合同的标准语言文字。

在少数民族地区，双方可以约定使用少数民族语言文字书写和解释、说明本合同。

2. 适用法律和法规

合同文件适用国家的法律和行政法规。需要明示的法律、行政法规，由双方在专用条

款中约定。

3. 适用标准、规范

双方在专用条款内约定适用国家标准、规范的名称；没有国家标准、规范但有行业标准、规范的，约定适用行业标准、规范的名称；没有国家和行业标准、规范的，约定适用工程所在地地方标准、规范的名称。发包人应按专用条款约定的时间向承包人提供一式两份约定的标准、规范。

国内没有相应标准、规范的，由发包人按专用条款约定的时间向承包人提出施工技术要求，承包人按约定的时间和要求提出施工工艺，经发包人认可后执行。发包人要求使用国外标准、规范的，应负责提供中文译本。

所发生的购买、翻译标准、规范或制定施工工艺的费用，由发包人承担。

6.2.3.5 图纸

发包人应按专用条款约定的日期和套数，向承包人提供图纸。承包人需要增加图纸套数的，发包人应代为复制，复制费用由承包人承担。发包人对工程有保密要求的，应在专用条款中提出保密要求，保密措施费用由发包人承担，承包人在约定保密期限内履行保密义务。

承包人未经发包人同意，不得将本工程图纸转给第三人。工程质量保修期满后，除承包人存档需要的图纸外，应将全部图纸退还给发包人。

承包人应在施工现场保留一套完整图纸，供工程师及有关人员进行工程检查时使用。

6.2.3.6 工程价款的约定

1. 合同价款的约定

工程合同价款的约定是建设工程合同的主要内容，实行招标的工程合同价款应在中标通知书发出之日起30天内，由发、承包人双方依据招标文件和中标人的投标文件在书面合同中约定。不实行招标的工程合同价款，在发、承包人双方认可的工程价款基础上，由发、承包人双方在合同中约定。根据有关法律条款的规定，工程合同价款的约定应满足以下几个方面的要求：

（1）约定的依据要求：招标人向中标的投标人发出的中标通知书。

（2）约定的时间：自招标人发出中标通知书之日起30日内。

（3）约定的内容要求：招标文件和中标人的投标文件。

（4）合同的形式要求：书面合同。

发、承包人双方应在合同条款中对下列事项进行约定，合同中没有约定或约定不明的，由双方协商确定。

（1）预付工程款的数额、支付时间及抵扣方式；

（2）工程计量与支付工程进度款的方式、数额及时间；

（3）工程价款的调整因素、方法、程序、支付及时间；

（4）索赔与现场签证的程序、金额确认与支付时间；

（5）发生工程价款争议的解决方法及时间；

（6）承担风险的内容、范围以及超出约定内容、范围的调整办法；

（7）工程竣工价款结算编制与核对、支付及时间；

（8）工程质量保证（保修）金的数额、预扣方式及时间；

（9）与履行合同、支付价款有关的其他事项等。

在《施工合同示范文本》第23条中规定：招标工程的合同价款由发包人承包人依据中标通知书中的中标价格在协议书内约定。非招标工程的合同价款由发包人承包人依据工程预算书在协议书内约定。

合同价款在协议书内约定后，任何一方不得擅自改变。下列三种确定合同价款的方式，双方可在专用条款内约定采用其中一种：

（1）固定价格合同。双方在专用条款内约定合同价款包含的风险范围和风险费用的计算方法，在约定的风险范围内合同价款不再调整。风险范围以外的合同价款调整方法，应当在专用条款内约定。

（2）可调价格合同。合同价款可根据双方的约定而调整，双方在专用条款内约定合同价款调整方法。可调价格合同中合同价款的调整因素包括：

①法律、行政法规和国家有关政策变化影响合同价款；

②工程造价管理部门公布的价格调整；

③一周内非承包人原因停水、停电、停气造成停工累计超过8小时；

④双方约定的其他因素。

承包人应当在调整因素情况发生后14天内，将调整原因、金额以书面形式通知工程师，工程师确认调整金额后作为追加合同价款，与工程款同期支付。工程师收到承包人通知后14天内不予确认也不提出修改意见，视为已经同意该项调整。

（3）成本加酬金合同。合同价款包括成本和酬金两部分，双方在专用条款内约定成本构成和酬金的计算方法。

2. 风险范围及风险费用的约定

采用工程量清单计价的工程，应在招标文件或合同中明确风险内容及其范围（幅度），不得采用无限风险、所有风险或类似语句规定风险内容及其范围（幅度）。

根据我国工程建设特点，投标人应完全承担的风险是技术风险和管理风险，如管理费和利润；应有限度承担的是市场风险，如材料价格、施工机械使用费等风险；应完全不承担的是法律、法规、规章和政策变化的风险。

目前我国工程建设的实际情况，各省、自治区、直辖市建设行政主管部门均根据当地劳动行政主管部门的有关规定发布人工成本信息，对此关系职工切身利益的人工费不宜纳入风险，材料价格的风险宜控制在5%以内，施工机械使用费的风险可控制在10%以内，超过者予以调整，管理费和利润的风险由承包人全部承担。

3. 工程预付款的约定

《建设工程价款结算暂行办法》财建［2004］369号中规定：工程预付款结算应符合下列规定：

（1）包工包料工程的预付款按合同约定拨付，原则上预付比例不低于合同金额的10%，不高于合同金额的30%，对重大工程项目，按年度工程计划逐年预付。计价执行《建设工程工程量清单计价规范》GB 50500—2008的工程，实体性消耗和非实体性消耗部分应在合同中分别约定预付款比例。

（2）在具备施工条件的前提下，发包人应在双方签订合同后的一个月内或不迟于约定的开工日期前的7天内预付工程款，发包人不按约定预付，承包人应在预付时间到期后

10天内向发包人发出要求预付的通知，发包人收到通知后仍不按要求预付，承包人可在发出通知14天后停止施工，发包人应从约定应付之日起向承包人支付应付款的利息（利率按同期银行贷款利率计），并承担违约责任。

（3）预付的工程款必须在合同中约定抵扣方式，并在工程进度款中进行抵扣。

（4）凡是没有签订合同或不具备施工条件的工程，发包人不得预付工程款，不得以预付款为名转移资金。

《施工合同示范文本》第23条规定：实行工程预付款的，双方应当在专用条款内约定发包人向承包人预付工程款的时间和数额，开工后按约定的时间和比例逐次扣回。预付时间应不迟于约定的开工日期前7天。发包人不按约定预付，承包人在约定预付时间7天后向发包人发出要求预付的通知，发包人收到通知后仍不能按要求预付，承包人可在发出通知后7天停止施工，发包人应从约定应付之日起向承包人支付应付款的贷款利息，并承担违约责任。

6.2.3.7 工期、施工进度计划及开工

1. 工期的约定

工期是指发包人承包人在协议书中约定，按总日历天数（包括法定节假日）计算的承包天数。

开工日期是指发包人承包人在协议书中约定，承包人开始施工的绝对或相对的日期。

竣工日期是指发包人承包人在协议书中约定，承包人完成承包范围内工程的绝对或相对的日期。

2. 施工进度计划

《施工合同示范文本》第10条规定：承包人应按专用条款约定的日期，将施工组织设计和工程进度计划提交工程师，工程师按专用条款约定的时间予以确认或提出修改意见，逾期不确认也不提出书面意见的，视为同意。

群体工程中单位工程分期进行施工的，承包人应按照发包人提供图纸及有关资料的时间，按单位工程编制进度计划，其具体内容双方在专用条款中约定。

3. 工程开工及延期开工的约定

《施工合同示范文本》第11条规定：承包人应当按照协议书约定的开工日期开工。承包人不能按时开工，应当不迟于协议书约定的开工日期前7天，以书面形式向工程师提出延期开工的理由和要求。工程师应当在接到延期开工申请后的48小时内以书面形式答复承包人。工程师在接到延期开工申请后48小时内不答复，视为同意承包人要求，工期相应顺延。工程师不同意延期要求或承包人未在规定时间内提出延期开工要求，工期不予顺延。

因发包人原因不能按照协议书约定的开工日期开工，工程师应以书面形式通知承包人，推迟开工日期。发包人赔偿承包人因延期开工造成的损失，并相应顺延工期。

6.2.3.8 工程分包的约定

发包人通过复杂的招标程序选择了综合能力最强的投标人，要求其来完成工程的施工，因此合同管理过程中对工程分包要进行严格控制。承包人出于自身能力考虑，可能将部分自己没有实施资质的特殊专业工程分包，也可将部分较简单的工作内容分包。包括在承包人投标书内的分包计划，发包人通过接受投标书已表示了认可，如果施工合同履行过

程中承包人又提出分包要求，则需要经过发包人的书面同意。发包人控制工程分包的原则是，主体工程的施工任务不允许分包，主要工程量必须由承包人完成。

虽然对分包的工程部位而言涉及两个合同，即发包人与承包人签订的施工合同和承包人与分包人签订的分包合同，但工程分包不能解除承包人对发包人应承担在该工程部位施工的合同义务。同样，为了保证分包合同的顺利履行，发包人未经承包人同意，不能向分包人支付款项，分包人完成施工任务的报酬只能依据分包合同由承包人支付。

《施工合同示范文本》第38条规定：承包人按专用条款的约定分包所承包的部分工程，并与分包单位签订分包合同。非经发包人同意，承包人不得将承包工程的任何部分分包。承包人不得将其承包的全部工程转包给他人，也不得将其承包的全部工程肢解以后以分包的名义分别转包给他人。

工程分包不能解除承包人任何责任与义务。承包人应在分包场地派驻相应管理人员，保证本合同的履行。分包单位的任何违约行为或疏忽导致工程损害或给发包人造成其他损失，承包人承担连带责任。

[案例] 分包

某大型综合体育场工程，发包方通过邀请招标的方式确定本工程由承包商乙中标，双方签订了工程总承包合同。在征得甲方书面同意的情况下，承包商乙将桩基础工程分包给具有相应资质的专业分包商丙，并签订了专业分包合同。在桩基础施工期间，由于分包商丙自身管理不善，造成甲方现场周围的建筑物受损，给甲方造成了一定的经济损失，甲方就此事件向承包商乙提出了索赔要求。

另外，考虑到体育馆主体工程施工难度高、自身技术力量和经验不足等情况，在甲方不知情的情况下，承包商又与另一家具有施工总承包一级资质的某知名承包商丁签订了主体工程分包合同，合同约定承包商丁以承包商乙的名义进行施工，双方按约定的方式进行结算。

问题：

(1) 承包商乙与分包商丙签订的桩基础工程分包合同是否有效？理由？

(2) 对分包商丙给甲方造成的损失，承包商乙要承担什么责任？理由？

(3) 承包商乙将主体工程分包给承包商丁在法律上属于何种行为？理由？

解析：工程分包，是相对总承包而言的。所谓工程分包，是指施工总承包企业将所承包的建设工程中的专业工程或劳务作业发包给其他建筑业企业完成的活动。工程转包，是指承包单位承包建设工程，不履行合同约定的责任和义务，将其承包的全部建设工程转给他人或者将其承包的全部建设工程肢解以后以分包的名义分别转给其他单位承包的行为。

(1) 有效。根据有关规定，在征得建设单位书面同意的情况下，施工总承包企业可以将非主体工程或者劳务作业分包给具有相应专业承包资质或者劳务分包资质的其他建筑企业。

(2) 对分包商丙给甲方造成的损失承包商乙要承担连带责任。根据《建筑法》第二十九条规定，建筑工程总承包单位按照总承包合同的约定对建设单位负责；分包单位按照分包合同的约定对总承包单位负责。总承包单位和分包单位就分包工程对建设单位承担连带责任。

(3) 该主体工程的分包在法律上属于违法分包行为。根据《建设工程质量管理条例》

第七十八条规定，下列行为均为违法分包：①总承包单位将建设工程分包给不具备相应资质条件的单位的；②建设工程总承包合同中未有约定，又未经建设单位认可，承包单位将其承包的部分建设工程交由其他单位完成的；③施工总承包单位将建设工程主体结构的施工分包给其他单位的；④分包单位将其承包的建设工程再分包的。

6.2.3.9 工程保险和工程担保

1. 工程保险

建设工程保险，是指发包人或承包人为了建设工程项目顺利完成而对工程建设中可能产生的人身伤害或财产损失，而向保险公司投保以化解风险的行为。

建设工程保险包括下列三种：

(1) 意外伤害险

意外伤害险是指被保险人在保险有效期间，因遭遇非本意的、外来的、突然的意外事故，致使其身体蒙受伤害而残疾或死亡时，保险人依照合同规定给付保险金的保险。《建筑法》第四十八条规定："建筑施工企业必须为从事危险作业的职工办理意外伤害保险，支付保险费"。

(2) 建筑工程一切险及安装工程一切险

建筑工程一切险及安装工程一切险是以建筑或安装工程中的各种财产和第三者的经济赔偿责任为保险标的的保险。这两类保险的特殊性在于保险公司可以在一份保单内对所有参加该项工程的有关各方都给予所需要的保障，换言之，即在工程进行期间，对这项工程承担一定风险的有关各方，均可作为被保险人之一。

建筑工程一切险一般都同时承保建筑工程第三者责任险，即指在该工程的保险期内，因发生意外事故所造成的依法应由被保险人负责的工地上及邻近地区的第三者的人身伤亡、疾病、财产损失，以及被保险人因此所支出的费用。

(3) 职业责任险

职业责任险是指承保专业技术人员因工作疏忽、过失所造成的合同一方或他人的人身伤害或财产损失的经济赔偿责任的保险。建设工程标的额巨大、风险因素多，建筑事故造成损害往往数额巨大，而责任主体的偿付能力相对有限，这就有必要借助保险来转移职业责任风险。在工程建设领域，这类保险对勘察、设计、监理单位尤为重要。

《施工合同示范文本》第40条规定：工程开工前，发包人为建设工程和施工场地内的自有人员及第三人人员生命财产办理保险，支付保险费用。

运至施工场地内用于工程的材料和待安装设备，由发包人办理保险，并支付保险费用。

发包人可以将有关保险事项委托承包人办理，费用由发包人承担。

承包人必须为从事危险作业的职工办理意外伤害保险，并为施工场地内自有人员生命财产和施工机械设备办理保险，支付保险费用。

保险事故发生时，发包人承包人有责任尽力采取必要的措施，防止或者减少损失。

具体投保内容和相关责任，发包人承包人在专用条款中约定。

2. 工程担保

在我国，工程担保是指在工程建设活动中，由保证人向合同一方当事人（受益人）提供的，保证合同另一方当事人（被保证人）履行合同义务的担保行为，在被保证人不履行合同义务时，由保证人代为履行或承担代偿责任。推行工程担保制度是规范建筑市场秩序的一项重要举措，对规范工程承发包交易行为，防范和化解工程风险，遏制拖欠工程款和农民工工资，保证工程质量和安全等具有重要作用。

工程建设是一项风险巨大的事业，建设工程合同当事人一方为确保自身在合同中的权力能够充分、有效地实现，并同时约束合同当事人另一方依照合同约定充分地履行约定的合同义务，往往要求合同另一方当事人提供可靠的担保，以有效维护自身在建设工程合同中的权利。目前，我国采用与清单计价相适应招投标方法，如合理低价中标法，使工程造价得到明显地降低，但却增加了投资者的风险。工程量清单计价模式下评标模式中，国外多采用最低价中标方法，因为其建筑市场的约束机制完善，如工程担保和保险制度、企业社会信誉评价制度，使得施工企业不会恶意的压低投标价竞标，在我国正是由于这些制度的不完善，使得工程量清单计价模式下的市场竞争的优势无法完全体现，因而建立健全与我国国情相适应的工程担保和保险制度也就显得特别重要。

工程担保的种类有很多种，在投标和履行合同过程中一般有六种工程担保：投标担保、履约担保、业主支付担保、预付款担保、反担保、完工担保等。

(1) 投标担保

投标担保是投标人在投标报价前或同时向业主提交投标保证金或投标保函等，保证一旦中标，即签约承包工程。投标人如果撤回投标或中标后不与业主签约，则需承担业主的经济损失。投标担保包括银行提供投标保函、担保人出具担保书、投标人向业主交纳投标保证金等形式。

(2) 履约担保

履约担保是担保人为保障承包商履行工程合同所做的一种承诺，其有效期通常截止到承包商完成工程施工和工程缺陷修复之日。在中标人收到中标通知后，需在规定时间签订合同协调书，连同履约担保一起送交业主，然后再与业主签订承包合同。履约担保包括银行提供履约担保、担保人提供担保书、中标人向业主交纳履约保证金等形式。

(3) 业主支付担保

业主支付担保是业主通过担保人为其提供担保，保证将按照合同约定如期向承包商履行支付责任，本质上这就是业主的履约担保。

(4) 预付款担保

有些工程业主会先支付一定金额给承包商用于工程前期费用或购置部分材料，为了防止承包商挪作他用或携款潜逃、宣布破产等，需要担保人为承包商提供同等数额的预付款担保或提交银行保函。随着工程进行，业主会按工程进度以合同约定逐步扣回。

(5) 反担保

被担保人对担保人为其向债权人支付的任何赔偿，均承担返还义务。由于担保人的风险很大，担保人为防止向债权人赔付后，不能从被担保人处获得补偿，可以要求被担保人以其自有资产、银行存款、有价证券或通过其他担保人等提交反担保，作为担保人出具担保的条件。

(6) 完工担保

为避免因承包商延期完工后将工程项目占用而使业主蒙受损失，业主可要求承包商通过担保人提供完工担保，以保证承包商必须按计划完工，并对该工程不具有留置权。如果承包商因自身的原因出现工期延误或工程占用，则担保人承担相应损失。

除了以上六种主要的工程担保形式外，还有保证金、工程抵押、工程留置等其他形式。

3. 工程保险与工程担保的区别与联系

工程担保和工程保险都是工程风险管理的重要手段，均有以下三方面的功能：加强对建设工程当事人严格履约的约束力；降低追究违约责任的成本；转移当事人无法承受的风险。两者作为一种经济手段，建立优胜劣汰的市场机制。通过建立和完善工程担保与工程保险制度来分散、转移风险，可以防止因对方不履行合同义务而给自己带来的损失。工程保险与工程担保的主要区别：

（1）当事人组成不同。工程担保一般由业主、承包商和担保人三方当事组成，而工程保险除了保证保险以外，通常只有投保人和保险公司两方当事人。

（2）交付费用不同。工程担保由被担保人向担保人交付费用，通过担保人向权利人提供担保，保障权利人的利益不受损害；而工程保险是通过投保人向保险公司交付扣除费，使自己的利益得到保障（雇主责任险除外）。

（3）针对风险不同。保险针对的是可保风险即投保人无法控制或偶然的、意外和自然灾害的风险（其故意行为除外），而担保则是针对不可保风险中的信用风险（如担保人违约或失误造成的风险），特点是将信用风险转移回到它的风险源。

（4）承受风险程度不同。工程担保中担保人是暂时承担风险，其风险远小于被担保人，担保人往往要求被担保人提供反担保或签订偿还协议书，担保人有权追索其代为履约所支付的全部费用。只有被担保人的全部资产都赔付担保人后仍无法还清其代为偿付的费用时，担保人才会蒙受损失；工程保险中，保险公司收取一定的保险费，一旦发生事故，将按照保险合同赔偿全部或部分损失，而无权向投保人进行追偿。保险公司是唯一的责任者，将为投保人发生的事故的负责，所承担风险要大。

（5）承担责任不同。被担保人因故不能履行合同时，担保人须采取积极措施保证合同能继续完成；工程保险中，保险公司仅需按合同支付相应数额的赔偿，无须承担其他责任。

（6）追偿功能不同。担保人可要求被担保人提供反担保或签订偿还协议书，担保人有权追索其代为履约所支付的全部费用；工程保险中，保险公司按保险合同赔偿全部或部分损失，但无权向投保人进行追偿（第三者原因造成的事故保险公司有权向第三人追偿）。

（7）损失不同。担保人暂时承担风险，事后可通过反担保追回部分或全部损失；工程保险中保险公司最终承担了风险损失。

《施工合同示范文本》第 41 条规定：发包人承包人为了全面履行合同，应互相提供以下担保：①发包人向承包人提供履约担保，按合同约定支付工程价款及履行合同约定的其他义务。②承包人向发包人提供履约担保，按合同约定履行自己的各项义务。一方违约后，另一方可要求提供担保的第三人承担相应责任。提供担保的内容、方式和相关责任，发包人承包人除在专用条款中约定外，被担保方与担保方还应签订担保合同，作为本合同附件。

6.2.3.10 专利及特殊工艺使用

《施工合同示范文本》第 42 条规定：发包人要求使用专利技术或特殊工艺，应负责办理相应的申报手续，承担申报、试验、使用等费用；承包人提出使用专利技术或特殊工艺，应取得工程师认可，承包人负责办理申报手续并承担有关费用。

擅自使用专利技术侵犯他人专利权的，责任者依法承担相应责任。

6.2.3.11 工程违约的约定

1. 当发生下列情况时，发包人违约：

(1) 发包人不按时支付工程预付款；

(2) 发包人不按合同约定支付工程款，导致施工无法进行；

(3) 发包人无正当理由不支付工程竣工结算价款；

(4) 发包人不履行合同义务或不按合同约定履行义务的其他情况。

发包人承担违约责任，赔偿因其违约给承包人造成的经济损失，顺延延误的工期。双方在合同专用条款内约定发包人赔偿承包人损失的计算方法或者发包人应当支付违约金的数额或计算方法。

2. 当发生下列情况时，承包人违约：

(1) 因承包人原因不能按照协议书约定的竣工日期或工程师同意顺延的工期竣工；

(2) 因承包人原因工程质量达不到协议书约定的质量标准；

(3) 承包人不履行合同义务或不按合同约定履行义务的其他情况。

承包人承担违约责任，赔偿因其违约给发包人造成的损失。双方在专用条款内约定承包人赔偿发包人损失的计算方法或者承包人应当支付违约金的数额或计算方法。

3. 一方违约后，另一方要求违约方继续履行合同时，违约方承担上述违约责任后仍应继续履行合同。

[**案例**] 合同内容约定不清引起纠纷

某建筑工程采用邀请招标方式。业主在招标文件中要求：(1) 项目在21个月内完成；(2) 采用固定总价合同；(3) 无调价条款。承包商投标报价364000美元，工期24个月。在投标书中承包商使用保留条款，要求取消固定价格条款，采用浮动价格。但业主在未同承包商谈判的情况下发出中标函，同时指出：(1) 经审核发现投标书中有计算错误，共多算了7730美元；业主要求在合同总价中减去这个差额，将报价改为356270（即364000—7730）美元；(2) 同意24个月工期；(3) 坚持采用固定价格。承包商答复为：(1) 如业主坚持固定价格条款，则承包商在原报价的基础上再增加75000美元；(2) 既然为固定总价合同，则总价优先，计算错误7730美元不应从总价中减去。则合同总价应为439000（即364000＋75000）美元。在工程中由于工程变更，使合同工程量又增加了70863美元。工程最终在24个月内完成。最终结算，业主坚持按照改正后的总价356270美元并加上的工程量增加的部分结算，即最终合同总价为427133美元。而承包商坚持总结算价款为509863（即364000＋75000＋70863）美元。最终经中间人调解，业主接受承包商的要求。

解析：

(1) 对承包商保留条款，业主可以在招标文件，或合同条件中规定不接受任何保留条款，则承包商保留说明无效。否则业主应在定标前与承包商就投标书中的保留条款进行具体商谈，做出确认或否认。不然会引起合同执行过程中的争执。

(2) 对单价合同，业主是可以对报价单中数字计算错误进行修正的，而且在招标文件中应规定业主的修正权，并要求承包商对修正后的价格的认可。但对固定总价合同，一般不能修正，因为总价优先，业主是确认总价。

(3) 当双方对合同的范围和条款的理解明显存在不一致时，业主应在中标函发出前进行澄清，而不能留在中标后商谈。如果先发出中标函，再谈修改方案或合同条件，承包商要价就会较高，业主十分被动。而在中标函发出前进行商谈，一般承包商为了中标，比较容易接受业主的要求。可能本工程比较紧急，业主急于签订合同，实施项目，所以没来得及与承包商在签订合同前进行认真的澄清和合同谈判。

6.3 建设工程施工合同的履行

6.3.1 建设工程合同履行的含义

工程合同履行是指工程建设项目的发包方和承包方根据合同规定的时间、地点、方式、内容及标准等要求，各自完成合同义务的行为。对于发包方来说，履行合同最主要的义务是按照合同约定支付合同价款，而承包方最主要的义务是按约定交付合格的建筑产品。但是，当事人双方的义务都不是单一的最后交付行为，而是一系列义务的总和。发包方不仅要按时支付工程预付款、进度款，还要按照约定按时提供现场施工条件，及时参加隐蔽工程验收等；而承包方义务的多样性表现为工程质量必须达到合同约定标准，施工进度不能超过合同工期等。

6.3.2 建设工程合同履行的原则

合同订立后能否很好得到履行，关系到合同目的能否实现。履行合同应遵守以下原则：

1. 全面、适当履行原则

当事人应当按照约定全面履行自己的义务，包括按约定的主体、标的、数量、质量、价款或报酬、方式、地点、期限等全面履行义务。全面履行原则对合同的履行具有重要意义，它是判断合同各方是否违约以及违约应当承担何种违约责任的根据和尺度。

2. 遵守诚实信用原则

诚实信用原则是《合同法》的基本原则，它是指当事人在签订和执行合同时，应根据合同的性质，目的和交易习惯履行通知、协助、保密等义务。讲究诚实，恪守信用，实事求是，以善意的方式行使权利并履行义务，不得回避法律和合同。

对施工合同来说，业主在合同实施阶段应当按合同规定向承包方提供施工场地，及时支付工程款，聘请工程师进行公正的现场协调和监理；承包方应当认真计划，组织好施工，努力按质、按量在规定时间内完成施工任务，并履行合同所规定的其他义务。在遇到合同文件没有作出具体规定或规定矛盾或含糊时，双方应当善意地等待合同，在合同规定的总体目标下公正行事。

3. 协作履行原则

合同当事人各方在履行合同过程中，应当互谅、互助，尽可能为对方履行合同义务提供相应的便利条件。因为工程施工合同的履行过程是一个经历时间长、涉及面广、质量、技术要求高的复杂过程，一方履行合同义务的行为往往就是另一方履行合同义务的必要条件，只有贯彻协作履行原则，才能达到双方预期的合同目的。因此，承发包双方必须严格按照合同约定履行自己的每一项义务，本着共同的目的，相互之间应进行必要的监督检查，及时发现问题，平等协商解决，保证工程顺利实施；当一方违约给工程实施带来不良影响时，另一方应及时支持，违约方应及时采取补救措施；发生争议时，双方应尽量采取和解、调解等省时省力的方法解决，尽可能不采取极端行为等。

6.3.3 施工过程质量管理

1. 对材料和设备的质量控制

为了保证工程项目达到投资建设的预期目的，确保工程质量至关重要。对工程质量进行严格控制，应从使用的材料质量控制开始。

（1）发包人供应材料设备见《施工合同示范文本》第 27 条的规定：

实行发包人供应材料设备的，双方应当约定发包人供应材料设备的一览表，作为本合同附件。一览表包括发包人供应材料设备的品种、规格、型号、数量、单价、质量等级、提供时间和地点。

发包人按一览表约定的内容提供材料设备，并向承包人提供产品合格证明，对其质量负责。发包人在所供材料设备到货前 24 小时，以书面形式通知承包人，由承包人派人与发包人共同清点。

发包人供应的材料设备，承包人派人参加清点后由承包人妥善保管，发包人支付相应保管费用。因承包人原因发生丢失损坏，由承包人负责赔偿。

发包人未通知承包人清点，承包人不负责材料设备的保管，丢失损坏由发包人负责。

发包人供应的材料设备与一览表不符时，发包人承担有关责任。发包人应承担责任的具体内容，双方根据下列情况在专用条款内约定：

①材料设备单价与一览表不符，由发包人承担所有价差；

②材料设备的品种、规格、型号、质量等级与一览表不符，承包人可拒绝接收保管，由发包人运出施工场地并重新采购；

③发包人供应的材料规格、型号与一览表不符，经发包人同意，承包人可代为调剂串换，由发包人承担相应费用；

④到货地点与一览表不符，由发包人负责运至一览表指定地点；

⑤供应数量少于一览表约定的数量时，由发包人补齐，多于一览表约定数量时，发包人负责将多出部分运出施工场地；

⑥到货时间早于一览表约定时间，由发包人承担因此发生的保管费用；到货时间迟于一览表约定的供应时间，发包人赔偿由此造成的承包人损失，造成工期延误的，相应顺延工期。

发包人供应的材料设备使用前，由承包人负责检验或试验，不合格的不得使用，检验或试验费用由发包人承担。

发包人供应材料设备的结算方法，双方在专用条款内约定。

2. 承包人供应材料设备见《施工合同示范文本》第 28 条的规定：

承包人负责采购材料设备的，应按照专用条款约定及设计和有关标准要求采购，并提供产品合格证明，对材料设备质量负责。承包人在材料设备到货前 24 小时通知工程师清点。

承包人采购的材料设备与设计或标准要求不符时，承包人应按工程师要求的时间运出施工场地，重新采购符合要求的产品，承担由此发生的费用，由此延误的工期不予顺延。

承包人采购的材料设备在使用前，承包人应按工程师的要求进行检验或试验，不合格的不得使用，检验或试验费用由承包人承担。

工程师发现承包人采购并使用不符合设计和标准要求的材料设备时，应要求承包人负责修复、拆除或重新采购，由承包人承担发生的费用，由此延误的工期不予顺延。

承包人需要使用代用材料时，应经工程师认可后才能使用，由此增减的合同价款双方以书面形式议定。

由承包人采购的材料设备，发包人不得指定生产厂或供应商。

[案例] 某工程在实施过程中发生如下事件：

事件1：桩基工程施工中，在抽检材料试验未完成的情况下，施工单位已将该批材料用于工程，专业监理工程师发现后予以制止。其后完成的材料试验结果表明，该批材料不合格，经检验，使用该批材料的相应工程部位存在质量问题，需进行返修。

事件2：施工中，由建设单位负责采购的设备在没有通知施工单位共同清点的情况下就存放在施工现场。施工单位安装时发现该设备的部分部件损坏，对此，建设单位要求施工单位承担损坏赔偿责任。

事件3：上述设备安装完毕后进行的单机无负荷试车未通过验收，经检验认定是因为设备本身的质量问题造成的。

问题：

(1) 事件1中，返修的费用和拖延的工期由谁承担？

(2) 指出事件2中建设单位做法的不妥之处，说明理由。

(3) 事件3中，单机无负荷试车由谁组织？其费用是否包含在合同价中？因试车验收未通过所增加的各项费用由谁承担？

解析：

(1) 由施工单位承担返修的费用，拖延的工期不予顺延。理由：抽检材料试验未完成，是施工单位擅自提前施工造成的。

(2) 由建设单位采购的设备没有通知施工单位共同清点就存放施工现场不妥。理由：建设单位应以书面形式通知施工单位派人与其共同清点移交。建设单位要求施工单位承担设备部分部件损坏的责任不妥。理由：建设单位未通知施工单位清点，施工单位不负责设备的保管，设备丢失损坏由建设单位负责。

(3) 由施工单位组织；已包含在合同价中；由建设单位承担。

2. 工程质量标准及质量检验

(1) 工程质量标准

《施工合同示范文本》第15条规定：工程质量应当达到协议书约定的质量标准，质量标准的评定以国家或行业的质量检验评定标准为依据。因承包人原因工程质量达不到约定的质量标准，承包人承担违约责任。

双方对工程质量有争议，由双方同意的工程质量检测机构鉴定，所需费用及因此造成的损失，由责任方承担。双方均有责任，由双方根据其责任分别承担。

(2) 检查和返工

《施工合同示范文本》第16条规定：承包人应认真按照标准、规范和设计图纸要求以及工程师依据合同发出的指令施工，随时接受工程师的检查检验，为检查检验提供便利条件。

工程质量达不到约定标准的部分，工程师一经发现，应要求承包人拆除和重新施工，承包人应按工程师的要求拆除和重新施工，直到符合约定标准。因承包人原因达不到约定标准，由承包人承担拆除和重新施工的费用，工期不予顺延。

工程师的检查检验不应影响施工正常进行。如影响施工正常进行，检查检验不合格时，影响正常施工的费用由承包人承担。除此之外影响正常施工的追加合同价款由发包人承担，相应顺延工期。

因工程师指令失误或其他非承包人原因发生的追加合同价款，由发包人承担。

（3）隐蔽工程和中间验收

《施工合同示范文本》第 17 条规定：工程具备隐蔽条件或达到专用条款约定的中间验收部位，承包人进行自检，并在隐蔽或中间验收前 48 小时以书面形式通知工程师验收。通知包括隐蔽和中间验收的内容、验收时间和地点。承包人准备验收记录，验收合格，工程师在验收记录上签字后，承包人可进行隐蔽和继续施工。验收不合格，承包人在工程师限定的时间内修改后重新验收。

工程师不能按时进行验收，应在验收前 24 小时以书面形式向承包人提出延期要求，延期不能超过 48 小时。工程师未能按以上时间提出延期要求，不进行验收，承包人可自行组织验收，工程师应承认验收记录。

经工程师验收，工程质量符合标准、规范和设计图纸等要求，验收 24 小时后，工程师不在验收记录上签字，视为工程师已经认可验收记录，承包人可进行隐蔽或继续施工。

（4）重新检验

《施工合同示范文本》第 18 条规定：无论工程师是否进行验收，当其要求对已经隐蔽的工程重新检验时，承包人应按要求进行剥离或开孔，并在检验后重新覆盖或修复。检验合格，发包人承担由此发生的全部追加合同价款，赔偿承包人损失，并相应顺延工期。检验不合格，承包人承担发生的全部费用，工期不予顺延。

6.3.4 施工进度管理

工程师进行进度管理的主要任务是控制施工工作按进度计划执行，确保施工任务在规定的合同工期内完成。施工合同通用条款的规定：

1. 按进度计划施工

承包人必须按工程师确认的进度计划组织施工，接受工程师对进度的检查、监督。工程实际进度与经确认的进度计划不符时，承包人应按工程师的要求提出改进措施，经工程师确认后执行。因承包人的原因导致实际进度与进度计划不符，承包人无权就改进措施提出追加合同价款。

2. 暂停施工

《施工合同示范文本》第 12 条规定：工程师认为确有必要暂停施工时，应当以书面形式要求承包人暂停施工，并在提出要求后 48 小时内提出书面处理意见。承包人应当按工程师要求停止施工，并妥善保护已完工程。承包人实施工程师作出的处理意见后，可以书面形式提出复工要求，工程师应当在 48 小时内给予答复。工程师未能在规定时间内提出处理意见，或收到承包人复工要求后 48 小时内未予答复，承包人可自行复工。因发包人原因造成停工的，由发包人承担所发生的追加合同价款，赔偿承包人由此造成的损失，相应顺延工期；因承包人原因造成停工的，由承包人承担发生的费用，工期不予顺延。

3. 工期延误

《施工合同示范文本》第13条规定：因以下原因造成工期延误，经工程师确认，工期相应顺延：

（1）发包人未能按专用条款的约定提供图纸及开工条件；

（2）发包人未能按约定日期支付工程预付款、进度款，致使施工不能正常进行；

（3）工程师未按合同约定提供所需指令、批准等，致使施工不能正常进行；

（4）设计变更和工程量增加；

（5）一周内非承包人原因停水、停电、停气造成停工累计超过8小时；

（6）不可抗力；

（7）专用条款中约定或工程师同意工期顺延的其他情况。

承包人在上述情况发生后14天内，就延误的工期以书面形式向工程师提出报告。工程师在收到报告后14天内予以确认，逾期不予确认也不提出修改意见，视为同意顺延工期。

6.3.5 工程计量及进度款支付管理

由于签订合同时在工程量清单中开列的工程量是估计工程量，实际施工可能与其有差异，因此发包人支付工程进度款前应对承包人完成的实际工程量予以确认或核实，按照承包人实际完成永久工程的工程量进行支付。

1. 工程计量

《施工合同示范文本》第25条规定了工程量的确认程序：

承包人应按专用条款约定的时间，向工程师提交已完工程量的报告。工程师接到报告后7天内按设计图纸核实已完工程量（以下称计量），并在计量前24小时通知承包人，承包人为计量提供便利条件并派人参加。承包人收到通知后不参加计量，计量结果有效，作为工程价款支付的依据。

工程师收到承包人报告后7天内未进行计量，从第8天起，承包人报告中开列的工程量即视为被确认，作为工程价款支付的依据。工程师不按约定时间通知承包人，致使承包人未能参加计量，计量结果无效。

对承包人超出设计图纸范围和因承包人原因造成返工的工程量，工程师不予计量。

2. 进度款的支付管理

（1）工程进度款支付方式

①按月结算与支付。即实行按月支付进度款，竣工后清算的办法。合同工期在两个年度以上的工程，在年终进行工程盘点，办理年度结算。

②分段结算与支付。即当年开工、当年不能竣工的工程按照工程形象进度，划分不同阶段支付工程进度款。具体划分在合同中明确。

（2）工程进度款支付

发包人应按不低于工程价款的60%，不高于工程价款的90%向承包人支付工程进度款。

《施工合同示范文本》第26条规定了工程款（进度款）支付流程：

在确认计量结果后14天内，发包人应向承包人支付工程款（进度款）。按约定时间发包人应扣回的预付款，与工程款（进度款）同期结算。

确定调整的合同价款、工程变更调整的合同价款及其他条款中约定的追加合同价款，应与工程款（进度款）同期调整支付。

发包人超过约定的支付时间不支付工程款（进度款），承包人可向发包人发出要求付款的通知，发包人收到承包人通知后仍不能按要求付款，可与承包人协商签订延期付款协议，经承包人同意后可延期支付。协议应明确延期支付的时间和从计量结果确认后第15天起应付款的贷款利息。

发包人不按合同约定支付工程款（进度款），双方又未达成延期付款协议，导致施工无法进行，承包人可停止施工，由发包人承担违约责任。

6.3.6 施工合同的变更管理

任何工程项目在实施过程中由于受到各种外界因素的干扰，都会发生程度不同的变更，它无法事先做出具体的预测，而在开工后又无法避免。而由于合同变更涉及工程价款的变更及时间的补偿等，这直接关系到项目效益。因此，变更管理在合同管理中就显得相当重要。

1. 工程变更的概念及性质

工程变更一般是指在工程施工过程中，根据合同的约定对施工的程序、工程的数量、质量要求及标准等做出的变更。

工程变更是一种特殊的合同变更。合同变更是指合同成立后、履行完毕前由双方当事人依法对原合同的内容所进行的修改。但工程变更与一般合同变更存在一定的差异。一般合同变更的协商，发生在履约过程中合同内容变更之时，而工程变更则较为特殊：双方在合同中已经授予工程师进行工程变更的权利，但此时对变更工程的价款最多只能作原则性的约定；在施工过程中，工程师直接行使合同赋予的权利发出工程变更指令，根据合同约定承包商应该先行实施该指令；此后，双方可对变更工程的价款进行协商。

2. 合同变更的原因

合同内容频繁的变更是工程合同的特点之一。对一个较为复杂的工程合同，实施中的变更事件可能有几百项，合同变更产生的原因通常有如下几方面：

（1）工程范围发生变化

①业主新的指令，对建筑新的要求，要求增加或删减某些项目、改变质量标准，项目用途发生变化；

②政府部门对工程项目有新的要求如国家计划变化、环境保护要求、城市规划变动等。

（2）设计变更

在工程施工合同履约过程中，由工程不同参与方提出，最终由设计单位以设计变更，或设计补充文件形式发出的工程变更指令。设计变更的内容很广泛，是工程变更的主体内容。如因设计计算错误或图示错误发出的设计变更通知书、因设计遗漏或设计深度不够而发出的设计补充说明书，以及应业主、承包商或监理方请求对设计所作的优化调整等。

（3）施工条件变化

在施工中遇到的实际现场条件同招标文件中的描述有本质的差异，或发生不可抗力等。即预定的工程条件不准确。如业主未能按合同约定提供必须的施工条件。

（4）合同实施过程中出现的问题

主要包括业主未及时交付设计图纸等及未按规定交付现场、水、电、道路等；由于产生新的技术和知识，有必要改变原实施方案以及业主或监理工程师的指令改变了原合同规定的施工顺序，打乱施工部署等。

3. 工程变更程序

在施工过程中如果发生设计变更，将对施工进度产生很大的影响。因此，应尽量减少设计变更，如果必须对设计进行变更，必须严格按照国家的规定和合同约定的程序进行。

《施工合同示范文本》通用条款第 29 条的规定：

施工中发包人需对原工程设计进行变更，应提前 14 天以书面形式向承包人发出变更通知。变更超过原设计标准或批准的建设规模时，发包人应报规划管理部门和其他有关部门重新审查批准，并由原设计单位提供变更的相应图纸和说明。承包人按照工程师发出的变更通知及有关要求，进行下列需要的变更：

（1）更改工程有关部分的标高、基线、位置和尺寸；

（2）增减合同中约定的工程量；

（3）改变有关工程的施工时间和顺序；

（4）其他有关工程变更需要的附加工作。

因变更导致合同价款的增减及造成的承包人损失，由发包人承担，延误的工期相应顺延。

施工中承包人不得对原工程设计进行变更。因承包人擅自变更设计发生的费用和由此导致发包人的直接损失，由承包人承担，延误的工期不予顺延。

承包人在施工中提出的合理化建议涉及对设计图纸或施工组织设计的更改及对材料、设备的换用，须经工程师同意，未经同意擅自更改或换用时，承包人承担由此发生的费用，并赔偿发包人的有关损失，延误的工期不予顺延。

工程师同意采用承包人合理化建议，所发生的费用和获得的收益，发包人承包人另行约定分担或分享。

合同履行中发包人要求变更工程质量标准及发生其他实质性变更，由双方协商解决。

4. 工程变更价款的管理

（1）对一般工程变更价款的规定

《施工合同示范文本》通用条款第 11 条的规定：

承包人在工程变更确定后 14 天内，提出变更工程价款的报告，经工程师确认后调整合同价款。变更合同价款按下列方法进行：

①合同中已有适用于变更工程的价格，按合同已有的价格变更合同价款；

②合同中只有类似于变更工程的价格，可以参照类似价格变更合同价款；

③合同中没有适用或类似于变更工程的价格，由承包人提出适当的变更价格，经工程师确认后执行。

承包人在双方确定变更后 14 天内不向工程师提出变更工程价款报告时，视为该项变更不涉及合同价款的变更。工程师应在收到变更工程价款报告之日起 14 天内予以确认，工程师无正当理由不确认时，自变更工程价款报告送达之日起 14 天后视为变更工程价款报告已被确认。工程师不同意承包人提出的变更价款，按关于争议的约定处理。工程师确认增加的工程变更价款作为追加合同价款，与工程款同期支付。因承包人自身原因导致的工程变更，承包人无权要求追加合同价款。

(2) 对工程量清单计价模式下价款的调整方法

招标工程以投标截止日前 28 天，非招标工程以合同签订前 28 天为基准日，其后国家的法律、法规、规章和政策发生变化影响工程造价的，应按省级或行业建设主管部门或其授权的工程造价管理机构发布的规定调整合同价款。

若施工中出现施工图纸（含设计变更）与工程量清单项目特征描述不符的，发、承包双方应按新的项目特征确定相应工程量清单的综合单价。

因分部分项工程量清单漏项或非承包人原因的工程变更，造成增加新的工程量清单项目，其对应的综合单价按下列方法确定：

①合同中已有适用的综合单价，按合同中已有的综合单价确定；

②合同中有类似的综合单价，参照类似的综合单价确定；

③合同中没有适用或类似的综合单价，由承包人提出综合单价，经发包人确认后执行。

因分部分项工程量清单漏项或非承包人原因的工程变更，引起措施项目发生变化，造成施工组织设计或施工方案变更，原措施费中已有的措施项目，按原有措施费的组价方法调整；原措施费中没有的措施项目，由承包人根据措施项目变更情况，提出适当的措施费变更，经发包人确认后调整。

因非承包人原因引起的工程量增减，该项工程量变化在合同约定幅度以内的，应执行原有的综合单价；该项工程量变化在合同约定幅度以外的，其综合单价及措施费应予以调整。

若施工期内市场价格波动超出一定幅度时，应按合同约定调整工程价款；合同没有约定或约定不明确的，应按省级或行业建设主管部门或其授权的工程造价管理机构的规定调整。

工程价款调整报告应由受益方在合同约定时间内向合同的另一方提出，经对方确认后调整合同价款。受益方未在合同约定时间内提出工程价款调整报告的，视为不涉及合同价款的调整。收到工程价款调整报告的一方应在合同约定时间内确认或提出协商意见，否则视为工程价款调整报告已经确认。经发、承包双方确定调整的工程价款，作为追加（减）合同价款与工程进度款同期支付。

5. 合同变更中应注意的问题

(1) 对业主（工程师）的口头变更指令，按施工合同规定，承包商也必须遵照执行，但应在 7 天内书面向工程师索取书面确认。而如果工程师在 7 天内未予否决，则该书面要求可作为变更的指令。

(2) 业主和工程师的认可权必须限制。国际工程中，业主常常通过工程师对材料的认可权提高材料的质量标准、对设计的认可权提高设计标准、对施工工艺的认可权提高施工质量标准。如果合同条文含糊，则容易产生争执。如果认可权超过合同明确的范围和标准，应视作变更指令，争取业主或工程师的确认以获得索赔。

(3) 承包合同规定工程师变更工程的权力，但工程变更不能免去承包商的合同责任，而且对方应该有变更的主观意图。所以对已收到的变更指令，特别对重大的变更指令或在图纸上作出的修改意见，应予以核实。

(4) 工程变更通常由业主的工程师下达书面指令，出具书面证明，承包商开始执行变更，同时进行费用补偿谈判，在一定期限内达成补偿协议。应该注意工程变更的实施，价格谈判和业主批准三者之间在时间上的矛盾性。

6.3.7 施工安全管理

1.《施工合同示范文本》第20条规定了安全施工与检查的内容

承包人应遵守工程建设安全生产有关管理规定，严格按安全标准组织施工，并随时接受行业安全检查人员依法实施的监督检查，采取必要的安全防护措施，消除事故隐患。由于承包人安全措施不力造成事故的责任和因此发生的费用，由承包人承担。

发包人应对其在施工场地的工作人员进行安全教育，并对他们的安全负责。发包人不得要求承包人违反安全管理的规定进行施工。因发包人原因导致的安全事故，由发包人承担相应责任及发生的费用。

2.《施工合同示范文本》第21条规定了安全防护的要求

承包人在动力设备、输电线路、地下管道、密封防震车间、易燃易爆地段以及临街交通要道附近施工时，施工开始前应向工程师提出安全防护措施，经工程师认可后实施，防护措施费用由发包人承担。

实施爆破作业，在放射、毒害性环境中施工（含储存、运输、使用）及使用毒害性、腐蚀性物品施工时，承包人应在施工前14天以书面形式通知工程师，并提出相应的安全防护措施，经工程师认可后实施，由发包人承担安全防护措施费用。

3.《施工合同示范文本》第22条规定了事故处理的内容

发生重大伤亡及其他安全事故，承包人应按有关规定立即上报有关部门并通知工程师，同时按政府有关部门要求处理，由事故责任方承担发生的费用。发包人承包人对事故责任有争议时，应按政府有关部门的认定处理。

6.3.8 不可抗力的处理

《施工合同示范文本》第39条规定了不可抗力的内容：

不可抗力包括因战争、动乱、空中飞行物体坠落或其他非发包人承包人责任造成的爆炸、火灾，以及专用条款约定的风、雨、雪、洪、震等自然灾害。

不可抗力事件发生后，承包人应立即通知工程师，并在力所能及的条件下迅速采取措施，尽力减少损失，发包人应协助承包人采取措施。工程师认为应当暂停施工的，承包人应暂停施工。不可抗力事件结束后48小时内承包人向工程师通报受害情况和损失情况，及预计清理和修复的费用。不可抗力事件持续发生，承包人应每隔7天向工程师报告一次受害情况。不可抗力事件结束后14天内，承包人向工程师提交清理和修复费用的正式报告及有关资料。因不可抗力事件导致的费用及延误的工期由双方按以下方法分别承担：

(1) 工程本身的损害、因工程损害导致第三人人员伤亡和财产损失以及运至施工场地用于施工的材料和待安装的设备的损害，由发包人承担；

(2) 发包人承包人人员伤亡由其所在单位负责，并承担相应费用；

(3) 承包人机械设备损坏及停工损失，由承包人承担；

(4) 停工期间，承包人应工程师要求留在施工场地的必要的管理人员及保卫人员的费用由发包人承担；

(5) 工程所需清理、修复费用，由发包人承担；

(6) 延误的工期相应顺延。

因合同一方迟延履行合同后发生不可抗力的，不能免除迟延履行方的相应责任。

[案例] 工程施工到第6个月，遭受飓风袭击，造成了相应的损失，承包商及时向业主提出费用索赔和工期索赔，经业主工程师审核后的内容如下：

(1) 部分已建工程遭受不同程度破坏，费用损失30万元；

(2) 在施工现场承包商用于施工的机械收到损坏，造成损失5万元；用于工程上待安装设备（承包商供应）损坏，造成损失1万元；

(3) 由于现场停工造成机械台班损失3万元，人工窝工费2万元；

(4) 施工现场承包商使用的临时设施损坏，造成损失1.5万元；业主使用临时用房破坏，修复费用1万元；

(5) 因灾害造成施工现场停工0.5个月，索赔工期0.5个月；

(6) 灾后清理施工现场，恢复施工需费用3万元。

问题：承包商的索赔是否成立并说明理由？

解析：

(1) 索赔成立，因为不可抗力造成的部分已建工程费用损失，应由业主支付。

(2) 承包商用于施工的机械损坏索赔不成立，因为不可抗力造成各方的损失由各方承担。用于工程上待安装设备损坏索赔成立，虽然用于工程的设备是承包商供应，但将形成业主资产，不可抗力造成的待安装设备损坏由业主承担，所以业主应支付相应费用。

(3) 索赔不成立，因不可抗力给承包商造成的各类费用损失不予补偿，施工机械设备的损坏由承包人自己承担。

(4) 承包商使用的临时设施损坏的索赔不成立，业主使用的临时用房修复索赔成立，因不可抗力造成各方损失由各方分别承担。

(5) 索赔成立，因不可抗力造成工期延误，经业主签证，可顺延合同工期。

(6) 索赔成立，不可抗力引起的清理现场和修复费用应由业主承担。

6.3.9 文物和地下障碍物

《施工合同示范文本》第43条规定：在施工中发现古墓、古建筑遗址等文物及化石或其他有考古、地质研究等价值的物品时，承包人应立即保护好现场并于4小时内以书面形式通知工程师，工程师应于收到书面通知后24小时内报告当地文物管理部门，发包人承包人按文物管理部门的要求采取妥善保护措施。发包人承担由此发生的费用，顺延延误的工期。

如发现后隐瞒不报，致使文物遭受破坏，责任者依法承担相应责任。

施工中发现影响施工的地下障碍物时，承包人应于8小时内以书面形式通知工程师，同时提出处置方案，工程师收到处置方案后24小时内予以认可或提出修正方案。发包人承担由此发生的费用，顺延延误的工期。

所发现的地下障碍物有归属单位时，发包人应报请有关部门协同处置。

6.3.10 工程试车

《施工合同示范文本》第 19 条规定了工程试车的相关内容：

1. 试车的组织

双方约定需要试车的，试车内容应与承包人承包的安装范围相一致。

设备安装工程具备单机无负荷试车条件，承包人组织试车，并在试车前 48 小时以书面形式通知工程师。通知包括试车内容、时间、地点。承包人准备试车记录，发包人根据承包人要求为试车提供必要条件。试车合格，工程师在试车记录上签字。

工程师不能按时参加试车，须在开始试车前 24 小时以书面形式向承包人提出延期要求，延期不能超过 48 小时。工程师未能按以上时间提出延期要求，不参加试车，应承认试车记录。

设备安装工程具备无负荷联动试车条件，发包人组织试车，并在试车前 48 小时以书面形式通知承包人。通知包括试车内容、时间、地点和对承包人的要求，承包人按要求做好准备工作。试车合格，双方在试车记录上签字。

2. 双方责任

（1）由于设计原因试车达不到验收要求，发包人应要求设计单位修改设计，承包人按修改后的设计重新安装。发包人承担修改设计、拆除及重新安装的全部费用和追加合同价款，工期相应顺延。

（2）由于设备制造原因试车达不到验收要求，由该设备采购一方负责重新购置或修理，承包人负责拆除和重新安装。设备由承包人采购的，由承包人承担修理或重新购置、拆除及重新安装的费用，工期不予顺延；设备由发包人采购的，发包人承担上述各项追加合同价款，工期相应顺延。

（3）由于承包人施工原因试车达不到验收要求，承包人按工程师要求重新安装和试车，并承担重新安装和试车的费用，工期不予顺延。

（4）试车费用除已包括在合同价款之内或专用条款另有约定外，均由发包人承担。

（5）工程师在试车合格后不在试车记录上签字，试车结束 24 小时后，视为工程师已经认可试车记录，承包人可继续施工或办理竣工手续。

投料试车应在工程竣工验收后由发包人负责，如发包人要求在工程竣工验收前进行或需要承包人配合时，应征得承包人同意，另行签订补充协议。

6.3.11 工程竣工验收及结算

1. 竣工验收

《施工合同示范文本》第 32 条规定了竣工验收的内容：

工程具备竣工验收条件，承包人按国家工程竣工验收有关规定，向发包人提供完整竣工资料及竣工验收报告。双方约定由承包人提供竣工图的，应当在专用条款内约定提供的日期和份数。

发包人收到竣工验收报告后 28 天内组织有关单位验收，并在验收后 14 天内给予认可或提出修改意见。承包人按要求修改，并承担由自身原因造成修改的费用。发包人收到承包人送交的竣工验收报告后 28 天内不组织验收，或验收后 14 天内不提出修改意见，视为竣工验收报告已被认可。

工程竣工验收通过，承包人送交竣工验收报告的日期为实际竣工日期。工程按发包人要求修改后通过竣工验收的，实际竣工日期为承包人修改后提请发包人验收的日期。发包人收到承包人竣工验收报告后28天内不组织验收，从第29天起承担工程保管及一切意外责任。

因特殊原因，发包人要求部分单位工程或工程部位甩项竣工的，双方另行签订甩项竣工协议，明确双方责任和工程价款的支付方法。

工程未经竣工验收或竣工验收未通过的，发包人不得使用。发包人强行使用时，由此发生的质量问题及其他问题，由发包人承担责任。

[案例] 工程未经验收直接使用后发现地基问题怎么办?

动力机械公司将一幢厂房发包给平安建筑公司施工，工程实行包工包料。竣工后，因有很大的生产任务，机械公司单独对工程进行验收，于同年十月开始使用该厂房。随后发现厂房地基存在一定问题，要求建筑公司返工加固。但建筑公司提出机械公司未经验收擅自使用，依法不应再承担任何工程质量责任。

问题：建筑公司的说法能否得到支持?

解析：工程质量涉及公民的生命健康安全，我国法律对此作出许多强制性规定。建设工程竣工后，经验收才能使用，是一项最基本的法律要求。发包人未经验收擅自使用工程，应当承担法律规定的不利后果，但对于地基基础工程和主体结构而言，承建人应当承担“终身”责任。最高人民法院《关于审理建设工程施工合同纠纷案件适用法律问题的解释》第13条规定：“建设工程未经验收，发包人擅自使用后，又以使用部门质量不符合约定为由主张权利的，不予支持；但是承包人应当在建设工程的合理使用寿命内对地基基础工程和主体结构质量承担民事责任。”本案例中，机械公司未经竣工验收擅自使用，但如果地基基础工程确实存在问题，建筑公司仍应在厂房合理使用寿命内承担民事责任。双方一旦协商不成，机械公司可通过法律渠道维护自己的权益。

2. 竣工日期

《施工合同示范文本》第14条规定：

承包人必须按照协议书约定的竣工日期或工程师同意顺延的工期竣工。

因承包人原因不能按照协议书约定的竣工日期或工程师同意顺延的工期竣工的，承包人承担违约责任。

施工中发包人如需提前竣工，双方协商一致后应签订提前竣工协议，作为合同文件组成部分。提前竣工协议应包括承包人为保证工程质量和安全采取的措施、发包人为提前竣工提供的条件以及提前竣工所需的追加合同价款等内容。

3. 竣工结算

工程完工后，双方应按照约定的合同价款及合同价款调整内容以及索赔事项，进行工程竣工结算。

(1) 工程竣工结算的编审

工程竣工结算分为单位工程竣工结算、单项工程竣工结算和建设项目竣工总结算。

单位工程竣工结算由承包人编制，发包人审查；实行总承包的工程，由具体承包人编制，在总包人审查的基础上，发包人审查。单项工程竣工结算或建设项目竣工总结算由总(承)包人编制，发包人可直接进行审查，也可以委托具有相应资质的工程造价咨询机构进行审查。政府投资项目，由同级财政部门审查。单项工程竣工结算或建设项目竣工总结算经发、承包人签字盖章后有效。

承包人应在合同约定期限内完成项目竣工结算编制工作，未在规定期限内完成的并且提不出正当理由延期的，责任自负。单项工程竣工后，承包人应在提交竣工验收报告的同时，向发包人递交竣工结算报告及完整的结算资料，发包人应按以下规定时限（表 6-1）进行核对（审查）并提出审查意见。

审查时限表 **表 6-1**

	工程竣工结算报告金额	审查时间
1	500 万元以下	从接到竣工结算报告和完整的竣工结算资料之日起 20 天
2	500 万元～2000 万元	从接到竣工结算报告和完整的竣工结算资料之日起 30 天
3	2000 万元～5000 万元	从接到竣工结算报告和完整的竣工结算资料之日起 45 天
4	5000 万元以上	从接到竣工结算报告和完整的竣工结算资料之日起 60 天

建设项目竣工总结算在最后一个单项工程竣工结算审查确认后 15 天内汇总，送发包人后 30 天内审查完成。

(2) 工程竣工结算的内容

① 工程竣工价款结算

发包人收到承包人递交的竣工结算报告及完整的结算资料后，应按规定的期限（合同约定有期限的，从其约定）进行核实，给予确认或者提出修改意见。发包人根据确认的竣工结算报告向承包人支付工程竣工结算价款，保留 5%左右的质量保证（保修）金，待工程交付使用一年质保期到期后清算（合同另有约定的，从其约定），质保期内如有返修，发生费用应在质量保证（保修）金内扣除。

② 索赔价款结算

发承包人未能按合同约定履行自己的各项义务或发生错误，给另一方造成经济损失的，由受损方按合同约定提出索赔，索赔金额按合同约定支付。

③ 合同以外零星项目工程价款结算

发包人要求承包人完成合同以外零星项目，承包人应在接受发包人要求的 7 天内就用工数量和单价、机械台班数量和单价、使用材料和金额等向发包人提出施工签证，发包人签证后施工，如发包人未签证，承包人施工后发生争议的，责任由承包人自负。

(3) 竣工结算程序

《施工合同示范文本》第 33 条规定：

① 工程竣工验收报告经发包人认可后 28 天内，承包人向发包人递交竣工结算报告及完整的结算资料，双方按照协议书约定的合同价款及专用条款约定的合同价款调整内容，进行工程竣工结算。

② 发包人收到承包人递交的竣工结算报告及结算资料后 28 天内进行核实，给予确认或者提出修改意见。发包人确认竣工结算报告后通知经办银行向承包人支付工程竣工结算价款。承包人收到竣工结算价款后 14 天内将竣工工程交付发包人。

③ 发包人收到竣工结算报告及结算资料后 28 天内无正当理由不支付工程竣工结算价款，从第 29 天起按承包人同期向银行贷款利率支付拖欠工程价款的利息，并承担违约

责任。

④ 发包人收到竣工结算报告及结算资料后28天内不支付工程竣工结算价款，承包人可以催告发包人支付结算价款。发包人在收到竣工结算报告及结算资料后56天内仍不支付的，承包人可以与发包人协议将该工程折价，也可以由承包人申请人民法院将该工程依法拍卖，承包人就该工程折价或者拍卖的价款优先受偿。

⑤工程竣工验收报告经发包人认可后28天内，承包人未能向发包人递交竣工结算报告及完整的结算资料，造成工程竣工结算不能正常进行或工程竣工结算价款不能及时支付，发包人要求交付工程的，承包人应当交付；发包人不要求交付工程的，承包人承担保管责任。

⑥ 发包人承包人对工程竣工结算价款发生争议时，按争议的约定处理。

（4）竣工价格具体调整方法

① 物价波动引起的价格调整

除专用合同条款另有约定外，因物价波动引起的价格调整按照约定处理。

采用价格指数调整价格差额

因人工、材料和设备等价格波动影响合同价格时，根据投标函附录中的价格指数和权重表约定的数据，按以下公式计算差额并调整合同价格。

$$P = P_0(a_0 + a_1 A/A_0 + a_2 B/B_0 + a_3 C/C_0 + a_4 D/D_0)$$

式中 P——工程实际结算价款；

P_0——调值前的工程价款；

a_0——不调值部分比重；

a_1，a_2，a_3，a_4——调值因素比重；

A、B、C、D——现行价格指数或价格；

A_0、B_0、C_0、D_0——基期价格指数或价格。

应用调值公式应注意：

计算物价指数的品种只选择对总造价影响较大的少数几种。

在签订合同时要明确调价品种和波动到何种程度可调整（一般为10%）。

考核地点一般在工程所在地或指定某地的市场。

确定基期时点价格指数或价格、计算期时点价格指数或价格。计算期时点是特定付款凭证涉及的期间的最后一天的49天前一天。

以上价格调整公式中的各可调因子、定值和变值权重，以及基本价格指数及其来源在投标函附录价格指数和权重表中约定。价格指数应首先采用有关部门提供的价格指数，缺乏上述价格指数时，可采用有关部门提供的价格代替。

承包人工期延误后的价格调整，由于承包人原因未在约定的工期内竣工的，则对原约定竣工日期后继续施工的工程，在使用价格调整公式时，应采用原约定竣工日期与实际竣工日期的两个价格指数中较低的一个作为现行价格指数。

② 采用造价信息调整价格差额

施工期内，因人工、材料、设备和机械台班价格波动影响合同价格时，人工、机械使用费按照国家或省、自治区、直辖市建设行政管理部门、行业建设管理部门或其授权的工程造价管理机构发布的人工成本信息、机械台班单价或机械使用费系数进行调整；需要进行价格调整的材料，其单价和采购数应由监理人复核，监理人确认需调整的材料单价及数量，作为调整工程合同价格差额的依据。

③ 法律变化引起的价格调整

在基准日后，因法律变化导致承包人在合同履行中所需要的工程费用发生除约定以外的增减时，监理人应根据法律、国家或省、自治区、直辖市有关部门的规定，商定或确定需调整的合同价款。

[案例] 动态调值公式的应用

某承包商承包某外资工程项目的施工，与业主签订的施工合同要求，工程合同价2000万元，工程价款采用调值公式动态结算，该工程的人工费可调，占工程价款的35%，材料费中钢材可调占20%，混凝土可调占20%，木材占10%，不调值费用占15%，价格指数见下表所示：

费用名称	基期代号	基期价格指数	计算期代号	计算期价格指数
人工费	A_0	124	A	133
钢材	B_0	125	B	128
混凝土	C_0	126	C	146
木材	D_0	118	D	136

问题：

(1) 通常工程竣工结算的前提是什么？

(2) 如果该工程的竣工验收报告在6月30日被发包人认可，按合同示范文本要求，发包人最迟应在何时之前结算？

(3) 如发包人按期不结算，发包人从何时起应支付拖欠工程款利息？如果结算，承包人何时之前将竣工工程交付发包人？

(4) 用调值公式进行结算，计算实际结算值。

解析：

(1) 工程竣工结算的前提条件是承包商按照合同规定全部完成所承包的工程，并符合合同要求，经验收质量合格。

(2) 发包人应在56天后，即8月25日之前结算。这56天是：提交竣工结算资料28天，发包人审查28天。

(3) 如发包人按期不结算，从8月26日起，按承包人同期银行贷款利息支付拖欠工程款利息，如果结算，承包人应在14天内，即9月8日前将竣工工程交付发包人。

(4) 用调值公式进行计算，结果如下：

$$P = P_0(a_0 + a_1 A/A_0 + a_2 B/B_0 + a_3 C/C_0 + a_4 D/D_0)$$

$$= 2000 \times (0.15 + 0.35 \times (133/124) + 0.2 \times (128/125) + 0.2 \times (146/126) + 0.1 \times (136/118))$$

$$= 2154 \text{（万元）}$$

比不调值前增加了154万元。

6.3.12 质量保修

《施工合同示范文本》第34条规定：

承包人应按法律、行政法规或国家关于工程质量保修的有关规定，对交付发包人使用的工程在质量保修期内承担质量保修责任。

质量保修工作的实施。承包人应在工程竣工验收之前，与发包人签订质量保修书，作为本合同附件 。

质量保修书的主要内容包括：质量保修项目内容及范围；质量保修期；质量保修责任；质量保修金的支付方法。质量保修期从工程竣工验收之日算起。分单项竣工验收的工程，按单项工程分别计算质量保修期。其中部分工程的最低质量保修期为：

(1) 基础设施工程、房屋建筑的地基基础工程和主体结构工程，为设计文件规定的该工程合理使用年限；

(2) 屋面防水工程、有防水要求的卫生间、房间和外墙面的防渗漏，为 5 年；

(3) 供热与供冷系统，为 2 个采暖期、供冷期；

(4) 电气管线、给排水管道、设备安装和装修工程，其他项目的保修期限由发包方和承包方约定。

质量保修责任：

(1) 属于保修范围和内容的项目，承包人应在接到修理通知之日后 7 天内派人修理。承包人不在约定期限内派人修理，发包人可委托其他人员修理，修理费用从质量保修金内扣除。

(2) 发生须紧急抢修事故（如上水跑水、暖气漏水漏气、燃气漏气等），承包人接到事故通知后，须立即到达事故现场抢修。非承包人施工质量引起的事故，抢修费用由发包人承担。

(3) 在工程合理使用期限内，承包人确保地基基础工程和主体结构的质量。因承包人原因致使工程在合理使用期限内造成人身和财产损害，承包人应承担损害赔偿责任。

[案例] 原告某房产开发公司与被告某建筑公司签订一施工合同，修建某一住宅小区。小区建成后，经验收质量合格。验收后 1 个月，房产开发公司发现楼房屋顶漏水，遂要求建筑公司负责无偿修理，并赔偿损失，建筑公司则以施工合同中并未规定质量保证期限，以工程已经验收合格为由，拒绝无偿修理要求。房产开发公司遂诉至法院。法院判决施工合同有效，认为合同中虽然并没有约定工程质量保证期限，但依建设部 1993 年 11 月 16 日发布的《建设工程质量管理办法》的规定，屋面防水工程保修期限为 5 年，因此本案工程交工后两个月内出现的质量问题，应由施工单位承担无偿修理并赔偿损失的责任。故判令建筑公司应当承担无偿修理的责任。

解析：本案争议的施工合同虽欠缺质量保证期条款，但并不影响双方当事人对施工合同主要义务的履行，故该合同有效。《合同法》第二百七十五条规定，施工合同的内容包括工程范围、建设工期、中间交工工程的开工和竣工时间、工程质量、工程造价、技术资料交付时间、材料和设备供应责任、捐款和结算、竣工验收、质量保修范围和质量保证期、双方相互协作等条款。由于合同中没有质量保证期的约定，故应当依照法律、法规的规定或者其他规章确定工程质量保证期。法院依照《建设工程质量管理办法》的有关规定对欠缺条款进行补充，无疑是正确的。依据该办法规定；出现的质量问题属保证期内，故认定建筑公司承担无偿修理和赔偿损失责任是正确的。

6.4　建设工程施工合同的解除及争议

6.4.1　建设工程施工合同的解除

建设工程施工合同订立后，当事人应当按照合同的约定履行。但是，在一定的条件下，合同没有履行或完全履行，当事人也可以解除合同。

1. 可以解除合同的情形

在下列情况下，建设工程施工合同可以解除：

（1）合同的协商解除。施工合同当事人协商一致，可以解除。这是在合同订立以后、履行完毕以前，双方当事人通过协商而同意终止合同关系的解除。

（2）发生不可抗力时合同的解除。因为不可抗力或者非合同当事人的原因，造成工程停建或缓建，致使合同无法履行，合同双方可以解除合同。

（3）当事人违约时合同的解除。合同当事人出现以下违约时，可以解除合同：

第一，当事人不按合同约定支付工程款（或进度款），双方又未达成延期付款协议，导致施工无法进行，承包人停止施工超过56天，发包人仍不支付工程款（或进度款），承包商有权解除合同。第二，承包人将其承包的全部工程转包给他人，或者肢解以后以分包的名义分别转包给他人，发包人有权解除合同。第三，合同当事人一方的其他违约致使合同无法履行，合同双方可以解除。

《最高人民法院关于审理建设工程施工合同纠纷案件适用法律问题的解释》第八条和第九条对此有规定：

第八条　承包人具有下列情形之一，发包人请求解除建设工程施工合同的，应予支持：

（1）明确表示或者以行为表明不履行合同主要义务的；

（2）合同约定的期限内没有完工，且在发包人催告的合理期限内仍未完工的；

（3）已经完成的建设工程质量不合格，并拒绝修复的；

（4）将承包的建设工程非法转包、违法分包的。

本条款是关于发包人单方解除施工承包合同的法律规定。主要包含以下五个方面的内容：

（1）承包人的主要义务是按时保质地完成建设工程。如果当承包人明确表示不再履行自己的主要义务的或者以其行为表明不履行主要义务的，发包人可以单方解除施工承包合同。

（2）按时完成建设工程是承包人的主要义务。如果承包人未能在合同约定的期限内完成建设工程，并且在发包人催告的合理期限内仍未完成建设工程的，发包人可以单方解除施工承包合同。

（3）保质完成建设工程也是承包人的主要义务。如果承包人已完成的建设工程质量不合格，并且拒绝修复的，发包人可以单方解除施工承包合同。

（4）如果承包人发生了以下违法分包情形的，发包人可以单方解除施工承包合同：

① 总承包人将建设工程分包给不具有相应资质条件的单位的；

② 建设工程总承包合同中未有约定，又未经发包方的同意，承包人将其承包的部分

建设工程交由其他单位完成的；

③ 施工总承包单位将工程主体结构的施工发包给其他单位的；

④ 分包单位将其承包的建设工程再分包的。

（5）如果承包人发生了以下非法转包的情形的，发包人可以单方解除施工承包合同：

① 承包人将全部工程转包；

② 承包人将全部工程肢解后以分包的名义转包。

第九条　发包人具有下列情形之一，致使承包人无法施工，且在催告的合理期限内仍未履行相应义务，承包人请求解除建设工程施工合同的，应予支持：

（1）未按约定支付工程价款的；

（2）提供的主要建筑材料、建筑构配件和设备不符合强制性标准的；

（3）不履行合同约定的协助义务的。

本条款是关于承包人单方解除施工承包合同的法律规定。主要包含以下三个方面的内容：

（1）发包人的主要义务是按时足额支付工程款。因此，如果发包人未按时或未足额支付工程款，致使承包人无法施工，并且在催告后的合理期限内仍未支付工程款的，承包人可以解除施工承包合同。

（2）建筑材料一般由承包人提供。但是，在实务中，又会出现发包人提供部分建筑材料、建筑构配件和设备的“甲供料”的情况，对“甲供料”承包人负有检验其质量的义务，从而保证建设工程的质量。如果“甲供料”不符合国家强制性标准，致使承包人不能继续施工，要求发包人提供符合要求的“甲供料”，在合理的期限内发包人仍未更换，承包人有权解除施工承包合同。

（3）发包人除了按时足额支付工程款的主要义务外，还有按时提供符合条件的施工场地和施工图纸等协助义务，如果未履行约定的协助义务，致使承包人不能正常施工，在承包人催告后的合理的期限内，发包人仍未履行约定的协助义务的，承包人有权解除施工承包合同。

2. 一方解除合同的程序

一方主张解除合同时，应向对方发出解除合同的书面通知，并在发出通知前7天告知对方。通知到达对方时合同解除。对解除合同有异议的，按照解决合同争议程序处理。

3. 合同解除后的善后处理

合同解除后，当事人双方约定的结算和清理条款仍然有效。承包人应当妥善做好已完工程和已购材料、设备的保护和移交工作，按照发包人要求将自有机械设备和人员撤出施工场地。发包人应当为承包人撤出提供必要的条件，支付以上所发生的费用，并按照合同约定支付已完价款。已经订货的材料、设备由购货方负责退货，解除订货合同发生的费用，由发包人承担。但未及时退货造成的损失由责任方承担。除此之外，有过错的一方应当赔偿因合同解除给对方造成的损失。合同解除后，不影响双方在合同中约定的结算和清理条款的效力。

《最高人民法院关于审理建设工程施工合同纠纷案件适用法律问题的解释》第十条规定：“建设工程施工合同解除后，已经完成的建设工程质量合格的，发包人应当按照约定支付相应的工程价款；已经完成的建设工程质量不合格的，参照本解释第三条规定处理。

因一方违约导致合同解除的，违约方应当赔偿因此而给对方造成的损失。”

本条款是关于守约方防止违约损失扩大的法律规定。该规定主要包含以下三个方面的内容：

(1) 施工承包合同解除后，双方均应停止履行尚未履行的义务。

(2) 根据建设工程质量优先于合同效力的精神，对承包人已完成工程遵循以下原则执行：

① 建设工程质量是合格的，按照被解除的施工承包合同中关于工程价款的约定对实际已完工程量进行结算；

② 建设工程质量是不合格的，根据修复的情形分为：

修复后工程质量合格的，发包人按照被解除的施工承包合同中关于工程价款的约定对实际已完成工程量进行结算。但是，如果修复是由委托的第三人进行，则发包人可从支付的工程款中将修复费用扣除；修复后工程质量仍不合格的，发包人支付工程款的前提不存在，故承包人无权要求发包人支付工程款。

③ 在解决了工程价款的问题后，因违约致使施工承包合同被解除造成的损失，由违约方承担，承发包双方都有责任，则共同承担。

6.4.2 建设工程施工合同的争议

6.4.2.1 工程合同争议产生的原因

工程承包合同争议，是指工程承包合同自订立至履行完毕之前，承包合同的双方当事人因对合同的条款理解产生歧义或因当事人未按合同的约定履行合同，或不履行合同中应承担的义务等原因所产生的纠纷。产生工程承包合同纠纷的原因十分复杂，但一般归纳为合同订立引起的纠纷；在合同履行中发生的纠纷；变更合同而产生的纠纷；解除合同而发生的纠纷等几个方面。具体有以下几个方面：

1. 合同订立不合法

当前，我国建筑企业处于“僧多粥少”的环境中。为规范市场，建设行政主管部门颁发了禁止垫资承包等相关规定。为规避法律，承发包双发在签订合同时往往采用一些不合法手段，其中最主要的表现形式是签订“阴阳合同”，即双方签订两份合同，一份用来应付建设行政主管部门检查的“阳合同”，一份是实际履行的“阴合同”。

2. 合同条款不完整，内容不明确

合同条款不完整或约定不明确是造成合同纠纷最常见、最主要的原因。建设工程施工合同的条款比较多、比较繁琐，某些业主、承包商等缺乏法律意识和自我保护意识，对合同条款的签订和审查不仔细，造成合同内容不完整或关键合同条款内容不明确。

3. 合同主体不合法

签订建设工程合同，必须具备与工作内容相应的资质条件。资质等级是对企业能力的认定，是一种市场准入的限定标准。但目前，一些建筑企业无资质执业、超越资质执业、借用资质、“挂靠”在有执业资质的企业等现象很普遍。这些企业往往不具备从事相关工作的能力，也不能保证工作的进度和质量，很容易引发争议。

4. 合同主体诚信缺失

合同一旦签订，双方主体都应当严格按照合同履行义务，尽自己最大的努力来完成工作。但目前在中国建筑业，信用体系还十分不健全。许多企业只看眼前利益，一旦有不诚信行为，也不会受到足够的惩罚。因而，不是所有业主、承包商都会尽职尽责去完成工作。

6.4.2.2 工程合同争议的解决方式

发包人承包人在履行合同时发生争议，可以和解或者要求有关主管部门调解。当事人不愿和解、调解或者和解、调解不成的，双方可以在专用条款内约定以下一种方式解决争议。

第一种解决方式：双方达成仲裁协议，向约定的仲裁委员会申请仲裁。

第二种解决方式：向有管辖权的人民法院起诉。

当事人没有订立仲裁协议或者仲裁协议无效的，可以向人民法院起诉。当事人应当履行发生法律效力的判决、仲裁裁决、调解书；拒不履行的，对方可以请求人民法院执行。从上述规定可以看出，在我国，合同争议解决的方式主要有和解、调解、仲裁和诉讼四种。在这四种解决争议的方式中，和解和调解的结果没有强制执行的法律效力，要靠当事人的自觉履行。当然，这里所说的和解和调解是狭义的，不包括仲裁和诉讼程序中在仲裁庭和法院的主持下的和解和调解。这两种情况下的和解和调解属于法定程序，其解决方法仍有强制执行的法律效力。

1. 和解

和解，是指在发生合同纠纷后，合同当事人在自愿、友好、互谅基础上，依照法律、法规的规定和合同的约定，自行协商解决合同争议的一种方式。

合同发生争议时，当事人应首先考虑通过和解解决。合同争议的和解解决有以下优点：简便易行，能经济、及时地解决纠纷。有利于维护双方当事人团结和协作氛围，使合同更好地履行。合同双方当事人在平等自愿，互谅互让的基础上就工程合同争议的事项进行协商，气氛比较融洽，有利于缓解双方的矛盾，消除双方的隔阂和对立，加强团结和协作；同时，由于协议是在双方当事人统一认识的基础上自愿达成的，所以可以使纠纷得到比较彻底地解决，协议的内容也比较容易顺利执行。针对性强，便于抓住主要矛盾。由于工程合同双方当事人对事态的发展经过有亲身的经历，了解合同纠纷的起因、发展以及结果的全过程，便于双方当事人抓住纠纷产生的关键原因，有针对性地加以解决。因合同当事人双方一旦关系恶化，常常会在一些枝节上纠缠不休，使问题扩大化、复杂化，而合同争议的和解就可以避免走这些不必要的弯路。可以避免当事人把大量的精力、人力、物力放在诉讼活动上。工程合同发生纠纷后，往往合同当事人各方都认为自己有理，特别在诉讼中败诉的一方，会一直把官司打到底，牵扯巨大的精力，而且可能由此结下怨恨。如果和解解决，就可以避免这些问题，对双方当事人都有好处。

2. 调解

调解，是指在合同发生纠纷后，在第三人的参加和主持下，对双方当事人进行说服、协调和疏导工作，使双方当事人互相谅解并按照法律的规定及合同的有关约定达成解决合同纠纷协议的一种争议解决方式。

工程合同争议的调解，是解决合同争议的一种重要方式，也是我国解决建设工程合同争议的一种传统方法。它是在第三人的参加与主持下，通过查明事实，分清是非，说服教育，促使当事人双方做出适当让步，平息争端，促使双方在互谅互让的基础上自愿达成调解协议，消除纷争。第三人进行调解必须实事求是、公正合理，不能压制双方当事人，而应促使他们自愿达成协议。

3. 仲裁

(1) 仲裁的概念

仲裁，亦称“公断”，是当事人双方在争议发生前或争议发生后达成协议，自愿将争议交给第三者做出裁决，并负有自动履行义务的一种解决争议的方式。这种争议解决方式必须是自愿的，因此必须有仲裁协议。如果当事人之间有仲裁协议，争议发生后又无法通过和解和调解解决，则应及时将争议提交仲裁机构仲裁。

(2) 仲裁的原则

① 自愿原则

解决合同争议是否选择仲裁方式以及选择仲裁机构本身并无强制力。当事人采用仲裁方式解决纠纷，应当贯彻双方自愿原则，达成仲裁协议。如有一方不同意进行仲裁的，仲裁机构即无权受理合同纠纷。

② 公平合理原则

仲裁的公平合理，是仲裁制度的生命力所在。这一原则要求仲裁机构要充分收集证据，听取纠纷双方的意见。仲裁应当根据事实。同时，仲裁应当符合法律规定。

③ 仲裁依法独立进行原则

仲裁机构是独立的组织，相互间也无隶属关系。仲裁依法独立进行，不受行政机关、社会团体和个人的干涉。

④ 一裁终局原则

由于仲裁是当事人基于对仲裁机构的信任做出的选择，因此其裁决是立即生效的。裁决做出后，当事人就同一纠纷再申请仲裁或者向人民法院起诉的，仲裁委员会或者人民法院不予受理。

(3) 仲裁委员会

仲裁委员会可以在直辖市和省、自治区人民政府所在地的市设立，也可以根据需要在其他设区的市设立，不按行政区划层层设立。

仲裁委员会由主任 1 人、副主任 2～4 人和委员 7～11 人组成。仲裁委员会应当从公道正派的人员中聘任仲裁员。仲裁委员会独立于行政机关，与行政机关没有隶属关系。仲裁委员会之间也没有隶属关系。

(4) 仲裁协议

① 仲裁协议的内容

仲裁协议是纠纷当事人愿意将纠纷提交仲裁机构仲裁的协议。它应包括以下内容：请求仲裁的意思表示；仲裁事项；选定的仲裁委员会。

在以上 3 项内容中，选定的仲裁委员会具有特别重要的意义。因为仲裁没有法定管辖，如果当事人不约定明确的仲裁委员会，仲裁将无法操作，仲裁协议将是无效的。至于请求仲裁的意思表示和仲裁事项则可以通过默示的方式来体现。可以认为在合同中选定仲裁委员会就是希望通过仲裁解决争议，同时，合同范围内的争议就是仲裁事项。

② 仲裁协议的作用

合同当事人均受仲裁协议的约束；是仲裁机构对纠纷进行仲裁的先决条件；排除了法院对纠纷的管辖权；仲裁机构应按仲裁协议进行仲裁。

(5) 仲裁庭的组成

仲裁庭的组成有两种方式。

① 当事人约定由3名仲裁员组成仲裁庭

当事人如果约定由3名仲裁员组成仲裁庭，应当各自选定或者各自委托仲裁委员会主任指定1名仲裁员，第3名仲裁员由当事人共同选定或者共同委托仲裁委员会主任指定。第3名仲裁员是首席仲裁员。

② 当事人约定由1名仲裁员组成仲裁庭

仲裁庭也可以由1名仲裁员组成。当事人如果约定由1名仲裁员组成仲裁庭的，应当由当事人共同选定或者共同委托仲裁委员会主任指定仲裁员。

(6) 执行

仲裁裁决的执行。仲裁委员会的裁决作出后，当事人应当履行。由于仲裁委员会本身并无强制执行的权力，因此，当一方当事人不履行仲裁裁决时，另一方当事人可以依照《民事诉讼法》的有关规定向人民法院申请执行。接受申请的人民法院应当执行。

4. 诉讼

(1) 诉讼的概念

诉讼，是指合同当事人依法请求人民法院行使审判权，审理双方之间发生的合同争议，作出有国家强制保证实现其合法权益、从而解决纠纷的审判活动。诉讼是解决合同纠纷的有效方式之一。根据我国现行法律规定，下列情形当事人可以选择诉讼方式解决合同纠纷：

① 合同纠纷当事人不愿意和解或者调解的可以直接向人民法院起诉。

② 经过和解或者调解未能解决合同纠纷的，合同纠纷当事人可以向人民法院起诉。

③ 当事人没有订立仲裁协议或者仲裁协议无效的，可以向人民法院起诉。

④ 仲裁裁决被人民法院依法裁定撤销或者不予执行的，当事人可以向人民法院起诉。

合同当事人双方可以在签订合同时约定选择诉讼方式解决合同纠纷，并依法选择有管辖权的人民法院，但不得违反《民事诉讼法》关于级别管辖和专属管辖的规定。人民法院审理民事案件，依照法律规定实行合议、回避、公开审判和两审终审制度。

(2) 诉讼的特点

① 诉讼程序和实体判决严格依法。与其他解决纠纷的方式相比，诉讼的程序和实体判决都应当严格依法进行。

② 当事人在诉讼中对抗的平等性。诉讼当事人在实体和程序的地位平等。原告起诉，被告可以反诉；原告提出诉讼请求，被告可以反驳诉讼请求。

③ 二审终审制。建设工程纠纷当事人如果不服第一审人民法院判决，可以上诉至第二审人民法院。工程索赔争议经过两级人民法院审理，即告终结。

④ 执行的强制性。诉讼判决具有强制执行的法律效力，当事人可以向人民法院申请强制执行。

(3) 建设工程合同纠纷的管辖

建设工程合同纠纷的管辖，既涉及地域管辖，也涉及级别管辖。

① 级别管辖

级别管辖是指不同级别人民法院受理第一审建设工程合同纠纷的权限分工。一般情况下基层人民法院管辖第一审民事案件。中级人民法院管辖以下案件：重大涉外案件、在本辖区有重大影响的案件、最高人民法院确定由中级人民法院管辖的案件。在建设工程合同纠纷中，判断是否在本辖区有重大影响的依据主要是合同争议的标的额。由于建设工程合同纠纷争议的标的额往往较大，因此往往由中级人民法院受理一审诉讼，有时甚至由高级人民法院受理一审诉讼。

② 地域管辖

地域管辖是指同级人民法院在受理第一审建设工程合同纠纷的权限分工。对于一般的合同争议，由被告住所地或合同履行地人民法院管辖。《民事诉讼法》也允许合同当事人在书面协议中选择被告住所地、合同履行地、合同签订地、原告住所地、标的物所在地人民法院管辖。对于建设工程合同的纠纷一般都适用不动产所在地的专属管辖，由工程所在地人民法院管辖。

发生争议后，除非出现下列情况的，双方都应继续履行合同，保持施工连续，保护好已完工程：单方违约导致合同确已无法履行，双方协议停止施工；调解要求停止施工，且为双方接受；仲裁机构要求停止施工；法院要求停止施工。

[案例] 须招标而未招标签订施工合同仲裁案

背景：原告：A建设单位 被告：B施工单位

某地建设行政主管部门下发通知，要求在次年7月20日至9月20日期间，当地所有在建工程建设项目必须停工。A建设单位为了在次年7月20日前实现竣工交付，将其开发的商品房建设项目直接发包给曾经与之合作过的B施工单位。B施工单位基于与A建设单位之前良好的合作经历，遂与A建设单位就施工合同的一些主要内容签署了一份简单合同。合同部分约定发生争议时，由天津市仲裁委员会裁决。

B施工单位按照A建设单位的要求，开始进场实施桩基施工。后A建设单位指定分包，但与B施工单位无法达成一致，遂申请仲裁，请求裁决双方签署的合同无效。B施工单位递交了答辩书，辩称：合同约定的仲裁机构是“天津市仲裁委员会”，与受理仲裁的“天津仲裁委员会”名称不符，应视为仲裁协议无效，天津仲裁委员会无权管辖。

问题：

(1) 天津仲裁委员会是否有权管辖？为什么？

(2) A、B双方签署的简单合同是否有效？为什么？

解析：

(1) 天津仲裁委员会有权管辖。根据《仲裁法》及其司法解释等的有关规定，仲裁协议对仲裁事项或者仲裁委员会没有约定或者约定不明确的，当事人可以补充协议；达不成补充协议的，仲裁协议无效。仲裁协议约定的仲裁机构名称不准确，但能够确定具体的仲裁机构的，应当认定选定了仲裁机构。A、B双方签署的简单合同中对仲裁机构的名称表述虽不准确，但其真实意思表示是选择“天津仲裁委员会”作为其解决争议的裁决机构，因此，应当认定其选定了仲裁机构，天津仲裁委员会有权管辖该案件。

(2) A、B双方签署的简单合同无效。根据《招标投标法》和《工程建设项目招标范围和规模标准规定》(3号令)的有关规定，A建设单位开发的商品房建设项目属于依法必须进行招标的工程建设项目。出于工期考虑，A建设单位将该项目直接发包给B施工单位。根据《合同法》第五十二条第（五）项的规定和《最高人民法院关于审理建设工程施工合同纠纷案件适用法律问题的解释》第一条第（三）项规定，建设工程必须招标而未招标的，建设工程施工合同无效。因此，A、B双方签署的简单合同无效。

6.5 工程合同风险管理

6.5.1 风险的概念及其构成要素

1. 风险的概念

风险指可以通过分析，预测其发生概率、后果很可能造成损失的未来不确定性因素。风险包括三个基本要素：一是风险因素的存在性；二是风险因素导致风险事件的不确定性；三是风险发生后其产生损失量的不确定性。

项目的一次性使其不确定性比其他经济活动大得多；而施工项目由于其特殊性，比其他项目的风险又大很多，使得它成为最突出的风险事件之一。

2. 风险的构成要素

从风险的发生机理分析，构成风险的主要要素有三个：风险因素、风险事件、风险损失。风险因素是风险事件发生的潜在原因，是造成风险损失的内在原因。

风险因素包括实质因素、道德因素和心理因素，实质因素是风险事故发生的物质条件，它是一种有形的风险因素，如产品设计缺陷是造成产品质量事故的风险因素；道德因素是与行为人的不正当行为相联系的一种无形的风险因素，如合同欺诈、恶意拖欠债务等，道德因素主观上一般是故意或恶意的；心理因素是指由于人的主观上的疏忽或过失，它也是一种无形的风险因素，如工人操作不当带来的设备使用风险。

风险事件是引起损失发生的直接原因，是风险因素引发的客观事实。风险损失则是指非计划、非预期的经济价值减少的事实，这种减少的经济价值可用货币来衡量。风险损失可分为直接损失和间接损失。直接损失又称为实质损失，是风险结果的直接产物，是可以观察、计量和测定的经济价值的丧失；间接损失是由于风险导致的直接损失以外的损失，一般指额外的费用损失、收入的减少和责任的追究。风险因素、风险事件、风险损失三者之间的关系是：风险因素引起风险事故、由于建设工程的特点和建筑市场的环境，工程建设过程中存在着大量的不确定因素和风险，建设工程项目风险按照来源可分为设计风险、施工风险、环境风险、经济风险、财务风险、自然风险、政策风险、合同风险、市场风险等。

技术风险包括：新技术、新工艺以及特殊的施工设备；现场条件复杂，干扰因素多，施工技术难度大；技术力量、施工力量、装备水平不足；技术设计、施工方案、施工计划、组织措施存在缺陷和漏洞；技术规范要求不合理，或过于苛刻；工程变更等。

经济风险包括：通货膨胀；业主经济状况恶化，支付能力差，无力支付工程款；承包商资金供应不足，周转困难；带资承包、实物支付；出具保函；外汇及汇率；保护主义；税收歧视等风险。

自然风险包括影响工程实施的气候条件，特别是长期冰冻、炎热酷暑期过长、长期降雨等；台风、地震、海啸、洪水、火山爆发、泥石流等自然灾害；施工现场的地理位置，对物资材料运输产生影响的各种因素；施工场地狭小，地质条件复杂可能导致工程毁损或有害于施工人员健康的人为或非人为因素形成的风险等。

合同条款风险包括合同中明确规定的承包商应承担的风险；标书或合同条款不合理，或过于苛刻，致使承包商的权利与义务极不平衡；合同条文不全面，不完整，没有将合同双方责权利关系表达清楚，没有预计到合同实施过程中可能发生的各种情况；合同中的用词不准确、不严密。承包商不能清楚地理解合同的内容，造成失误。

这些风险中有的是因无法控制、无法回避的客观情况导致的即客观性风险，包括自然风险、政策风险和环境风险等，有的则主要是由人的主观原因造成。建设工程合同风险，是建设工程项目各类合同从签订到履行过程中所面临的各种风险，其中既有客观原因带来的风险，也有人为因素造成的风险。建设工程合同签订后在履行的过程中，客观上就存在着风险，另一方面，由于各种主观人为因素的影响，如对合同条款的审查不细，把关不严，致使某些合同条款不严谨或有漏洞，由此给承包商的索赔创造了机会。

6.5.2 建设工程合同风险分类

合同风险可分为广义的合同风险和狭义的合同风险。狭义的合同风险主要指合同签订和履行方面的风险，广义的合同风险不但包括合同签订和履行方面的风险，而且还包括直接或间接对合同产生影响的风险。

合同风险按其分类标准不同可有不同的分类。如按责任方主体划分有：发包人风险、承包人风险、第三方风险；按阶段划分为合同签订前风险和合同履行方面的风险。按风险对合同目标的影响分析，它体现的是合同风险要素作用的结果，可分为工期风险、费用风险、质量风险、安全风险等。

合同风险按其表现形式或产生原因分为环境风险、技术风险、经济风险、合同签订履行风险四类。建设工程合同风险的主要表现形式可以依据合同风险发生的条件分为：

1. 客观性合同风险。是由自然原因、法律法规、合同条件及国际惯例的规定等原因造成的，通常是无法回避的，经过人们努力也是无法得到控制的。例如：自然灾害造成合同履行拖延，这属于自然风险；又如合同约定遇到材料价格上涨时，不对价格进行调整，施工方要承担全部风险，如果约定部分进行调整，则施工方承担部分风险，这属于市场风险。

客观性合同风险来源于人们对自然界认知的局限性，市场经济环境的变化以及国家法律法规和政策的调整，这些客观因素是人们无法准确预见和有效控制的。

2. 主观性合同风险。是人为原因造成的，目前，建筑市场的竞争十分激烈，施工方为了能承揽到建设工程，多采用低价或不合理工期中标；而业主方除了价格和工期以外，对其他合同条款往往不仔细研究，合同签订上有一定的随意性和盲目性，容易出现因签订的合同条款有缺陷而带来风险。例如：合同中对价款的支付笼统地约定为分期支付，但没有约定具体时间，这是属于人为的疏忽大意或缺乏经验，使所签合同的条款有缺陷。有些主观性风险则是因合同一方恶意违约造成的，例如：我国建设工程领域普遍存在的盲目分包的现象。主观性合同风险是可以进行控制的，通过采取一定的方法控制风险事故的发生，能有效避免风险损失。

主观性合同风险成因比较复杂，主要有以下几个方面：

(1) 对合同的重要性认识不足，防范合同风险的意识不强。我国合同制度建立的时间很短，人们对合同的认识普遍比较肤浅，主动重视合同、遵守合同的意识不强，缺乏对合同风险的认识。加上在实践当中，合同也没有完全发挥其应有的作用，导致轻视合同的作用，从而忽视了对合同风险的控制。

（2）相关人员的合同、管理、法律知识缺乏，综合素质不高。在建设工程领域既有成立时间早，实力雄厚的国有或民营企业团体，也有刚成立的私营、乡镇小建筑公司或建筑队，人员素质的差别非常大。在业主单位内部，管理人员多数集中在工程技术方面，专业合同管理人员所占的比重较低，这些合同管理人员对合同管理及法律方面的专业知识和相应的实践经验相对比较缺乏，难以对合同进行有效的管理，这些因素制约着合同管理水平和风险控制能力的提高。

（3）合同管理及风险控制体系不健全。建设工程项目的合同管理和风险控制环节多，参与的人员广，需要建立一个全面、完善、严谨的控制体系，方能对合同风险实施有效的控制。建设工程项目的业主单位普遍缺少相应的控制体系或是控制体系有漏洞，造成了合同风险的出现。由于工程建设的复杂性，建设环境及各种外部条件存在一些不确定因素，很难事先完全把握，因而给工程建设各方带来风险。任何项目内在的基本风险都可以在业主、设计单位、承包商、专业承包商和材料、设备供应商之间通过不同的合同关系得以分配。某些风险对建设工程成本的影响相当大。

6.5.3 合同风险的分配原则

1. 效率原则

按照合同的效率原则，合同风险分配应从工程整体效益的角度出发，最大限度地发挥双方的积极性。风险的分配必须有利于项目目标的成功实现。从这个角度出发分配风险的原则是：

（1）谁能最有效地合理地（有能力和经验）预测、防止和控制风险，或能够有效地降低风险损失，或能将风险转移给其他方面，则应由他承担相应的风险责任；

（2）承担者控制相关风险是经济的，即能够以最低的成本来承担风险损失，同时他的管理风险的成本、自我防范和市场保险费用最低；

（3）承担者采取风险措施是有效的、方便的、可行的；

（4）从项目整体来说，风险承担者的风险损失低于其他方的因风险得到的收益，在收益方赔偿损失方的损失后仍然获利，这样的分配是合理的；

（5）通过风险分配，加强责任，能更好地计划和控制，发挥双方管理的和技术革新的积极性等。

2. 公平合理，责权利平衡

对工程合同，风险分配必须符合公平原则。它具体体现在：

（1）承包商承担的风险与业主支付的价格之间应体现公平。合同价格中应该有合理的风险准备金。

（2）风险责任与权力之间应平衡。任何一方有一项风险责任则必须有相应的权力；反之有一项权力，就必须有相应的风险责任。应防止单方面权力或单方面义务条款。

例如：①业主起草招标文件，则应对它的正确性（风险）承担责任；②业主指定工程师，指定分包商，则应对他们的工作失误承担风险；③承包商对施工方案负责，则他应有权决定施工方案，并有采用更为经济和合理的施工方案的权力；④如采用成本加酬金合同，业主承担全部风险，则业主就有权选择施工方案，干预施工过程；⑤而采用固定总价合同，承包商承担全部风险，则承包商就应有相应的权力，业主不应多干预施工过程。

（3）风险责任与机会对等，即风险承担者同时应能享有风险控制获得的收益和机会收益。例如承包商承担工期风险，拖延要支付违约金；反之若工期提前应有奖励；如果承包商承担物价上涨的风险，则物价下跌带来的收益也应归他所有。

（4）承担的可能性和合理性，即给风险承担者以风险预测、计划、控制的条件和可能性，不鼓励承包商冒险和投机。风险承担者应能最有效地控制导致风险的事件，能通过一些手段（如保险、分包）转移风险；一旦风险发生，他能进行有效的处理；能够通过风险责任发挥他计划、工程控制的积极性和创造性；风险的损失能由于他的作用而减少。例如承包商承担报价风险、环境调查风险、施工方案风险和对招标文件理解风险，则他应有合理的做标时间，业主应能提供一定详细程度的工程技术文件和工程环境文件（如水文地质资料）。如果没有这些条件，则承包商不能承担这些风险（如采用成本加酬金合同）。公平的合同能使双方都愉快合作，而显失公平的合同会导致合同的失败，进而损害工程的整体利益。

但在实际工程中，公平合理往往难以评价和衡量。尽管合同法规定显失公平的合同无效，但实际工作中难以判定一份合同的公平程度（除了极端情况外）。这是因为：

（1）即使采用固定总价合同，让承包商承担全部风险，也是正常的。因为在理论上，承包商自由报价，可以按风险程度调整价格。

（2）工程承包市场是买方市场，业主占据主导地位，业主在起草招标文件时经常提出一些苛刻的不公平的合同条款，使业主权力大，责任小，风险分配不合理。但双方自由商签合同，承包商自由报价，可以不接受业主的条件，这又是公平的。

（3）由招标投标确定的工程价格是动态的，市场价格没有十分明确的标准。

（4）承包合同规定承包商必须对报价的正确性承担责任，如果承包商报价失误，造成漏报、错报或出于经营策略降低报价，这属于承包商的风险。这类报价是有效的，不违反公平合理原则。

3. 在风险分配中要考虑现代工程管理理念和理论的应用

现代工程管理理念和理论的应用，如双方伙伴关系、风险共担，达到双赢的目的等。在国外一些新的合同中，将许多不可预见的风险由双方共同承担，如不可抗力、恶劣的气候条件、汇率、政府行为、环境限制和适应性等。让承包商承担或与业主共同承担不可预见的风险有许多优点，特别在一些大型的总承包项目中。大型的承包商抗风险能力和对风险的预见能力远远高于业主。但承包商在工程中的收益应相对提高。如果不可预见的风险太大，承包商会加大不可预见风险费，使中标的可能降低，使严谨的、有经验的承包商不能中标，而没有经验的承包商，或草率的、过于乐观的或索赔能力和技巧很好的承包商报价低，倒容易中标，这又会对业主不利。

4. 符合工程惯例，即符合通常的工程处理方法

一方面，惯例一般比较公平合理，较好反映双方的要求；另一方面，合同双方对惯例都很熟悉，工程更容易顺利实施。按照惯例，承包商承担对招标文件理解，环境调查风险；报价的完备性和正确性风险；施工方案的安全性、正确性、完备性、效率的风险；材料和设备采购风险；自己的分包商、供应商、雇用的工作人员的风险；工程进度和质量风险等。业主承担的风险：招标文件及所提供资料的正确性；工程量变动、合同缺陷（设计错误、图纸修改、合同条款矛盾、二义性等）风险；国家法律变更风险；一个有经验的承

包商不能预测的情况的风险；不可抗力因素作用；业主雇用的工程师和其他承包商风险等。而物价风险的分担比较灵活，可由一方承担，也可划定范围双方共同承担。

6.5.4 建设工程合同风险管理的主要内容

建设工程合同风险管理主要内容有以下四个：

1. 风险识别

即确定项目风险。对存在于工程项目中的各种风险根源或是不确定性因素按其产生的背景原因、表现特点和预期后果进行定义、识别，对所有风险进行科学的分类，以便采取不同的分析方法进行评估，由此制定出对应的风险管理措施。

风险识别有很多方法，关键是在建设工程项目中能够找出影响项目风险的方法，目前常用的风险识别方法有专家调查法、因果分析法、模拟分析法、经验数据法。

2. 风险分析与评价

风险识别只是解决了工程项目是否有风险事件的问题。风险事件发生的可能性、风险事件发生后的结果和对工程项目影响的范围、大小等问题还需要进一步去分析和评价，即评估发生风险事件的可能性和分析风险事件对项目的影响。风险评价是在风险识别基础上运用各种方法评价项目面临的风险的严重程度，以及这些风险对项目可能造成的影响。风险分析是对风险事件可能产生的后果进行评价，并确定其严重程度。

（1）风险分析

风险分析是指应用各种风险分析的技术，用定性、定量或两者相结合的方式处理不确定性的过程，其目的是评价风险对建设工程项目的可能影响。在项目寿命期内全过程中，会出现各种不确定性，这些不确定性将对项目目标的实现产生积极或消极影响，项目风险分析就是对将会出现的各种不确定性及其可能造成的各种影响、影响程度和影响频率进行科学分析和评估。通过对那些潜在的不确定性的关注，对风险影响的可能性，对潜在风险的分析和对自身能力的评估，采取相应的对策，从而达到降低风险的不利影响或减少其发生的可能性。

风险分析的定量方法有敏感性分析、概率分析、决策树分析、影响图分析、模糊数学法、灰色系统理论外推法等；风险分析的定性方法有头脑风暴法、德尔菲法和层次分析法等。

风险分析包括以下三个必不可少的主要步骤：

① 采集数据。首先必须采集与所要分析的风险相关的各种数据可以从投资者或承包人过去类似项目经验的历史记录中获得。所采集的数据必须是客观、可统计的。

② 完成不确定性模型。以已经得到的有关风险信息为基础，对风险发生的可能性和可能结果给以明确的定量化。通常用概率来表示风险发生的可能性，可能的结果体现在项目现金流表上，用货币表示。

③ 对风险影响进行评价。不同风险事件的不确定性模型化后，接着就要评价这些风险的全面影响，通过评价把不确定性与可能结果结合起来。

（2）风险评估

风险评估是采用科学的评估方法将辨识并经分类的风险进行评估，再根据评估值大小予以排队分级，为有针对性、有重点地管理好风险提供科学依据。评估工程项目或经营活动所面临的各种风险后，应分别对各种风险进行衡量，从而进行比较，以确定各种风险的相对重要性。

评估风险时应考虑两个方面：损失发生的频率或发生的次数和这些损失的严重性，而损失的严重性比其发生的频率或次数更为重要。例如工程完全损坏虽然只有一次，但这一次足可造成致命损伤；而局部塌方虽有多处或发生较多次，却不致使工程全部毁损。有些风险因素的大小稍有变化，就会使得项目建设目标发生很大的变化，这说明是重大风险因素。再根据其评估值的大小予以排列，管理好重大风险因素。

经过风险评估，将风险分为重大风险、一般风险、轻微风险几类。对于重大风险还要进一步分析其产生原因和发生条件，采取严格的控制措施或将其风险全部转移；对于一般风险，只要采取必要措施，给予足够重视即可；对于轻微风险按正常管理程序进行就可以了。

3. 风险处置

即实施并修订风险计划。风险控制是在项目实施过程中对风险进行监测和实施控制措施的工作。风险控制工作有两方面内容：①实施风险控制计划中预定规避措施对项目风险进行有效的控制，妥善处理风险事件造成的不利后果。②监测项目变数的变化，及时做出反馈与调整。当项目变数发生的变化超出原先预计或出现未预料的风险事件，必须重新进行风险识别和风险评估，并制订规避措施。

在风险处置措施上主要有四种，以下分别介绍。

（1）风险回避

风险回避主要是对损失大、概率大的风险，可以考虑回避、放弃或终止该项目，中断风险源，使其不发生或遏制其发展，在风险发生之前，将风险因素完全消除，从而消除由于这些风险造成的各种损失。采取这种手段有时可能不得不做出一些必要的牺牲，但较之承担风险，这些牺牲比风险真正发生时可能造成的损失要小得多，甚至微不足道。例如投资人因选址不慎而在河谷建造工厂，而保险公司又不愿为其承担保险责任。当投资人意识到在河谷建厂将不可避免要受到洪水威胁，且又别无防范措施时，投资人只好放弃该建厂项目。虽然投资人在建厂准备阶段耗费了不少投资，但与其厂房建成后被洪水冲毁，不如及早改弦易辙，另谋理想的厂址。

回避风险虽然是一种风险防范措施，但回避风险是一种比较消极的风险处置方法，因为风险即使概率再大也有不会发生的可能，因此有可能失去一次实施项目可能带来的利益，也就是失去了一次机会。处处回避，事事回避，其结果只能是停止发展。如果想生存图发展，又想回避其预测的某种风险，最好的办法是采用除回避以外的其他手段。通常，当遇到下列情形时，应考虑风险回避的策略：

① 风险事件发生概率很大且后果损失也很大的项目；

② 发生损失的概率并不大，但当风险事件产生后，造成的损失是灾难性的、无法弥补的。

（2）风险控制

风险控制是一种主动、积极的风险对策。风险控制工作可分为预防损失和减少损失两个方面。预防损失措施的主要作用在于降低或消除（通常只能做到降低）损失发生的概率，而减少损失措施的作用在于降低损失的严重性或遏制损失的进一步发展，使损失最小化。一般来说，风险控制方案都应当是预防损失措施和减少损失措施的有机结合。

在采用风险控制对策时，所制定的风险控制措施应当形成一个周密的、完整的损失控制计划系统。该计划系统一般应由预防计划、灾难计划和应急计划三部分组成。

① 预防计划。预防计划的目的在于有针对性地预防损失的发生，其主要作用是降低损失发生的概率，在许多情况下也能在一定程度上降低损失的严重性。在损失控制计划系统中，预防计划的内容最广泛，具体措施最多，包括组织措施、经济措施、合同措施、技术措施。

② 灾难计划。灾难计划是一组事先编制好的、目的明确的工作程序和具体措施，为现场人员提供明确的行动指南，使其在灾难性的风险事件发生后，不至于惊慌失措，也不需要临时讨论研究应对措施，可以做到从容不迫、及时妥善地处理风险事故，从而减少人员伤亡以及财产和经济损失。灾难计划是针对灾难性风险事件制定的。

③ 应急计划。应急计划就是事先准备好若干种替代计划方案，当遇到某种风险事件时，能够根据应急预案对项目原有计划的范围和内容做出及时地调整，使中断的项目能够尽快全面恢复，并减少进一步的损失，使其影响程度减至最小。应急计划不仅要制定所要采取的相应措施，而且要规定不同工作部门相应的职责。应急计划应包括的内容有：调整整个项目的实施进度计划、材料与设备的采购计划、供应计划；全面审查可使用的资金情况；准备保险索赔依据；确定保险索赔的额度；起草保险索赔报告；必要时需调整筹资计划等。

（3）风险转移

风险转移是进行风险管理的一个十分重要的手段，当有些风险无法回避、必须直接面对，而以自身的承受能力又无法有效地承担时，风险转移就是一种十分有效的选择。必须注意的是，风险转移是通过某种方式将某些风险的后果连同对风险应对的权力和责任转移给他人。转移的本身并不能消除风险，只是将风险管理的责任和可能从该风险管理中所能获得的利益移交给了他人，项目管理者不再直接地面对被转移的风险。

根据风险管理的基本理论，项目的风险应由有关各方分担，而风险分担的原则是：任何一种风险都应由最适宜承担该风险或最有能力进行损失控制的一方承担。符合这一原则的风险转移是合理的，可以取得双赢或多赢的结果。例如，项目决策风险应由业主承担，设计风险应由设计方承担，而施工技术风险应由承包商承担等，否则，风险转移就可能付出较高的代价。在项目实施过程中，可能遇到的风险因素众多，项目管理者不可能样样自己面对。因此，适当、合理的风险转移是合法的、正当的，是一种高水平管理的体现。风险很多，主要包括非保险转移和保险转移两大类。

① 非保险转移又称为合同转移

因为这种风险转移一般是通过签订合同把项目风险转移给非保险人的对方当事人。项目风险最常见的非保险转移有以下三种情况：

A. 业主将合同责任和风险转移给对方当事人。业主管理风险必须要从合同管理入手，分析合同管理中的风险分担。在这种情况下，被转移者多数是承包商。例如，在合同条款中规定，业主对场地条件不承担责任；又如，采用固定总价合同将涨价风险转移给承包商等。

B. 承包商进行项目分包。承包商中标承接某项目后，将该项目中专业技术要求很强而自己缺乏相应技术的项目内容分包给专业分包商，从而更好地保证项目质量。

C. 第三方担保。合同当事人的一方要求另一方为其履约行为提供第三方担保。担保方所承担的风险仅限于合同责任，即由于委托方不履行或不适当履行合同以及违约所产生的责任。第三方担保的主要有业主付款担保、承包商履约担保、预付款担保、分包商付款担保、工资支付担保等。

与其他的风险应对策略相比，非保险转移的优点主要体现在：一是可以转移某些不可保的潜在损失，如物价上涨、法规变化、设计变更等引起的投资增加；二是被转移者往往能较好地进行损失控制，如承包商相对于业主能更好地把握施工技术风险，专业分包商相对于总包商能更好地完成专业性强的工程内容。

但是，非保险转移的媒介是合同，这就可能因为双方当事人对合同条款的理解发生分歧而导致转移失效。另外，在某些情况下，可能因被转移者无力承担实际发生的重大损失而导致仍然由转移者来承担损失。例如，在采用固定总价合同的条件下，如果承包商报价中所考虑涨价风险费很低，而实际的通货膨胀率很高，从而导致承包商亏损破产，最终只得由业主自己来承担涨价造成的损失。

② 保险转移

保险转移通常直接称为工程保险。通过购买保险，业主或承包商作为投保人将本应由自己承担的项目风险（包括第三方责任）转移给保险公司，从而使自己免受风险损失。保险之所以能得到越来越广泛的运用，原因在于其符合风险分担的基本原则，即保险人较投保人更适宜承担项目有关的风险。对于投保人来说，某些风险的不确定性很大，但是对于保险人来说，这种风险的发生则趋近于客观概率，不确定性降低，即风险降低。

在决定采用保险转移这一风险应对策略后，需要考虑与保险有关的几个具体问题：一是保险的安排方式；二是选择保险类别和保险人，一般是通过多家比选后确定，也可委托保险经纪人或保险咨询公司代为选择；三是可能要进行保险合同谈判，这项工作最好委托保险经纪人或保险咨询公司完成，但免赔额的数额或比例要由投保人自己确定。

需要说明的是，保险并不能转移工程项目的所有风险，一方面是因为存在不可保风险，另一方面则是因为有些风险不宜保险。因此，对于工程项目风险，应将保险转移与风险回避、损失控制和风险自留结合起来运用。

（4）风险自留

风险自留即是将风险留给自己承担，不予转移。这种手段有时是无意识的（非计划性风险自留），即当初并不曾预测到，不曾有意识地采取种种有效措施，以致最后只好由自己承受；但有时也可以是主动的（计划性风险自留），即经营者有意识、有计划地将若干风险主动留给自己。这种情况下，风险承受人通常已做好了处理风险的准备。主动或有计划的风险自留是否合理、明智取决于风险自留决策的有关环境。不过应指出，风险是否自留，这是一项困难的抉择。风险自留与其他风险对策的根本区别在于：它不改变项目风险的客观性质，也就是既不改变项目风险的发生概率，也不改变项目风险潜在损失的严重性。

① 非计划性风险自留

由于风险管理人员没有意识到项目某些风险的存在，或者不曾有意识地采取有效措施，以致风险发生后只好保留在风险管理主体内部。这样的风险自留就是非计划性的和被动的。导致非计划性风险自留的主要原因有：缺乏风险意识、风险识别失误、风险分析与评价失误、风险决策延误、风险决策实施延误等。事实上，对于大型、复杂的项目来说，风险管理人员几乎不可能识别出所有的项目风险。从这个意义上讲，非计划性风险自留有时是在所难免的，因而也是一种适用的风险处理策略。但是，风险管理人员应当尽量减少风险识别和风险评价的失误，要及时制定并实施风险应对策略，从而避免被迫承担重大和较大的项目风险。

② 计划性风险自留

计划性风险自留是主动的、有意识的、有计划的选择，是风险管理人员在经过正确的风险识别和风险评价后制定的风险应对策略。风险自留绝不可能单独运用，而应与其他风险对策结合使用。在实行风险自留时，应保证重大和较大的项目风险已经进行了工程保险或实施了损失控制计划。计划性风险自留的计划性主要体现在风险的自留水平和损失支付方式两方面。所谓风险自留水平，是指选择哪些风险事件作为风险自留的对象。确定风险自留水平可以从风险损失期望值大小的角度考虑，一般应选择风险损失期望值小或较小的风险事件作为风险自留的对象。计划性风险自留还应从费用、期望损失、机会成本、服务质量和税收等方面与工程保险比较后才能得出结论。计划性风险自留应预先制定损失支付计划，常见的损失支付方式有从现金净收入中支出、建立非基金储备、建立风险准备金、母公司保险等方式。

4. 风险监控

(1) 风险监控及其内容

风险监控就是要跟踪识别的风险，识别剩余风险和新出现的风险，修改风险管理计划，保证风险计划的实施，并评估消减风险的效果。在项目执行过程中，需要时刻监督风险的发展与变化情况，并确定随着某些风险的消失而带来的新的风险。风险监控通过对风险规划、识别、分析、评价、处置全过程的监视和控制，从而保证风险管理能达到预期的目标，它是项目实施过程中一项重要工作。

风险管理计划实施后，风险控制措施必然会对风险的发展产生相应的效果，监控风险管理计划实施过程的主要内容包括：

① 评估风险控制措施产生的效果；

② 及时发现和度量新的风险因素；

③ 跟踪、评估风险的变化程度；

④ 监控潜在风险的发展、监测项目风险发生的征兆；

⑤ 提供启动风险应急计划的时机和依据。

(2) 风险跟踪检查与报告

① 风险跟踪检查。跟踪风险控制措施的效果是风险监控的主要内容，在实际工作中，通常采用风险跟踪表格来记录跟踪的结果，然后定期地将跟踪的结果制成风险跟踪报告，使决策者及时掌握风险发展趋势的相关信息，以便及时地作出反应。

② 风险的重新估计。无论什么时候，只要在风险监控的过程中发现新的风险因素，就要对其进行重新估计。除此之外，在风险管理的进程中，即使没有出现新的风险，也需要在项目的里程碑等关键阶段对风险进行重新估计。

③ 风险跟踪报告。风险跟踪的结果需要及时地进行报告，报告通常供较高层次的决策者使用。因此，风险报告应该及时、准确并简明扼要，向决策者传达有用的风险信息，

报告内容的详细程度应按照决策者的需要而定。编制和提交风险跟踪报告是风险管理的一项日常工作，报告的格式和频率应视需要和成本而定。

6.6 建设工程施工合同案例分析

[**综合案例一**] 一份完整的建设工程施工合同

第一部分 协 议 书

发包人（全称）：银河商业大厦投资公司

承包人（全称）：恒安建筑公司

依照《中华人民共和国合同法》、《中华人民共和国建筑法》及其他有关法律、行政法规，遵循平等、自愿、公平和诚实信用的原则，双方就本建设工程施工事项协商一致，订立本合同。

一、工程概况

工程名称：银河商业大厦

工程地点：胜华路13号

工程内容：施工图纸范围内的所有内容

群体工程应附承包人承揽工程项目一览表（附件1）

工程立项批准文号：登记备案号1000000094

资金来源：自筹

二、工程承包范围

承包范围：所有施工图纸范围内的土建、水电暖安装、装饰工程内容

三、合同工期

开工日期：2010年7月1日

竣工日期：2011年8月31日

合同工期总日历天数427天。

四、质量标准

工程质量标准：合格

五、合同价款

金额（大写）：贰仟肆佰万元（人民币）

¥：24000000元

六、组成合同的文件

组成本合同的文件包括：

1. 本合同协议书
2. 中标通知书
3. 投标书及其附件
4. 本合同专用条款
5. 本合同通用条款
6. 标准、规范及有关技术文件

7. 图纸

8. 工程量清单

9. 工程报价单或预算书

双方有关工程的洽商、变更等书面协议或文件视为本合同的组成部分。

七、本协议书中有关词语含义与本合同第二部分《通用条款》中分别赋予它们的定义相同。

八、承包人向发包人承诺按照合同约定进行施工、竣工并在质量保修期内承担工程质量保修责任。

九、发包人向承包人承诺按照合同约定的期限和方式支付合同价款及其他应当支付的款项。

十、合同生效

合同订立时间：2010 年 7 月 1 日

合同订立地点：银河商业大厦投资公司

本合同双方约定合同成立后生效。

发 包 人：（公章）	承 包 人：（公章）
住　　所：×××××	住　　所：×××××
法定代表人：××	法定代表人：××
委托代理人：××	委托代理人：××
电　　话××××××××	电　　话××××××××
传　　真：	传　　真：
开户银行：	开户银行：
账　　号：	账　　号：
邮政编码：	邮政编码：

第二部分　通　用　条　款（略）

第三部分　专　用　条　款

一、词语定义及合同文件

2. 合同文件及解释顺序

合同文件组成及解释顺序：（1）变更联系单、双方洽谈的纪要和补充协议；（2）本合同协议书；（3）本合同专用条款；（4）本合同通用条款；（5）中标通知书；（6）招标文件及附件；（7）投标文件及其附件；（8）标准、规范及有关技术文件；（9）图纸；（10）工程量清单；双方有关工程的洽商、会审纪要、会议纪要变更等书面协议以及一方认可另一方的书面承诺或文件（承诺文件当对方在 7 天内，没有提出否定意见的，视作对方已经完全认可承诺书内容）视为本合同组成部分。

3. 语言文字和适用法律、标准及规范

3.1　本合同除使用汉语外，还使用 / 语言文字。

3.2　适用法律和法规

需要明示的法律、行政法规：(1)《中华人民共和国建筑法》；(2)《中华人民共和国合同法》；(3)《建筑安装工程承包合同条例》；(4) 其他国家、省颁布的法律、法规及行政规章制度。

3.3　适用标准、规范

适用标准、规范的名称：现行国家及工程所在省相关规范、标准、强制性条文。

发包人提供标准、规范的时间：和图纸同时提供。

国内没有相应标准、规范时的约定：双方在工程施工过程中协商确定。

4. 图纸

4.1　发包人向承包人提供图纸日期和套数：开工前10天提供图纸8套（其中3份施工图作为竣工资料）。

发包人对图纸的保密要求：/

使用国外图纸的要求及费用承担：/

二、双方一般权利和义务

5. 工程师

5.2　监理单位委派的工程师

姓名：×××职务：××××××

发包人委托的职权：负责工程质量、进度的全过程控制，参与工程成本控制，协调各相关方解决施工过程中出现的问题。

需要取得发包人批准才能行使的职权：工程变更必须征得发包人和设计单位书面同意，涉及成本变更的现场签证必须征得发包人书面同意，方能下达变更指令。

5.3　发包人派驻的工程师

姓名：×× 职务：×××

职权：负责施工过程中发生的技术协调与工程变更。

5.6　不实行监理的，工程师的职权：/

7. 项目经理

姓名：×× 职务：××××

8. 发包人工作

8.1　发包人应按约定的时间和要求完成以下工作：

(1) 施工场地具备施工条件的要求及完成的时间：发包人在承包人进场前完成场地“三通一平”工作，并向承包人移交本工程建设范围的用地。

(2) 将施工所需的水、电、电讯线路接至施工场地的时间、地点和供应要求：施工用电：场地内现设有400KV变压器1台，配电房设有总电表。出电表后接线由承包人自行完成，架杆、接线或分表费用由承包人自理。

施工用水：现场地内设有DN100给水总管1根，配有施工用水总表和接口。表后接管由承包人自行完成，接管或分表费用由承包人自理。未经发包人同意，承包人不得擅自将供电、供水线路转供他用。

(3) 施工场地与公共道路的通道开通时间和要求：现已开通。

(4) 工程地质和地下管线资料的提供时间：开工通知发出前提供。

(5) 由发包人办理的施工所需证件、批件的名称和完成时间：开工通知发出前提供。

需承包人办理但由发包人代办的各种证件、手续所需费用按实际发生额由发包人向承包人收取，并在首期工程预付款中扣除。

（6）水准点与坐标控制点交验要求：开工前一周内。

（7）图纸会审和设计交底时间：开工前一周内。

（8）协调处理施工场地周围地下管线和邻近建筑物、构筑物（含文物保护建筑）、古树名木的保护工作：发包人向承包人提供周围建筑物及地下管线资料，承包人根据工程情况和发包人要求编制可靠的保护措施负责保护，发生费用由发包人承担。

（9）双方约定发包人应做的其他工作：在初验合格基础上，发包人按规定组织工程竣工验收。

8.2 发包人委托承包人办理的工作： /

9. 承包人工作

9.1 承包人应按约定时间和要求，完成以下工作：

（1）需由设计资质等级和业务范围允许的承包人完成的设计文件提交时间：无。

（2）应提供计划、报表的名称及完成时间：每个分部工程施工前15天向发包人提供该分部工程的详细进度计划；发包人应在一周内审核完毕。每月25日向发包人提供工程形象进度月报表和下月形象进度计划。

（3）承担施工安全保卫工作及非夜间施工照明的责任和要求：建筑安装工程安全施工措施费用不得低于投标总价的2%。已含在中标合同总价内。并应专款专用，承包人不准挪作他用。

（4）向发包人提供的办公和生活房屋及设施的要求：现场办公室两间，配备必要的办公桌椅（供现场管理人员和监理使用），配备必要的防暑设施，所需费用和管理过程发生水费电费均需在投标总报价中综合考虑，不再另行增加费用。

（5）需承包人办理的有关施工场地交通、环卫和施工噪音管理等手续：按照有关主管部门规定执行。承包人应抓好防治施工场地的粉尘、污水、噪声及场地外由于运输而引起的路面污染等。

（6）已完工程成品保护的特殊要求及费用承担：承包人负责工程未交付发包人前已完工程的成品保护，相关费用均由承包人承担。

（7）施工场地周围地下管线和邻近建筑物、构筑物（含文物保护建筑）、古树名木的保护要求及费用承担：承包人按发包人要求做好施工场地周围地下管线和邻近建筑物、构筑物（含文物保护建筑）、古树名木的保护工作，费用由发包人承担。

（8）施工场地清洁卫生的要求：按《建筑工地文明管理规定》有关条款执行。施工场地内清洁费用由承包人承担（或小区内各承包人按工程量分摊）。

（9）双方约定承包人应做的其他工作：承包人应做的其他工作：抓好文明施工，搞好标化管理，施工现场分隔围墙及临时设施必须按发包人对施工现场的管理要求搭设，搭设位置需和施工组织设计吻合；建立和健全施工安全体系。以上费用已包含在工程总造价内；在施工期间，发包人若有其他与本项目无关的零星工程需要委托承包人完成，承包人应按发包人要求积极落实完成，发生费用；人工费按中标书的人工综合单价结算；材料、机械费和保洁清运费按发生时点当地市场价格在施工前双方约定。

三、施工组织设计和工期

10. 进度计划

10.1 承包人提供施工组织设计（施工方案）和进度计划的时间：施工前一周内，承包人向发包人递交按实调整后的可实施的施工组织设计和进度计划一式二份。

工程师确认的时间：一周内

10.2 群体工程中有关进度计划的要求：/

13. 工期延误

13.1 双方约定工期顺延的其他情况：工程地质与地质成果报告差异较大，需调整施工方案而影响工期时；一周内非承包人原因停水累计超过8小时，停电累计超过12小时或在6：00至21：00间单日累计停电超过8小时。

四、质量与验收

17. 隐蔽工程和中间验收

17.1 双方约定中间验收部位：(1) ±0.000以下结构；(2) 主体结构完成后。

19. 工程试车

19.5 试车费用的承担：按通用条款执行。

五、安全施工

六、合同价款与支付

23. 合同价款及调整

23.2 本合同价款采用单价合同方式确定。

(1) 采用固定价格合同，合同价款中包括的风险范围：固定综合单价，并作为结算的依据，结算时单价不作调整。该综合单价不随市场价格及政策调整而变化，且不随量的调整而变化，并作为结算的依据，除双方另有约定外结算时不得调整。最终工程量按实调整。

风险费用的计算方法：/

风险范围以外合同价款调整方法：/

(2) 采用可调价格合同，合同价款调整方法：/

(3) 采用成本加酬金合同，有关成本和酬金的约定：/

23.3 双方约定合同价款的其他调整因素：

(1) 如发生与清单子项相同的工程项目，以中标单位投标书中已有的清单子项综合单价并经建设单位认可后乘以调整后经招标单位认可的工程量进行结算；

(2) 如发生与清单子项相类似的工程项目，以实际使用的主材价格置换中标单位投标书中类似清单子项的综合单价中主材价格（其主材料价格须由招标单位认可），作为此项目的综合单价，乘以经招标单位认可的工程量进行结算；

(3) 如发生与清单子项不相同或没有的工程项目，工程结算书（按2003年《某省建筑工程消耗量定额》及2008年《某市建筑工程价目表》、Ⅲ类工程取费、人工单价不高于40元/工日进行编制），发生零工60元/工日；

(4) 招标单位所供材料或指定使用材料在竣工结算时按招标单位确定的市场价格进行调整；设计图纸中未明确规格、型号的材料价格，经招标单位、中标单位、监理人（如果有）三方考察市场后，按招标单位认可的市场价格进行调整。

24. 工程预付款

发包人向承包人预付工程款的时间和金额或占合同价款总额的比例：在开工日期前7天预付合同价款的10%。

扣回工程款的时间、比例：工程价款付款至50%后一次性扣回。

25. 工程量确认

25.1 承包人向工程师提交已完工程量报告的时间：每月20号。

26. 工程款（进度款）支付

双方约定的工程款（进度款）支付的方式和时间：在每月27号支付，各付款节点的进度款按已完工程量的工程造价的80%支付，当期实际发生水电费（含损耗）、甲供材料款以及其他应扣款相应扣除；按本合同专用条款第九款要求完成竣工、决算资料上交，工程款由发包人支付至已完工程量的工程造价的85%；剩余工程款在竣工决算审计确认后并在工程竣工之日起一年内支付至决算造价的95%，预留决算造价5%的保修金的返还方式详见房屋保修合同。

七、材料设备供应

27. 发包人供应材料设备：本工程使用的材料、设备，发包人有组织招标或委托采购的权利。

27.4 发包人供应的材料设备与一览表不符时，双方约定发包人承担责任如下：

(1) 材料设备单价与一览表不符：按实际价格进行调整。

(2) 材料设备的品种、规格、型号、质量等级与一览表不符：同通用条款。

(3) 承包人可代为调剂串换的材料：同通用条款。

(4) 到货地点与一览表不符：同通用条款。

(5) 供应数量与一览表不符：由发包人以书面形式提供具体数量。

(6) 到货时间与一览表不符：由发包人提前5天以书面形式提供具体到货时间。

27.6 发包人供应材料设备的结算方法：所发生的相关费用（采保费、检测费等）由承包人在投标报价中自行考虑。

28. 承包人采购材料设备

28.1 承包人采购材料设备的约定：发包人指定产品：钢材、水泥、外墙面砖、户门、汽车库门。电线、开关、插座、给水管、排水管。除上述发包人指定产品和甲供材料以外，其他材料均由承包人自由采购，均应符合国家或行业相关质量标准。材料单价按中标文件所报单价计算。中标文件中无单价的材料均需经发包人对材料的质量、品种、产地、价格等书面确认后，方可采购。按规定需复试检测的所有材料、设备均由承包人负责送检，并承担检测费用。

八、工程变更

施工过程中，项目所有的工程变更联系单、签证单均需发包人、承包人（项目经理或其代理人）和工程监理单位三方（以下简称三方）签证盖章方能生效。

施工内容变更时，双方应在施工前对变更内容按规定程序和格式进行签证。承包人签收变更联系单即表示同意按变更内容施工，承包人应及时按规定时间上报工程量（价）确认单。若承包人上报工程量（价）确认单后，监理和发包人未能按规定时间审核签复的，承包人可不实施变更内容，由发包人承担相应责任；若承包人收到变更联系单后未及时上报工程量（价）确认单或未按要求实施变更时，承包人不得进行调整部位的下道工序施工，所引起的工期延误和相关损失均由承包人承担。

九、竣工验收与结算

32. 竣工验收

32.1　承包人提供竣工图的约定：承包人向发包人提交完整竣工书面资料两套。

32.6　中间交工工程的范围和竣工时间：同通用条款。

十、违约、索赔和争议

35. 违约

35.1　本合同中关于发包人违约的具体责任如下：

本合同通用条款第24条约定发包人违约应承担的违约责任：同通用条款。

本合同通用条款第26.4款约定发包人违约应承担的违约责任：同通用条款。

本合同通用条款第33.3款约定发包人违约应承担的违约责任：同通用条款。

双方约定的发包人其他违约责任：无。

35.2　本合同中关于承包人违约的具体责任如下：

本合同通用条款第14.2款约定承包人违约应承担的违约责任：同通用条款。

本合同通用条款第15.1款约定承包人违约应承担的违约责任：同通用条款。

双方约定的承包人其他违约责任：承包人不能按合同约定的时间竣工，承包人应向发包人支付合同价款的0.1%/天的赔偿费，误期时间从规定竣工日期起直到全部工程或相应部分工程的竣工报告额批准日期之间的天数。发包人可从应向承包人支付的结算金额中扣除此项赔偿费以其他方式收回此款，此赔偿费的支付并不解除承包人应完成工程责任或合同规定的其他责任。

37. 争议

37.1　本合同在履行过程中发生的争议，由双方当事人协商解决，协商不成的按下列第（二）种方式解决：

（一）提交仲裁委员会仲裁；

（二）依法向人民法院起诉。

十一、其他

38. 工程分包

38.1　本工程发包人同意承包人分包的工程：无。

分包施工单位为：无。

39. 不可抗力

39.1　双方关于不可抗力的约定：见通用条款。

40. 保险

40.6　本工程双方约定投保内容如下：

（1）发包人投保内容：无。

发包人委托承包人办理的保险事项：无。

（2）承包人投保内容：危险作业意外伤害险。

41. 担保

41.3　本工程双方约定担保事项如下：

（1）发包人向承包人提供履约担保，担保方式为：　无　担保合同作为本合同附件。

（2）承包人向发包人提供履约担保，担保方式为：承包人应在开工前一周内向发包人提交履约保证，保证金额为合同价款的3%。履约保证可以采用现金或银行保函方式。合同正常履约后一周内，发包人退还保证金（不计利息）或银行保函。

（3）双方约定的其他担保事项：无。

46. 合同份数

46.1 双方约定合同副本份数：本合同一式捌份，承发包人各执正本一份，副本三份。正副本具有同等法律效力。

47. 补充条款（1）本项目土方考虑场内平衡，费用由承包人自行承担。基槽开挖时，乙方应确保基槽开挖安全，开挖工作面在土方综合单价中已考虑，实际不符时不作调整（地质情况特殊时需现场签证的除外）。

（2）因面砖模数引起的门窗洞口与面砖粘贴的位置偏移，承包人应在房屋主体施工前预先考虑，发包人不对面砖粘贴过程中由此引起的墙体凿除或单侧粉刷加厚作补偿。原设计涂料外墙变更为面砖时除外。

本合同未尽事宜，经双方协商同意，可另订补充协议，补充协议与本合同具同等法律效力。

附件1：

承包人承揽工程项目一览表

单位工程名称	建设规模	建筑面积（m^2）	结构	层数	跨　度（m）	设备安装内容	工程造价（元）	开工日期	竣工日期

附件2：

发包人供应材料设备一览表

序　号	材料设备品种	规格型号	单位	数量	单价	质量等级	供应时间	送达地点	备注

附件3：

工程质量保修书

发包人（全称）：银河商业大厦投资公司

承包人（全称）：恒安建筑公司

为保证银河商业大厦（工程名称）在合理使用期限内正常使用，发包人承包人协商一致签订工程质量保修书。承包人在质量保修期内按照有关管理规定及双方约定承担工程质量保修责任。

一、工程质量保修范围和内容

质量保修范围包括地基基础工程、主体结构工程、屋面防水工程和双方约定的其他土建工程，以及电气管线、上下水管线的安装工程，供热、供冷系统工程等项目。具体质量保修内容双方约定如下：质量保修范围包括地基基础工程、主体结构工程、屋面防水工程、楼地面工程、门窗工程（分包除外）、装修工程、有防水要求的房间和外墙、电气管线、给排水管道、设备安装工程。

二、质量保修期

质量保修期从工程实际竣工之日算起。分单项竣工验收的工程，按单项工程分别计算质量保修期。

双方根据国家有关规定，结合具体工程约定质量保修期如下：

1. 地基基础工程和主体结构工程为设计文件规定的该工程合理使用年限，屋面防水工程为五年；

2. 电气管线、上下水管线安装工程为两年；

3. 供热及供冷为两个采暖期及供冷期；

4. 室外的上下水和小区道路等市政公用工程为两年；

5. 其他约定：铝合金门窗工程防水保修期限两年。

质量保修期自工程竣工验收合格之日起计算。

三、质量保修责任

1. 属于保修范围和内容的项目，承包人应在接到修理通知之日后 7 天内派人修理。承包人不在约定期限内派人修理，发包人可委托其他人员修理，保修费用从质量保修金内扣除。

2. 发生须紧急抢修事故（如上水跑水、暖气漏水漏气、燃气漏气等），承包人接到事故通知后，应立即到达事故现场抢修。非承包人施工质量引起的事故，抢修费用由发包人承担。

3. 在国家规定的工程合理使用期限内，承包人确保地基基础工程和主体结构的质量。因承包人原因致使工程在合理使用期限内造成人身和财产损害的，承包人应承担损害赔偿责任。

四、质量保修金的支付

工程质量保修金一般不超过施工合同价款的 3%，本工程约定的工程质量保修金为施工合同价款的 3 %。

五、质量保修金的返还

保修期内保修金的返还方式：项目竣工一年后如无委托维修和补偿事项，发包人一次性返还保修金总额的 50%；剩余 50%保修金将在第二年保修期满无委托维修和补偿事项后一次性付清。如期间发生委托维修和补偿事项，则发生的费用均在当期返还的保修金中予以扣除。保修金不计息。

六、其他

双方约定的其他工程质量保修事项：无。

本工程质量保修书作为施工合同附件，由施工合同发包人承包人双方共同签署。

发 包 人（公章）： 承 包 人（公章）：

法定代表人（签字）：×× 法定代表人（签字）：××

____年____月____日 ____年____月____日

[综合案例二] 合同条款分析

背景：某住宅楼工程项目，通过招标选择了某施工单位进行该项目的施工，承发包双方根据《建设工程施工合同（示范文本）》签订了施工合同，其中部分合同约定如下：

(1) 合同文件的组成与解释顺序依次是：

① 本合同协议书；

② 投标书及其附件；

③ 招标文件；

④ 本合同专用条款；

⑤ 本合同通用条款；

⑥ 中标通知书；

⑦ 标准、规范及有关技术文件；

⑧ 图纸；

⑨ 工程量清单；

⑩ 工程报价单或预算书。

(2) 因施工图设计尚未全部完成，工程量不能完全确定，施工图纸能满足施工进度要求，双方签订了固定总价合同，合同金额为2000万元。

(3) 承包人必须按工程师批准的进度计划组织施工，接受工程师对进度的检查监督。工程实际进度与计划进度不符合时，承包人应提出改进措施，经工程师确认后执行。发包方承担由于改进措施追加的合同价款。

(4) 发包人向承包人提供施工场地的工程地质和地下管线资料，供承包人参考。

(5) 承包人办理施工许可证及其他施工所需证件、批件和临时用地、停水、停电、中断道路交通、爆破作业等的申请批准手续。

(6) 承包人项目经理：在开工前由承包人采用内部竞聘方式确定。

(7) 工程质量：甲方规定的质量标准。

(8) 合同工期290天。

开工工期：2009年9月1日

竣工日期：2010年6月30日

合同工期总日历天数：305天（扣除节假日15天）

(9) 承包人负责主体工程施工，将装修工程分包给符合资质要求的分包商，承包人就主体工程的质量和安全向发包人负责，分包部分工程的质量和安全由分包商向发包人负责。

(10) 工程竣工验收后，进行竣工结算。结算时按全部工程造价的3%扣留工程质量保证金。在保修期（50年）满后，质量保证金退还给乙方。

(11) 合同执行过程中，发生纠纷后，双方应协商解决，协商不成进行仲裁，仲裁不成，再行诉讼。

问题：请逐条指出上述合同条款中不妥当之处，并说明原因。

解析：第(1)项中合同文件的组成与解释顺序的排序不对，正确的顺序应根据《施工合同（示范文本）》通用条款第2条内容。另外招标文件不属于合同文件的内容。

第（2）项。采用总价合同不妥，该工程施工设计图纸尚未完成，工程量不明确，不宜采用固定总价合同，对于实际工程量和预计工程量可能有很大出入的工程，宜优先选择单价合同。

第（3）项中由发包方承担由于改进措施追加的合同价款不妥。根据《施工合同（示范文本）》通用条款的规定：因承包人的原因导致实际进度与计划进度不符，承包人无权就改进措施提出追加合同价款。

第（4）项中供承包人参考不妥，根据《施工合同（示范文本）》通用条款第8.1条的内容：应由发包人对资料的真实准确性负责。

第（5）项中由承包人办理施工许可证等内容不妥。根据《施工合同（示范文本）》通用条款第8.1条的内容：应由发包人来办理施工许可证及其他施工所需证件、批件和临时用地、停水、停电、中断道路交通、爆破作业等的申请批准手续。

第（6）项中承包人在开工前采用内部竞聘方式确定项目经理不妥。应明确为投标文件中拟订的项目经理。如果项目经理人选发生变动，应该征得甲方同意。

第（7）项中工程质量标准为甲方规定的质量标准不妥。本工程是住宅楼工程，目前对该类工程尚不存在其他可以明示的企业或行业的质量标准。因此，不应以甲方规定的质量标准作为该工程的质量标准，而应以《建筑工程施工质量验收统一标准》GB 50300—2001中规定的质量标准作为该工程的质量标准。

第（8）项中合同工期扣除节假日不妥。合同工期是总日历天数，应为305天，不应扣除节假日。

第（9）项中分包部分工程的质量和安全由分包商向发包人负责不妥。承包单位将部分工程分包，则其作为总承包人，依照相关法律法规的规定，总承包单位和分包单位对分包工程的安全和质量承担连带责任。

第（10）项中工程质量保证金返还时间不妥。根据建设部、财政部颁布的《关于印发〈建设工程质量保证金管理暂行办法〉的通知》（建质（2005）7号）的规定，在施工合同中双方约定的工程质量保证金保留时间应为6个月、12个月、24个月。保留时间应从工程通过竣工验收之日算起。

质量保修期（50年）不妥。应按《建设工程质量管理条例》的有关规定进行修改。在正常使用条件下，建设工程的最低保修期限为：

（一）基础设施工程、房屋建筑的地基基础工程和主体结构工程，为设计文件规定的该工程的合理使用年限；

（二）屋面防水工程、有防水要求的卫生间、房间和外墙面的防渗漏，为5年；

（三）供热与供冷系统，为2个采暖期、供冷期；

（四）电气管线、给排水管道、设备安装和装修工程，为2年。

其他项目的保修期限由发包方与承包方约定。

第（11）项中同时选择既仲裁又诉讼的方式不妥。合同当事人在履行合同中发生争议，可以和解或由第三方调解，双方达成和解或调解协议，当和解不成时，可以选择仲裁或诉讼的方式解决纠纷，但通常是在合同中约定其中的一种方式。仲裁或诉讼只能选择一种“或裁或讼”。如果当事人之间有仲裁协议，应及时将纠纷提交仲裁机构仲裁。仲裁是“一裁终局”，仲裁裁决具有强制执行的法律效力，不能再诉讼。合同当事人如果未约定仲裁协议，则只能以诉讼作为解决纠纷的最终方式。

[综合案例三] 工程施工合同的履行（本案例选自一级建造师执业资格考试用书《建筑工程管理与实务》）

背景：某会议中心新建会议楼，土建工程已先期通过招标确定了施工单位，并且已经基本具备装修条件，为保证内部装饰效果，经研究决定，装修工程部分单独招标，采用公开招标的形式确定施工队伍，在招标文件中明确了如下部分条款：

(1) 报价采用工程量清单的形式。

(2) 结合招标公司提供的工程量清单，各家单位应对现场进行详细实地踏勘，所报价格为综合单价，视为已经考虑了各种综合因素。

(3) 本工程装饰施工期间会议中心有接待任务。所以3月10日至3月22日期间停止施工，无论谁家中标，建设单位都理解为中标单位的报价应已综合考虑了停工因素，保证不因此情况追加工程款。

(4) 主要装饰部位的石材由建设单位供货。

经过激烈竞争，某装饰公司中标。双方签订《建筑装饰工程施工合同》。部分合同条款如下（合同中甲方为建设单位，乙方为施工单位）：

甲方按照协议条款约定的材料种类、规格、数量、单价、质量等级和提供时间、地点的清单，向乙方提供材料及其产品合格证明。甲方代表在所提供材料验收24小时前将通知送达乙方，乙方派人与甲方一起验收。无论乙方是否派人参加验收，验收后由乙方保管，甲方支付相应的保管费用。发生损失或丢失，由乙方负责赔偿。甲方不按规定通知乙方验收，乙方不负责材料设备的保管，损坏或丢失由甲方负责。甲方供应的材料与清单或样品不符，按下列情况分别处理：

① 供应数量多于清单数量时，甲方负责将多余部分运出施工现场；

② 迟于清单约定时间供应导致的追加合同价款，由甲方承担。发生延误，工期相应顺延，并由甲方赔偿乙方由此造成的损失。

施工单位进场后，发现大堂标高为8.7m，报告厅标高为4.6m，遂提出工程变更洽商申请，要求增加脚手架搭设的费用，申请递交监理单位8天后，在没有得到回复的情况下，施工单位开始脚手架搭设施工。

在进行大堂石材施工后，为保证石材在脚手架拆除过程中和施工过程中不被破坏，建设单位口头通知施工单位对石材用大芯板进行保护，后施工单位上报工程洽商变更单要求建设单位签字建设单位拒签。

由于特殊原因，会议中心须接待开提前预备会的代表，停工时间提前至3月1日，建设单位正式下通知要求施工单位严格遵守调整后的停工时间。

建设单位从深圳采购石材，在汽运过程中由于南方发大水，高速路封闭，石材迟于清单约定时间6天到达现场，建设单位书面通知乙方验收。由于石材晚到场耽误了整体完工时间，共计超出工期6天完工。

在结算过程中，施工单位提出在原合同价格基础上增加以下费用：

(1) 脚手架搭设费用35000元；

(2) 石材保护增加费用12000元；

(3) 会议停工损失每日6000元，共计22（天）×6000（元）=132000（元）；

(4) 石材保管费 340(万元)×1%=3.4(万元)(石材总价 340 万元)，误工费 6(天)×6000(元)=3.6(万元)。

以上费用增加的理由是：

(1) 脚手架费用增加问题：现场有土建施工单位，作为该项目的总包单位，脚手架的搭设应由总包单位完成，但是他们没有尽到应尽的义务。而施工单位进场后，向监理单位提交了关于申请搭设脚手架的变更洽商单，根据合同条款规定，洽商递交 7 天没有回复视为默认，施工单位可以施工并要求建设单位支付相关变更增加费用。

(2) 大堂石材保护非工程量清单所包含的内容，是建设单位口头通知要求增加的，并且已经按照建设单位要求实施，所以该项费用应由建设单位支付。

(3) 按照合同约定，一周内停工超过 8 小时的应追加停工增加费。停工有建设单位正式通知，所以此项费用应予以认可。

(4) 根据合同对于甲方供应材料的约定，应该给施工单位材料保管费，因建设单位造成的工期延误，建设单位应赔偿施工单位相应损失。

以上费用建设单位均不予认可，理由是：

(1) 脚手架费用增加问题：在投标阶段，要求施工单位对现场进行勘察，图纸和现场都可以反映出大堂和多功能厅的实际标高，施工单位在编制工程量清单时，在措施项目清单中对脚手架搭设费用应该有所考虑，在结算过程中要求追加此部分费用，不能予以认可。

(2) 石材保护是施工单位应尽的义务，增加费用的说法不成立。

(3) 招标文件中对停工已经有了说法，且施工单位在投标承诺中也对此承诺不增加费用，请施工单位详读招标文件和投标承诺。

(4) 石材供应延误是不可抗力，所以工期延误赔偿不予认可。

双方对以上问题争执不下。

问题：

(1) 建设单位是否应支付脚手架搭设增加费用？为什么？

(2) 建设单位拒付石材保护增加费用的做法是否合理？如果口头通知变为监理通知，建设单位是否应当支付此费用？

(3) 建设单位是否应支付停工费用，为什么？

(4) 建设单位是否应承担因石材迟于清单约定时间供货而导致的工期延误赔偿，为什么？

(5) 建设单位应该增补的费用共计多少？

解析：

(1) 建设单位不应支付脚手架搭设增加费用。其原因是：在投标报价中施工单位没有要求增加此部分费用，则根据招标文件原则，视为此项费用已包含在其他项目的综合单价中，在工程范围不变的情况下，工程费用不予调整。

(2) ①建设单位不应支付石材保护增加费用。其原因是：对石材进行保护是施工单位为保证施工质量的技术措施，一般在建设单位没有批准追加相应费用的情况下，技术措施费用应由施工单位自行承担。

②口头通知不能作为办理工程结算的依据，但是即便是口头通知变为监理通知，由于

施工单位所报的工程量清单的综合单价中已经包含了技术措施费，且建设单位没有认可追加费用，所以此项费用也不能增加。

(3) 建设单位应当支付从3月1日至3月9日共9天的停工补偿费用，共计 9×6000(元)$=5.4$(万元)。

(4) 建设单位应承担因工期延误造成的工期赔偿，因建设单位应该考虑到石材运输过程中的各种因素，不属于不可抗力，应予支付工期补偿费用。

(5) 建设单位共应增补费用为：

会议停工补偿：5.4万元。

石材保管费：3.4万元。

工期延误补偿：3.6万元。

共计：12.4万元。

[综合案例四] 合同履行

背景：某工程项目难度较大，技术含量较高，经有关招投标主管部门批准采用邀请招标方式招标。业主于2001年1月20日向符合资质要求的A、B、C三家承包商发出投标邀请书，A、B、C三家承包商均按招标文件的要求提交了投标文件，最终确定B承包商中标，并于2001年4月30日向B承包商发出了中标通知书。之后由于工期紧，业主口头指令B承包商先做开工准备，再签订工程承包合同。B承包商按照业主要求进行了施工场地平整等一系列准备工作，但业主迟迟不同意签订工程承包合同。2001年6月1日，业主又书面函告B承包商，称双方尚未签订合同，将另行确定他人承担本项目施工任务。B承包商拒绝了业主的决定。后经过双方多次协商，才于2001年9月30日正式签订了工程承包合同。合同总价为6240万元，工期12个月，竣工日期2002年10月30日，承包合同另外规定：

(1) 除设计变更和其他不可抗力因素外，合同总价不做调整；

(2) 材料和设备均由B承包商负责采购；

(3) 工程保修金为合同总价的5%，在工程结算时一次扣留，工程保修期为正常使用条件下，建筑工程法定的最低保修期限。

本工程按合同约定按期竣工验收并交付使用。在正常使用条件下，2006年3月30日，使用单位发现屋面局部漏水，需要维修，B承包商认为此时工程竣工验收交付使用已超过3年，拒绝派人返修。业主被迫另请其他专业防水施工单位修理，修理费为5万元。

问题：

(1) 指出本案招、投标过程中哪些文件属于要约邀请、要约和承诺？

(2) 业主迟迟不与B承包商签订合同，是否符合《招标投标法》的规定？说明理由。

(3) 在业主以尚未签订合同为由另行确定他人承担本项目施工任务时，B承包商可采取哪些保护自身合法权益的措施？

(4) B承包商是否仍应对该屋面漏水承担质量保修责任？说明理由。屋面漏水修理费应由谁承担？

解析：

(1) 要约邀请是业主的投标邀请书，要约是投标人提交的投标文件，承诺是业主发出的中标通知书。

(2) 不符合。按《招标投标法》有关规定，招标人和中标人应当自中标通知书发出之日起 30 日内订立书面合同。

(3) B 承包商可以采取的措施：

①继续要求业主签订合同；②向招标监督管理机构投诉；③向约定的仲裁机构申请仲裁；④或向法院起诉。

(4) 应承担责任。因为在正常使用条件下，屋面防水工程的最低保修期为 5 年。修理费 5 万元应由 B 承包商承担。

[综合案例五] 质量检验

背景： 某监理单位承担了一工业项目的施工监理工作。经过招标，建设单位选择了甲、乙施工单位分别承担 A、B 标段工程的施工，并按照《建设工程施工合同（示范文本)》分别和甲、乙施工单位签订了施工合同。建设单位与乙施工单位在合同中约定，B 标段所需的部分设备由建设单位负责采购。乙施工单位按照正常的程序将 B 标段的安装工程分包给丙施工单位。在施工过程中，发生了如下事件：

事件 1：建设单位在采购 B 标段的锅炉设备时，设备生产厂商提出由自己的施工队伍进行安装更能保证质量，建设单位便与设备生产厂商签订了供货和安装合同并通知了监理单位和乙施工单位。

事件 2：总监理工程师根据现场反馈信息及质量记录分析，对 A 标段某部位隐蔽工程的质量有怀疑，随即指令甲施工单位暂停施工，并要求剥离检验。甲施工单位称：该部位隐蔽工程已经专业监理工程师验收，若剥离检验，监理单位需赔偿由此造成的损失并相应延长工期。

事件 3：专业监理工程师对 B 标段进场的配电设备进行检验时，发现由建设单位采购的某设备不合格，建设单位对该设备进行了更换，从而导致丙施工单位停工。因此，丙施工单位致函监理单位，要求补偿其被迫停工所遭受的损失并延长工期。

问题：

(1) 在事件 1 中，建设单位将设备交由厂商安装的作法是否正确？为什么？

(2) 在事件 1 中，若乙施工单位同意由该设备生产厂商的施工队伍安装该设备，监理单位应该如何处理？

(3) 在事件 2 中，总监理工程师的作法是否正确？为什么？试分析剥离检验的可能结果及总监理工程师相应的处理方法。

(4) 在事件 3 中，丙施工单位的索赔要求是否应该向监理单位提出？为什么？

解析：

(1) 不正确，因为违反了合同约定。

(2) 监理单位应该对厂商的资质进行审查。若符合要求，可以由该厂安装。如乙单位接受该厂作为其分包单位，监理单位应协助建设单位变更与设备厂的合同，如乙单位接受厂商直接从建设单位承包，监理单位应该协助建设单位变更与乙单位的合同；如不符合要求，监理单位应该拒绝由该厂商施工。

(3) 总监理工程师的做法是正确的。无论工程师是否参加了验收，当工程师对某部分的工程质量有怀疑，均可要求承包人对已经隐蔽的工程进行重新检验。

重新检验质量合格，发包人承担由此发生的全部追加合同价款，赔偿施工单位的损失，并相应顺延工期；检验不合格，施工单位承担发生的全部费用，工期不予顺延。

(4) 不应该，因为建设单位和丙施工单位没有合同关系。

[综合案例六] 工程价款支付

背景： 某工程建设项目施工承包合同中有关工程价款及其支付约定如下：

(1) 签约合同价：82000 万元；合同形式：可调单价合同。

(2) 预付款：签约合同价的 10%，按相同比例从当月应支付的工程进度款中抵扣，到竣工结算时全部扣消。

(3) 工程进度款：按月支付。进度款金额包括：当月完成的清单子目的合同价款；当月确认的变更、索赔金额；当月价格调整金额；扣除合同约定应当抵扣的预付款和扣留的质量保证金。

(4) 质量保证金：从当月进度付款中按 5% 扣留，质量保证金限额为签约合同价的 5%。

(5) 价格调整：采用价格指数法，公式如下：

$$\Delta P = P_0(0.17 \times L/158 + 0.67 \times M/117 - 0.84)$$

式中 ΔP——价格调整金额；

P_0——当月完成的清单子目的合同价款和当月确认的变更与索赔金额的总和；

L——当期人工费价格指数；

M——当期材料设备综合价格指数。

该工程当年 4 月开始施工，前 4 个月的有关数据见表 6-2。

前 4 个月的有关数据　　表 6-2

月份		4	5	6	7
截至当月累计完成的清单子目合同价款/万元		1200	3510	6950	9840
当月确认的变更金额/万元		0	60	−110	100
当月确认的索赔金额/万元		0	10	30	50
当月适用的价格指数	L	162	175	181	189
	M	122	130	133	141

问题：

(1) 计算该 4 个月完成的清单子目的合同价款。

(2) 计算该 4 个月各月的价格调整金额。

(3) 计算 6 月份实际应拨付给承包人的工程款金额。

解析：

(1) 该 4 个月完成的清单子目的合同价款：

4 月份完成的清单子目的合同价款为：1200 万元

5 月份完成的清单子目的合同价款为：(3510−1200)=2310 万元

6 月份完成的清单子目的合同价款为：(6950−3510)=3440 万元

7 月份完成的清单子目的合同价款为：(9840−6950)=2890 万元

(2) 4 月份的价格调整金额：$1200 \times (0.17 \times 162/158 + 0.67 \times 122/117 - 0.84) =$

39.52 万元

5 月份的价格调整金额：(2310+60+10)×(0.17×175/158+0.67×130/117−0.84)=220.71 万元

6 月份的价格调整金额：(3440−110+30)×(0.17×181/158+0.67×133/117−0.84)=391.01 万元

7 月份的价格调整金额：(2890+100+50)×(0.17×189/158+0.67×141/117−0.84)=519.20 万元

(3) 6 月份应扣预付款：(3440−110+30+391.01)×10%=378.10 万元

6 月份应扣质量保证金：(3440−110+30+391.01)×5%=187.55 万元

6 月份实际应拨付给承包人的工程款金额为：(3440−110+30+391.01−378.10−187.55)=3185.36 万元

[综合案例七] 工程试车的责任界定

背景： 依据施工合同的约定，设备安装完成后应进行所有单机无负荷试车和整个设备系统的无负荷联动试车。本工程共有 6 台设备，主机由建设单位采购，配套辅机由施工单位采购，各台设备采购者和试车结果见表 6-3。

设备采购者和试车结果 表 6-3

工作	工作内容	采购者	设备安装及第一次试车结果	第二次试车结果
A	设备安装准备工作	—	正常，按计划进行	—
B	1 号设备安装及单机无负荷试车	建设单位	安装质量事故初次试车没通过，费用增加 1 万元，时间增加 1 天	通过
C	2 号设备安装及单机无负荷试车	施工单位	安装工艺原因初次试车没通过，费用增加 3 万元，时间增加 1 天	通过
D	3 号设备安装及单机无负荷试车	建设单位	设计原因初次试车没通过，费用增加 2 万元，时间增加 4 天	通过
E	4 号设备安装及单机无负荷试车	施工单位	设备原材料原因初次试车没通过，费用增加 4 万元，时间增加 1 天	通过
F	5 号设备安装及单机无负荷试车	建设单位	设备制造原因初次试车没通过，费用增加 5 万元，时间增加 3 天	通过
G	6 号设备安装及单机无负荷试车	施工单位	一次试车通过	—
H	整个设备系统无负荷联动试车	—	建设单位指令错误初次试车没通过，费用增加 6 万元，时间增加 1 天	通过

问题：

(1) 设备安装工程具备试车条件时单机无负荷试车和无负荷联动试车应分别由谁组织试车？

(2) 请对 B、C、D、E、F、H 六项工作的设备安装及试车结果没通过的责任进行界定。

解析：

(1) 根据《建设工程施工合同示范文本》通用条款 19.2 条的规定：设备安装工程具备单机无负荷试车条件，承包人组织试车，并在试车前 48 小时以书面形式通知工程师。

根据通用条款 19.4 条的规定：设备安装工程具备无负荷联动试车条件，发包人组织试车，并在试车前 48 小时以书面形式通知承包人。根据通用条款 19.5 条的规定：试车费用除已包括在合同价款之内或专用条款另有约定外，均由发包人承担。

(2) 根据通用条款 19.5 条的规定：

工作 B、C 初次试车未通过是由于施工单位原因试车达不到验收要求，故施工单位应按工程师要求重新安装和试车，并承担重新安装和试车的费用，工期不予顺延。

工作 D 初次试车未通过是由于设计原因试车达不到验收要求，建设单位应要求设计单位修改设计，承包人按修改后的设计重新安装。发包人承担修改设计、拆除及重新安装的全部费用和追加合同价款，工期相应顺延。

工作 E 初次试车未通过是由于设备原材料原因初次试车没通过，由该设备采购一方负责重新购置或修理，因此设备是施工单位采购的，则由施工单位承担修理或重新购置、拆除及重新安装的费用，工期不予顺延。

工作 F 初次试车未通过是由于设备制造原因试车达不到验收要求，由该设备采购一方负责重新购置或修理，承包人负责拆除和重新安装。本案例中主机设备由建设单位采购的，故应由建设单位承担上述各项追加合同价款，工期相应顺延。

工作 H 初次试车未通过是由于建设单位指令错误，故由建设单位承担各项费用，并顺延工期。

［综合案例八］ 工程进度款支付

背景：某实行监理的工程，施工合同价为 15000 万元，合同工期为 18 个月，预付款为合同价的 20%，预付款自第 7 个月起在每月应支付的进度款中扣回 300 万元，直至扣完为止，保留金按进度款的 5%从第 1 个月开始扣除。

工程施工到第 5 个月，监理工程师检查发现第 3 个月浇筑的混凝土工程出现细微裂缝。经查验分析，产生裂缝的原因是由于混凝土养护措施不到位所致，须进行裂缝处理。为此，项目监理机构提出："出现细微裂缝的混凝土工程暂按不合格项目处理，第 3 个月已付该部分工程款在第 5 个月的工程进度款中扣回，在细微裂缝处理完毕并验收合格后的次月再支付"。经计算，该混凝土工程的直接工程费为 200 万元，取费费率：措施费为直接工程费的 5%，间接费费率为 8%，利润率为 4%，综合计税系数为 3.41%。

施工单位委托一家具有相应资质的专业公司进行裂缝处理，处理费用为 4.8 万元，工作时间为 10 天。该工程施工到第 6 个月，施工单位提出补偿 4.8 万元和延长 10 天工期的申请。

该工程前 7 个月施工单位实际完成的进度款见表 6-4。

施工单位实际完成的进度款 表 6-4

时间（月）	1	2	3	4	5	6	7
实际完成的进度款（万元）	200	300	500	500	600	800	800

问题：

(1) 项目监理机构在前 3 个月可签认的工程进度款分别是多少（考虑扣保留金）？

(2) 写出项目监理机构对混凝土工程中出现细微裂缝质量问题的处理程序。

(3) 计算出现细微裂缝的混凝土工程的造价。项目监理机构是否应同意施工单位提出的补偿4.8万元和延长10天工期的要求？说明理由。

(4) 如果第5个月无其他异常情况发生，计算该月项目监理机构可签认的工程进度款。

(5) 如果施工单位按项目监理机构要求执行，在第6个月将裂缝处理完成并验收合格，计算第7个月项目监理机构可签认的工程进度款。

解析：

(1) 第一月可签认的工程进度款200×(1－5%)＝190(万元)

第二月可签认的工程进度款300×(1－5%)＝285(万元)

第三月可签认的工程进度款500×(1－5%)＝475(万元)

(2) 处理程序为：(1) 签发《监理工程师通知单》；(2) 批复处理方案；(3) 跟踪检查处理方案的实施；(4) 检查、鉴定和验收处理结果；(5) 提交质量问题处理报告。

(3) 措施费：200×5%＝10(万元)

直接费：200＋10＝210(万元)

间接费：210×8%＝16.8(万元)

利润：(210＋16.8)×4%＝9.07(万元)

税金：(210＋16.8＋9.07)×3.41%＝8.04(万元)

工程造价：210＋16.8＋9.07＋8.04＝243.91(万元)

不同意；因为是施工单位的责任。

(4) 600×(1－5%)－243.91×(1－5%)＝338.29(万元)

(5) 800×(1－5%)－300＋243.91×(1－5%)＝691.71(万元)

本章小结

建设工程施工合同是指发包方（建设单位）和承包方（施工人）为完成商定的施工工程，明确相互权利、义务的协议。依照施工合同，施工单位应完成建设单位交给的施工任务，建设单位应按照规定提供必要条件并支付工程价款。建设部和国家工商行政管理局印发的《建设工程施工合同（示范文本）》GF-1999-0201中条款内容不仅涉及各种情况下双方的合同责任和规范化的履行管理程序，而且涵盖了非正常情况的处理原则，如变更、索赔、不可抗力、合同的被迫终止、争议的解决等方面。示范文本中的条款属于推荐使用，应结合具体工程的特点加以取舍、补充，最终形成责任明确、操作性强的合同。承发包双方应充分了解合同条款，依据合同全面履行各方的义务，才能保证建设工程按质按量、在规定工期、在预定造价的范围内完成。

思考与练习

一、填空题

1. 1999年发布的《建设工程施工合同（示范文本）》主要由协议书、__________、__________三部分组成。

2. 建筑工程施工合同的类型可分为单价合同、__________、__________。

3. 组成本合同的文件及优先解释顺序是__________、__________、__________、__________、__________、__________、__________、__________。

4. 工程合同争议的解决的四种方式是__________、__________、__________、__________。

5. 建设工程合同履行的原则有__________、__________、__________、__________。

6. 包工包料工程的预付款按合同约定拨付，原则上预付比例不低于合同金额的__________，不高于合同金额的__________。

7. 工程保修期从__________算起。

二、选择题

1. 某工程，设计图纸由发包人提供，承包人要求增加施工合同专用条款约定份数以外的图纸，则(　　)。

A. 由发包人复制，复制费用发包人承担 B. 由发包人复制，复制费用承包人承担

C. 由承包人复制，复制费用承包人承担 D. 由承包人复制，复制费用发包人承担

2. 下列行为中，属于不符合暂停施工的是(　　)。

A. 工程师在确有必要时，可要求乙方暂停施工

B. 工程师未能在规定时间内提出处理意见，乙方可自行复工

C. 乙方送交复工要求后，可自行复工

D. 施工过程中发现有价值的文物，乙方应暂停施工

3. 施工合同规定，乙方在施工中发现地下障碍和文物时，应及时报告有关管理部门和采取有效措施，其保护措施费由(　　)承担。

A. 甲方　　B. 乙方　　C. 甲乙双方　　D. 有关管理部门

4. 施工合同履行中设计变更发生后，在双方协商的时间内，(　　)调整合同价款和竣工日期。

A. 甲方提出变更价格，报乙方代表批准后

B. 乙方提出变更价格，报甲方代表批准后

C. 甲乙双方共同提出变更价格后

D. 设计单位提出变更价格，报甲乙双方代表批准后

5. 施工合同工期是指施工的工程从(　　)起到完成施工合同协议条款双方约定的全部内容，工程达到竣工验收标准所经历的时间。

A. 施工招标　　B. 施工开工　　C. 施工准备　　D. 签订合同

6. 某施工合同约定钢材由发包人供应，但钢材到货时发包人与监理工程师都没有通知承包人验收，供应商就将钢材卸货于施工现场。在使用前发现钢材数量出现较大短缺，这一钢材损失应由(　　)承担。

A. 承包人　　B. 钢材供应商　　C. 监理单位　　D. 发包人

7. 竣工结算在(　　)之后即可进行。

A. 竣工验收报告被批准　　B. 保修期满

C. 试车合格　　D. 施工全部完毕

8. (　　)不是解除建设工程施工合同的充分条件。

A. 签订施工合同依据的国家计划被取消 B. 当事人一方确已无法履行合同

C. 出现了使合同无法履行的事件　　D. 一方有违约行为

9. 根据我国《施工合同文本》规定，对于具体工程的一些特殊问题，可通过(　　)

约定承发包双方的权利和义务。

A. 通用条款　　B. 专用条款　　C. 监理合同　　D. 协议书

10. 当工程内容明确、工期较短时，宜采用(　　)。

A. 总价可调合同　　B. 总价不可调合同

C. 单价合同　　D. 成本加酬金合同

11. 某基础工程隐蔽前已经经过工程师验收合格，在主体结构施工时因墙体开裂，对基础重新检验发现部分部位存在施工质量问题，则对重新检验的费用和工期的处理表达正确的是(　　)。

A. 费用由工程师承担，工期由承包方承担

B. 费用由承包人承担，工期由发包方承担

C. 费用由承包方承担，工期由承发包双方协商

D. 费用和工期均由承包方承担

12. 按计价方式不同，建设工程施工合同可分为：(1) 总价合同；(2) 单价合同；(3) 成本加酬金合同三种。以承包商所承担的风险从小到大的顺序来排列，应该是(　　)。

A. (1)(2)(3)　　B. (3)(2)(1)

C. (2)(3)(1)　　D. (2)(1)(3)

13. 对于执行政府定价或政府指导价的合同，如果在其履行过程中逾期交货而遇到标的物的价格发生变化时，则(　　)。

A. 无论是价格上涨还是下降，都按原合同价执行

B. 无论是价格上涨还是下降，都按新价格执行

C. 遇价格上涨，按新价执行；遇价格下降，按原价执行

D. 遇价格上涨，按原价执行；遇价格下降，按新价执行

14. 建设工程合同纠纷由(　　)的仲裁委员会仲裁。

A. 工程所在地　　B. 仲裁申请人所在地

C. 纠纷发生地　　D. 双方协商选定

15. 施工合同文本规定，发包人供应的材料设备在使用前检验或试验的(　　)。

A. 由承包人负责，费用由承包人承担　　B. 由发包人负责，费用由发包人承担

C. 由承包人负责，费用由发包人承担　　D. 由发包人负责，费用由承包人承担

16. 施工合同采用可调价合同时，可以对合同价款进行相应调整的情况包括(　　)。

A. 国家规定应缴纳的税费发生变化　　B. 工程造价管理部门公布的价格调整

C. 电价发生变化　　D. 承包人租赁的设备损坏增加了维修费用

E. 一周内非承包商原因停水造成停工累计超过 8 小时

17. 施工合同履行中，承包人采购的材料经检验合格后已在施工中使用，工程师后来发现材料不符合设计要求，则(　　)。

A. 承包人负责拆除　　B. 承包人承担拆除发生的费用

C. 发包人承担拆除发生的费用　　D. 延误的工期不予顺延

E. 已完成的工程应予计量支付

18. 下列在施工过程发生的事件中，可以顺延工期的情况包括(　　)。

A. 不可抗力事件的影响
B. 承包人采购的施工材料未按时交货
C. 施工许可证没有及时颁发
D. 不具备合同约定的开工条件
E. 工程师未按合同约定提供所需指令

19. 施工合同履行过程中，若合同文件约定不一致时，正确的解释顺序应为(　　)。

A. 中标通知书、工程量清单、标准
B. 施工合同通用条款、施工合同专用条款、图纸
C. 投标书、施工合同通用条款、工程量清单
D. 中标通知书、工程报价单、投标书

20. 施工工程竣工验收通过后，确定承包人的实际竣工日应为(　　)。

A. 承包人送交竣工验收报告日
B. 发包人组织竣工验收日
C. 开始进行竣工检验日
D. 验收组通过竣工验收日

21. 按照施工合同示范文本规定，下列关于发包人供应的材料设备运至施工现场后的保管及保管费用的说法中，正确的是(　　)。

A. 应当由发包人保管并承担保管费用
B. 应当由发包人保管，但保管费用由承包人承担
C. 应当由承包人保管并承担保管费用
D. 应当由承包人保管，但保管费用由发包人承担

22. 某施工合同履行中，工程师进行了合同约定外的检查试验，影响了施工进度。如检查结果表明该部分的施工质量不合格，则(　　)。

A. 检查试验的费用由承包人承担，工期不予顺延
B. 检查试验的费用由承包人承担，工期给予顺延
C. 检查试验的费用由发包人承担，工期给予顺延
D. 检查试验的费用由发包人承担，工期不予顺延

23. 按照《建设工程施工合同（示范文本）的规定》的规定，发包人在收到竣工结算报告及结算资料后 56 天内仍不支付结算价款，则承包人可以(　　)。

A. 留置该工程
B. 与发包人协议将该工程折价
C. 自行将该工程折价
D. 申请人民法院将该工程依法拍卖
E. 优先受偿该工程拍卖的价款

24. 在施工合同履行过程中，如果发包人不按合同规定及时向承包人支付工程进度款，则承包人有权(　　)。

A. 立即停止施工
B. 要求签订延期付款协议
C. 在未达成付款协议且施工无法进行时停止施工
D. 追究违约责任
E. 立即解除合同

25. 某施工合同履行过程中，承包人在施工中提出的合理化建议被发包人采纳。建议涉及对设备的换用，并征得工程师同意。承包人的权利和义务包括(　　)。

A. 修改施工组织设计
B. 承担更换设备发生的费用

C. 要求顺延此项变更导致延误的工期

D. 自行享有获得的工程收益

E. 与发包人协议工程收益的分享

（答案提示：1. B；2. C；3. A；4. B；5. B；6. D；7. A；8. D；9. B；10. B；11. D；12. D；13. D；14. A；15. C；16. ABCE；17. ABD；18. ACDE；19. C；20. A；21. D；22. A；23. BDE；24. BCD；25. ACE）

三、简答题

1. 固定总价合同适用的范围。

2. 建设工程施工合同的特点。

3. 订立建设工程施工合同应当具备的条件。

4. 订立建设工程施工合同的程序。

5. 变更合同价款的程序。

6. 发包人违约行为。

7. 订立施工合同需要具备哪些条件？

8. 在不同的情况下，因不可抗力事件导致的费用及延误的工期应如何承担？

四、案例分析

1. 某施工单位根据领取的某 2000m^2 两层厂房工程项目招标文件和全套施工图纸，采用低报价策略编制了投标文件，并获得中标。该施工单位（乙方）于某年某月某日与建设单位（甲方）签订了该工程项目的固定价格施工合同。合同工期为 8 个月。甲方在乙方进入施工现场后，因资金紧缺，无法如期支持工程款，口头要求乙方暂停施工一个月。乙方亦口头答应。工程按合同规定期限验收时，甲方发现工程质量有问题，要求返工。两个月后，返工完毕。结算时甲方认为乙方迟延交付工程，应按合同约定偿付违约金。乙方认为临时停工是甲方要求的。乙方为抢工期，加快施工进度才出现的质量问题，因此迟延交付的责任不在乙方。甲方则认为临时停工和不顺延工期是当时乙方答应的。乙方应履行承诺，承担违约责任。

问题：

（1）该工程采用固定价格合同是否合适？

（2）该施工合同的变更形式是否妥当？为什么？

（答案提示：（1）合适。因为该工程项目有全套施工图纸，工程量能够较准确计算，规模不大，工期较短，技术不太复杂，合同总价较低且风险不大，故采用固定总价合同是合适的。（2）该合同的变更形式不妥当。建设工程合同应采用书面形式。合同变更是合同的补充和更改，亦应当采取书面形式；在紧急情况下，可采取口头形式，但事后应以书面形式予以确认。否则，在合同双方对合同变更内容有争议时，因口头形式难以举证，只能以书面协议约定的内容为准。本案例中甲方要求临时停工，一方亦答应，是口头协议，且事后并未以书面的形式确认，所以不妥当。）

2. 某建设单位（甲方）拟建造一栋职工住宅，采用招标方式由某施工单位（乙方）承建。甲乙双方签订的施工合同摘要如下：

一、协议书中的部分条款

（一）工程概况

工程名称：职工住宅楼。

工程地点：市区。

工程内容：建筑面积为3200m^2的砖混结构住宅楼。

（二）工程承包范围

承包范围：某建筑设计院设计的施工图所包括的土建、装饰、水暖电工程。

（三）合同工期

开工日期：2002年3月21日。

竣工日期：2002年9月30日。

合同工期总日历天数：190天（扣除5月1～5月3日）。

（四）质量标准

工程质量标准：达到甲方规定的质量标准。

（五）合同价款

合同总价为：壹佰陆拾陆万肆仟元人民币（￥166.4万元）。

（六）乙方承诺的质量保修

在该项目设计规定的使用年限（50年）内，乙方承担全部保修责任。

（七）甲方承诺的合同价款支付期限与方式

1. 工程预付款：于开工之日支付合同总价的10%作为预付款。

2. 工程进度款：基础工程完成后，支付合同总价的10%；主体结构三层完成后，支付合同总价的20%；主体结构全部封顶后，支付合同总价的20%；工程基本竣工时，支付合同总价的30%。为确保工程如期竣工，乙方不得因甲方资金的暂时不到位而停工和拖延工期。

3. 竣工结算：工程竣工验收后，进行竣工结算。结算时按全部工程造价的3%扣留工程保修金。

（八）合同生效

合同订立时间：2002年3月5日。

合同订立地点：××市××区××街××号。

本合同双方约定：经双方主管部分批准及公证后生效。

二、专用条款中有关合同价款的条款

合同价款与支付

本合同价款采用固定价格合同方式确定。

合同价款包括的风险范围：

(1) 工程变更事件发生导致工程造价增减不超过合同总价10%。

(2) 政策性规定以外的材料价格涨落等因素造成工程成本变化。

风险费用的计算方法：风险费用已包括在合同总价中。

风险范围以外合同价款调整方法：按实际竣工建筑面积520.00元/m^2调整合同价款。

三、补充协议条款

在上述施工合同协议条款签订后，甲乙双方又接着签订了补充施工合同协议条款、摘要如下：

补1. 木门窗均用水曲柳板包门窗套；

补 2. 铝合金窗 90 系列改用 42 型系列某铝合金厂产品；

补 3. 挑阳台均采用 42 型系列某铝合金厂铝合金窗封闭。

问题：

(1) 上述合同属于哪种计价方式合同类型？

(2) 该合同签订的条款有哪些不妥当之处？应如何修改？

(3) 对合同中未规定的承包商义务，合同实施过程中又必须进行的工程内容，承包商应如何处理？

（答案提示：(1) 从甲、乙双方签订的合同条款来看，该工程施工合同应属于固定价格合同。(2) 该合同条款存在的不妥之处及修改：①合同工期总日历天数不应扣除节假日，可以将该节假日时间加到总日历天数中。②不应以甲方规定的质量标准作为该工程的质量标准，而应以《建筑工程施工质量验收统一标准》中规定的质量标准作为该工程的质量标准。③质量保修条款不妥，应按《建设工程质量管理条例》的有关规定进行保修。④工程价款支付条款中的"基本竣工时间"不明确，应修订为具体明确的时间。"乙方不得因甲方资金的暂时不到位而停工和拖延工期"条款显失公平，应说明甲方资金不到位在什么期限内乙方不得停工和拖延工期，且应规定逾期支付的利息如何计算。⑤从该案例背景来看，合同双方是合法的独立法人单位，不应约定经双方主管部门批准后合同生效。⑥专用条款中有关风险范围以外合同价款调整方法（按实际竣工建筑面积 520.00 元/m^2）调整合同价款与合同的风险范围、风险费用的计算方法相矛盾，该条款应针对可能出现的除合同价款包括的风险范围以外的内容约定合同价款调整方法。⑦在补充施工合同协议条款中，不仅要补充工程内容，而且要说明其价款是否需要调整，若需调整应如何调整。）

3. 某实行监理的工程，建设单位通过招标选定了甲施工单位，施工合同中约定：施工现场的建筑垃圾由甲施工单位负责清除，其费用包干并在清除后一次性支付；甲施工单位将混凝土钻孔灌注桩分包给乙施工单位。建设单位、监理单位和甲施工单位共同考察确定商品混凝土供应商后，甲施工单位与商品混凝土供应商签订了混凝土供应合同。

施工过程中发生下列事件：

事件 1：甲施工单位委托乙施工单位清除建筑垃圾，并通知项目监理机构对清除的建筑垃圾进行计量。因清除建筑垃圾的费用未包含在甲、乙施工单位签订的分包合同中，乙施工单位在清除完建筑垃圾后向甲施工单位提出费用补偿要求。随后，甲施工单位向项目监理机构提出付款申请，要求建设单位一次性支付建筑垃圾清除费用。

事件 2：在混凝土钻孔灌注桩施工过程中，遇到地下障碍物，使桩不能按设计的轴线施工。乙施工单位向项目监理机构提交了工程变更申请，要求绕开地下障碍物进行钻孔灌注桩施工。

事件 3：项目监理机构在钻孔灌注桩验收时发现，部分钻孔灌注桩的混凝土强度未达到设计要求，经查是商品混凝土质量存在问题。项目监理机构要求乙施工单位进行处理，乙施工单位处理后，向甲施工单位提出费用补偿要求。甲施工单位以混凝土供应商是建设单位参与考察确定的为由，要求建设单位承担相应的处理费用。

问题：

(1) 事件 1 中，项目监理机构是否应对建筑垃圾清除进行计量？是否应对建筑垃圾清除费签署支付凭证？说明理由。

（2）事件 2 中，乙施工单位向项目监理机构提交工程变更申请是否正确？说明理由。写出项目监理机构处理该工程变更的程序。

（3）事件 3 中，项目监理机构对乙施工单位提出要求是否妥当？说明理由。写出项目监理机构对钻孔灌注桩混凝土强度未达到设计要求问题的处理程序。

（4）事件 3 中，乙施工单位向甲施工单位提出费用补偿要求是否妥当？说明理由。甲施工单位要求建设单位承担相应的处理费用是否妥当？说明理由。

（答案提示：（1）不用计量，因费用包干；应签署支付凭证，因合同约定一次性支付。（2）不正确，因乙施工单位是分包单位。①收到工程变更申请后进行审查；②同意后报建设单位转交原设计单位；③取得设计变更文件后，结合实际情况对变更费用和工期进行评估；④就评估情况与建设单位、施工单位协调后，签发工程变更单。（3）不妥，因乙施工单位是分包单位。①下达《工程暂停令》；②提出由检测单位对桩身混凝土强度进行检测；③检测达到设计要求时，同意验收；④检测达不到设计要求时，须经原设计单位核算；满足设计要求的，同意验收；不满足设计要求的，由相关单位提出处理方案，并予以审核签认；⑤监督施工单位的处理过程，并对处理结果进行检查、验收；⑥满足要求后，签发《工程复工令》。（4）妥当，因有质量问题的商品混凝土是甲施工单位供应的；不妥，因建设单位不是混凝土供应合同的签订方。）

4. 某市土建工程，按合同规定结算款为 367 万元，合同原始报价日期为 2009 年 3 月，竣工日期为 2010 年 9 月，其人工费、材料费等构成及造价指数见表 6-5。

表 6-5

项目	不调值费用	人工费	钢材	水泥	集料	砌块	砂	木材
比例	15%	45%	12%	12%	5%	5%	3%	3%
09.3 指数	—	100	100.8	102.0	93.6	100.2	95.4	93.4
06.12 指数	—	110.2	98.0	112.9	95.9	98.9	91.1	117.9

问题：实际结算款应为多少？

（答案提示：389.75 万元。）

第7章 建设工程合同索赔管理

[学习指南] 本章主要介绍索赔的概念和分类及索赔成立的条件，重点掌握索赔的概念和分类。学生应熟悉索赔文件的组成、索赔报告的内容，重点掌握索赔意向通知和索赔报告的内容和编写方法。掌握工期索赔和费用索赔的计算方法，掌握工期和费用索赔成立的条件，能够运用网络分析法计算工期索赔值，熟悉可索赔费用的内容，掌握不可抗力事件及共同延误事件发生时的索赔处理原则。并介绍工程师在索赔管理过程中的任务和处理原则，熟悉工程师预防和减少索赔的方法。

[引导案例一] 中国某土木工程公司在某国承建一个公路改建项目，合同额981万美元，工期24个月，咨询服务工程师是英国一家老牌咨询公司的工程师。该项目在实施过程中，遇到邻国与项目所在国发生争端，邻国因此单方面关闭了两国边境，停止向这个内陆国家提供燃油，造成主体工程停工9个半月，为合同工期的39.58%，属于重大风险。我方依合同有关条款据理力争寻求索赔。经过一年多的艰苦交涉，最终获得了燃油危机的索赔成功，项目索赔金额达440万美元，是合同额的44.85%，并就此风险事件顺延工期29个月，使我方的损失得到有效补偿。

[引导案例二] 鲁布革工程的引水系统工程承包合同是由鲁布革工程局（业主）和日本大成建设株式会社签订的。合同实施后不久，承包商即向业主提出"业主违约索赔"。理由是：业主未按合同规定提供合格的三级标准的现场公路，承包商车辆只能在块石垫层路面上行使，引起轮胎严重的非正常消耗，要求业主给予400多条超耗轮胎的补偿。本来这是一项不难处理的索赔，当时又有外国专家的帮助，可业主顾虑重重，时间一拖再拖，金额一压再压，最后才补偿了208条轮胎（当时约1900万日元）。对此澳大利亚咨询专家曾委婉地表示，认为业主对承包商的索赔处理得太慢太严。尽管如此，国内有的单位对此却不乏怨言。由于当时到鲁布革参观的人很多，一传十，十传百，引起了一场舆论风波。有的说："索赔款哗哗地流进了日本人的腰包"，"什么低标价，鲁布革赔掉了一个大窟窿"。有的报告文学甚至说成是："拳击老手打来的一记记重拳"，称"业主输得惨了……"。实际上，鲁布革水电站引水系统工程承包商的全部索赔金额为229.1万元，仅占合同总额的2.83%。世界银行来华视察的专家以及外国驻现场的咨询专家都认为，这是水电建设项目"少见的低索赔"。

7.1 索 赔 概 述

7.1.1 索赔的概念和分类

1. 索赔的概念

索赔是指在合同履行过程中，对于非己方的过错而应由对方承担责任的情况造成的损失，向对方提出补偿的要求。索赔是合同双方依据合同约定维护自身合法利益的行为，他的性质属于经济补偿行为，而非惩罚。

索赔是以合同为基础和依据的。当事人双方索赔的权利是平等的，在实际工作中，索赔是双向的，我国《标准施工招标文件》中通用合同条款中的索赔就是双向的，既包括承包人向发包人的索赔，也包括发包人向承包人的索赔。此外，索赔与反索赔相对应，被索赔方亦可提出合理论证和齐全的数据、资料，以抵御对方的索赔。

索赔有较广泛的含义，可以概括为如下三个方面：

（1）一方违约使另一方蒙受损失，受损方向对方提出赔偿损失的要求。

（2）发生应由发包人承担责任的特殊风险或遇到不利自然条件等情况，使承包人蒙受较大损失而向发包人提出补偿损失要求。

（3）承包人本应当获得的正当利益，由于没能及时得到监理人的确认和发包人应给予的支付，而以正式函件向发包人索赔。

2. 索赔的分类

从不同的角度，按不同的方法和不同的标准，索赔有许多种分类方法。

（1）按索赔的目的分类

按索赔的目的可以将工程索赔分为工期索赔和费用索赔。

① 工期索赔。工期索赔是指承包人对施工中发生的非承包人直接或间接责任事件造成计划工期延误后向发包人提出的赔偿要求。工期索赔形式上是对权利的要求，以避免在原定合同竣工日不能完工时，被发包人追究拖期违约责任。一旦工期顺延请求获得批准，承包人不仅免除了承担拖期违约赔偿费的严重风险，而且可能提前工期得到奖励，最终仍反映在经济收益上。

② 费用索赔。费用索赔是指承包人对施工中发生的非承包人直接或间接责任事件造成合同价款以外的费用支出，向发包人提出的赔偿要求。

（2）按索赔的合同依据分类

按索赔的合同依据可以将工程索赔分为合同内索赔、合同外索赔和道义索赔。

① 合同内索赔。合同内索赔是指索赔所涉及的内容可以在履行的合同中找到条款依据，并可根据合同条款或协议预先规定的责任和义务划分责任，按违约规定和索赔费用、工期的计算办法提出索赔。一般情况下，合同内索赔的处理解决相对顺利些，一般不容易发生争议。

② 合同外索赔。合同外索赔是指承包人的索赔要求，虽然在工程项目的合同条款中没有专门的文字叙述，但可以根据该合同的某些条款的含义，推论出承包人有索赔权。这种索赔要求，同样有法律效力，有权得到相应的经济补偿。

③ 道义索赔。道义索赔是指承包人无论在合同内或合同外都找不到进行索赔的依据。没有提出索赔的条件和理由。但他在合同履行中诚恳可信，为工程的质量、进度及配合上尽了最大的努力。但由于工程实施过程中估计失误，确实存在较大的亏损，恳请发包人尽力给予补助。在此情况下，发包人在详细了解实际情况后，为了使自己的工程获得良好的进展，出于同情和信任合作的承包人而慷慨予以补偿。

[案例] 某国的住宅工程门窗工程量增加索赔

合同条件中关于工程变更的条款为：“……业主有权对本合同范围的工程进行他认为必要的调整。业主有权指令不加代替地取消任何工程或部分工程，有权指令增加新工程，……但增加或减少的总量不得超过合同额的25%。这些调整并不减少乙方全面完成工程的责任，而且不赋予乙方针对业主指令的工程量的增加或减少任何要求价格补偿的权利。”在报价单中有门窗工程一项，工作量10133.2m^2。对工作内容承包商的理解（翻译）为“以平方米计算，根据工艺的要求运进、安装和油漆门和窗，根据图纸中标明的规范和尺寸施工。”即认为承包商不承担门窗制作的责任。对此项承包商报价仅为2.5LE（埃磅）/m^2。而上述的翻译“运进”是不对的，应为“提供”，即承包商承担门窗制作的责任，而报价时没有门窗详图。如果包括制作，按照当时的正常报价应为130LE/m^2。在工程中，由于业主觉得承包商门窗报价很低，则下达变更令加大门窗面积，增加门窗层数，使门窗工作量达到25 090m^2，且大部分门窗都有板、玻璃、纱三层。

承包商以业主扩大门窗面积、增加门窗层数为由要求与业主重新商讨价格，业主的答复为：合同规定业主有权变更工程，工程变更总量在合同总额25%范围之内，承包商无权要求重新商讨价格，所以门窗工程都以原合同单价支付。

对合同中“25%的增减量”是合同总价格，而不是某个分项工程量，例如本例中尽管门窗增加了150%，但墙体的工程量减少，最终合同总额并未有多少增加，所以合同价格不能调整。实际付款必须按实际工程量乘以合同单价，尽管这个单价是错的，仅为正常报价的1.3%。

承包商在无奈的情况下，与业主的上级接触。由于本工程承包商报价存在较大的失误，损失很大，希望业主能从承包商实际情况及双方友好关系的角度考虑承包商的索赔要求。最终业主同意：

(1) 在门窗工作量增加25%的范围内按原合同单价支付，即12666.5m^2按原价格2.3LE/m^2计算。

(2) 对超过的部分，双方按实际情况重新商讨价格。最终确定单价为130LE/m^2，则承包商取得费用赔偿：

$(25090-10133.2\times1.25)\times(130-2.5)=12423.5\times127.5=1583996.25(\text{LE})$

案例分析：

(1) 这个索赔实际上是道义索赔，即承包商的索赔没有合同条件的支持，或按合同条件是不应该赔偿的。业主完全从双方友好合作的角度出发同意补偿。

(2) 翻译的错误是经常发生的，它会造成对合同理解的错误和报价的错误。由于不同语言之间存在着差异，工程中又有一些习惯用语。对此如果在投标前把握不准或不知业主的意图，可以向业主询问，请业主解答，切不可自以为是地解释合同。

(3) 在本例中报价时没有门窗详图，承包商报价会有很大风险，就应请业主对门窗的一般要求予以说明，并根据这个说明提出的要求报价。

(4) 当有些索赔或争执难以解决时，可以由双方的高层进行接触，商讨解决办法，问题常常易于解决。一方面，对于高层，从长远的友好合作的角度出发，许多索赔可能都是“小事”；另一方面，使上层了解索赔处理的情况和解决的困难，更容易吸取合同管理的经验和教训。

(此案例选自《工程合同管理》——东南大学成虎著)

(3) 按索赔事件的性质分类

按索赔事件的性质可以将工程索赔分为工程延误索赔、工程变更索赔、合同被迫中止索赔、工程加速索赔、意外风险和不可预见因素索赔和其他索赔。

① 工程延误索赔。因发包人未按合同要求提供施工条件，如未及时交付设计图纸、施工现场、道路等，或因发包人指令工程暂停或不可抗力事件等原因造成工期拖延的，承包人对此提出索赔。

② 工程变更索赔。由于发包人或监理人指令增加或减少工程量或增加附加工程、修改设计、变更工程顺序等，造成工期延长和费用增加，承包人对此提出索赔。

③ 合同被迫中止的索赔。由于发包人或承包人违约及不可抗力事件等原因造成合同非正常终止，无责任的受害方因其蒙受经济损失而向对方提出索赔。

④ 工程加速索赔。由于发包人或监理人指令承包人加快施工速度，缩短工期，引起承包人的人、财、物的额外开支而提出的索赔。

⑤ 意外风险和不可预见因素索赔。在工程实施过程中，因人力不可抗拒的自然灾害、特殊风险以及一个有经验的承包人通常不能合理预见的不利施工条件或外界障碍，如地下水、地质断层、溶洞、地下障碍物等引起的索赔。

⑥ 其他索赔。如因货币贬值、汇率变化、物价上涨、政策法令变化等原因引起的索赔。

(4) 按索赔的处理方式分类

按索赔的处理方式可以将工程索赔分为单项索赔和综合索赔。

① 单项索赔。单项索赔是指某一事件发生对承包人造成工期延长或额外费用支出时，承包人即可对这一事件的实际损失在合同规定的索赔有效期内提出的索赔。因此，单项索赔是对发生的事件而言。他可能是涉及内容比较简单、分析比较容易、处理起来比较快的事件。也可能是涉及内容比较复杂、索赔数额比较大、处理起来比较麻烦的事件。

② 综合索赔。综合索赔又称总索赔、一揽子索赔。是指承包人在工程竣工结算前，将施工过程中未得到解决的、或承包人对发包人答复不满意的单项索赔集中起来，综合提出一份索赔报告，双方进行谈判协商。综合索赔中涉及的事件一般都是单项索赔积累下来的意见分歧较大的难题，责任的划分、费用的计算等当事人双方往往各持己见，不能立即解决。

7.1.2 索赔的作用及条件

1. 索赔的作用

索赔与工程承包合同同时存在。它的主要作用有：

(1) 保证合同的实施。合同一经签订，合同双方即产生权益和义务关系。这种权益受法律保护，这种义务受法律制约。索赔是合同法律效力的具体体现，并且由合同的性质决定。如果没有索赔和关于索赔的法律规定，则合同形同儿戏，对双方都难以形成约束，这样合同的实施得不到保证，就不会有正常的社会经济秩序。索赔能对违约者起警戒作用，使他考虑到违约的后果，以尽力避免违约事件发生。

所以索赔有助于工程中双方更紧密地合作，有助于合同目标的实现。

(2) 它是落实和调整合同双方经济责权利关系的手段。有权力，有利益，同时就应承担相应的经济责任。谁未履行责任，构成违约行为，造成对方损失，侵害对方权利，则应承担相应的合同处罚，予以赔偿。离开索赔，合同责任就不能体现，合同双方的责权利关系就不平衡。

(3) 索赔是合同和法律赋予受损失者的权利。对承包商来说，是一种保护自己、维护自己正当权益、避免损失、增加利润的手段。在现代承包工程中，特别在国际承包工程中，如果承包商不能进行有效的索赔，不精通索赔业务，往往会使损失得不到合理的及时的补偿，从而不能进行正常的生产经营，甚至会破产。

在国际承包工程中，索赔已成为许多承包商的经营策略之一。“赚钱靠索赔”，是许多承包商的经验之谈。由于国际建筑市场竞争激烈，承包商为取得工程，只能压低报价，以低价中标。而业主为节约投资，千方百计与承包商讨价还价，通过在招标文件中提出一些苛刻要求，使承包商处于不利地位。而承包商主要对策之一是通过工程过程中的索赔，减少或转移工程风险，保护自己，避免亏本，赢得利润。如果承包商不注重索赔，不熟悉索赔业务，不仅会失去索赔机会，经济受到损失，而且还会有许多纠缠不清的烦恼，损失大量的时间和金钱。

索赔管理对工程承包成果的改善影响很大。在正常情况下，工程项目承包能取得的利润为工程造价的3%～5%。而在国外，许多承包工程，通过索赔能使工程收入的改善达工程造价的10%～20%（见参考文献[16]）；甚至有些工程索赔要求超过工程合同额。

2. 索赔的条件

《建设工程工程量清单计价规范》GB 50500—2008第4.6.1条规定：“合同一方向另一方提出索赔时，应有正当的索赔理由和有效证据，并应符合合同的相关约定。”本条规定了索赔的条件。同时反映了索赔的三要素：一是正当的索赔理由；二是有效的索赔证据；三是在合同约定的时间内提出。也就是说，与合同相比较，已造成了实际的额外费用或工期损失；造成费用增加或工期损失的原因不是由于承包商的过失；造成的费用增加或工期损失不是应由承包商承担的风险；承包商在事件发生后规定时间内提出了索赔的书面意向通知和索赔报告。

索赔的根本目的在于保护自身利益，追回损失，避免亏本，因此是不得已而用之。要取得索赔的成功，索赔要求必须符合如下基本条件：

(1) 客观性

确实存在不符合合同或违反合同的干扰事件，它对承包商的工期和成本造成影响。这是事实，有确凿的证据证明。由于合同双方都在进行合同管理，都在对工程施工过程进行监督和跟踪，对索赔事件都应该，也都能够清楚地了解。所以承包商提出的任何索赔，首先必须是真实的。

(2) 合法性

干扰事件非承包商自身责任引起，按照合同条款对方应给予补（赔）偿。索赔要求必须符合本工程承包合同的规定。合同作为工程中的最高法律，由它判定干扰事件的责任由谁承担，承担什么样的责任，应赔偿多少等。所以不同的合同条件，索赔要求有不同的合法性，则有不同的解决结果。

(3) 合理性

索赔要求合情合理，符合实际情况，真实反映由于干扰事件引起的实际损失，采用合理的计算方法和计算基础。承包商必须证明干扰事件，与干扰事件的责任，与施工过程所受到的影响，与承包商所受到的损失，与所提出的索赔要求之间存在着因果关系。

7.1.3 工程中常见的索赔问题

1. 施工现场条件变化索赔

在工程施工中，施工现场条件变化对工期和造价的影响很大。由于不利的自然条件及人为障碍，经常导致设计变更、工期延长和工程成本大幅度增加。

不利的自然条件是指施工中遇到的实际自然条件比招标文件中所描述的更为困难和恶劣，这些不利的自然条件或人为障碍增加了施工的难度，导致承包方必须花费更多的时间和费用，在这种情况下，承包方可提出索赔要求。

（1）招标文件中对现场条件的描述失误

在招标文件中对施工现场存在的不利条件虽已经提出，但描述严重失实，或位置差异极大，或其严重程度差异极大，从而使承包商原定的实施方案变得不再适合或根本没有意义。承包方可提出索赔。

（2）有经验的承包商难以合理预见的现场条件

在招标文件中根本没有提到，而且按该项工程的一般工程实践完全是出乎意料的，不利的现场条件。这种意外的不利条件，是有经验的承包商难以预见的情况。如在挖方工程中，承包方发现地下古代建筑遗迹物或文物，遇到高腐蚀性水或毒气等，处理方案导致承包商工程费用增加，工期增加，承包方即可提出索赔。

2. 业主违约索赔

（1）业主未按工程承包合同规定的时间和要求向承包商提供施工场地、创造施工条件。如未按约定完成土地征用、房屋拆迁、清除地上地下障碍，保证施工用水、用电、材料运输、机械进场、通信联络需要，办理施工所需各种证件、批件及有关申报批准手续，提供地下管网线路资料等。

（2）业主未按工程承包合同规定的条件提供应得材料、设备。业主所供应的材料、设备到货场、站与合同约定不符，单价、种类、规格、数量、质量等级与合同不符，到货日期与合同约定不符等。

（3）监理工程师未按规定时间提供施工图纸、指示或批复。

（4）业主未按规定向承包商支付工程款。

（5）监理工程师的工作不适当或失误。如提供数据不正确、下达错误指令等。

（6）业主指定的分包商违约。如其出现工程质量不合格、工程进度延误等。

上述情况的出现，会导致承包商的工程成本增加和（或）工期的增加，所以承包商可以提出索赔。

3. 变更指令与合同缺陷索赔

（1）变更指令索赔

在施工过程中，监理工程师发现设计、质量标准或施工顺序等问题时，往往指令增加新工作，改换建筑材料，暂停施工或加速施工等。这些变更指令会使承包商的施工费用和（或）工期的增加，承包商就此提出索赔要求。

（2）合同缺陷索赔

合同缺陷是指所签订的工程承包合同进入实施阶段才发现的，合同本身存在的（合同签订时没有预料的）、现时不能再做修改或补充的问题。

大量的工程合同管理经验证明，合同在实施过程中，常发现有如下的情况：

① 合同条款中有错误、用语含糊、不够准确等，难以分清甲乙双方的责任和权益。

② 合同条款中存在着遗漏。对实际可能发生的情况未做预料和规定，缺少某些必不可少的条款。

③ 合同条款之间存在矛盾。即在不同的条款或条文中，对同一问题的规定或要求不一致。

这时，按惯例要由监理工程师做出解释。但是，若此指示使承包商的施工成本和工期增加时，则属于业主方面的责任，承包商有权提出索赔要求。

4. 国家政策、法规变更索赔

由于国家或地方的任何法律法规、法令、政令或其他法律、规章发生了变更，导致承包商成本增加，承包商可以提出索赔。

5. 物价上涨索赔

由于物价上涨的因素，带来人工费、材料费、甚至机械费的增加，导致工程成本大幅度上升，也会引起承包商提出索赔要求。

6. 因施工临时中断和工效降低引起的索赔

由于业主和监理工程师原因造成的临时停工或施工中断，特别是根据业主和监理工程师不合理指令造成了工效的大幅度降低，从而导致费用支出增加，承包商可提出索赔。

7. 业主不正当地终止工程而引起的索赔

由于业主不正当地终止工程，承包商有权要求补偿损失，其数额是承包商在被终止工程上的人工、材料、机械设备的全部支出，以及各项管理费用、保险费、贷款利息、保函费用的支出（减去已结算的工程款），并有权要求赔偿其盈利损失。

8. 业主风险和特殊风险引起的索赔

由于业主承担的风险而导致承包商的费用损失增大时，承包商可据此提出索赔。根据国际惯例，战争、敌对行动、入侵、外敌行动；叛乱、暴动、军事政变或篡夺权位、内战；核燃料或核燃料燃烧后的核废物、核辐射、放射线、核泄漏；音速或超音速飞行器所产生的压力波；暴乱、骚乱或混乱；由于业主提前使用或占用工程的未完工交付的任何一部分致使破坏；纯粹是由于工程设计所产生的事故或破坏，并且这设计不是由承包商设计或负责的；自然力所产生的作用，而对于此种自然力，即使是有经验的承包商也无法预见，无法抗拒，无法保护自己和使工程免遭损失等属于业主应承担的风险。

许多合同规定，承包商不仅对由此而造成工程、业主或第三方的财产的破坏和损失及人身伤亡不承担责任，而且业主应保护和保障承包商不受上述特殊风险后果的损害，并免于承担由此而引起的与之有关的一切索赔、诉讼及其费用。相反，承包商还应当可以得到由此损害引起的任何永久性工程及其材料的付款及合理的利润，以及一切修复费用、重建费用及上述特殊风险而导致的费用增加。如果由于特殊风险而导致合同终止，承包商除可以获得应付的一切工程款和损失费用外，还可以获得施工机械设备的撤离费用和人员遣返费用等。

7.2 索赔的程序及文件

7.2.1 索赔程序

1.《建设工程工程量清单计价规范》中规定的索赔程序

《建设工程工程量清单计价规范》GB 50500—2008 第 4.6.3 规定了承包人索赔的处理程序：

（1）承包人在合同约定的时间内向发包人递交费用索赔意向通知书；

（2）发包人指定专人收集与索赔有关的资料；

（3）承包人在合同预定的时间内向发包人递交费用索赔申请表；

（4）发包人指定的专人初步审查费用索赔申请表，符合本规范规定的索赔条件时予以受理；

（5）发包人指定的专人进行费用索赔核对，经造价工程师复核索赔金额后，与承包人协商确定并由发包人批准；

（6）发包人指定的专人应在合同约定的时间内签署费用索赔审批表，或发出要求承包人提交有关索赔的进一步详细资料的通知，待收到承包人提交的详细资料后，按 4、5 款的程序进行。

在整个索赔程序中，承包人和发包人有关索赔办理的规定如下：

（1）承包人的索赔处理程序。承包人向发包人的索赔应在索赔事件发生后，持证明索赔事件发生的有效证据和依据正当的索赔理由，按合同约定的时间向发包人递交索赔通知。发包人应按合同约定的时间对承包人的索赔进行答复和确认。当发、承包双方在合同中对此通知未作具体约定时，可按以下规定办理：

① 承包人应在确认引起索赔的事件发生后 28 天内向发包人发出索赔通知，否则，承包人无权获得追加付款，竣工时间不得延长。承包人应在现场或发包人认可的其他地点，保持证明索赔可能需要的记录。发包人收到承包人的索赔通知后，未承认发包人责任前，可检查记录保持情况，并可指示承包人保持进一步的同期记录。

② 在承包人确认引起索赔事件后 42 天内，承包人应向发包人递交一份详细的索赔报告，包括索赔的依据、要求追加付款的全部资料。

③ 如果引起索赔的事件具有连续影响，承包人应按月递交进一步的中间索赔报告，说明累计索赔的金额。承包人应在索赔事件产生的影响结束后 28 天后，递交一份最终索赔报告。

（2）发包人索赔的处理程序。发包人在收到索赔报告后 28 天内，应作出回应，表示批准或不批准并附具体意见。还可以要求承包人提供进一步的资料，但仍要在上述期限内对索赔作出回应。发包人在收到最终索赔报告后的 28 天内，未向承包人作出答复，视为该项索赔报告已经认可。

2. FIDIC 合同条件规定的工程索赔程序

FIDIC 合同条件只对承包商的索赔作出了规定。

（1）承包商发出索赔通知。如果承包商认为有权得到竣工时间的任何延长和（或）任何追加付款，承包商应当向工程师发出通知，说明索赔的事件或情况。该通知应当尽快在承包商察觉或者应当察觉该事件或情况后 28 天内发出。

（2）承包商未及时发出索赔通知的后果。如果承包商未能在上述 28 天期限内发出索赔通知，则竣工时间不得延长，承包商无权获得追加付款，而业主应免除有关该索赔的全部责任。

（3）承包商递交详细的索赔报告。在承包商察觉或者应当察觉该事件或情况后 42 天内，或在承包商可能建议并经工程师认可的其他期限内，承包商应当向工程师递交一份充分详细的索赔报告，包括索赔的依据、要求延长的时间和（或）追加付款的全部详细资料。

（4）如果引起索赔的事件或者情况具有连续影响，则：

① 上述充分详细索赔报告应被视为中间的。

② 承包商应当按月递交进一步的中间索赔报告，说明累计索赔延误时间和（或）金额，以及能说明其合理要求的进一步详细资料。

③ 承包商应当在索赔的实践或者情况产生影响结束后 28 天内，或在承包商可能建议并经工程师认可的其他期限内递交一份最终索赔报告。

（5）工程师的答复。工程师在收到索赔报告或对过去索赔的任何进一步证明资料后 42 天内，或在工程师可能建议并经承包商认可的其他期限内，作出回应，表示“批准”或“不批准”，或“不批准并附具体意见”等处理意见。工程师应当商定或者确定应给予竣工时间的延长期及承包商有权得到的追加付款。

7.2.2　索赔文件

索赔文件是承包商向业主索赔的正式书面材料，也是业主审议承包商索赔请求的主要依据。它包括索赔意向通知、索赔报告两部分。

1. 索赔意向通知

索赔意向通知是指某一索赔事件发生后，承包人意识到该事件将要在以后工程进行中对自方产生额外损失，而当时又没有条件和资料确定以后所产生额外损失的数量时所采用的一种维护自身索赔权利的文件。

（1）索赔意向通知的作用

对于延续时间比较长，涉及内容比较多的工程事件来说，索赔意向通知对以后的索赔处理起着较好的促进作用，具体表现在以下方面：

① 对发包人起提醒作用，使发包人意识到所通知事件会引起事后索赔；

② 对发包人起督促作用，使发包人要特别注意该事件持续过程中所产生的各种影响；

③ 给发包人创造挽救机会，即发包人接到索赔意向通知后，可以尽量采取必要措施减少事件的不利影响，降低额外费用的产生；

④ 对承包人合法利益起保护作用，避免事后发包人以承包人没有提出索赔而使索赔落空；

⑤ 承包人提出索赔意向通知后，应进一步观察事态的发展，有意识地收集用于后期索赔报告的有关证据；

⑥ 承包人可以根据发包人收到索赔意识通知的反映及提出的问题，有针对性的准备索赔资料，避免失去索赔机会。

（2）索赔意向通知的内容

索赔意向通知没有统一的要求，一般可考虑有下述内容：

① 事件发生的时间、地点或工程部位；

② 事件发生时的双方当事人或其他有关人员；

③ 事件发生的原因及性质，应特别说明是非承包人的责任或过错；

④ 承包人对事件发生后的态度，应说明承包人为控制事件对工程的不利发展、减少

工程及其他相关损失所采取的行动；

⑤ 写明事件的发生将会使承包人产生额外经济支出或其他不利影响；

⑥ 注明提出该项索赔意向的合同条款依据。

（3）索赔意向通知编写实例

某汽车制造厂建设施工土方工程中，承包商在合同标明有松软石的地方没有遇到松软石，因此工期提前1个月。但在合同中另一未标明有坚硬岩石的地方遇到更多的坚硬岩石，开挖工作变得更加困难，由此造成了实际生产率比原计划低得多，经测算影响工期3个月。由于施工速度减慢，使得部分施工任务拖到雨季进行，按一般工人标准推算，又影响工期2个月。为此承包商准备提出索赔。承包商就此事件拟定的索赔通知见表7-1。

索赔通知表 **表7-1**

索赔通知
致甲方代表（或监理工程师）： 我方希望你方对工程地质条件变化问题引起重视：在合同文件未标明有坚硬岩石的地方遇到了坚硬岩石，致使我方实际生产率降低，而引起进度拖延，并不得不在雨季施工。 上述施工条件变化，造成我方施工现场设计与原设计有很大不同，为此向你方提出工期索赔及费用索赔要求，具体工期索赔及费用索赔依据与计算书在随后的索赔报告中。 承包商：××× ××××年××月××日

2. 索赔报告

索赔报告的具体内容，随该索赔事件的性质和特点而有所不同。一般来说，完整的索赔报告应包括以下四个部分。

（1）总论部分

一般包括以下内容：序言；索赔事项概述；具体索赔要求；索赔报告编写及审核人员名单。

文中首先应概要地论述索赔事件的发生日期与过程；施工单位为该索赔事件所付出的努力和附加开支；施工单位的具体索赔要求。在总论部分的最后，附上索赔报告编写组主要人员及审核人员的名单，注明有关人员的职称、职务及施工经验，以表示该索赔报告的严肃性和权威性。总论部分的阐述要简明扼要，说明问题。

（2）根据部分

本部分主要是说明自己具有的索赔权利，这是索赔能否成立的关键。根据部分的内容主要来自该工程项目的合同文件，并参照有关法律规定。该部分中施工单位应引用合同中的具体条款，说明自己理应获得经济补偿或工期延长。

根据部分的具体内容随各个索赔事件的情况而不同。一般情况下，根据部分应包括以下内容：索赔事件的发生情况；已递交索赔意向书的情况；索赔事件的处理过程；索赔要求的合同根据；所附的证据资料。

在写法结构上，按照索赔事件发生、发展、处理和最终解决的过程编写，并明确全文引用有关的合同条款，使建设单位和监理工程师能历史地、逻辑地了解索赔事件的始末，并充分认识该项索赔的合理性和合法性。

（3）计算部分

该部分是以具体的计算方法和计算过程，说明自己应得经济补偿的款额或延长时间。如果说根据部分的任务是解决索赔能否成立，则计算部分的任务就是决定应得到多少索赔款额和工期。前者是定性的，后者是定量的。

在款额计算部分，施工单位必须阐明下列问题：索赔款的要求总额；各项索赔款的计算，如额外开支的人工费、材料费、管理费和损失利润；指明各项开支的计算依据及证据资料，施工单位应注意采用合适的计价方法。至于采用哪一种计价法，应根据索赔事件的特点及自己所掌握的证据资料等因素来确定。其次，应注意每项开支款的合理性，并指出相应的证据资料的名称及编号。切忌采用笼统的计价方法和不实的开支款额。

(4) 证据部分

证据部分包括该索赔事件所涉及的一切证据资料，以及对这些证据的说明，证据是索赔报告的重要组成部分。

任何索赔事件的确立，其前提条件是必须有正当的索赔理由。对正当的索赔理由的说明必须具有证据，因为进行索赔主要是靠证据说话。没有证据或证据不足，索赔是难以成功的。

① 对索赔证据的要求

A. 真实性。索赔证据必须是在实施合同过程中确定存在和发生的，必须完全反映实际情况，能经得住推敲。

B. 全面性。所提供的证据应能说明事件的全过程。索赔报告中涉及的索赔理由、事件过程、影响、索赔数额等都应有相应证据，不能零乱和支离破碎。

C. 关联性。索赔的证据应当互相说明，相互具有关联性，不能互相矛盾。

D. 及时性。索赔证据的取得及提出应当及时，符合合同约定。

E. 具有法律证明效力。一般要求证据必须是书面文件，有关记录、协议、纪要必须是双方签署的；工程中重大事件、特殊情况的记录、统计必须由合同约定的发包人现场代表或监理工程师签证认可。

② 索赔证据的种类

A. 招标文件、工程合同、发包人认可的施工组织设计、工程图纸、技术规范等；

B. 工程各项有关的设计交底记录、变更图纸、变更施工指令等；

C. 工程各项经发包人或合同中约定的发包人现场代表或监理工程师签认的签证；

D. 工程各项往来信件、指令、信函、通知、答复等；

E. 工程各项会议纪要；

F. 施工计划及现场情况记录；

G. 施工日报及工长日志、备忘录；

H. 工程送电、送水、道路开通、封闭的日期及数量记录；

I. 工程停电、停水和干扰事件影响的日期及恢复施工的日期记录；

J. 工程预付款、进度款拨付的数额及日期记录；

K. 工程图纸、图纸变更、交底记录的送达份数及日期记录；

L. 工程有关施工部位的照片及录像等；

M. 工程现场气候记录，如有关天气的温度、风力、雨雪等；

N. 工程验收报告及各项技术鉴定报告等；

O. 工程材料采购、订货、运输、进场、验收、使用等方面的凭据；

P. 国家和省级或行业建设主管部门有关影响工程造价、工期的文件、规定等。

7.3 常见的索赔情形

7.3.1 工期索赔的成立条件及计算

1. 工期索赔成立的条件

(1) 造成施工进度拖延的责任是属于可原谅的

因承包人的原因造成施工进度滞后，属于不可原谅的延期；只有承包人不应承担任何责任的延误，才是可原谅的延期。有时工程延期的原因中可能包含有双方责任，此时监理人应进行详细分析，分清责任比例，只有可原谅延期部分才能批准顺延合同工期。可原谅延期，又可细分为可原谅并给予补偿费用的延期和可原谅但不给予补偿费用的延期；后者是指非承包人责任的影响并未导致施工成本的额外支出，大多属于发包人应承担风险责任事件的影响，如异常恶劣的气候条件影响的停工等。

(2) 被延误的工作应是处于施工进度计划关键线路上的施工内容

工期索赔能够成立的前提是事件的发生对总工期产生了影响，影响了竣工日期。因此，只有位于关键线路上工作内容的滞后，才会影响到竣工日期。但有时应注意，既要看被延误的工作是否在批准进度计划的关键路线上，又要详细分析这一延误对后续工作的可能影响。因为若对非关键路线工作的影响时间较长，超过了该工作可用于自由支配的时间，也会导致进度计划中非关键路线转化为关键路线，其滞后将影响总工期的拖延。此时，应充分考虑该工作的自由时间，给予相应的工期顺延，并要求承包人修改施工进度计划。

[案例] 某工程施工过程中，因地质勘探报告不详，出现图纸中未标明的地下障碍物，处理该障碍物导致网络计划中工作A持续时间延长10天，经网络参数计算，工作A的总时差为13天，该承包商能否得到工期补偿?

解析 承包商不能得到工期补偿。因为虽然直至勘探报告不详是由于发包方的原因造成的，属于可原谅的延期，但被延误的工作A的总时差为13天，在网络计划中属于非关键工作，并且工期延误的时间小于该工作的总时差，因此不会对总工期产生影响，承包商不能得到工期补偿。

2. 工期索赔的计算

(1) 比例计算法

在实际工程中，干扰事件常常仅影响某些单项工程、单位工程或分部分项工程的工期，要分析他们对总工期的影响，可以采用更为简单的比例分析方法，即以某个技术经济指标作为比较基础，计算工期索赔值。

① 对于已知部分工程的延误时间：以合同价所占比例计算，计算公式见式 (7-1)。

$$\text{总工期索赔} = \frac{\text{受干扰部分的工程合同价}}{\text{整个工程合同总价}} \times \text{该部分受到干扰工期拖延量} \tag{7-1}$$

② 对于已知额外增加工程量的价格：以合同价所占比例计算，计算公式见式 (7-2)。

$$\text{工期索赔值} = \frac{\text{额外增加的工程量的价格}}{\text{原合同总价}} \times \text{原合同总工期} \tag{7-2}$$

比例计算法在实际工程中用得较多，因计算简单、方便、不需做复杂的网络分析，在概念上人们也容易接受。一般不适用于变更工程施工顺序、加速施工、删减工程量等事件的索赔。

[案例] 某工程原合同规定分两阶段进行施工，土建工程 21 个月，安装工程 12 个月。假定以一定量的劳动力需要量为相对单位，则合同规定的土建工程量可折算为 310 个相对单位，安装工程量折算为 70 个相对单位。合同规定，在工程量增减 10%的范围内，作为承包商的工期风险，不能要求工期补偿。在工程施工过程中，土建和安装的工程量都有较大幅度的增加。实际土建工程量增加到 430 个相对单位，实际安装工程量增加到 117 个相对单位。求承包商可以提出的工期索赔额。

解： 承包商提出的工期索赔为：

不索赔的土建工程量的上限为：310×1.1=341 个相对单位

不索赔的安装工程量的上限为：70×1.1=77 个相对单位

由于工程量增加而造成的工期延长：

土建工程工期延长=21×[(430/341)−1]=5.5 个月

安装工程工期延长=12×[(117/77)−1]=6.2 个月

总工期索赔为：5.5 个月+6.2 个月=11.7 个月

(2) 网络分析法

网络分析法是通过分析干扰事件发生前后网络计划，对比两种工期计算结果来计算索赔值。它是一种科学的、合理的分析方法，适用于各种干扰事件的索赔。但它以采用计算机网络技术进行工期计划和控制作为前提条件。

网络分析即为关键线路分析法。关键线路上关键工作持续时间的延长，必然造成总工期的延长，则可以提出工期索赔；而非关键线路上工作只要在其总时差范围内的延长，则不能提出工期索赔。确定工期索赔应注意由于非承包商原因的延误时间 T 与延误事件所在工序的总时差 TF 关系。

① 若 $T \geqslant TF = 0$，说明该工作为关键工作，该工作延误时间 T，必然会造成总工期拖延 T，因此，总延误的时间 T 为批准顺延的工期，即为工期索赔值。

② 若 $TF > T > 0$，说明该工作为非关键工作，并且延误时间小于该工作的总时差，因此，在干扰事件造成该工作延误 T 时间后，该工作仍有 $TF-T$ 的机动时间，仍为非关键工作，不会影响总工期，总工期改变，没有工期索赔。

③ 若 $T > TF > 0$，说明该工作为非关键工作，但延误的时间超过了该工作的总时差，该工作变为关键工作，可以批准延误时间与时差的差值为工期索赔值。

④ 在进行网络分析时，对于发生多个干扰事件，影响多个工序的情况，在分析工期索赔值和乙方的误工时间时，首先按照各工序计划工作时间确定计划工期 A，然后计算包含非承包商责任延误时间的延误责任工期 B，计算包含各种延误责任时间的实际工期 C，则 B-A 为对甲方索赔的工期时间，C-B 为乙方延误计划工期的误工时间。

7.3.2 费用索赔分析与计算

1. 可以索赔的费用项目

(1) 人工费。包括增加工作内容的人工费、停工损失和工作效率降低的损失费等累计，其中增加工作内容的人工费应按照计日工费计算，而停工损失费和工作效率降低的损失费按窝工费计算，窝工费标准双方应在合同中约定。

（2）机械费。可采用机械台班单价、机械折旧费、机械设备租赁费等几种形式。当工作内容增加引起机械费索赔时，机械费的标准按照机械台班单价计算。因窝工引起的机械费索赔，当施工机械属于施工企业自有时，按照机械折旧费计算索赔费用；当施工机械是施工企业从外部租赁时，索赔费用的标准按照机械租赁费计算。

（3）材料费。材料费索赔额应按照材料单价及材料的消耗量计算，并考虑调值系数。

（4）保函手续费。工程延期时，保函手续费相应增加；取消部分工程且发包人与承包人达成提前竣工协议时，承包人的保函金额相应折减，则计入合同价内的保函手续费也应扣减。应注意保函费用随时间增加而增加，但费率不变。

（5）延迟付款利息。发包人未按约定时间进行付款的，应按银行同期贷款利率支付迟延付款的利息。

（6）管理费。此项又可分为现场管理费和公司管理费两部分，两者的计算方法有所不同。

① 现场管理费。索赔款中的现场管理费是指承包人完成额外工程、索赔事项工作以及工期延长期间的管理费，但如果对部分工人窝工损失索赔时，因其他工程仍然在进行，可能不予计算施工管理费索赔。可以按照公式（7-3）计算现场管理费索赔额。

$$\text{现场管理费索赔额} = \frac{\text{合同价中现场管理费总额}}{\text{合同总工期}} \times \text{工程延期的天数} \tag{7-3}$$

②公司管理费。索赔款中的公司管理费主要是指工程延误期间增加的管理费。在国际工程施工索赔中公司管理费的计算有以下几种。

A. 按照投标书中公司管理费的比例（3%～8%）计算：

$$\begin{aligned}\text{公司管理费} = &\text{合同中公司管理费比例}(\%) \times (\text{直接费索赔款额} \\ &+ \text{现场管理费索赔款额})\end{aligned} \tag{7-4}$$

B. 按照公司总部统一规定的管理费比率计算：

$$\text{公司管理费} = \text{公司总部管理费比例}(\%) \times (\text{直接费索赔款额} + \text{现场管理费索赔款额}) \tag{7-5}$$

C. 以工程延期的总天数为基础计算：

$$\text{对某工程提取的公司管理费} = \frac{\text{合同中公司管理费总额}}{\text{合同总工期}} \times \text{工期延误天数} \tag{7-6}$$

（7）利润。一般来说，由于工程变更范围的变更、文件有缺陷或技术性错误、业主未按约定提供现场等引起的索赔，承包人可以列入利润。索赔利润的款项计算是与原报价单中的利润百分比保持一致，即在成本的基础上增加报价单中的利润率，作为该项索赔款的利润。

但对于工程暂停的索赔，由于利润通常是包括每项实施的工程内容的价格之内，而延误工期并未影响消减某些项目的实施，而导致利润的减少。因此，一般工程师很难同意在工程暂停的费用索赔中列入利润损失。

2007 版《标准施工招标文件》中的合同条款及 FIDIC 施工合同条件下对承包商合理得到补偿的内容做了规定，见表 7-2 和表 7-3。

《标准施工招标文件》中合同条款规定的可以合理补偿承包人索赔的条款　　表 7-2

序号	条款号	主 要 内 容	可补偿内容		
			工期	费用	利润
1	1.10.1	施工过程中发现文物、古迹以及其他遗迹、化石、钱币或物品	✓	✓	
2	4.11.2	承包人遇到不利物质条件	✓	✓	
3	5.2.4	发包人要求向承包人提前交付材料和工程设备		✓	
4	5.2.6	发包人提供的材料和工程设备不符合合同要求	✓	✓	✓
5	8.3	发包人提供基准资料错误导致承包人的返工或造成工程损失	✓	✓	✓
6	11.3	发包人的原因造成工期延误	✓	✓	✓
7	11.4	异常恶劣的气候条件	✓		
8	11.6	发包人要求承包人提前竣工		✓	
9	12.2	发包人原因引起的暂停施工	✓	✓	✓
10	12.4.2	发包人原因造成暂停施工后无法按时复工	✓	✓	✓
11	13.1.3	发包人原因造成工程质量达不到合同约定验收标准的	✓	✓	✓
12	13.5.3	监理人对隐蔽工程重新检查，经检验证明工程质量符合合同要求的	✓	✓	✓
13	16.2	法律变化引起的价格调整		✓	
14	18.4.2	发包人在全部工程竣工前，使用已接收的单位工程导致承包人费用增加	✓	✓	✓
15	18.6.2	发包人的原因导致试运行失败的		✓	✓
16	19.2	发包人原因导致的工程缺陷和损失		✓	✓
17	21.3.1	不可抗力	✓		

FIDIC 合同条件下部分可以合理补偿承包商索赔的条款　　表 7-3

序号	条款号	主 要 内 容	可补偿内容		
			工期	费用	利润
1	1.9	延误发放图纸	✓	✓	✓
2	2.1	延误移交施工现场	✓	✓	✓
3	4.7	承包商依据工程师提供的错误数据导致放线错误	✓	✓	✓
4	4.12	不可预见的外界条件	✓	✓	
5	4.24	施工中遇到文物和古迹	✓	✓	
6	7.4	非承包商原因检验导致施工的延误	✓	✓	✓
7	8.4 (a)	变更导致竣工时间的延长	✓		
8	8.4 (c)	异常不利的气候条件	✓		
9	8.4 (d)	由于传染病或其他政府行为导致工期的延误	✓		
10	8.4 (e)	业主或其他承包商的干扰	✓		
11	8.5	公共当局引起的延误	✓		
12	10.2	业主提前占用工程		✓	✓
13	10.3	对竣工检验的干扰	✓	✓	✓
14	13.7	后续法规引起的调整		✓	
15	18.1	业主办理的保险未能从保险公司获得补偿部分		✓	
16	19.4	不可抗力事件造成的损害	✓	✓	

2. 费用索赔的计算

(1) 实际费用法

该方法是按照各索赔事件所引起损失的费用项目分别分析计算索赔值，然后将各费用项目的索赔值汇总，即可得到总索赔费用值。这种方法以承包商为某项索赔工作所支付的实际开支为依据，但仅限由于索赔事项引起的、超过原计划的费用，故也称为额外成本法。在这种计算方法中，需要注意的是不要遗漏费用项目。

(2) 修正总费用法

这种方法是对总费用法的改进，即在总费用计算的原则下，去掉一些不确定的可能因素，对总费用法进行相应的修改和调整，使其更加合理。

[案例] 某施工合同约定，施工现场主导施工机械一台，由施工企业租得，台班单价为300元/台班，租赁费为100元/台班，人工工资为40元/工日，窝工补贴为10元/工日，以人工费为基数的综合费率为35%，在施工过程中，发生了如下事件：①出现异常恶劣天气导致工程停工2天，人员窝工30个工日；②因恶劣天气导致场外道路中断抢修道路用工20工日；③场外大面积停电，停工2天，人员窝工10工日。为此，施工企业可向业主索赔费用为多少。

解析：各事件处理结果如下：

(1) 异常恶劣天气导致的停工通常不能进行费用索赔。

(2) 抢修道路用工的索赔额＝20×40×（1＋35%）＝1080（元）

(3) 停电导致的索赔额＝2×100＋10×10＝300（元）

总索赔费用＝1080＋300＝1380（元）

7.3.3 不可抗力事件索赔处理原则

不可抗力可以分为自然事件和社会事件。自然事件主要是工程施工过程中不可避免发生并不能克服的自然灾害，包括地震、海啸、瘟疫、水灾等；社会事件则包括国家政策、法律、法令的变更，战争、罢工等。

不可抗力事件发生后，发包人和承包人应按以下原则分别承担相应的责任。

(1) 工程本身的损害、因工程损害导致第三方人员伤亡和财产损失以及运至施工场地用于施工的材料和待安装的设备的损害，由发包人承担；

(2) 承发包双方人员的伤亡损失，分别由各自承担；

(3) 承包人机械设备损坏及停工损失，由承包人承担；

(4) 停工期间，承包人应工程师要求留在施工场地的必要管理人员和保卫人员的费用由发包人承担；

(5) 工程清理、修复所需费用，由发包人承担；

(6) 延误的工期相应顺延。

7.3.4 共同延误的处理原则

在实际施工过程中，工程拖期很少是只由一方造成的，往往是两三种原因同时发生或相互作用而形成的，故称为“共同延误”。在这种情况下，要具体分析哪一种情况延误是有效的，应依据以下原则：

(1) 首先判断造成拖期的哪一种原因是最先发生的，即确定“初始延误”者，它应对工程拖期负责。在初始延误发生作用期间，其他并发的延误者不承担拖期责任。

（2）如果初始延误者是发包人原因，则在发包人原因造成的延误期内，承包人既可得到工期延长，又可得到经济补偿。

（3）如果初始延误者是客观原因，则在客观因素发生影响的延误期内，承包人可以得到工期延长，但很难得到费用补偿。

（4）如果初始延误者是承包人原因，则在承包人原因造成的延误期内，承包人既不能得到工期补偿，也不能得到费用补偿。

7.3.5 索赔的处理方式

索赔的处理方式是多种途径的，可以友好协商，也可以请第三人进行调解，也可能需要到法庭上去抗争。但索赔究竟如何解决，完全是由合同双方的实际行为所决定的，其中承包人又起着先导作用。

1. 协商解决

对于一般的单项索赔，在工程管理及合作关系较好的情况下都可通过友好协商解决，即使在协商过程中对某些问题看法难以一致，也可以通过法律咨询和法律鉴定以求得一致的理解，划清责任，清除争执。这种办法解决问题的优点是气氛平和、时间较短、不需额外费用，能利于后期的继续合作。

2. 调解和仲裁

当谈判双方发生争议，达不成和解也达不成解决的协议时，任何一方均可向合同管理机关申请调解。调解人按照合同的规定，遵照国家的法令、政策，在分清事实依据，划清各方责任的基础上，对双方争执的问题提出调解方案。如争执双方同意调解方案并签字后，即调解完成。

按照合同法的规定，调解达成协议的当事人应当履行，双方达成仲裁协议的由仲裁作出裁决，仲裁决定书由国家规定的仲裁机关制作。当事人一方或双方对仲裁不服的，可以在收到仲裁决定书15日之内向人民法院申请撤销和起诉，期满不起诉的裁决即具有法律效力。争执一方在调解书生效后不执行调解协议，则被认为是违法的。

3. 起诉与判决解决

如对调解不服可向法院起诉，法院则依据国家法律和司法程序对争执进行审判处理，经过法庭调查，法庭辩论，法庭调解，最终依法进行判决。最终判决具有强制性的法律效力，必须执行。

[案例] 大型公共场所地下停车场，设计时建筑师与结构师在地下室进口圆弧形车道设计没有充分沟通，由于车道外侧要起坡1.4m，造成该处出口大门的净高只有2.0m，而设计规范规定车库大门净高应不小于汽车总高加0.3m。施工单位在发现设计图纸错误后，认为自己的任务只是“按图施工”，依然按错误的设计图进行施工。等到监理工程师发现时，大门上方大梁和板的钢筋已绑扎好，梁板的模板也支设完毕。监理工程师指示施工单位对模板和钢筋进行拆除，并通过甲方联系设计人员进行了设计修改。在施工完毕后，施工单位对返工拆除增加的工作量提出工期和费用索赔。监理作出的决定是承包人发现存在问题，但不申报，拒绝承包人提出的索赔要求。

解析：作为工程承包人都普遍认为，照图施工是天经地义的事，图纸怎么画我就怎么做，图纸如果有问题，那是设计方的问题，就此向业主提出费用和时间上的索赔也是理所当然的，因为这不是承包人应承担的责任和风险。这种说法似乎无懈可击，但在有的情况下虽然设计图有问题，承包人却不能得到任何索赔。问题出在当设计图出现的问题是一个有经验的承包人应当能发现的，而承包人没有向监理、业主或设计方反映，根据国际工程惯例，即承包人未履行“应警告义务”，由此给工程带来了影响，造成时间和费用上的损失，监理工程可以不认可承包人所提出索赔要求。

7.4 工程师的索赔管理

7.4.1 工程师的索赔管理任务

1. 预测和分析导致索赔的原因和可能性

在施工合同的形成和实施过程中，工程师为发包人承担了大量具体的技术、组织和管理工作。如果这些工作有漏洞，就会为承包人带来索赔的机会。因此，工程师在工作中应能预测到自己行为的后果，堵塞漏洞。在起草文件、下达指令、做出决定、答复请示时都应注意到完备性和严密性；颁发图纸、做出计划和实施方案时都应考虑其正确性和周密性等。

2. 通过有效的合同管理减少索赔事件发生

在合同实施过程中，如果工程师以积极的态度和主动的精神管理好工程，能为双方建立一种良好的合作氛围，则双方合作越好，索赔事件越少，并且越易于解决。

工程师通过对合同的监督和跟踪，不仅可以及早发现干扰事件、及早采取措施降低干扰事件的影响，减少双方的损失，还可以及早了解情况，为合理地解决索赔问题提供条件。

3. 公平合理地处理和解决索赔

公平合理地处理和解决索赔纠纷，合同双方都会心悦诚服，能继续保持良好的合作关系，能为合同的继续顺利实施创造条件。

7.4.2 工程师的索赔管理原则

1. 公平合理原则

工程师是合同管理的核心，应当以没有偏见的方式解释和履行合同，独立地做出判断，行使自己的权利，应当坚持：(1) 从工程整体效益、总目标的角度出发做出判断或采取行动；(2) 按照合同约定行事，做到准确理解合同，正确执行合同；(3) 实事求是等。

2. 及时处理原则

在合同实施过程中，工程师必须及时地行使权利，做出决定，下达通知、指令，表示认可等，这样可以减少承包人的索赔机会，可以防止事件影响的扩大，有利于形成良好的合作关系。

3. 力求协商解决原则

工程师应充分认识到，如果他的协调不成功使索赔争议升级，对合同双方都有损失，将会影响工程项目的整体效益。在工程实施过程中，工程师切不可凭借其地位和权利武断行事，滥用权力，特别是对承包人不能随便以合同处罚相威胁或盛气凌人。

4. 诚实信用原则

工程师有很大的工程管理权力，对工程的整体效益有关键性的作用。发包人出于信任，将工程管理的任务交给他，而承包人希望他能公平合理行事。

7.4.3 工程师对索赔的预防和减少

索赔虽然不可能完全避免，但通过努力可以减少发生。

1. 正确理解合同规定

正确理解合同规定，是双方协调一致地合理、完全履行合同的前提条件。但是，合同双方站在各自立场上对合同规定的理解往往不可能完全一致，总会或多或少地存在某些分歧。这种分歧经常是产生索赔的重要原因之一，所以发包人、工程师和承包人都应该认真研究合同文件，以便尽可能在诚信的基础上正确、一致地理解合同的规定，减少索赔的发生。

2. 做好日常管理工作，随时与承包人保持协调

做好日常管理工作是减少索赔的重要手段。工程师应善于预见、发现和解决问题，能够在某些问题对工程产生额外成本或其他不良影响之前，就把它们纠正过来，就可以避免发生与此有关的索赔。

对于工程质量、已完工程量等，工程师应该尽可能在日常工作中与承包人随时保持协调，对每天或每周的情况进行会签、取得一致意见，而不要等到需要付款时再一次处理。这样就比较容易取得一致意见，可以避免不必要的分歧。

3. 尽量为承包人提供力所能及的帮助

承包人在合同实施过程中肯定会遇到各种各样的困难。虽然从合同义务上来讲，工程师没有义务向其提供帮助，但从共同努力建设好工程这一点来讲，还是应该尽可能地提供一些帮助。这样，可以免遭或少遭损失，从而避免或减少索赔。而且承包人对某些似是而非、模棱两可的索赔机会，还可能基于友好考虑主动放弃。

4. 建立和维护工程师处理合同事务的威信

工程师自身必须有公正的立场、良好的合作精神和处理问题的能力，这是建立和维护其威信的基础。如果工程师处理合同事务立场公正，有丰富的经验知识和较高的威信，就会促使承包人在提出索赔前认真做好准备工作，只提出那些有充足依据的索赔，“以质取胜”，从而减少提出索赔的质量，而不是企图“以量取胜”或“蒙混过关”。

7.5 索赔综合案例

[综合案例一] 某承包商（乙方）于某年3月6日与某业主（甲方）签订一项建筑工程施工合同。在合同中规定，甲方于3月14日提供施工现场。工程开工日期为3月16日，竣工日期为4月22日，合同日历工期为38天。工期每提前1天奖励3000元，每拖后1天罚款5000元。乙方按时提交了施工方案和施工网络进度计划（如图7-1所示），并得到甲方代表的批准后，如期开工。

合同中采用了《建设工程工程量清单计价规范》计量计价。

(1) 规费采用分部分项清单、措施费清单、其他项目清单合计为基数，按5%计算。营业税金及附加按3.43%计算。

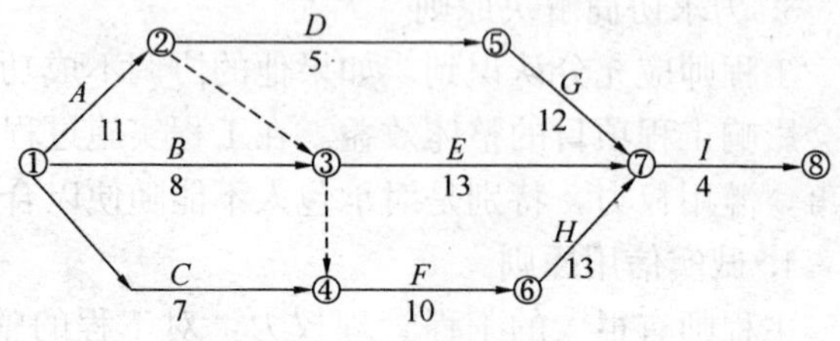

图7-1 某工程施工网络进度计划（单位：天）

(2) 模板按照每平方米50元计算，招标时共计1000m^2。其他措施费另计。

(3) 招标文件中的暂列金额10万元，其中6万元仅仅可应用于A项目。电梯设备采购和施工共计暂估价80万。大厅地面要求采用高档花岗岩装修，共计1000m^2，材料暂估价1000元/m^2；计日工工日标准为80元/工日，双方约定，窝工工日补偿按照计日工的一半执行。电梯设备的总承包服务费按照电梯设备采购和施工费的1%计算。

该工程在实际施工过程中发生了如下几项事件：

事件1：因部分原有设施搬迁拖延，甲方于3月17日才提供出全部场地，影响了工作A、B的正常作业时间，使该两项工作的作业时间均延长了2天，并使这两项工作分别窝工6个、8个工日；工作C未因此受到影响。

事件2：乙方与租赁商原约定工作D使用的某种机械于3月27日早晨进场，但因运输问题推迟到3月29日才进场，造成工作D实际作业时间增加1天，多用人工7个工日。

事件3：在工作E施工时，因设计变更，造成施工时间增加2天，多用人工14个工日。

事件4：工作F是一项隐蔽工程，在其施工完毕后，乙方及时向甲方代表提出检查验收要求。但因甲方代表未能在规定时间到现场检查验收，承包商自行检查后进行了覆盖。事后甲方代表认为该项工作很重要，要求乙方在两个主要部位（部位a和部位b）进行剥离检查。检查结果为：部位a完全合格，部位b的偏差超出了规范允许范围，乙方根据甲方代表的要求扩大剥离检查范围并进行返工处理，合格后甲方代表予以签字验收。部位a的剥离和覆盖用工为6个工日；部位b的剥离、返工及覆盖用工20个工日。因部位a的重新检验和覆盖使工作H的作业时间延长1天，窝工4个工日；因部位b的重新检验和处理与覆盖使工作H的作业时间延长2天，窝工8个工日。

事件5：由于设计变更了某基础，导致混凝土模板增加了100m^2。

事件6：A项目实际支出5万元。

事件7：电梯工程实际发生了70万元。

事件8：施工单位经过公开招标，购买花岗岩实际价格为1200元/m^2，结算时施工单位提出，原来的1000元/m^2是暂估价，要求按照实际价格计算。

其余各项工作的实际作业时间和费用情况均与原计划相符。

问题：

(1) 乙方能否就上述事件1～4向甲方提出工期补偿和费用补偿要求？试简述其理由。

(2) 该工程的实际施工天数为多少天？可得到的工期补偿为多少天？工期奖罚天数为多少天？

(3) 针对事件1～3，请计算可以索赔的金额。

(4) 针对事件5～7，请核算正确的费用。

(5) 针对事件8，希望提出多少费用补偿？此事件施工单位应如何做，才可以要求补偿。

（所有金额按元取整数）。

解析：

(1) 事件1：可以提出工期补偿和费用补偿要求，因为施工场地提供的时间延长属于甲方应承担的责任，且工作A位于关键线路上。

事件 2：不能提出补偿要求，因为租赁设备迟进场属于乙方应承担的风险。

事件 3：可以提出费用补偿要求，但不能提出工期补偿要求。因为设计变更的责任在甲方，由此增加的费用应由甲方承担；而由此增加的作业时间（2 天）没有超过该项工作的总时差（10 天）。

事件 4：能否提出工期和费用补偿要求应视 a、b 两部位所分布的范围而定。如果该两部位属于预先规定的同一个检验批范围内，由此造成的费用和时间损失均不予补偿；如果该两部位不属于同一个检验批范围，由部位 a 造成的费用和时间损失应予补偿，由部位 b 造成的费用和时间损失不予补偿。

（2）①实际施工天数：

通过对图 7-1 的计算，该工程施工网络进度计划的关键线路为①—②—③—④—⑥—⑦—⑧（A—F—H—I），计划工期为 38 天，与合同工期相同。将图7-1中所有各项工作的持续时间均以实际持续时间代替，计算结果表明：关键线路不变（仍为①—②—③—④—⑥—⑦—⑧），实际工期为 43 天。

②可补偿工期天数和工期奖罚天数，分两种可能情况处理：

A. 工作 F 的重新检查、处理与覆盖不予补偿时，将图 7-1 中所有由甲方负责的各项工作持续时间延长天数加到原计划相应工作的持续时间上，计算结果表明：关键线路亦不变（仍为①—②—③—④—⑥—⑦—⑧），工期为 40 天。

所以，该工程可补偿工期天数为 40－38＝2（天）

工期罚款天数为 43－40＝3（天）

B. 工作 F 的重新检查、处理与覆盖应予部分补偿时，将图 7-1 中所有由甲方负责的各项工作持续时间延长天数加到原计划相应工作的持续时间上，计算结果表明：关键线路亦不变（仍为①—②—③—④—⑥—⑦—⑧），工期为 41 天。

所以，该工程可补偿工期天数为 41－38＝3（天）

工期罚款天数为 43－41＝2（天）

（3）在该工程中，乙方可得到的合理的经济补偿有：

①由事件 1 引起的经济补偿额：(6＋8)×80/2×(1＋5%)×(1＋3.43%)＝ 608(元)

②由事件 3 引起的经济补偿额：14×80×(1＋5%)×(1＋3.43%)＝ 1216(元)

（4）事件 5：由于设计变更了某基础，导致混凝土模板增加了 100m^2，结算时应补偿施工单位费用为：

$$100\times50\times(1+5\%)\times(1+3.43\%)=5430(元)$$

事件 6：A 项目实际支出 5 万元。

结算时应在结算款中扣除（60000－50000)×(1＋5%)×(1＋3.43%)＝10860(元)

事件 7：电梯工程实际发生了 70 万元。

结算时应在结算款中扣除（800000－700000)×(1＋5%)×(1＋3.43%)＝108602(元)

事件 8：

①施工单位希望提出的索赔是：1000×(1200－1000)×(1＋5%)×(1＋3.43%)＝217203(元)

②施工单位在采购花岗岩之前应先报给监理机构审批，才可以要求补偿。

[综合案例二]　某工程的施工合同工期为16周，项目监理机构批准的施工进度计划如图7-2所示（时间单位：周）。各工作均按匀速施工。施工单位的报价单（部分）见表7-4。

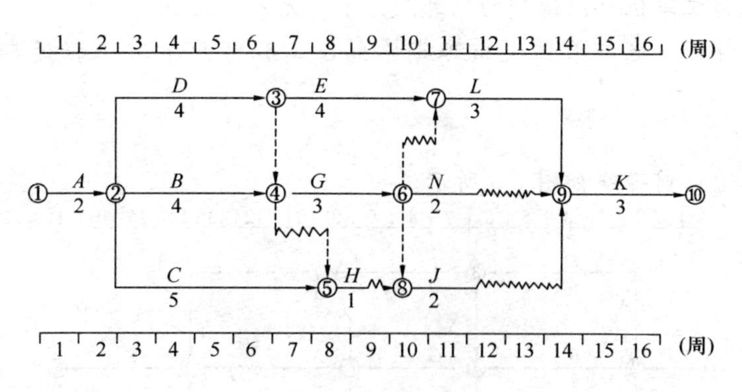

图7-2　施工进度计划

施工单位的报价单（部分）　　**表7-4**

序号	工作名称	估算工程量	全费用综合单价（元/m^3）	合价（万元）
1	A	$800m^3$	300	24
2	B	$1200m^3$	320	38.4
3	C	20次	—	—
4	D	$1600m^3$	280	44.8

工程施工到第4周时进行进度检查，发生如下事件：

事件1：A工作已经完成，但由于设计图纸局部修改，实际完成的工程量为$840m^3$，工作持续时间未变。

事件2：B工作施工时，遇到异常恶劣的气候，造成施工单位的施工机械损坏和施工人员窝工，损失1万元，实际只完成估算工程量的25%。

事件3：C工作为检验检测配合工作，只完成了估算工程量的20%，施工单位实际发生检验检测配合工作费用5000元。

事件4：施工中发现地下文物，导致D工作尚未开始，造成施工单位自有设备闲置4个台班，台班单价为300元/台班、折旧费为100元/台班。施工单位进行文物现场保护的费用为1200元。

事件5：第8周末，由于业主未及时提供图纸，E工作无法开始工作，图纸到第10周末才提供给承包商，但是施工单位的机具在第9周末出现故障，到第11周末才修好，E工作开始工作。

问题：

(1) 根据第4周末的检查结果，在图7-2上绘制实际进度前锋线，逐项分析B、C、D三项工作的实际进度对工期的影响，并说明理由。

(2) 若施工单位在第4周末就B、C、D出现的进度偏差提出工程延期的要求，工程师应批准工程延期多长时间？为什么？

(3) 施工单位是否可以就事件2、事件4提出费用索赔？为什么？可以获得的索赔费用是多少？

(4) 事件3中C工作发生的费用如何结算？

(5) 前4周施工单位可以得到的结算款为多少元？

(6) 对于事件5，施工单位提出工期索赔，工程师应批准工程延期多长时间？为什么？

解析：

(1) ①实际进度前锋线如图7-3所示。

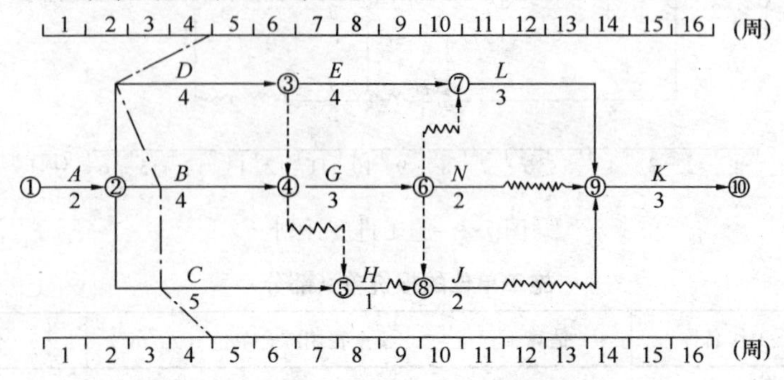

图7-3 实际进度前锋线绘制图

②B工作拖后1周，不影响工期，因B工作总时差为1周。

③C工作拖后1周，不影响工期，因C工作总时差为3周。

④D工作拖后2周，影响工期2周，因D工作总时差为0（D工作为关键工作）。

(2) 批准工程延期2周。

理由：施工中发现地下文物造成D工作拖延，不属于施工单位原因。

(3) ①事件2不能索赔费用，因异常恶劣的气候造成施工单位机械损坏和施工人员窝工的损失不能索赔。

②事件4可以索赔费用，因施工中发现地下文物属非施工单位原因。

③可获得的费用为4（台班）×100（元/台班）+1200（元）=1600（元）。

(4) 不予结算，因施工单位对C工作的费用没有报价，故认为该项费用已分摊到其他相应项目中。

(5) 施工单位可以得到的结算款为：

A工作：840(m^3)×300(元/m^3)=252000(元)

B工作：1200(m^3)×25%×320(元/m^3)=96000(元)

D工作：4(台班)×100(元/台班)+1200(元)=1600(元)

小计：252000(元)+96000(元)+1600(元)=349600(元)

(6) 工程师应批准工程延期2周，因为E工作是关键工作，由于业主未及时提供图纸，E工作无法开始工作，虽然图纸到第10周末提供给承包商，其间施工单位的机具在第9周末出现故障，到第11周末才修好，但第9，10月的责任在业主，而11月，图纸已经到了，E工作可以开始工作，由于施工单位的机具在第9周末出现故障，到第11周末才修好，E工作开始。责任在乙方，不予补偿。

［综合案例三］ 某承包商承建一基础设施项目，其施工网络进度计划如图7-4所示。

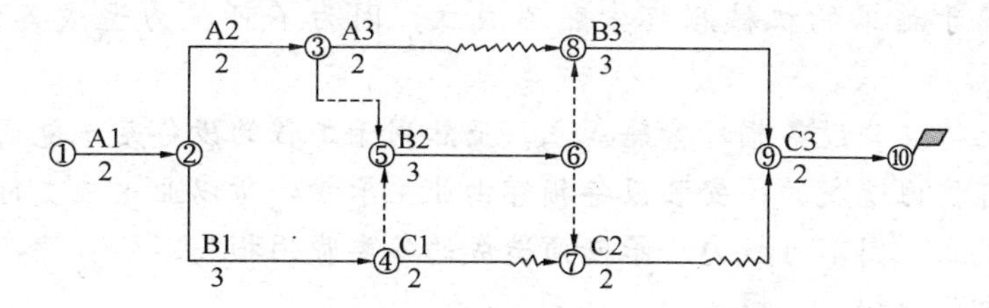

图7-4 某基础设施项目网络进度计划

工程实施到第5个月末检查时，A2工作刚好完成，B1工作已进行了1个月。

在施工过程中发生了如下事件：

事件1：A1工作施工半个月发现业主提供的地质资料不准确，经与业主、设计单位协商确认，将原设计进行变更，设计变更后工程量没有增加，但承包商提出以下索赔：

设计变更使A1工作施工时间增加1个月，故要求将原合同工期延长1个月。

事件2：工程施工到第6个月，遭受飓风袭击，造成了相应的损失，承包商及时向业主提出费用索赔和工期索赔，经业主工程师审核后的内容如下：

(1) 部分已建工程遭受不同程度破坏，费用损失30万元；

(2) 在施工现场承包商用于施工的机械受到损坏，造成损失5万元；用于工程上待安装设备（承包商供应）损坏，造成损失1万元；

(3) 由于现场停工造成机械台班损失3万元，人工窝工费2万元；

(4) 施工现场承包商使用的临时设施损坏，造成损失1.5万元；业主使用临时用房破坏，修复费用1万元；

(5) 因灾害造成施工现场停工0.5个月，索赔工期0.5个月；

(6) 灾后清理施工现场，恢复施工需费用3万元。

事件3：A3工作施工过程中由于业主供应的材料没有及时到场，致使该工作延长1.5个月，发生人员窝工500个工日，机械闲置费用45个台班（有签证），人工工资单价为50元，合同约定窝工费补偿按30元/工日；该机械为施工企业租赁的，租赁费为300元/台班，机械台班单价为500元/台班。

问题：

(1) 根据第5个月末的检查情况判断如果后续工作按原进度计划执行，工期将是多少个月？

(2) 分别指出事件1中承包商的索赔是否成立并说明理由。

(3) 分别指出事件2中承包商的索赔是否成立并说明理由。

(4) 除事件1引起的企业管理费的索赔费用之外，承包商可得到的索赔费用是多少？合同工期可顺延多长时间？

解析：

(1) 有网络进度计划和第5月末的检查情况可知，A2工作拖后1个月，但A2工作的总时差为1个月，不会影响总工期；B1工作拖后两个月，并且B1工作是关键工作，所以该工程项目将被推迟两个月完成，工期为15个月。

(2) 工期索赔成立，因为地质资料不准确属业主风险，且A1工作是关键工作。

(3) ①索赔成立，因为不可抗力造成的部分已建工程费用损失，应由业主支付。

②承包商用于施工的机械损坏索赔不成立，因为不可抗力造成各方的损失由各方承担。

用于工程上待安装设备损坏索赔成立，虽然用于工程的设备是承包商供应，但将形成业主资产，不可抗力造成的待安装设备损坏由业主承担，所以业主应支付相应费用。

③索赔不成立，因不可抗力给承包商造成的各类费用损失不予补偿，施工机械设备的损坏由承包人自己承担。

④承包商使用的临时设施损坏的索赔不成立，业主使用的临时用房修复索赔成立，因不可抗力造成各方损失由各方分别承担。

⑤索赔成立，因不可抗力造成工期延误，经业主签证，可顺延合同工期。

⑥索赔成立，不可抗力引起的清理现场和修复费用应由业主承担。

(4) ①索赔费用：

事件 2：30＋1＋1＋3＝35（万元）

事件 3：30×500＋300×45＝28500 元＝2.85（万元）

总费用索赔额＝35＋2.85＝37.85（万元）

②工期索赔

事件 1：1 月

事件 2：0.5 月

事件 3：0 月，因为 A3 工作是非关键工作，通过计算该工作的总时差为 2 个月，大于该工作的延误事件 1.5 个月，不能得到工期索赔。

因此，合同工期可顺延 1＋0.5＝1.5 个月。

[综合案例四]　某建筑工程，建筑面积 3.8 万 m^2，地下一层，地上十六层。施工单位（以下简称“乙方”）与建设单位（以下简称“甲方”）签订了施工总承包合同，合同工期 600 天。合同约定，工期每提前（或拖后）1 天，奖励（或罚款）1 万元。乙方将屋面和设备安装两项工程的劳务进行了分包，分包合同约定，若造成乙方关键工作的工期延误，每延误一天，分包方应赔偿损失 1 万元。主体结构混凝土施工使用的大模板采用租赁方式，租赁合同约定，大模板到货每延误一天，供货方赔偿 1 万元。乙方提交了施工网络计划，并得到了监理单位和甲方的批准。网络计划示意图如图 7-5 所示。

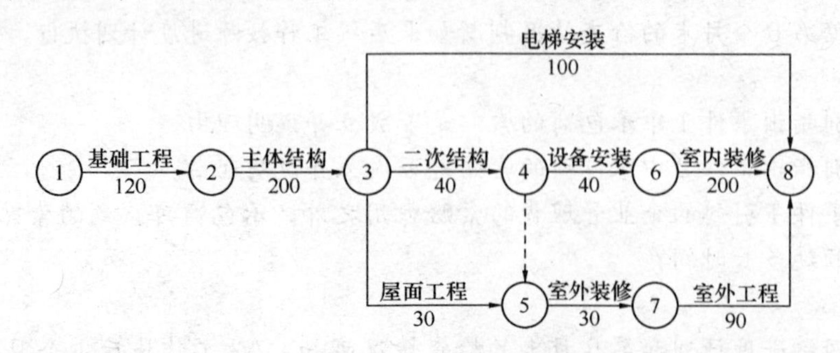

图 7-5　工程网络计划示意图（单位：天）

施工过程中发生了以下事件：

事件 1：底板防水工程施工时，因特大暴雨突发洪水原因，造成基础工程施工工期延长5天，因人员窝工和施工机械闲置造成乙方直接经济损失10万元；

事件2：主体结构施工时，大模板未能按期到货，造成乙方主体结构施工工期延长10天，直接经济损失20万元；

事件3：屋面工程施工时，乙方的劳务分包方不服从指挥，造成乙方返工，屋面工程施工工期延长3天，直接经济损失0.8万元；

事件4：中央空调设备安装过程中，甲方采购的制冷机组因质量问题退换货，造成乙方设备安装工期延长9天，直接费用增加3万元；

事件5：因为甲方对外装修设计的色彩不满意，局部设计变更通过审批后，使乙方外装修晚开工30天，直接费损失0.5万元；其余各项工作，实际完成工期和费用与原计划相符。

问题：

(1) 用文字或符号标出该网络计划的关键线路。

(2) 指出乙方向甲方索赔成立的事件，并分别说明索赔内容和理由。

(3) 指出乙方可以向大模板供货方和屋面工程劳务分包方索赔的内容和理由。

(4) 该工程实际总工期多少天？乙方可得到甲方的工期补偿为多少天？工期奖（罚）款是多少万元？

(5) 乙方可得到各劳务分包方和大模板供货方的费用赔偿各是多少万元？

(6) 如果只有室内装修工程有条件可以压缩工期，在发生以上事件的前提条件下，为了能最大限度地获得甲方的工期奖，室内装修工程工期至少应压缩多少天？

解析：

(1) 关键线路：①—②—③—④—⑥—⑧（或答基础工程、主体结构、二次结构、设备安装、室内装修）。

(2) ①事件1：乙方可以向甲方提出工期索赔，因洪水属于不可抗力原因且该工作属于关键工作，费用不能索赔。

②事件4：乙方可以向甲方提出工期和费用索赔，因甲购设备质量问题原因属甲方责任且该工作属于关键工作。

③事件5：乙方可以向甲方提出费用索赔，设计变更属甲方责任，但该工作属于非关键工作且有足够机动时间。

(3) ①事件2：乙方可以向大模板供货方索赔费用和工期延误造成的损失赔偿。原因：大模板供货方未能按期交货，是大模板供货方责任，且主体结构属关键工作，工期延误应赔偿乙方损失。

②事件3：乙方可以向屋面工程劳务分包方索赔费用。原因：专业劳务分包方违章，属分包责任（但非关键工作，不存在工期延误索赔问题）。

(4) ①125＋210＋40＋49＋200＝624（天），实际总工期624天。

②工期补偿：事件1和事件4中5（天）＋9（天）＝14（天），可补偿工期14天。

(5) ①事件3：屋面劳务分包方：0.8万元。

②事件2：大模板供货方。直接经济损失20万元；工期损失补偿：10（天）×1（万元/元）＝10（万元）；向大模板供货方索赔总金额为30万元。

(6) 压缩后①－②－③－④－⑤－⑦－⑧线路也为关键线路，与①－②－③－④－⑥

—⑧线路工期相等，工期 595 天，应压缩工期＝624－595＝29（天）。

本 章 小 结

索赔是合同双方维护正当权益的有效方法，甲乙双方的索赔权利是平等的。当发生索赔事件时，受到损失的一方当事人应及时向对方提出索赔请求，并在规定的时间内提交正式索赔报告。判断一项事件能否成功索赔，首先要分析事件的责任人是谁，另外还要看是否造成了实际损失。作为甲方的工程师，在工程管理的过程中，要采取有效的措施预防和减少承包商索赔事件的发生，从而达到有效控制造价的目的。

思 考 与 练 习

一、填空题

1. 施工索赔是双方面的，既包括＿＿＿＿＿＿＿＿＿＿＿＿，也包括＿＿＿＿＿＿＿＿＿＿＿＿。

2. 按索赔的目的可以将工程索赔分为＿＿＿＿＿＿＿＿＿＿＿＿和＿＿＿＿＿＿＿＿＿＿＿＿。

3. 要取得索赔成功，索赔事件本身应符合＿＿＿＿＿＿、＿＿＿＿＿＿和＿＿＿＿＿＿的基本条件。

4. 索赔文件一般包括＿＿＿＿＿＿＿＿和＿＿＿＿＿＿＿＿。

5. 费用索赔的计算方法一般有＿＿＿＿＿＿＿＿＿＿＿＿和＿＿＿＿＿＿＿＿＿＿＿＿两种。

二、选择题

1. 工程师对合同缺陷的解释导致工程成本增加和工期延长，此时的索赔方向是（　）。

A. 承包人向工程师索赔　　B. 工程师向发包人索赔

C. 发包人向承包人索赔　　D. 承包人向发包人索赔

2. 按照索赔事件的性质分类，在施工中发现地下流砂引起的索赔属于（　）。

A. 工程变更索赔　　B. 工程延误索赔

C. 意外风险和不可预见因素索赔　　D. 合同被迫终止的索赔

3. 根据 FIDIC 合同条件，承包人提交详细索赔报告的时限是（　）。

A. 索赔事件发生 28 天内　　B. 察觉或应当察觉索赔事件 28 天内

C. 察觉或应当察觉索赔事件 42 天内　　D. 索赔事件发生 56 天内

4. 某工程项目合同价为 2000 万元，合同工期为 20 个月，后因增建该项目的附属配套工程需增加工程费用 160 万元，则承包商可提出的工期索赔为（　）。

A. 0.8 个月　　B. 1.2 个月　　C. 1.6 个月　　D. 1.8 个月

5. 某施工合同在履行过程中，先后在不同时间发生了如下事件：因监理人对隐蔽工程复检而导致某关键工作停工 2 天，隐蔽工程复检合格；因异常恶劣天气导致工程全面停工 3 天；因季节大雨导致工程全面停工 4 天。则承包商可索赔的工期为（　）天。

A. 2　　B. 3　　C. 5　　D. 9

6. 按照 FIDIC 合同条件有关规定，下列事件中承包商可以同时得到工期、费用和利润补偿的是（　　）。

A. 承包商依据工程师提供的错误数据导致放线错误

B. 由传染病导致工期的延误

C. 业主提前占用工程

D. 业主办理的保险费未能从保险公司获得补偿部分

7. 根据FIDIC合同条件，承包商既可索赔工期，又可索赔费用和利润的索赔事件有（　　）。

A. 延误发放图纸

B. 延误移交施工现场

C. 承包商依据工程师提供的错误数据导致放线错误

D. 施工中遇到文物或古迹

E. 业主提前占用工程

8. 合同履行过程中，业主要求保护施工现场的一棵古树。为此，承包商自有一台塔吊累计停工2天，后又因工程师指令增加新的工作，需增加塔吊2个台班，台班单价1000元/台班，折旧费200元/台班，则承包商可提出的直接费补偿为（　　）。

A. 2000元　　B. 2400元　　C. 4000元　　D. 4800元

9. 下列关于工程索赔的说法中，正确的是（　　）。

A. 按索赔事件的性质分类，工程索赔分为工期索赔和费用索赔

B. 处理索赔必须坚持合理性原则，兼顾承、发包人双方的利益

C. 工作内容增加引起设备费索赔标准，不分自有设备或租赁设备，均按机械台班费计算

D. 工程会议纪要即使未经各方签署，也可以作为索赔的依据

10. 工程索赔的处理原则有（　　）。

A. 必须以合同为依据　　B. 必须及时合理地处理索赔

C. 必须按国际管理处理　　D. 必须加强预测，杜绝索赔事件发生

E. 必须坚持统一性和差别性相结合

11.（　　）是索赔处理的最主要依据。

A. 合同文件　　B. 工程变更　　C. 结算资料　　D. 市场价格

12. 建设工程索赔按所依据的理由不同可分为（　　）。

A. 合同内索赔　　B. 工期索赔　　C. 费用索赔　　D. 合同外索赔

E. 道义索赔

（答案提示：1. D；2. C；3. C；4. C；5. C；6. A；7. ABC；8. B；9. B；10. AB；11. A；12. ADE）

三、简答题

1. 什么是索赔？按照索赔的目的是如何分类的？

2.《建设工程工程量清单计价规范》GB 50500—2008提出的索赔的三要素是什么？

3.《建设工程工程量清单计价规范》GB 50500—2008对索赔处理程序是如何规定的？

4. 如何利用网络分析中非承包商原因的延误时间T和影响工作的总时差之间的关系确定工期索赔值？

5. 可以索赔的费用项目有哪些？

6. 不可抗力事件发生时索赔处理原则是什么？

7. 共同延误事件发生时索赔的处理原则是什么？

8. 索赔证据有哪些？

四、案例分析

1. 某施工单位（乙方）与某建设单位（甲方）签订了建造无线电发射试验基地施工合同，在房屋基坑开挖后，发现局部有软弱下卧层，按甲方代表指示乙方配合地质复查，配合用工为10个工日，地质复查后，根据经甲方代表批准的地基处理方案，增加直接费4万元，工期延长3天。请协助承包商拟定一份索赔意向通知。

2. 某施工合同约定，施工现场主导施工机械一台，由施工企业租得，台班单价为300元/台班，租赁费为100元/台班，人工工资单价为40元/工日，窝工补助为10元/工日，以人工费为基数的综合费率为35%，在施工过程中，发生了如下事件：①出现异常恶劣天气导致工程停工2天，人员窝工30个工日；②场外大面积停电，停工2天，人员窝工10工日。为此，施工企业可向业主索赔费用为多少？

（答案提示：本题考核工程索赔的计算：(1) 异常不利的气候条件导致工期延误只能获得工期补偿，不能获得费用补偿，故第一个事件不给予费用补偿；(2) 因恶劣天气导致场外道路中断抢修道路用工20工日，属新增工程量，按人员工资补偿费用且补偿利润，应补偿费用＝20×40＝800（元），应索赔利润＝800×0.35＝280（元）；(3) 场外大面积停电导致窝工，应给予窝工费补偿，窝工费补偿＝10×10＝100元，因施工机械是租赁的，此期间设备费补偿＝100×2＝200（元），故施工企业可向业主索赔费用＝800＋280＋100＋200＝1380（元）。）

3. 因设计变更，工作E工程量由招标文件中的500m^3增至800m^3，超过了10%，按照合同约定，需要对工作E超过10%的部分调整单价，合同中该工作的全费用单价为110元/m^3，经协商调整后的全费用单价为100元/m^3，原网络计划中，工作E为关键工作，持续时间为10天。试问，承包商能否对该事件提出工期索赔和费用索赔？工期索赔值是多少？工作E的结算价是多少？

（答案提示：本题考核工程索赔的计算。由于设计变更导致工程量增加是属于甲方应该承担的责任范围，因此承包商可以提出工期索赔和费用索赔。按照比例计算法计算工程索赔值，工期索赔6天。价款结算时，工程量超过10%的部分按照100元的单价计算，500m^3及超过10%以内的部分（550m^3）按合同单价计算。因此工作E的结算价＝550×110＋（800－550）×100＝85500（元）。）

4. 某公司新建住宅楼，通过公开招标确定了施工单位，合同价款形式为可调价格合同，施工合同按1999年建设部颁发的建设工程施工合同示范文本为基础签署。

施工进度计划已经达成一致意见。合同规定由于甲方责任造成施工窝工时，窝工费用按原人工费、机械台班费60%计算。

在专用条款中明确6级以上大风、大雨、大雪、地震等自然灾害按不可抗力因素处理。工程师应在收到索赔报告之日起28天内予以确认，工程师无正当理由不确认时，自索赔报告送达之日起28天后视为索赔已经被确认。

在施工过程中出现下列事件：

事件1：因业主不能及时提供图纸，使工期延误20天，10人窝工；

事件2：因施工机械故障，使工期延误10天，5人窝工；

事件3：因外部供电故障，使工期延误2天，20人窝工；

事件4：因下大雨，工期延误3天，20人窝工。

根据双方商定，人工费定额为32元/工日，机械台班费为2000元/台班。

根据上述约定乙方提出工期补偿35天，费用13056元（所有事件窝工费用及机械费用之和）索赔的要求。

问题：

（1）乙方上述要求是否合理？为什么？

（2）经工程师认定的索赔工期为多少天？

（3）如果工程师未在收到报告后28天内给予答复意见或确认，工期延长多少天？结算时费用补偿为多少？

（答案提示：（1）事件1合理，是甲方原因造成的；事件2不合理，是乙方自身原因造成的；事件3可以索赔工期，但费用不能索赔，因外部供电故障不属于甲方责任；事件4根据合同约定，工期可以索赔，但费用不能索赔，因大雨属于不可抗力。（2）工程师认定的索赔工期为25天，事件2工期（10天）延误不予顺延。（3）工期延长35天，费用为13056元。）

5. 某实施施工监理的工程，建设单位按照《建设工程施工合同（示范文本）》与甲施工单位签订了施工总承包合同。合同约定：开工日期为2006年3月1日，工期为302天；建设单位负责施工现场外道路开通及设备采购；设备安装工程可以分包。

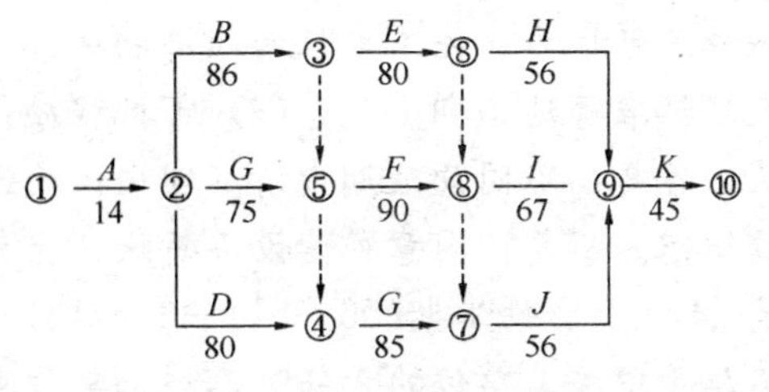

图7-6　施工总进度计划

经总监理工程师批准的施工总进度计划如图7-6所示（时间单位：天）。

工程实施中发生了下列事件：

事件1：由于施工现场外道路未按约定时间开通，致使甲施工单位无法按期开工。2006年2月21日，甲施工单位向项目监理机构提出申请，要求开工日期推迟3天，补偿延期开工造成的实际损失3万元。经专业监理工程师审查，情况属实。

事件2：C工作是土方开挖工程。土方开挖时遇到了难以预料的暴雨天气，工程出现重大安全事故隐患，可能危及作业人员安全，甲施工单位及时报告了项目监理机构。为处理安全事故隐患，C工作实际持续时间延长了12天。甲施工单位申请顺延工期12天，补偿直接经济损失10万元。

事件3：F工作是主体结构工程，甲施工单位计划采用新的施工工艺，并向项目监理机构报送了具体方案，经审批后组织了实施。结果大大降低了施工成本，但F工作实际持续时间延长了5天，甲施工单位申请须延工期5天。

事件4：甲施工单位将设备安装工程（J工作）分包给乙施工单位，分包合同工期为56天。乙施工单位完成设备安装后，单机无负荷试车没有通过，经分析是设备本身出现问题。经设备制造单位修理，第二次试车合格。由此发生的设备拆除、修理、重新安装和重新试车的各项费用分别为 2 万元、5 万元、3 万元和 1 万元，J 工作实际持续时间延长了 24 天。乙施工单位向甲施工单位提出索赔后，甲施工单位遂向项目监理机构提出了顺延工期和补偿费用的要求。

问题：

(1) 事件 1 中，项目监理机构应如何答复甲施工单位的要求？说明理由。

(2) 事件 2 中，收到甲施工单位报告后，项目监理机构应采取什么措施？应要求甲施工单位采取什么措施？对于甲施工单位顺延工期及补偿经济损失的申请如何答复？说明理由。

(3) 事件 3 中，项目监理机构应按什么程序审批甲施工单位报送的方案？对甲施工单位的顺延工期申请如何答复？说明理由。

(4) 事件 4 中，单机无负荷试车应由谁组织？项目监理机构对于甲施工单位顺延工期和补偿费用的要求如何答复？说明理由。根据分包合同，乙施工单位实际可获得的顺延工期和补偿费用分别是多少？说明理由。

（答案提示：(1) 答复：同意推迟 3 天开工（或：同意 2006 年 3 月 4 日开工），同意赔偿损失 3 万元。理由：场外道路没有开通属建设单位责任，且甲施工单位在合同规定的有效期内提出了申请。(2) 采取措施：下达施工暂停令。要求：撤出危险区域作业人员，制订消除隐患的措施或方案，报项目监理机构批准后实施。答复：由于难以预料的暴雨天气属不可抗力，施工单位的经济损失不予补偿；因 C 工作延长 12 天，只影响工期 1 天，故只批准顺延工期 1 天。(3) 审批程序：审查报送方案，组织专题论证，经审定后予以签认。答复：不同意延期申请。理由：改进施工工艺属甲施工单位自身原因。(4) 甲施工单位组织。答复：同意补偿设备拆除、重新安装和试车费用合计 6 万元；J 工作持续时间延长 24 天，影响工期(56＋24)－67＝13(天)，同意顺延工期 13 天。因设备本身出现问题，不属于甲施工单位的责任。乙施工单位可顺延工期 24 天，可获得费用补偿 6 万元。因为第一次试车不合格不属于乙施工单位责任。）

第8章　FIDIC合同条件简介

［学习指南］　国际上最有权威的被世界银行认可的咨询工程师组织编制FIDIC系列合同条件，在国际工程施工中被广泛的采用，在国际工程领域占有非常重要的地位。本章主要学习FIDIC的历史、新版FIDIC合同条件及其应用，施工合同条件的构成、术语及主要规定和核心内容。了解FIDIC合同条件的主要内容；FIDIC合同条件的适用范围；FIDIC合同中业主的主要权利和义务；FIDIC合同中承包商的主要权利和义务；工程进度款的支付程序等。

［引导案例］　小浪底水利枢纽工程位于黄河干流，处在控制黄河水沙的关键位置，枢纽主要由大坝、泄洪系统和引水发电系统组成。小浪底水利枢纽工程部分利用世界银行的贷款。项目管理实行业主负责制、建设监理制、招标投标制，按照FIDIC土木工程施工合同条件，对工程实施严格的合同管理。业主根据世行所规定的采购程序，以世界范围内的竞争性招标的方式，选择了三个土建国际承包商联营体，分别承担大坝、泄洪系统和引水发电系统的施工和建设。

小浪底国际土建合同采用FIDIC施工合同条件第四版。小浪底的合同条件由三部分组成。除按FIDIC要求原样引用“通用合同条款”，并按照FIDIC提供的格式编制“专用合同条款”外，业主根据工程情况，将一些特殊和具体要求汇总编写了“特殊合同条款”，内容包括进现场设施、对施工计划的要求、环保、当地费用调价和外币调价等。FIDIC中某些具体条款在小浪底运用情况如下。

(1) 关于变更的条款，变更在工程项目中难以避免的，它也往往是引发索赔的主要原因，同时变更处理又最容易发生争议。譬如在地下开挖这一关键路线上的工作，工程师根据设计的要求指示承包商大量增加支护或提高支护标准，那么承包商就可以提出一系列要求，例如，提高支护的单价和要求延长工期；增加支护对相关区域的工作也产生了影响和干扰；支护强度或标准的提高证明承包商遇到了比招标文件所指示的更加不利的岩石条件，这是承包商所不能预见的。如果地下开挖又恰处于关键路线，则支护变更就将成为承包商索赔的有力借口。由此带来的影响和索赔，将远远超过支护工程本身。

对于变更影响的认定及评估，承包商和工程师很容易发生争议。关于单价的确定，FIDIC中也并无明确的方法可循。为了使变更的费用控制在合理的程度，工程师首先要对承包商所报的施工方案仔细审查，充分利用现场现有设备，保证施工方案在经济和时间方面都是合理的。此外，在施工过程中，对施工情况做全面记录，确保记录的完整、详细和准确，并得到双方的确认。

(2) 关于当地费用调整。合同第70.1款规定：“应根据劳务费和（或）材料费或影响工程施工费用的任何其他事项的费用涨落对合同价格增加或扣除相应金额”。这部分主要指通货膨胀及汇率变化对工程成本的影响。

在FIDIC合同中建议了两种费用调整方式，即“基本价格法”和“指数法”。FIDIC

推荐第二种方法，因为既减轻了工作量，便于管理，又能使善于采购的承包商增加收益。但其前提是可以得到合适的指数。譬如对外币部分的调整，一般就采用了“指数法”，因为在国外可以得到能比较准确反应各项成本物价水平、由权威部门发布的指数。

如果采用“基本价格法”和“指数法”相结合的混合方法，譬如小浪底对当地劳务费用调整采用的方法，则应保证指数能真正反映市场水平，而且基础指数要与承包商投标中的基础工资相一致。最根本的是促使市场发育逐步完善，由市场自身确定各项价格指标，并由权威部门发布与市场价格水平相一致的价格指数。

(3) 关于工程的分包。小浪底水利枢纽工程的泄洪排沙系统二标由德国旭普林公司为首的联营体——简称CGIC中标承建。二标承包商在招标时是作为第二个最低标中标的。由于CGIC在思想、技术、资源上准备不足，设备缺乏，面对复杂的地质条件，加上无效的当地零散劳务管理，致使工程进展受阻。在此情况下，CGIC向业主提出将原计划截流日期推迟11个月，这样会给国家带来巨大的政治和经济损失。因此，业主最初的想法是换承包商。可考虑到重新招标需要繁琐和漫长的程序，业主只能另做选择。为抢回失去的工期，使导流洞能够按期截流过水，在水利部工作组指导下，由业主、监理工程师配合与CGIC承包商经历了艰苦谈判，引进了中国成建制的水电施工队伍，代替分散、个体的民工，承担CGIC的劳务及劳务管理分包，组建OTFF联营体。由国内优秀的专业施工队伍组成的OTFF联营体进入了现场，并很快掌握了施工的主动。

(4) 关于常见的工程索赔的处理方法。在工期和费用的计算方法中，承包商所最常用的是“总时间法”和“总费用法”。

在小浪底的导流洞和赶工索赔中，承包商就采取这种方法，遭到了工程师和业主的坚决拒绝。为了解决双方之间的争议，小浪底的DRB提出了“But-For”（要不是）的基本处理原则，即考虑假如没有业主责任（如没有不可预见条件或要求赶工）情况下，承包商所能达到的实际进度和实际成本，以此作为确定业主应补偿的延期和/或费用的基础。这一方法比较好地解决了“总时间法”和“总费用法”中存在的问题，消除了双方之间主要的争议。

8.1 FIDIC 概 述

FIDIC是“国际咨询工程师联合会”法文名称（Fédération Internationale Des Ingénieurs—Conseils）的缩写。其相应的英文名称是International Federation of Consulting Engineers。FIDIC是在1913年由瑞士、法国、比利时三个欧洲国家的咨询工程师协会创立的，第二次世界大战结束后FIDIC迅速发展起来。1949年后，英国、美国、澳大利亚、加拿大等国相继加入，我国工程咨询协会在1996年正式加入FIDIC组织，截至2006年，已经有76个成员国。FIDIC是世界上多数独立的咨询工程师的代表，是最具权威的咨询工程师组织，它推动着全球范围内高质量、高水平的工程咨询服务业的发展。

作为一个国际性的非官方组织，FIDIC的宗旨是要将各个国家独立的咨询工程师行业组织联合成一个国际性的行业组织；促进还没有建立起这个行业组织的国家也能够建立起这样的组织；鼓励制订咨询工程师应遵守的职业行为准则，以提高为业主和社会服务的质量；研究和增进会员的利益，促进会员之间的关系，增强本行业的活力；提供和交流会员感兴趣和有益的信息，增强行业凝聚力。

FIDIC还设立了许多专业委员会，用于专业咨询和管理。如业主/咨询工程师关系委员会（CCRC）；合同委员会（CC）；执行委员会（EC）；风险管理委员会（ENVC）；质量管理委员会（QMC）；21世纪工作组（Task Force 21）等。FIDIC专业委员会编制了一系列规范性合同条件，构成了FIDIC合同条件体系。它们不仅被FIDIC会员国在世界范围内广泛使用，也被世界银行、亚洲开发银行、非洲开发银行等世界金融组织在招标文件中使用。在FIDIC合同条件体系中，最著名的有：《土木工程施工合同条件》(Conditions of Contract for Work of Civil Engineering Construction，通称“红皮书”)、《电气和机械工程合同条件》(Conditions of Contract for Electrical and Mechanical Works，通称“黄皮书”)、《业主/咨询工程师标准服务协议书》（Client/Consultant Model Services Agreement，通称“白皮书”)、《设计－建造与交钥匙工程合同条件》（Conditions of Contract for Design－ Build and Turnkey，通称“桔皮书”）等。

FIDIC成立90多年来，对国际上实施工程建设项目，以及促进国际经济技术合作的发展起到了重要作用。FIDIC合同条件虽然不是法律、法规，但它已成为全世界公认的一种国际惯例。这些合同和协议文本，条款内容严密，对履约各方和实施人员的职责义务作了明确的规定；对实施项目过程中可能出现的问题也都有较合理规定，以利于遵循解决。这些协议性文件为实施项目进行科学管理提供了可靠的依据，有利于保证工程质量、工期和控制成本，保障业主、承包商以及咨询工程师等有关人员的合法权益。此外，FIDIC还编辑出版了一些供业主和咨询工程师使用的业务参考书籍和工作指南，以帮助业主更好地选择咨询工程师，使咨询工程师更全面地了解业务工作范围和根据指南进行工作。该会制订的承包商标准资格预审表、择标程序、咨询项目分包协议等都有很高的实用价值，在国际上得到了广泛承认和应用。

为了适应国际工程业和国际经济的不断发展，FIDIC对其合同条件要进行修改和调整，以令其更能反映国际工程实践，更具有代表性和普遍意义，更加严谨、完善，更具权威性和可操作性。在1999年，FIDIC在原合同条件基础上又出版了新的合同条件。这是迄今为止FIDIC合同条件的最新版本。

8.1.1 新版FIDIC合同条件简介

1. 施工合同条件（Condition of Contract for Construction，简称“新红皮书”）

新红皮书与原红皮书相对应，但其适用范围更大。该合同主要用于由雇主提供设计的房屋建筑工程和土木工程。由承包商照雇主提出的设计进行工程施工，如果需要，部分工程也可由承包商设计。《施工合同条件》由通用条件、专用条件编写指南、投标函、合同协议书和争端裁决协议书格式等构成，通用条件与专用条件各20条，另附录争端裁决协议书一般条件。《施工合同条件》的适用项目条件为用于建设项目规模大、复杂程度高；业主提供大部分的设计；雇用工程师管理合同、由工程师监理施工和签发支付证书，在工程施工的全过程中业主持续得到全部信息，并能作变更等；按工程量表中的单价来支付完成的工程量（即单价合同）；而承包商仅根据业主提供的图样资料进行施工，当有要求时，承包商要根据要求承担结构、机械和电气部分的设计工作。

2. 永久设备和设计－建造合同条件（Conditions of Contract for Plant and Design－Build，简称“新黄皮书”）

在新黄皮书条件下，承包商的基本义务是完成永久设备的设计、制造和安装，通常情况是由承包商按照业主要求，设计和提供生产设备或其他工程，可以包括土木、机械、电气和建筑物的任何组合。该合同条件也是由通用条件、专用条件与投标函、合同协议书和争端裁决协议书格式三部分组成，其通用条款共 20 条 167 款。其中第 5 条一般设计和第 12 条竣工后检验与《施工合同条件》不同，其他通用条款相同。

《永久设备和设计—建造合同条件》特别适合于设计一建造建设发行方式。该合同范本适用于建设项目规模大、复杂程度高、承包商提供设计情况。《永久设备和设计建造合同条件》与《施工合同条件》相比，最大区别在于前者业主不再将合同的绝大部分风险由自己承担，而将一定的风险转移给承包商。

3. EPC 交钥匙项目合同条件（Conditions of Contract for EPC Turnkey Projects，简称“银皮书”）

银皮书与桔皮书相似但不完全相同。它适于工厂建设之类的开发项目。是包含了项目策划、可行性研究、具体设计、采购、建造、安装、试运行等在内的全过程承包方式。承包商“交钥匙”时，提供的是一套配套完整的可以运行的设施。

这种方式需满足以下条件与要求：

(1) 项目的最终价格和要求的工期具有更大程度的确定性。

(2) 由承包商承担项目的设计和实施的全部职责，业主介入很少。

EPC 是一种新型的建设履行方式。合同范本适用于建设项目规模大、复杂程度高、承包商提供设计、承包商承担绝大部分风险的情况。与其他三个合同范本的最大区别在于，在《EPC 交钥匙项目合同条件》下业主只承担工程项目很小的风险，而将绝大部分风险转移给承包商。这是由于这类项目（特别是私人投资的商业项目），业主在投资前关心的是工程的最终价格和最终工期，以便他们能够准确地预测该项目投资的经济可行性，所以他们希望尽可能少地承担项目实施过程中的风险，以避免追加费用和延长工期。

4. 简明合同格式（Short Form of Contract，简称“绿皮书”）

该合同条件最大的特点就是简单，主要适于价值较低的或形式简单、或重复性的、或工期短的房屋建筑和土木工程。通常情况是由承包商按照雇主或其代表提供的设计进行施工。《简明合同格式》由协议书、通用条件、裁决规则、指南注释四部分构成。其第二部分通用条件共 15 条 52 款；第四部分为指南注释非合同组成部分。

8.1.2 FIDIC 合同条件的应用方式

FIDIC 合同条件是在总结了各个国家、各个地区的业主、咨询工程师和承包商各方经验基础上编制出来的，也是在长期的国际工程实践中形成并逐渐发展成熟起来的，是目前国际上广泛采用的高水平的、规范的合同条件。这些条件具有国际性、通用性和权威性。其合同条款公正合理，职责分明，程序严谨，易于操作。考虑到工程项目的一次性、唯一性等特点，FIDIC 合同条件分成了“通用条件”和“专用条件”两部分。通用条件适于某一类工程。专用条件则针对一个具体的工程项目，是在考虑项目所在国法律法规不同、项目特点和业主要求不同的基础上，对通用条件进行的具体化的修改和补充。

FIDIC 合同条件的应用方式通常有如下几种。

1. 国际金融组织贷款和一些国际项目直接采用

在世界各地，凡世界银行、亚洲开发银行、非洲开发银行贷款的工程项目以及一些国家和地区的工程招标文件中，大部分全文采用 FIDIC 合同条件。在我国，凡亚洲开发银行贷款项目，全文采用 FIDIC《施工合同条件》。凡世界银行贷款项目，在执行世界银行有关合同原则的基础上，执行我国财政部在世行批准和指导下编制的有关合同条件。

2. 合同管理中对比分析使用

许多国家在学习、借鉴 FIDIC 合同条件的基础上，编制了一系列适合本国国情的标准合同条件。这些合同条件的项目和内容与 FIDIC 合同条件大同小异。主要差异体现在处理问题的程序规定上以及风险分担规定上。FIDIC 合同条件的各项程序是相当严谨的，处理业主和承包商风险、权利及义务也比较公正。因此，业主、咨询工程师、承包商通常都会将 FIDIC 合同条件作为一把尺子，与工作中遇到的其他合同条件相对比，进行合同分析和风险研究，制定相应的合同管理措施，防止合同管理上出现漏洞。

3. 在合同谈判中使用

FIDIC 合同条件的国际性、通用性和权威性使合同双方在谈判中可以以“国际惯例”为理由要求对方对其合同条款的不合理、不完善之处作出修改或补充，以维护双方的合法权益。这种方式在国际工程项目合同谈判中普遍使用。

4. 部分选择使用

即使全文不采用 FIDIC 合同条件，在编制招标文件、分包合同条件时，仍可以部分选择其中的某些条款、某些规定、某些程序甚至某些思路，使所编制的文件更完善、更严谨。在项目实施过程中，也可以借鉴 FIDIC 合同条件的思路和程序来解决和处理有关问题。

另外，FIDIC 在编制各类合同条件的同时，还编制了相应的“应用指南”。在“应用指南”中，除了介绍招标程序、合同各方及工程师职责外，还对合同每一条款进行了详细解释和说明，这对使用者是很有帮助的。而且，每份合同条件的前面均列有有关措词的定义和释义。这些定义和释义非常重要，它们不仅适合于合同条件，也适合于其全部合同文件。

8.2 FIDIC 施工合同条件

8.2.1 新版 FIDIC 施工合同条件简介

FIDIC 出版的合同文本结构，都是以通用条件、专用条件编写指南和其他标准化文件的格式构成的。通用条件和专用条件共同组成管理合同各方权利和义务的合同条件。

1. 合同条件的适用范围更加广泛

(1) 通用条件

新版的通用条件，除简明合同格式外的其他三个合同条件的通用条款 70%是相同的，且合同的格式也作了统一。通用条件是指工程建设项目不论属于哪个行业，也不管处于何地，只要是土木工程类的施工均可适用。通用条款分为：一般规定；雇主；工程师；承包商；指定分包商；职员和劳工；永久设备、材料和工艺；开工、延误和暂停；竣工检验；雇主和接收；缺陷责任；测量和估价；变更和调整；合同价格和支付；雇主提出终止；承包商提出暂停和终止；风险和责任；保险；不可抗力；索赔、争端和仲裁共 20 条 247 款。条款内容涉及合同履行过程中业主和承包商各方的权利与义务，工程师的权利和职责，各种可能预见到事件发生后的责任界限，合同正常履行过程中各方应遵循的工作程序，以及因意外事件而使合同被迫解除时各方应遵循的工作准则等。

（2）专用条件

专用条件是相对于通用而言，要根据准备实施项目的工程专业特点以及工程所在地的政治、经济、法律、自然条件等地域特点，针对通用条件中条款的规定加以具体化。可以对通用条件中的规定进行相应补充完善、修订，或取代其中的某些内容，增补通用条件中没有规定的条款。专用条件中条款序号应与通用条件中要说明条款的序号对应，通用条件和专用条件中相同序号的条款共同构成对某一问题的约定责任。如果通用条件内的某一条款内容完备、适用，专用条件内可不再重复此条款。

（3）标准化的文件格式

FIDIC编制的标准化合同文本，除了通用条件和专用条件以外，还包括有标准化的投标书（及附录）和协议书的格式文件。

2. 对合同各方的权利和义务作了更严格明确的规定

第一，施工合同条件中明确指出这是由发包人负责设计的合同条件。对于设计和施工的关系，明确规定了这个合同文件适用于“由发包人提供设计”的合同，并把此标明在合同文件的题目上。这就是说，红皮书施工合同适用于设计施工分离制。其他的设计施工结合的方式，如承包人负责设计和施工，以至完全意义上的总体提供项目，分别在其他合同条件中规定。这点非常重要，因为在本文件中，所有与设计有关的风险将由发包人承担，承包人只承担施工风险。第二，合同明确提出了业主索赔的概念。在承包商可以根据合同索赔额外付款及合同工期延长的同时，业主同样可以根据合同的相关条款索赔费用及缺陷通知期的延长。第三，相对于业主在投标阶段审查承包商的财务状况的权利，承包商同样可以要求业主出示合理的证据。证明其财务安排已经落实并得以保持，使得雇主有能力向承包商做出支付。

3. 工程师地位的转变

传统FIDIC合同沿用英国ICE合同，在雇主与承包商间引入工程师，意图建立一个以咨询工程师为中心的专家管理体系。工程师独立于雇主做出决定，并在合同双方之间公正行事，具有设计人、施工监理、准仲裁人和业主代理等多重身份地位。故此，工程师举足轻重，相对人的合同关系往往被看作是雇主、工程师和承包商的三角关系。到了1999年新版的FIDIC施工合同，对工程师的职能定位更为明确，代表雇主管理和执行合同的“工程师”，在法律意义上不具有第三方的地位，明确规定了工程师由雇主任命作为雇主方人员代表雇主执行合同，取消了从前对工程师“行为公正”的明确条款要求和应由工程师对合同争议进行仲裁前的“最终决定”条款。“工程师”的公正行为体现在他必须忠实地执行雇主与承包人签订的合同。

8.2.2 施工合同条件中的部分重要定义

1. 合同

这里定义的都是与合同文件有关的内容。

（1）合同

这里的合同实际上是全部合同文件的总称，包括合同协议书、中标函、投标函、合同条件、规范、图样、明细表以及合同协议书或中标函中列出的其他文件。

（2）合同协议书

在承包商收到业主发出中标函后28天内，双方要签署的文件，协议书的格式按照专用条款中的格式。

（3）中标函

业主签署的对投标函正式接受的函，并包括双方商定的其他内容。

（4）投标函

指投标人的报价函，通常包括投标人的承诺和投标人根据招标文件的内容，提出为业主承建本招标项目而要求的合同价格。投标函为投标书的核心部分，业主方一般将投标函的格式拟定好，包括在招标文件内。

（5）规范

规范是合同一个重要的组成部分，指合同中名称为规范的文件，及根据合同规定对规范的增加和修改。它的功能是对业主招标的项目从技术方面进行详尽的描述，提出执行过程中的技术标准。

（6）图纸

指项目实施过程中的工程图纸以及由业主按照合同发出的任何补充和修改的图纸。

（7）明细表

指合同中名为资料表的文件，由承包商填写并随投标书一起提交的资料文件，此文件可包括工程量表、数据、列表、费率或价格表。

2. 合同各方及人员

（1）业主

指在投标函附录中称为业主的当事人以及其财产所有权的合法继承人。

（2）工程师

指由业主任命的并在投标函附录中指明的为实施合同担任工程师的人员，或者在实施中业主替换工程师由其重新任命并通知承包商的人员。

（3）承包商

指为业主接受的在投标函中称为承包商的当事人，以及其财产所有权的合法继承人。

（4）业主人员

业主人员主要包括工程师、工程师的助理人员，工程师和业主的雇员，包括职员和工人，工程师和业主通知承包商为业主方工作的那些人员。新FIDIC施工合同条件明确将工程师列为业主的人员，从而改变和淡化了工程师这一角色的独立性和公正无偏的性质。

（5）承包商人员

指承包商的代表和所有承包商在现场使用的人员，包括职员、劳工和承包商及各分包商的其他雇员；以及其他所有帮助承包商实施工程的人员。

3. 日期、工期的相关概念

（1）基准日期

是指投标截止日期之前第28天当天 。

（2）开工日期

按合同规定，开工日期是计算工期的起点，若在合同中没有明确规定具体的开工日期，则应在承包商收到中标函后的42天内开工，由工程师在这个日期前7天通知承包商。

（3）竣工时间

竣工时间指的是合同要求承包商完成工程的时间，包括承包商合理获得的延长时间，可以用竣工时间来判定承包商是否延误工期。

（4）缺陷通知期

指从工程或区段被证明完工的日期算起，通知工程或区段存在缺陷的期限，在此期间应完成工程接收证书中指明的扫尾工作，以及完成修补缺陷或损害所需的工作时间。

4. 价款与支付的相关概念

（1）被接受的合同额

指雇主在中标函中对实施、完成和修补工程所接受的金额。实质上是中标承包商的投标价格。

（2）合同价格

指按照合同条款的约定，承包商完成工程建造和缺陷责任后，对所有合格工程有权获得的全部工程支付，实质上是工程结算时发生的应由业主支付的实际价格，可以简单理解为完工后的竣工结算价款。

（3）费用

指承包商在场内外发生的（或将发生的）所有合理开支，包括管理费和类似支出，但不包括利润。

（4）暂列金额

它是合同中明文规定的一项业主备用资金，一般情况下包括在合同价款中，出现下列情况时，可以动用暂列金额，由工程师来控制使用。

①工程实施过程中可能发生业主方负责的应急费/不可预见费，如计日工涉及的费用。

②在招标时，对工程的某些部分，业主方还不可能确定到使投标者能够报出固定单价的深度。

③在招标时，业主方还不能决定某项工作是否包含在合同中。

④对于某项作业，业主方希望以指定分包商的方式来实施。

（5）期中支付证书

由承包商按合同约定申请期中付款，经工程师审核验收后向承包人签发的支付证书。

（6）保留金

保留金是业主按照合同条款的规定在支付期中款项时扣发的一种款额。

（7）最终付款证书

工程通过了缺陷通知期，工程师签发了履约证书后，由承包商提交最终付款申请（结清单），经工程师审核，向承包商签发的最后支付的凭证。在此证书中包括承包人完成工程应得的所有款项，以及扣除期中支付款项后最后应由业主支付的款额。

5. 指定分包商

（1）指定分包商的概念

指定分包商是指由业主指定完成某项特定工作内容并与承包商签订分包合同的特殊分包商。合同条款规定，业主有权将部分工程项目的施工任务或涉及提供材料、设备、服务等工作内容发包给指定分包商实施。

合同内规定有承担施工任务的指定分包商，大多因业主在招标阶段划分合同时，考虑到某些部分施工的工作内容有较强的专业技术要求，一般承包单位不具备相应的能力，但如果以一个单独的合同对待又限于现场的施工条件或合同管理的复杂性，工程师无法进行协调管理，为避免各个独立合同之间的干扰，则将这部分工作发包给指定分包商实施。由于指定分包商是与承包商签订分包合同，因而在合同关系和管理关系方面与一般分包商处于同等地位，对其施工过程中的监督、协调工作纳入承包商的管理之中。

指定分包商和一般分包商一样由总承包商统一协调管理，而且应为任何分包商包括其代理和雇员的行为和失误负责。因此总承包商有理由从分包商那里得到相应的承诺和保障，这是一种合理的责任转移。对于指定分包商，总承包商还有理由提出反对，当总承包商有足够的正当理由对指定分包商提出反对，他就没有义务雇用该分包商，此时，总承包商应尽快通知工程师，并提供证明材料。如果总承包商有正当理由对指定分包商提出反对，而业主仍然固执的坚持己见，那么总承包商就不必为指定分包商的行为负责，业主就要对指定分包商的所有行为承担相应责任。

(2) 指定分包商的特点

虽然指定分包商与一般分包商处于相同的合同地位，但两者并不完全一致，主要差异体现在以下几个方面：

①选择分包单位的权利不同。承担指定分包工作任务的单位由业主或工程师选定，而一般分包商则由承包商选择。

②分包合同的工作内容不同。指定分包工作不属于合同约定应由承包商必须完成范围之内的工作，即承包商投标报价时没有摊入间接费、管理费、利润、税金，因此不损害承包商的合法权益，但对指定分包商的管理费可以在投标报价时考虑。一般分包商的工作为承包商承包工作范围的一部分。

③工程款的支付开支项目不同。为了不损害承包商的利益，给指定分包商的付款一般从暂列金额内开支。而对一般分包商的付款，则从工程量清单中相应工作内容项内支付。

④业主对分包商利益的保护不同。尽管指定分包商与承包商签订分包合同后，按照权利义务关系直接对承包商负责，但由于指定分包商终究是业主选定的，而且其工程款的支付从暂列金额内开支，因此，在合同条件内列有保护指定分包商的条款。通用条件规定，承包商在每个月末报送工程进度款支付报表时，工程师有权要求他出示以前已按指定分包合同给指定分包商付款的证明。如果承包商没有正当理由而扣押了指定分包商上个月应得工程款，业主有权按工程师出具的证明从本月工程款内扣除这笔金额直接付给指定分包商。对于一般分包商则无此类规定，业主和工程师不介入一般分包合同履行的监督。

⑤承包商对分包商违约行为承担责任的范围不同。除非由于承包商向指定分包商发布了错误的指示要承担责任外，对指定分包商的任何违约行为给业主或第三者造成损害而导致索赔或诉讼，承包商不承担责任。如果一般分包商有违约行为，业主将其视为承包商的违约行为，按照主合同的规定追究承包商的责任。

8.2.3 各方的工作责任与权利

1. 业主的工作责任与权利

(1) 业主应承担的风险义务

在 FIDIC 施工合同条件中，业主与承包商风险责任的总体划分原则是一个有经验的承包商在投标时能否合理预见此风险，若不能合理预见，在基准日期之后发生了应由业主来承担，否则，应由承包商承担。按此原则，业主承担的风险有：

①合同中直接规定的风险。通用条件第 17.3 条规定业主应承担的风险有：

A. 在工程所在国内的战争、敌对行动（无论宣战与否）、入侵、外敌行为。

B. 工程所在国内的叛乱、恐怖主义、革命、暴动、军事政变或篡夺政权，或内战。

C. 暴乱、骚乱或混乱，完全局限于承包商的人员以及承包商和分包商的其他雇用人员中间的事件除外。

D. 工程所在国内的战争军火、爆炸物资、电离辐射或放射性引起的污染，但由承包商使用此类军火、炸药、辐射或放射性引起的污染除外。

E. 由音速或超音速的收音机或飞行装置所产生的压力波。

F. 业主使用或占用除合同规定以外的永久工程的任何部分。

G. 业主人员或业主对其负责的其他人员所做的工程任何部分的设计。

H. 不可预见的、或不能合理预期的、一个有经验的承包商已采取适宜预防措施的任何自然力的作用。

②不可预见风险

不可预见风险包括：承包商施工过程中遇到不利于施工的外界自然条件，人为干扰，招标文件和图样均未说明的外界障碍物、污染物的影响，招标文件未提供或与提供资料不一致的地表以下的地质和水文条件，但不包括气候条件。

遇到上述情况后，承包商递交给工程师的通知中应具体描述该风险，并说明承包商认为不可预见的理由。发生这类情况后承包商应继续实施工程，采取合理的措施，并且应遵守工程师给予的各种指示。

例如某施工单位在施工过程中遭遇到洪水造成坍方，增加二十万立方米土方，每立方米两美元，事件发生后，在规定的时间内，要求索赔。索赔报告的内容是排水渠设计不合理，渠道截面过小。上报后工程师认为这是承包商早已知道的，不能批准。正好工程师调走，又写报告，认为坍方是设计不能预料的，工程师不能估计到的，承包商也不能预见的。得到了索赔四十万美元。

工程师应与承包商协商决定对承包商的损失给予补偿，在补偿之前，还应审查是否在工程类似部分上出现过其他外界条件比承包商合理预见的物质条件更有利的情况。

③其他风险

这些情况可能包括：外币支付部分由于汇率变化的影响；法令、政策变化对工程成本的影响等。如果基准日期后由于法律、法令和政策变化引起承包商实际投入成本的增加，应由业主给予补偿。若导致施工成本的减少，也由业主获得其中的好处，如施工期内国家或地方对税收的调整等。

（2）业主应提供施工现场

业主应按照约定的时间向承包商提供现场，若没有约定，则业主应依据承包商提交的进度计划，按照施工的要求来提供。业主不能按时提供现场，给承包商造成损失，承包商可以向业主提出索赔。

（3）业主提供协助配合的义务

在国际工程承包中，承包商的许多工作可能涉及工程所在国的机构批复文件，对于当地的相关机构，业主比较熟悉，FIDIC合同条件中规定业主应配合承包商办理此类事项，主要有：

①业主承诺配备相关人员配合承包商的工作，及时与各方沟通，并遵守现场有关安全和环保规定。

②帮助承包商获得工程所在国（一般是业主国）的有关法律文本。

③协助承包商办理相关证照，如劳动许可证、物资进出口许可证、营业执照及安全、环保方面的证照等。

（4）业主提交资金安排计划

合同条件中规定，如承包商提供了进度及资金需求计划并要求业主提交其资金安排计划，则业主应在28天内向承包商提供合理证据，证明其资金到位，有能力向承包商支付。若其资金安排有重大变化，则应通知承包商。

（5）业主终止合同的权利

承包商若有下列情况，业主可以终止合同：

①不按规定提交履约保证或接到工程师的改正通知后仍不改正。

②放弃工程或公然表示不再继续履行其合同义务。

③没有正当理由，拖延开工，或者在收到工程师关于质量问题方面的通知后，没有在28天内整改。

④没有征得同意，擅自将整个工程分包出去，或将整个合同转让出去。

⑤承包商已经破产、清算，或出现承包商已经无法再控制其财产等类似问题。

⑥直接或间接向工程有关人员行贿，引诱其做出不轨之行为或言不实之词，包括承包商雇员的类似行为，但承包商支付其雇员的合法奖励不在之列。

上述终止合同的原因均系承包商造成，因而承包商承担一切责任，并按工程师的要求，在撤出场后将有关物品、承包商的文件以及其他设计文件提交工程师。

业主可以自行或安排其他人完成工程，并有权使用承包商提交给工程师的物品和资料。同时业主有权留置承包商的一切物品，根据情况来处理这些物品，如果承包商欠业主资金，则业主有权将其物品变卖，得到价款优先受偿。

（6）业主索赔的权利

若承包商不当履行合同或出现应由承包商承担责任的事件，给业主造成损失，则业主可向承包商索赔。

2. 承包商的工作责任与权利

（1）遵纪守法

合同条件中要求承包商在履行合同期间，应遵守适用的法律，特别是与本工程建设相关的法律规章等。承包商应缴纳各项税费，按照法律关于工程设计、实施和竣工以及修补任何缺陷等要求，办理各种证照。

（2）承包商一般义务

根据合同通用条件第4.1条规定，承包商一般义务主要有：

①承包商应根据合同和工程师的指令来施工并修补工程中的任何缺陷。

②承包商应提供合同规定的设备和承包商的文件以及此项设计、施工、竣工和修补缺陷所需的所有临时性或永久性的承包商人员、货物、消耗品及其他物品和服务。

③工程应包括为满足业主要求、承包商建议和资料表的规定所需的、或合同中隐含的任何工作，以及（合同虽未提及但）为工程的稳定、或完成、或安全和有效运行所需的所有工作。

④承包商应对所有现场作业、所有施工方法和全部工程的完备性、稳定性和安全性负责。

⑤当工程师要求时，承包商应提交其建议采用的为工程施工的安排和方法的细节。事先未通知工程师，对这些安排和方法不得做重要改变。

（3）提交履约保证

承包商在收到中标函之后的28天之内向业主提交履约保证，出具保证的机构应征得业主的认可，并且来自工程所在国或业主批准的其他辖区。履约保证的有效期一般到缺陷通知期结束，在业主收到了工程师签发的履约证书之后21天内将履约保证退还给承包商。要求承包商提交履约保证的目的就是保证承包商按照合同履行其义务和职责。否则，业主可据此向承包商索赔。

（4）安全、安保及环保责任

①安全责任。FIDIC施工合同中有关承包商的安全责任规定与国内相似，即承包商对现场施工安全负责，如要求承包商遵守一切适用于安全的规章，应保障有权进入现场的一切人员的安全，提供现场围栏、照明等。

②安保责任。承包商应负责现场的安全保卫工作，如防止无权进入现场的人员进入现场，防止偷盗和人为破坏等。

③环境保护。承包商的施工应遵守环境保护的有关法律和法规的规定，采取一切合理措施保护现场内外的环境，限制因施工作业引起的污染、噪声或其他对公众人身和财产造成的损害和妨碍。施工产生的散发物、地面排水和排污不能超过环保规定的数值。

（5）工程分包

符合工程分包的规定，FIDIC施工合同条件允许承包商进行合法的分包，作为一般的工程分包及分包商的选择，与国内相类似。其主要规定有：

①承包商不得将整个工程分包出去。

②承包商应对分包商的一切行为和过失负责。

③除非合同中有明确约定分包的内容，否则分包应经业主的同意，并且应至少提前28天通知工程师分包商计划开始分包工作的日期以及开始现场工作的日期。

④从合同关系的角度来看，由于分包商与业主没有直接的合同关系，因而分包商不能直接接受业主的工程师或代表下达的指令。

⑤总承包商应对现场的协调管理负责。

（6）文物保护责任

在施工中如发现了文物，承包商应立即通知工程师，并且采取合理的措施保护文物。若因施工中遇到文物使工期延期和多开支的费用可以向业主提出索赔。

（7）承包商终止合同的权利

①在合同的履行过程中，如果出现了以下情况，承包商可以选择终止合同来维护自己的利益。

A. 业主不提供资金证明，承包商发出暂停工作的通知，而通知发出后42天内，仍没有收到任何合理证据。

B. 工程师在收到报表和证明文件后 56 天内没有签发有关支付证书。

C. 承包商在期中支付款到期后的 42 天内仍没有收到该笔款项。

D. 业主严重不履行其合同义务。

E. 业主不按合同规定签署合同协议书，或违反合同转让的规定。

F. 工程师暂停工程的时间超过 84 天，而在承包商的要求下在 28 天内又没有同意复工，如果暂停的工作影响到整个工程时，承包商有权终止合同。

G. 业主已经破产、被清算、或已经无法再控制其财产等。

②责任承担

承包商终止合同的责任在业主，因而业主应承担一切责任，如支付违约金，支付赔偿金等，承包商在合同中应有的权利不受影响。当然承包商此时也应尽一定的义务，如果停止下一步的工作，应保护生命财产和工程的安全，凡是得到了支付的承包商的文件、永久设备、材料，都应移交给业主。

(8) 承包商索赔的权利

若业主履行合同不当或出现应由业主承担责任的风险事件，给承包商造成损失，则承包商可就损失向业主进行工期或者费用的索赔。

8.2.4 施工阶段的合同管理

1. 施工进度管理

(1) 施工计划

①承包商编制施工进度计划

承包商应在合同约定的日期或接到中标函后的 42 天内（合同未作约定）开工，工程师则应至少提前 7 天通知承包商开工日期。承包商在收到开工通知后的 28 天内，按工程师要求的格式和详细程度提交施工进度计划，说明为完成施工任务而打算采用的施工方法、施工组织方案、进度计划安排，以及按季度列出根据合同预计应支付给承包商费用的资金估算表。合同履行过程中，一个准确的施工计划对合同涉及的有关各方都有重要的作用，不仅要求承包商按计划施工，而且工程师也应按计划做好保证施工顺利进行的协调管理工作，同时也是判定业主是否延误移交施工现场、迟发图纸以及其他应提供的材料、设备，成为影响施工应承担责任的依据。

②进度计划的内容

一般应包括：

A. 实施工程的进度计划。视承包工程的任务范围不同，可能还涉及设计进度（如果包括部分工程的施工图设计的话）；材料采购计划；永久工程设备的制造、运到 现场、施工、安装、调试和检验各个阶段的预期时间（永久工程设备包括在承包范围内的话）。

B. 每个指定分包商施工各阶段的安排。

C. 合同中规定的重要检查、检验的次序和时间。

D. 保证计划实施的说明文件：a. 承包商在各施工阶段准备采用的方法和主要阶段的总体描述；b. 各主要阶段承包商准备投入的人员和设备数量的计划等。

③进度计划的确认

承包商有权按照他认为最合理的方法进行施工组织，工程师不应干预。工程师对承包商提交的施工计划的审查主要涉及以下几个方面：

A. 计划实施工程的总工期和重要阶段的里程碑工期是否与合同的约定一致。

B. 承包商各阶段准备投入的机械和人力资源计划能否保证计划的实现。

C. 承包商拟采用的施工方案与同时实施的其他合同是否有冲突或干扰等。如果出现上述情况，工程师可以要求承包商修改计划方案。由于编制计划和按计划施工是承包商的基本义务之一，如果承包商将计划提交的21天内，工程师未提出需修改计划的通知，即认为该计划已被工程师认可。

（2）工程师对施工进度的监督

①月进度报告。为了便于工程师对合同的履行进行有效的监督和管理，协调各合同之间的配合，承包商每个月都应向工程师提交进度报告，说明前一阶段的进度情况和施工中存在的问题，以及下一阶段的实施计划和准备采取的相应措施。报告的内容包括：

A. 设计（如有时）、承包商的文件、采购、制造、货物运达现场、施工、安装和调试的每一阶段，以及指定分包商实施工程的这些阶段进展情况的图表与详细说明。

B. 表明制造（如有时）和现场进展状况的照片。

C. 与每项主要永久设备和材料制造有关的制造商名称、制造地点、进度百分比，以及开始制造、承包商的检查、检验、运输和到达现场的实际或预期日期。

D. 说明承包商在现场的施工人员和各类施工设备数量。

E. 若干份质量保证文件、材料的检验结果及证书。

F. 安全统计。包括涉及环境和公共关系方面的任何危险事件与活动的详情。

G. 实际进度与计划进度的对比，包括可能影响按照合同完工的任何事件和情况的详情，以及为消除延误而正在（或准备）采取的措施等。

②施工进度计划的修订

当工程师发现实际进度与计划进度严重偏离时，不论实际进度是超前还是滞后于计划进度，为了使进度计划有实际指导意义，随时有权指示承包商编制改进的施工进度计划，并再次提交工程师，认可后执行，新进度计划将代替原来的计划。也允许在合同内明确规定，每隔一段时间（一般为3个月）承包商都要对施工计划进行一次修改，并经过工程师认可。

按照合同条件的规定，工程师在管理中应注意两点，一是不论因何方应承担责任的原因导致实际进度与计划进度不符，承包商都无权对修改进度计划的工作要求额外支付；二是工程师对修改后进度计划的批准，并不意味着承包商可以摆脱合同规定应承担的责任。例如，承包商因自身管理失误使得实际进度严重滞后于计划进度，按他实际施工能力修改后的进度计划，竣工日期将迟于合同规定的日期。工程师考虑此计划已包括了承包商所有可挖掘的潜力，只能按此执行而批准后，承包商仍要承担合同规定的延期违约赔偿责任。

（3）顺延合同工期

通用条件的条款中规定可以给承包商合理延长合同工期的条件通常可能包括以下几种情况：

①延误发放图纸；

②延误移交施工现场；

③承包商依据工程师提供的错误数据导致放线错误；

④不可预见的外界条件；

⑤施工中遇到文物和古迹而对施工进度的干扰；

⑥非承包商原因检验导致施工的延误；

⑦发生变更或合同中实际工程量与计划工程量出现实质性变化；

⑧施工中遇到有经验的承包商不能合理预见的异常不利气候条件影响；

⑨由于传染病或政府行为导致工期的延误；

⑩施工中受到业主或其他承包商的干扰；

⑪施工涉及有关公共部门原因引起的延误；

⑫业主提前占用工程导致对后续施工的延误；

⑬非承包商原因使竣工检验不能按计划正常进行；

⑭后续法规调整引起的延误；

⑮发生不可抗力事件的影响。

2. 施工质量管理

（1）承包商的质量体系

通用条件规定，承包商应按照合同的要求建立一套质量管理体系，以保证施工符合合同要求。在每一工作阶段开始实施之前，承包商应将所有工作程序的细节和执行文件提交工程师，供其参考。工程师有权审查质量体系的任何方面，包括月进度报告中包含的质量文件，对不完善之处可以提出改进要求。由于保证工程的质量是承包商的基本义务，当其遵守工程师认可的质量体系施工，并不能解除依据合同应承担的任何职责、义务和责任。

（2）现场资料

承包商的投标书被认为是他在投标阶段对招标文件中提供的图纸、资料和数据进行过认真审查和核对，并通过现场考察和质疑，已取得了对工程可能产生影响的有关风险、意外事故及其他情况的全部必要资料下编写的。承包商对施工中涉及的以下相关事宜的资料应有充分的了解：

①现场的现状和性质，包括资料提供的地表以下条件；

②水文和气候条件；

③为实施和完成工程及修复工程缺陷约定的工作范围和性质；

④工程所在地的法律、法规和雇佣劳务的习惯作法；

⑤承包商要求的通行道路、食宿、设施、人员、电力、交通、供水以及其他服务。

业主同样有义务向承包商提供基准日后得到的所有相关资料和数据。不论是招标阶段提供的资料还是后续提供的资料，业主应对资料的真实性和正确性负责，但对承包商依据资料的理解、解释或推论导致的错误不承担任何责任。

（3）对工艺、材料、设备的质量控制

对于工艺、材料、设备的质量，通用条件中对承包商提出了几条原则性的要求：

①若合同中有具体要求规定，承包商应按此具体方式来实施，这里主要体现在规范的规定，承包人按照规范中的标准执行即可。

②若没有明确的要求，则应按照公认的良好惯例，以恰当的施工工艺和谨慎的态度实施，同时应使用恰当配备的设施和无害材料来实施。

③对于材料质量的控制，承包商在材料用于工程之前，应向工程师提交有关材料的样

品和资料，取得工程师的同意，这些样品包括承包商自费提供的厂家标准样品及合同中约定的其他样品。

（4）质量的检查与检验

检查与检验是质量控制的主要方法和手段之一。检查与检验的含义不同，检验是深层次的检查，有时需要借助专门的仪器和装置进行，对此，通用条件对质量的检查与检验有不同的要求和规定。

①检查方面的规定。业主的人员有权在一切合理的时间内进入现场以及项目设备和材料的制造基地检查、测量永久性设备和材料的用材及制造工艺和进度，承包商应予以配合协助，这一规定是规定了业主的人员有权进入现场进行跟踪检查的权力。任何一项隐蔽工程在隐蔽之前，承包商应通知工程师验收，工程师不得无故延误，如果工程师不进行检查应及时通知承包商。如果承包商没有通知工程师检查，工程师有权要求承包商自费打开已经覆盖的工程，供检查并自己恢复原状，这一规定实质是检查隐蔽工程的程序，其做法与国内是相同的。

②检验方面的规定

合同明文规定要检验的项目均应检验，同时还可能包括工程师要求的额外检验，即超出约定的检验，检验相关的费用应由此额外检验的结果来判定，若合格，则业主承担责任，不合格则承包商承担责任。

承包商应为检验提供服务，主要包括：人员、设施仪器、消耗品等。

对于永久设备、材料及工程的其他部分检验，承包商与工程师应提前商定检验的时间和地点，若工程师参加检验，应在此时间前 24 小时告知承包商，若工程师不参加，承包商可以自行检验，查验结果有效，等同于工程师在场。

③检验不合格的处理与补救

在检验中若发现设备、材料、工艺有缺陷或不符合合同的要求，工程师可以要求承包商更换修改，承包商应按要求予以更换或修改，直到达到规定的要求，若承包商更换的材料或设备需重新检验的，应当在同一条件下重新检验，所需的检验费用应由承包商承担。

对于检查检验过的材料、设备或工艺等，若事后工程师发现仍存在问题，则工程师有权做出指示，要求对此做出补救工作，若承包商不执行工程师的指示，业主可以雇人来完成相关的工作，此费用一般从承包商的保留金中开支。即工程师的认可和批准，不解除承包商的任何合同责任和义务，承包商是质量的责任人，他应向业主提供符合合同约定的工程。

例如在某输出管道工程施工过程中，承包商经过工程师同意订购了一批钢管，经工程师检验合格后，用于工程，后监理工程师检验时又发现钢管存在质量问题，监理工程师要求承包商移走不合格钢管，重新订购施工，因此产生的超额费用和拖延工期承包商向业主提出索赔要求。这里就要分析质量问题应该由谁来承担责任，工程师的检验是否能免除承包商的责任。

（5）对承包商施工设备的管理

工程质量的好坏和施工进度的快慢，很大程度上取决于投入施工的机械设备、临时工程在数量和型号上的满足程度。而且承包商在投标书中报送的设备计划，是业主决标时考虑的主要因素之一。因此通用条款规定了以下几点：

①承包商自有的施工设备。承包商自有的施工机械、设备、临时工程和材料，一经运抵施工现场后就被视为专门为本合同工程施工之用。除了运送承包商人员和物资的运输车辆以外，其他施工机具和设备虽然承包商拥有所有权和使用权。但未经工程师的批准，不能将其中的任何一部分运出施工现场。

②承包商租赁的施工设备。承包商从其他人处租赁施工设备时，应在租赁协议中规定在协议有效期内发生承包商违约解除合同时，设备所有人应以相同的条件将该施工设备转租给发包人或发包人邀请承包本合同的其他承包商。

③要求承包工程增加或更换施工设备。若工程师发现承包商使用的施工设备影响了工程进度或施工质量时，有权要求承包商增加或更换施工设备，由此增加的费用和工期延误责任由承包商承担。

3. 工程变更管理

工程变更，是指施工过程中出现了与签订合同时的预计条件不一致的情况而需要改变原定施工承包范围内的某些工作内容。工程变更不同于合同变更，前者对合同条件内约定的业主和承包商的权利义务没有实质性改动，只是对施工方法、内容作局部性改动，属于正常的合同管理，按照合同的约定由工程师发布变更指令即可；而后者则属于对原合同进行实质性改动，应由业主和承包商通过协商达成一致后，以补充协议的方式变更。土建工程受自然条件等外界的影响较大，工程情况比较复杂，因此在施工合同履行过程中不可避免地会发生变更。

(1) 工程变更的范围

由于工程变更属于合同履行过程中的正常管理工作，工程师可以根据施工进展的实际情况，在认为必要时就以下几个方面发布变更指令：

①对合同中任何工作工程量的改变。由于招标文件中的工程量清单中所列的工程量是初步概算的量值，是为承包商编制投标书时合理进行施工组织设计及报价之用，因此实施过程中会出现实际工程量与计划值不符的情况。为了便于合同管理，当事人双方应在专用条款内约定工程量变化较大可以调整单价的百分比。

②任何工作质量或其他特性的变更。

③工程任何部分标高、位置和尺寸的改变。第②和③属于重大的设计变更。

④删减任何合同约定的工作内容。省略的工作应是不再需要的工程，不允许用变更指令的方式将承包范围内的工作变更给其他承包商实施。

⑤进行永久工程所必需的任何附加工作、永久设备、材料供应或其他服务，包括任何联合竣工检验、钻孔和其他检验以及勘察工作。这种变更指令应是增加与合同工作范围性质一致的新增工作内容，而且不应以变更指令的形式要求承包商使用超过他目前正在使用或计划使用的施工设备范围去完成新增工程。除非承包商同意此项工作按变更对待，一般应将新增工程按一个单独的合同来对待。

⑥改变原定的施工顺序或时间安排。此类属于合同工期的变更，既可能是基于增加工程量、增加工作内容等情况，也可能源于工程师为了协调几个承包商施工的干扰而发布的变更指示。

(2) 变更程序

颁发工程接收证书前的任何时间，工程师可以通过发布变更指示或以要求承包商递交建议书的任何一种方式提出变更。

①指示变更。工程师在业主授权范围内根据施工现场的实际情况，在确实需要时有权发布变更指示。指示的内容应包括详细的变更内容、变更工程量、变更项目的施工技术要求和有关部门文件图纸，以及变更处理的原则。

②要求承包商递交建议书后再确定的变更。其程序为：

A. 工程师将计划变更事项通知承包商，并要求承包商递交实施变更的建议书。

B. 承包商应尽快予以答复。一种情况可能是通知工程师由于受到某些非自身原因的限制而无法执行此项变更，如无法得到变更所需的物资等，工程师应根据实际情况和工程的需要再次发出取消、确认或修改变更指示的通知。另一种情况是承包商依据工程师的指示递交实施此项变更的说明，内容包括：

a. 将要实施的工作的说明书以及该工作实施的进度计划；

b. 承包商依据合同规定对进度计划和竣工时间作出任何必要修改的建议，提出工期顺延要求；

c. 承包商对变更估价的建议，提出变更费用要求。

C. 工程师作出是否变更的决定，尽快通知承包商说明批准与否或提出意见。

D. 承包商在等待答复期间，不应延误任何工作。

E. 工程师发出每一项实施变更的指示，应要求承包商记录支出的费用。

F. 承包商提出的变更建议书，只是作为工程师决定是否实施变更的参考。除工程师作出指示或批准以总价方式支付的情况外，每一项变更应依据计量工程量进行估价和支付。

(3) 变更估价

①变更估价的原则。承包商按照工程师的变更指示实施变更工作后，往往会涉及对变更工程的估价问题。变更工程的价格或费率，往往是双方协商时的焦点。计算变更工程应采用的费率或价格，可分为三种情况：

A. 变更工作在工程量表中有同种工作内容的单价，应以该费率计算变更工程费用。实施变更工作未导致工程施工组织和施工方法发生实质性变动，不应调整该项目前单价。

B. 工程量表中虽然列有同类工作的单价或价格，但对具体变更工作而言已不适用，则应在原单价和价格的基础上制定合理的新单价或价格。

C. 变更工作的内容在工程量表中没有同类工作的费率和价格，应按照与合同单价水平相一致的原则，确定新的费率或价格。任何一方不能以工程量表中没有此项价格为借口，将变更工作的单价定得过高或过低。

②可以调整合同工作单价的原则。具备以下条件时，允许对某一项工作规定的费率或价格加以调整：

A. 此项工作实际测量的工程量比工程量表或其他报表中规定的工程量的变动大于10%；

B. 工程量的变更与对该项工作规定的具体费率的乘积超过了接受的合同款额的0.01%；

C. 由此工程量的变更直接造成的该项工作每单位工程量费用的变动超过1%。

③删减原定工作后对承包商的补偿。工程师发布删减工作的变更指示后承包商不再实

施部分工作，合同价格中包括的直接费部分没有受到损害，但摊销在该部分的间接费、税金和利润则实际不能合理回收。因此承包商可以就其损失向工程师发出通知并提供具体的证明资料，工程师与合同双方协商后确定一笔补偿金额加入到合同价内。

（4）承包商申请的变更

承包商根据工程施工的具体情况可以向工程师提出对合同内任何一个项目或工作的详细变更请求报告。未经工程师批准承包商不得擅自变更，若工程师同意，则按工程师发布的变更指示的程序执行。

①承包商提出变更建议。承包商可以随时向工程师提交一份书面建议。承包商认为如果采纳其建议将可能：

A. 加速完工；

B. 降低业主实施、维护或运行工程的费用；

C. 对业主而言能提高竣工工程的效率或价值；

D. 为业主带来其他利益。

②承包商应自费编制此类建议书。

③如果由工程师批准的承包商建议包括一项对部分永久工程的设计的改变，通用条件的条款规定，如果双方没有其他协议，承包商应设计该部分工程。如果承包商不具备设计资质，也可以委托有资质单位进行分包。变更的设计工作应按合同中承包商负责设计的规定执行，包括：

A. 承包商应按照合同中说明的程序向工程师提交该部分工程的承包商的文件；

B. 承包商的文件必须符合规范和图纸的要求；

C. 承包商应对该部分工程负责，并且该部分工程完工后应适合于合同中规定的工程的预期目的；

D. 在开始竣工检验之前，承包商应按照规范规定向工程师提交竣工文件以及操作和维修手册。

④接受变更建议的奖励

A. 如果此改变造成该部分工程的合同价值减少，工程师应与承包商商定或决定一笔费用，并将之加入合同价格。这笔费用应是以下金额差额的50%：

a. 合同价的减少——由此改变造成的合同价值的减少，不包括依据后续法规变化作出的调整和因物价浮动调价所作的调整；

b. 变更对使用功能的影响——考虑到质量、预期寿命或运行效率的降低，对业主而言已变更工作价值上的减少（如有时）；

B. 如果降低工程功能的价值b大于减少合同价格a对业主的好处，则没有该笔奖励费用。

例如甲公司承包国外工程。提出建议将镀锌护角改为铜护角。为此向外方发出工程变更单。内容如下：“兹提出将原设计图中的镀锌护角改为铜护角”。

外方书面回答：“不反对”。

该公司即作此变更。变更实施后，公司向外方提出要求付给由于变更而发生的价格差价。

那么在这里甲公司能否要到这个差价呢？

4. 工程进度款的支付管理

（1）预付款

预付款又称动员预付款，是业主为了帮助承包商解决施工前期开展工作时的资金短缺，从未来的工程款中提前支付的一笔款项。合同工程是否有预付款，以及预付款的金额多少、支付（分期支付的次数及时间）和扣还方式等均要在专用条款内约定。通用条件内针对预付款金额不少于合同价 22%的情况规定了管理程序。

①预付款的支付。预付款的数额由承包商在投标书内确认。承包商需首先将银行出具的履约保函和预付款保函交给业主并通知工程师，工程师在 21 天内签发“预付款支付证书”，业主按合同约定的数额和外币比例支付预付款。预付款保函金额始终保持与预付款等额，即随着承包商对预付款的偿还逐渐递减保函金额。

②预付款的扣还。预付款在分期支付工程进度款的支付中按百分比扣减的方式偿还。

A. 起扣点，自承包商获得工程进度款累计总额达到合同总价（减去暂列金额）10%那个月起扣。

B. 每次支付时的扣减额度。本月证书中承包商应获得的合同款额（不包括预付款及保留金的扣减）中扣除 25%作为预付款的偿还，直至还清全部预付款。

即：每次扣还金额＝（本次支付证书中承包商应获得的款额－本次应扣的保留金）×25%

（2）用于永久工程的设备和材料的预付款

由于合同条件是针对包工包料承包的单价合同编制的，因此规定由承包商自筹资金采购工程材料和设备，只有当材料和设备用于永久工程后，才能将这部分费用计入到工程进度款内结算支付。通用条件的条款规定，为了帮助承包商解决订购大宗主要材料和设备所占用资金的周转，订购物资经工程师确认合格后，按发票价值 80%作为材料预付的款额，包括在当月应支付的工程进度款内。双方也可以在专用条款内修正这个百分比，目前施工合同的约定通常在 60%～90%范围内。

①承包商申请支付材料预付款。

②工程师核查提交的证明材料。预付款金额为经工程师审核后实际材料价格乘以合同约定的百分比，包括在月进度付款签证中。

③预付材料款的扣还。材料不宜大宗采购后在工地储存时间过久，避免材料变形或锈蚀，应尽快用于工程。通用条款规定，当已预付款项的材料或设备用于永久工程，构成永久工程合同价格的一部分后，在计量工程量的承包商应得款内扣除预付的款项，扣除金额与预付金额的计算方法相同。专用条款内也可以约定其他扣除方式。如每次预付的材料款在付款后的约定月内（最长不超过 6 个月），每个月平均扣回。

（3）业主的资金安排

为了保障承包商按时获得工程款的支付，通用条件内规定，当承包商提出要求时，业主应提供资金安排计划。

①承包商根据施工计划向业主提供不具约束力的各阶段资金需求计划：

A. 接到工程开工通知的 28 天内，承包商应向工程师提交每一个总价承包项目的价格分解建议表；

B. 第一份资金需求估价单应在开工日期后 42 天之内提交；

C. 根据施工的实际进展，承包商应按季度提交修正的估价单，直到工程的接收证书已经颁发为止。

②业主应按照承包商的实施计划做好资金安排。通用条件规定：

A. 接到承包商的请求后，应在28天内提供合理的证据，表明他已作出了资金安排，并将一直坚持实施这种安排。此安排能够使业主按照合同规定支付合同价格（按照当时的估算值）的款额。

B. 如果业主欲对其资金安排做出任何实质性变更，应向承包商发出通知并提供详细资料。

③业主未能按照资金安排计划和支付的规定执行，承包商可提前21天以上通知业主，将要暂停工作或降低工作速度。

（4）保留金

保留金是按合同约定从承包商应得的工程进度款中相应扣减的一笔金额保留在业主手中，作为约束承包商严格履行合同义务的措施之一。当承包商有一般违约行为使业主受到损失时，可从该项金额内直接扣除损害赔偿费。例如，承包商未能在工程师规定时间内修复缺陷工程部位，业主雇用其他人完成后，这笔费用可从保留金内扣除。

①保留金的约定。承包商在投标书附录中按招标文件提供的信息和要求确认了每次扣留保留金的百分比和保留金限额。每次月进度款支付时扣留的百分比一般为5%～10%，累计扣留的最高限额为合同价的2.5%～5%。

②每次中期支付时扣除的保留金。从首次支付工程进度款开始，用该承包商完成合格工程应得款加上因后续法规政策变化的调整和市场价格浮动变化的调价款为基数，乘以合同约定保留金的百分比作为本次支付时应扣留的保留金，逐月累计，扣到合同约定的保留金最高限额为止。

③保留金的返还。扣留承包商的保留金分两次返还：

A. 颁发工程接收证书后的返还：

a. 颁发了整个工程的接收证书时，将保留金的前一半支付给承包商。

b. 如果颁发的接收证书只是限于一个区段或工程的一部分，则

$$返还金额=保留金总额\times\frac{移交工程区段或部分的合同价值}{最终合同价格的估算值}\times 40\%$$

B. 保修期满颁发履约证书后将剩余保留金返还：

a. 整个合同的缺陷通知期满，返还剩余的保留金。

b. 如果颁发的履约证书只限于一个区段，则在这个区段的缺陷通知期满后，并不全部返还该部分剩余的保留金：

$$返还金额=保留金额\times\frac{移交工程区段或部分的合同价值}{最终合同价格的估算值}\times 40\%$$

合同内以履约保函和保留金两种手段作为约束承包商忠实履行合同义务的措施，当承包商严重违约而使合同不能继续顺利履行时，业主可以凭履约保函向银行获取损害赔偿；而因承包商的一般行为令业主蒙受损失时，通常利用保留金补偿损失。履约保函和保留金的约束期均是承包商负有施工义务的责任期限。

④保留金保函代替保留金。当保留金已累计扣留到保留金限额的60%时，为了使承

包商有较充裕的流动资金用于工程施工，可以允许承包商提交保留金保函代换保留金，业主返还保留金限额的50%。

(5) 支付款的调整

①因法律改变的调整。在基准日期之后，因工程所在国的法律发生变动（包括施用新的法律、废除或修改现有法律）或对此类法律的司法解释或政府官方解释发生变化，从而影响了承包商履行合同义务，导致工程施工费用的增加或减少，则应对合同价款进行调整。若立法改变导致费用增加，则承包商可以通过索赔来要求增加费用和延长工期；若导致费用降低了，则业主应签证说明费用降低，同样可以通过索赔来要求减少对承包商的支付。

②因物价浮动的调整。对于施工期较长的合同，为了合理分担市场价格浮动变化对施工成本影响的风险，在合同内要约定调价的方法。通用条款内规定的调价公式如下：

$$P_n = a + b \cdot L_n/L_0 + c \cdot M_n/M_0 + d \cdot E_n/E_0 + \cdots$$

式中 P_n——是适用于第 n 期间的调整系数；

a——固定系数，代表合同支付中不调整的部分；

b、c、d——相关数据调整表中规定的一个系数，代表与实施工程有关的每项费用因素的估算比例，如劳务、设备和材料；

L_n、E_n、M_n——是第 n 期间时使用的现行费用指数或参照价格，以相关的支付货币表示，而且按照该期间（具体的支付证书的相关期限）最后一日之前第49天当天对于相关表中的费用因素适用的费用指数或参照价格确定；

L_0、E_0、M_0——是基本费用指数或参照价格，以相应的支付货币表示，按照在基准日期时相关表中的费用因素的费用指数或参照价格确定。

当发生延误竣工时，如果是非承包商应负责原因的延误，工程竣工前每一次支付时，调价公式继续有效；若是承包商应负责的原因引起的延误，在后续支付时，分别计算应竣工日和实际支付日的调价款，经过对比后按照对业主有力的原则执行。

(6) 工程进度款的支付程序

①工程量计量。工程量清单中所列的工程量仅是对工程的估算量，不能作为承包商完成合同规定施工义务的结算依据。每次支付工程月进度款前，均需通过测量来核实实际完成的工程量，以计量值作为支付依据。

采用单价合同的施工工作内容应以计量的数量作为支付进度款的依据，而总价合同按总价承包的部分可以按图纸工程量作为支付依据，仅对变更部分予以计量。

②承包商提供报表。每个月的月末，承包商应按工程师规定的格式提交一式6份本月支付报表。内容包括提出本月已完成合格工程的应付款要求和对应扣款的确认。一般包括以下几个方面：

A. 本月完成的工程量清单中工程项目及其他项目的应付金额（包括变更）；

B. 法规变化引起的调整应增加和减扣的任何款额；

C. 作为保留金扣减的任何款额；

D. 预付款的支付（分期支付的预付款）和扣还应增加和减扣的任何款额；

E. 承包商采购用于永久工程的设备和材料应预付和扣减款额；

F. 根据合同或其他规定（包括索赔、争端裁决和仲裁），应付的任何其他应增加和扣减的款额；

G. 对所有以前的支付证书中证明的款额的扣除或减少（对已付款支付证书的修正）。

③工程师签证。工程师接到报表后，对承包商完成的工程形象、项目、质量、数量以及各项价款的计算进行核查。若有疑问时，可要求承包商共同复核工程量。在收到承包商的支付报表后28天内，按核查结果以及总价承包分解表中核实的实际完成情况签发支付证书。工程师可以不签发证书或扣减承包商报表中部分金额的情况包括：

A. 合同内约定有工程师签证的最小金额时，本月应签发的金额小于签证的最小金额，工程师不出具月进度款的支付证书。本月应付款接转下月，超过最小签证金额后一并支付。

B. 承包商提供的货物或施工的工程不符合合同要求，可扣发修正或重置相应的费用，直至修正或重置工作完成后再支付。

C. 承包商未能按合同规定进行工作或履行义务，并且工程师已经通知了承包商，则可以扣留该工作或义务的价值，直至工作或义务履行为止。工程进度款支付证书属于临时支付证书，工程师有权对以前签发过的证书中发现的错误、遗漏或重复的支付款，经双方复核同意后，将增加或扣减的金额纳入本次签证中。

④业主支付。承包商的报表经过工程师认可并签发工程进度款的支付证书后，业主应在接到证书后及时给承包商付款。业主的付款时间不应超过工程师收到承包商的月进度付款申请单后的56天。如果逾期支付将承担延期付款的违约责任，延期付款的利息按银行贷款利率加3%计算。

8.2.5 竣工验收阶段的合同管理

8.2.5.1 竣工检验和移交工程

1. 竣工检验

承包商完成工程并准备好竣工报告所需报送的资料后，应提前21天将某一确定的日期通知工程师，说明此日后已准备好进行竣工检验。工程师应指示在该日期后14天内的某日进行。此项规定同样适用于按合同规定分部移交的工程。

2. 颁发工程接收证书

工程通过竣工检验达到了合同规定的“基本竣工”要求后，承包商在他认为可以完成移交工作前14天以书面形式向工程师申请颁发接收证书。基本竣工是指工程已通过竣工检验，能够按照预定目的交给业主占用或使用，而非完成了合同规定的包括扫尾、清理施工现场及不影响工程使用的某些次要部位缺陷修复工作后的最终竣工，剩余工作允许承包商在缺陷通知期内继续完成。这样规定有助于准确判定承包商是否按合同规定的工期完成了施工义务，也有利于业主尽早使用或占有工程，及时发挥工程效益。

工程师接到承包商申请后的28天内，如果认为已满足竣工条件，即可颁发工程接收证书；若不满意，则应书面通知承包商，指出还需完成哪些工作后才达到基本竣工条件。工程接收证书中包括确认工程达到竣工的具体日期。工程接收证书颁发后，不仅表明承包商对该部分工程的施工义务已经完成，而且对工程照管的责任也转移给业主。

如果合同约定工程不同区段有不同竣工日期时，每完成一个区段均应按上述程序颁发部分工程的接收证书。

3. 特殊情况下的证书颁发程序

（1）业主提前占用工程。工程师应及时颁发工程接收证书，并确认业主占用日为竣工日。提前占用或使用表明该部分工程已达到竣工要求，对工程照管责任也相应转移给业主，但承包商对该部分工程的施工质量缺陷仍负有责任。工程师颁发接收证书后，应尽快给承包商采取必要措施完成竣工检验的机会。

（2）因非承包商原因导致不能进行规定的竣工检验。有时也会出现施工已达到竣工条件，但由于不应由承包商负责的主观或客观原因不能进行竣工检验。如果等条件具备进行竣工试验后再颁发接收证书，既会因推迟竣工时间而影响到对承包商是否按期竣工的合理判定，也会产生在这段时间内对该部分工程的使用和照管责任不明。针对此种情况，工程师应以本该进行竣工检验日签发工程接收证书，将这部分工程移交给业主照管和使用。工程虽已接收，仍应在缺陷通知期内进行补充检验。当竣工检验条件具备后，承包商应在接到工程师指示进行竣工试验通知的 14 天内完成检验工作。由于非承包商原因导致缺陷通知期内进行的补检，属于承包商在投标阶段不能合理预见到的情况，该项检查试验比正常检验多支出的费用应由业主承担。

8.2.5.2 未能通过竣工检验

1. 重新检验

如果工程或某区段未能通过竣工检验，承包商对缺陷进行修复和改正，在相同条件下重复进行此类未通过的试验和对任何相关工作的竣工检验。

2. 重复检验仍未能通过

当整个工程或某区段未能通过按重新检验条款规定所进行的重复竣工检验时，工程师应有权选择以下任何一种处理方法：

（1）指示再进行一次重复的竣工检验；

（2）如果由于该工程缺陷致使业主基本上无法享用该工程或区段所带来的全部利益，拒收整个工程或区段（视情况而定），在此情况下，业主有权获得承包商的赔偿。包括：

①业主为整个工程或该部分工程（视情况而定）所支付的全部费用以及融资费用；

②拆除工程、清理现场和将永久设备和材料退还给承包商所支付的费用。

（3）颁发一份接收证书（如果业主同意的话），折价接收该部分工程。合同价格应按照可以适当弥补由于此类失误而给业主造成的减少的价值数额予以扣减。

8.2.5.3 竣工结算

1. 承包商报送竣工报表

颁发工程接收证书后的 84 天内，承包商应按工程师规定的格式报送竣工报表。报表内容包括：

（1）到工程接收证书中指明的竣工日止，根据合同完成全部工作的最终价值；

（2）承包商认为应该支付给他的其他款项，如要求的索赔款、应退还的部分保留金等；

（3）承包商认为根据合同应支付给他的估算总额。所谓估算总额是这笔金额还未经过工程师审核同意。估算总额应在竣工结算报表中单独列出，以便工程师签发支付证书。

2. 竣工结算与支付

工程师接到竣工报表后，应对照竣工图进行工程量详细核算，对其他支付要求进行审查，然后再依据检查结果签署竣工结算的支付证书。此项签证工作，工程师也应在收到竣工报表后28天内完成。业主依据工程师的签证予以支付。

8.2.6　缺陷通知期阶段的合同管理

1. 工程缺陷责任

（1）承包商在缺陷通知期内应承担的义务

工程师在缺陷通知期内可就以下事项向承包商发布指示：

①将不符合合同规定的永久设备或材料从现场移走并替换；

②将不符合合同规定的工程拆除并重建；

③实施任何因保护工程安全而需进行的紧急工作。不论事件起因于事故、不可预见事件还是其他事件。

（2）承包商的补救义务

承包商应在工程师指示的合理时间内完成上述工作。若承包商未能遵守指示，业主有权雇佣其他人实施并予以付款。如果属于承包商应承担的责任原因，业主有权按照业主索赔的程序向承包商追偿。

2. 履约证书

履约证书是承包商已按合同规定完成全部施工义务的证明，因此该证书颁发后工程师就无权再指示承包商进行任何施工工作，承包商即可办理最终结算手续。缺陷通知期内工程圆满地通过运行考验，工程师应在期满后的28天内，向业主签发解除承包商承担工程缺陷责任的证书，并将副本送给承包商。但此时仅意味承包商与合同有关的实际义务已经完成，而合同尚未终止，剩余的双方合同义务只限于财务和管理方面的内容。业主应在证书颁发后的14天内，退还承包商的履约保证书。

缺陷通知期满时，如果工程师认为还存在影响工程运行或使用的较大缺陷，可以延长缺陷通知期，推迟颁发证书，但缺陷通知期的延长不应超过竣工日后的2年。

3. 最终结算

最终结算是指颁发履约证书后，对承包商完成全部工作价值的详细结算，以及根据合同条件对应付给承包商的其他费用进行核实，确定合同的最终价格。颁发履约证书后的56天内，承包商应向工程师提交最终报表草案，以及工程师要求提交的有关资料。最终报表草案要详细说明根据合同完成的全部工程价值和承包商依据合同认为还应支付给他的任何进一步款项，如剩余的保留金及缺陷通知期内发生的索赔费用等。

工程师审核后与承包商协商，对最终报表草案进行适当的补充或修改后形成最终报表。承包商将最终报表送交工程师的同时，还需向业主提交一份“结清单”，进一步证实最终报表中的支付总额，作为同意与业主终止合同关系的书面文件。工程师在接到最终报表和结清单附件后的28天内签发最终支付证书，业主应在收到证书后的56天内支付。只有当业主按照最终支付证书的金额予以支付并退还履约保函后，结清单才生效，承包商的索赔权也即行终止。

8.2.7　保险与不可抗力条款及内容

8.2.7.1 保险

1. 保险总体要求

在新红皮书中，没有明确哪一方投保，但对保险作了以下的总体要求：

（1）若承包商投保，办理保险时应遵循业主批准的条件，这些条件应与双方在承包商中标前谈判中商定的投保条件一致。

（2）若业主投保，则应按双方在专用条件中列出的具体条件投保。

（3）若保险合同中的被保险人同时为业主和承包商，则任何一方在发生与自己有关的保险事件时，均可单独用此保险合同向保险人提出索赔。

（4）若保险合同中的被保险人还包括其他被保险人，则业主仅为他的人员进行保险索赔，其他情况由承包商负责处理，这些其他被保险人无权直接与保险公司处理索赔事宜。

（5）投保一方应按投标函附录中的时间规定，向另一方提交办理保险的证据以及保险单的复印件，同时通知工程师。

（6）若按约定应当办理保险的一方没有办理保险或使保险持续有效，或没有按规定向另一方提供办理保险的有关情况，则另一方可以去办理保险，支付保险费，并有权从投保方收回该费用，合同价款相应进行调整。

（7）若发生了风险造成了一定的损失，没能得到保险公司的赔付，则双方根据合同约定的义务和责任来承担该损失。

（8）工程在实施中有些情况发生了变化，可能导致与投保时提供给保险公司的情况不一致，则投保方应及时通知保险公司，做出相应的调整。

虽然在合同条件中没有明确哪一方投保，按照惯例在国际工程承包中一般由承包商办理投保，当然保险费用由业主承担。当项目复杂而且规模较大，承包商较多时，一般由业主统一办理保险，这样不仅有利于节约投资费用，而且有利于管理。

2. 工程和承包商设备保险

保险的对象主要有工程本身、相关的永久设备、材料及承包商的施工设备，合同条件中对此保险作了以下的规定：

（1）投保方应为工程本身、永久材料、设备及承包商的施工设备办理保险，投保金额不能低于其重置成本、拆迁费及相应的利润额。

（2）使保险的有效期一直持续到颁发履约证书的日期为止。

（3）除非在专用条件中另有规定，有关工程和承包商设备的保险应满足下列要求：

①应由承包商作为投保方办理和维持。

②应由有权从保险人处得到赔偿的各方联名投保；所得到的理赔款应作为专款用于修复损失或损害的内容。

③保险应覆盖业主的风险以外的全部风险造成的损失以及对由于业主使用或占用工程另一部分造成的工程某一部分的损失或损害。

（4）此处的保险，保险人不承担以下的损失、损害费用：

①由于设计、材料、工艺原因导致处于缺陷状态的工程部分，但对于缺陷状态直接导致其他工程部分受到的损失或损害，除下面第②项的情况外，仍需要保险。

②因修复处于缺陷状态的工程部分而导致其他部分工程的损失或损害。

③业主已经接收的部分工程，除非该部分工程的损害责任应由承包商承担。

④仍没有运到工程所在国的物品，但不得违背通用条件第 14.5 条（拟用于工程的永久设备和材料）的规定。

3. 人员伤亡及财产损害险

FIDIC 施工合同条件中所列的人员伤亡及财产损害险主要指的是第三方责任险，即在投保时，投保人应投第三人责任险，这样对承包商在履约的过程中可能造成的第三方人员伤亡或财产损失就可以转移给保险公司，以避免或减少合同双方对此承担的责任。这种投保额应不低于投标函附录中规定的数额，若专用条款中没有明确投保人，则一般由承包商以合同双方的名义办理保险。

4. 承包商人员的保险

承包商应为其雇用的任何人员办理保险，同时应保障业主和工程师，当然由于业主或其人员的过错或渎职造成的损害不包含其中。这种保险的有效期为其雇员从事项目工作的全部时间。

8.2.7.2 不可抗力

1. 不可抗力的范围

通用条件第19.1条规定，施工中的不可抗力是指某种异常事件或情况，包括：

(1) 一方无法控制的。

(2) 双方在签订合同前，不能对之进行合理准备的。

(3) 发生后，该方不能合理避免或克服的。

(4) 主要不是由于另一方造成的。

不可抗力可以包括但不限于下列各种异常事件或情况：

(1) 战争、敌对行动（不论宣战与否）、入侵、外敌行为。

(2) 叛乱、恐怖主义、革命、暴动、军事政变或篡夺政权或内战。

(3) 承包商人员和其他雇员以外的人员的骚动、喧闹、混乱、罢工或停工。

(4) 战争军火、爆炸物资、电离辐射或放射性污染，但因承包商使用此类军火、炸药、辐射或放射性引起的污染除外。

(5) 自然灾害，如地震、飓风、台风或火山活动。

2. 不可抗力发生后各方的工作

(1) 通知对方。若一方遇到不可抗力，导致其无法履行合同，则应在14天内通知对方，并说明哪些义务不能履行，发出通知后，该方可以免于此义务的履行。

(2) 采取措施减少损失。发生不可抗力后，各方应采取措施，将此事件给自己和对方造成的损失降到最低程度，若不可抗力事件结束了，一方应向另一方发出通知，这一条规定是基于合同双方在诚信的原则下应有的义务，《合同法》也有这样的规定。

3. 不可抗力的后果及处理

(1) 承包商的索赔。若承包商受到了不可抗力的影响，首先可以进行工期索赔，要求延长工期；若是由于不可抗力范围中的前四类造成的，并有 (2)、(3)、(4) 类情况发生在工程所在国内，则承包商可以进行费用索赔，因为这些因素是一个有经验的承包商在投标时不能合理预见的，所以应由业主来承担相关责任。

(2) 对分包商的影响。不可抗力若影响到了分包商，分包商可以通过分包合同向承包商索赔，若其索赔的额度大于承包商向业主的索赔，则超出的这一部分由承包商承担。

(3) 不可抗力致使合同无法履行的处理。

①当不可抗力发生后，若其持续的时间很长，任何一方可在满足下列规定的前提下向对方发出终止合同的通知，若因不可抗力事件连续使合同不能履行超过84天或间断影响超过140天，即可发生终止合同通知，通知发出后7天合同终止生效，此时，工程师应立

即确定承包商完成的工作价值，并签发支付证书。

②若双方不可控制的事件发生，如不可抗力发生，使得双方无法履行合同，符合当地法律法规规定的可以解除合同的条件，当事人双方可以解除合同，但应该支付给承包商已完工程的价款，工程师也应及时审核并签收支付凭证。

8.2.8 索赔与争议解决条款及内容

1. 索赔管理

针对索赔执行过程中的主要规定有：

(1) 承包商应在引起索赔的事件或情况发生后28天内向工程师提交索赔通知，承包商还应提交一切与此类事件或情况有关的任何其他通知，以及索赔的详细证明报告。

(2) 承包商应做好用以证明索赔的同期记录。工程师在收到上述通知后，在不必事先承认业主责任的情况下，监督此类记录，并可以指令承包商保持进一步的同期记录。承包商应按工程师的要求提供此类记录的复印件，并允许工程师审查所有这类记录。

(3) 提交索赔报告。在引起索赔的事件或情况发生42天之内，或在工程师批准的其他合理时间内，承包商应向工程师提交一份索赔报告，详细说明索赔的依据以及索赔的工期和索赔的金额。

(4) 工程师在收到索赔报告或该索赔进一步的详细证明报告后42天内，或在承包商同意的其他合理时间内，应表示批准或不批准，并就索赔的原则作出反应。

(5) 工程师根据合同规定确定承包商可获得的工期延长和费用补偿。如果承包商提供的详细报告不足以证明全部的索赔，则他仅有权得到已被证实的那部分索赔；对于已被证实的索赔金额应列入每份支付证明中。

(6) 索赔的丧失和被削弱。如果承包商未能在引起索赔的事件或情况发生后28天内向工程师提交索赔通知，则承包商的索赔权丧失。

在索赔的过程中，要注意的是索赔是对损失而言，而且是因为一方的原因或是一方应承担的风险给另一方造成了损失，才能成功的索赔。如果承包商不能证明自己遭受的损失或损害，那么他的索赔也就无从谈起。例如在某国际承包项目中，合同规定雇主应向承包商提供作为现场一部分的采石场。工程开工后，承包商多次发出书面通知，并按时提供了此采石场的开采计划，但雇主原来安装在采石场的设备却由于种种原因没有能及时搬迁。承包商因此向雇主提出了工期和费用的索赔的要求。为了审定此项索赔，工程师对这一事件进行了调查。发现在雇主搬迁拖延期间，承包商的轧石设备由于供货商的原因没有能按计划到场。最后在承包商的轧石设备到场之际，雇主的设备刚好搬迁完毕。工程师因此认为：虽然雇主一方应对没有及时交出采石场承担责任，但这一事件本身并没有给承包商造成任何额外的损失和损害，承包商方面也提不出充分的证据来支持其工期和费用的索赔，承包商的索赔因此被拒绝。

2. 合同争议的解决

新红皮书第20条对合同争议的解决作出了详细的规定，有关争议解决的方式有：提交工程师决定、提交争端裁决委员会决定、双方协商及仲裁。

(1) 提交工程师决定。FIDIC编制施工合同条件的基本出发点之一就是建立以工程师为核心的管理模式，因而不论是承包商的索赔还是业主的索赔首先提交给工程师。任何一方要求工程师作出决定时，工程师应与双方协商一致，若未能达成一致，则工程师按照合同，根据公正的原则作出决定（应当说明的是这里工程师的决定指的是合同履行过程中的相关决定，不是争端的解决）。

（2）提交争端裁决委员会（DAB）决定。双方对于合同的任何争端，包括对工程师签发的证书、作出的决定、指示、意见或估价不同意接受时，可以将争议提交给争端裁决委员会决定。收到申请后的84天内争端裁决委员会应作出决定，此时任何一方对裁决不满意可以在收到决定后的28天内将不满意的意见通知另一方。

（3）双方协商。对争端裁决委员会的决定不满意，双方可以在不少于56天的时间内协商，若协商不成，可以提出仲裁。

（4）仲裁。合同条件中所建议的双方最终解决争议的方式是仲裁。仲裁规则应采用国际商会的规则，就争端涉及的问题工程师有权被唤作证人。若仲裁在工程进行中开始的，则合同各方应继续履行合同义务，不受仲裁的影响。

8.3 FIDIC合同条件与我国施工合同范本的关系

合同文件是伴随着工程的需要而发展的。我国的情况是从计划经济下的定额模式向社会主义市场经济下的清单模式转变。国内现行《建设工程施工合同（示范文本）》是1999年推出的，是清单体例之前出的推荐版本，而FIDIC合同是近百年来与对应的清单计价模式共同发展而来。

8.3.1 国内现行施工合同文本是FIDIC合同的简版

既然是简版，国内现行施工合同文本就没有FIDIC合同适用面广，特别是费用相关规定。国内现行施工合同文本产生于定额时代，对FIDIC合同简化得比较彻底，费用相关规定简化到几乎没有，更没有单价合同所要求的事项与费用一一对应的关系。这种过于简化，直接导致国内现行施工合同文本与当前工程量清单计价模式的匹配性很差。实际上，这个问题正在成为我国清单规范实施的最大症结所在。

单价合同的基本调整原则是“清单有单价的按清单，清单有相似单价的参照清单，清单没有单价的协商解决”。“清单有单价的按清单”，其实质是要求投标单价必须是包干单价。既然是包干单价，那单价包干的工程内容、合同责任以及费用，必须定义得很精确才行。否则很容易在“包干边界”上产生合同价格的争议。

综合单价包干“必须定义得很精确”这个要求，显然需要一套完整的清单原则来定义。国内现行施工合同文本本身没有多少单价合同的属性，加上我国清单规范还有许多不成熟的地方，将推荐合同与国内清单规范匹配到一起，解决单价性争议就有许多不确定的地方。

FIDIC施工合同本就是国际惯例的单价合同。与之同时发展的清单计价体系，比如英国SMM，匹配度可以说是“与生俱来”、“无缝联接”。这个特性，正是现在推行“清单计价”最需要加强的合约理念。

8.3.2 国内现行施工合同文本是一个独立文件

它没能将清单规范、物料规范、各项措施等直接影响工程实施与价格的相关文件匹配起来，特别是其中的费用匹配关系，一直都没有进行良好整合。而FIDIC合同长期与这几个合同组件共同发展，相互之间的工作关系已近完美。

要实现投标阶段报价的综合单价包干，其先决条件是分项工程涉及的“人机料法环”条件相对明确，与之相匹配的各项消耗量也相对可靠，相关变动风险也基本可以预测。这样才能够以基本准确的方式申报投标综合单价。

对“人机料法环”因素的确定，需要雇主在招投标之前明确很多建设标准，需要设计师明确很多工程做法，需要承包商对项目及工程当地综合条件了解清楚。雇主建筑标准与设计师工程做法，就是“工料规范”所定义的主要内容。投标人投标单价就要考虑工程当地情况。比如，某项石材工程雇主要求“进口意大利米黄”，设计师对“进口意大利米黄”的色质材质等在“工料规范”中进行了严格定义，这样形成了招标文件。投标人在投标的现场踏勘过程中了解到通往现场的主要市政干线道路正在施工，将可能导致运输过程中石材运输损耗增大，这样他就不得不把这个风险打进石材工程综合单价里。综合了上述所有因素，承包商报出了一个单价。

国内工程做到这一点是比较难的。“施工期材料审核制”是我国的惯例。“施工期材料审核制”相当于“大部分清单单价施工期内可调”，清单单价开这样一个大活口，清单规范在中国就成了摆设。国内很多造价咨询公司在施工合同招投标阶段是不敢向雇主报一个“控制性估算或者预算”的，很大原因就是上述单价包干在国内不可实现。

没有“清单规范、物料规范、各项措施”等这些扩充文件对综合单价的补充限定，综合单价包含的内容就不完整。实质就是综合单价不可控。

国内现行施工合同文本不能整合相关合同组件文件，不能将这些合同组件涉及的相关费用整合起来，是造成国内现在工程造价控制不完善的根本性技术性缺陷。

8.3.3 国内现行施工合同文本是大陆法体例，FIDIC是案例法体例

大陆法体例合同的好处是基本思路明确，大原则清楚明了。不好的地方是合同的调整比较难。标准合同用于特定项目必定要做适应性调整。像甲供、垫资、甲指乙定这些工程上常见的事务，国内现行施工合同文本这样的大陆法体例合同调整起来极为麻烦。合同条款按原则拆分，一项条款调整，很容易连带影响其他关联条款。比如质量条款的变动，必然影响费用、进度及管理流程等相关条款的限定。由于条款规定都是原则性的，改变原则本就很难措辞，再加上条款变动连带效应，牵一发而动全身。

案例法体例的合同与大陆法刚好相反，在大原则的定义上不是特别清楚明了，但对具体事项调整的适应性非常好。FIDIC施工合同的任何一个条款，都基本独立地定义了一个“工程事项”。如果想依据项目的特定要求把某个事项的规定变一下，只需要在本条款内调整就可以了。如果变动影响到几个事项的处理，比如一项变更引发了检验、验收、接收、索赔等几个方面的事项共同发生了变化，那也只需到相应事项的条款调整即可。如果是新增事项，则只需要在相应的大条款下增加款项就可以了。

从适应性上讲，国内将来的工程合同必然走向案例法体例这条路。FIDIC施工合同比国内现行施工合同文本复杂，体例也很巨大，但使用起来却很灵活。这个是国内现行施工合同文本所不具备的能力。

8.3.4 工程师及其与业主和承包商的关系

《FIDIC合同条件》处处体现工程师的地位与作用。工程师、业主和承包商之间是平等的，其中工程师是承包商、业主之间的中介。业主、承包商的权利和义务的实现与工程师紧密相关，并且始终受工程师监督和审核。工程师掌握控制投资、进度和质量的权力，

其中对进度和质量的控制是以对资金的控制为基础。即在承包商的施工过程中，已完工程部分质量未达到其规范要求时，则相应的工程不予计量，且该部分工程款不予支付。而在进度与承包商提供的施工进度计划不符时，工程师可根据实际情况下达赶工令或修改施工进度计划。如此造成的承包商违约（对其他承包商使用场地的影响，竣工日期影响）引起的损失应由承包商承担。

《FIDIC合同条件》在投资、进度、质量方面赋予工程师的权力使得三大控制真正得以实现。而我国《示范文本》对监理工程师有关的权限及其如何实现没有明确规定。在实际中，业主由于不了解三大控制之间紧密联系，往往不愿将控制投资的权力赋予工程师。这使得监理工程师因不能控制资金而使质量、进度的控制削弱了很多。

对于工程师权力的实现，《FIDIC合同条件》中规定工程师可利用暂定金额和计日工两种手段处理工程中发生的变更和意外事件。暂定金额在工程量清单中规定，工程师有权决定是否使用它。而计日工是对以日计价的工人使用和付酬的总称。当工程中出现与设计不同的环境状况时，或是业主需要对工程部分修改时，一般会发生工程变更，监督工程可根据情况决定采用暂定金额支付，或对小而且零散工作采用计日工付酬。此规定使得工程师可以灵活处理施工中出现的各类情况，又有利于各方的履约，还避免结算超预算。我国现行《示范文本》对此未予以明确规定，而此规定可使我国工程建设投资控制更富有实际意义。

8.3.5 关于合同纠纷的处理

《FIDIC合同条件》全文可以看出其遵循着一个规则，当意外事件发生后，始终注意业主与承包商之间的信息沟通及工程师的协调作用。尽可能减少事件的处理对工程施工的影响和发生合同纠纷。尤其是一方违约或业主风险造成合同能被终止的处理，每一步都是建立在给予双方充分协商的机会，尽力避免因合同的终止使双方蒙受重大损失。合同条款规定争端的处理，如图8-1所示。仲裁于接到通知的56天后开始，在此期间业主与承包商可进行最后协商，就充分体现了这一点。

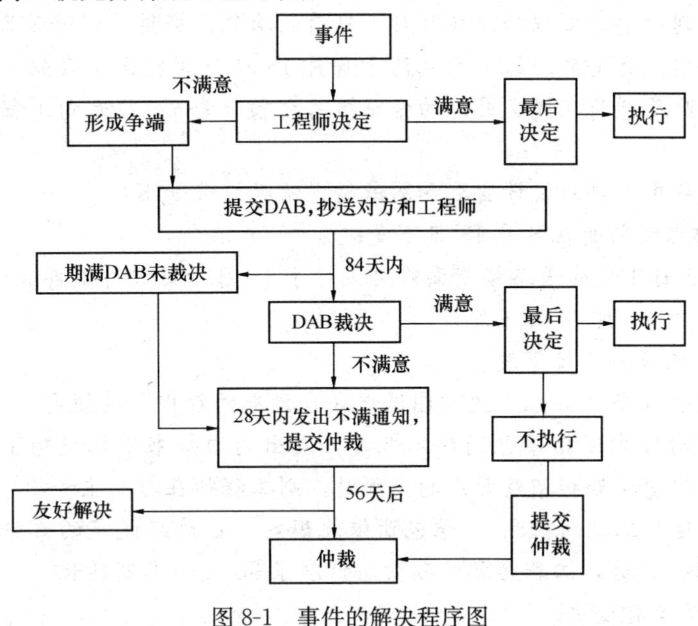

图8-1 事件的解决程序图

[**综合案例**]　在非洲某国112公里道路升级项目中，业主为该国国家公路局，出资方为非洲发展银行（ADF），由法国BCEOM公司担任咨询工程师，我国某对外工程承包公司以1713万美元的投标价格第一标中标。该项目旨在将该国两个城市之间的112公里道路由砾石路面升级为行车道宽6.5m，两侧路肩各1.5m的标准双车道沥青公路。项目工期为33个月，其中前3个月为动员期。项目采用1987年版的FIDIC合同条件作为通用合同条件，并在专用合同条件中对某些细节进行了适当修改和补充规定，项目合同管理相当规范。在工程实施过程中发生了若干件索赔事件，由于承包商熟悉国际工程承包业务，紧扣合同条款，准备充足，证据充分，索赔工作取得了成功。下面将在整个施工期间发生的五类典型索赔事件进行介绍和分析。

事件1：放线数据错误

按照合同规定，工程师应在6月15日向承包商提供有关的放线数据，但是由于种种原因，工程师几次提供的数据均被承包商证实是错误的，直到8月10日才向承包商提供了被验证为正确的放线数据，据此承包商于8月18日发出了索赔通知，要求延长工期3个月。

工程师在收到索赔通知后，以承包商"施工设备不配套，实验设备也未到场，不具备主体工程开工条件"为由，试图对承包商的索赔要求予以否定。对此，承包商进行了反驳，提出：在有多个原因导致工期延误时，首先要分清哪个原因是最先发生的，即找出初始延误，在初始延误作用期间，其他并发的延误不承担延误的责任。而业主提供的放线数据错误是造成前期工程无法按期开工的初始延误。

在多次谈判中，承包商根据合同条款"如因工程师未曾或不能在一合理时间内发出承包商按发出的通知书中已说明了的任何图纸或指示，而使承包商蒙受误期和（或）招致费用的增加时……给予承包商延长工期的权利"，以及其他相关条款的相关规定据理力争，此项索赔最终给予了承包商69天的工期延长。

事件2：设计变更和图纸延误

按照合同谈判纪要，工程师应在8月1日前向承包商提供设计修改资料，但工程师并没有在规定时间内提交全部图纸。承包商于8月18日对此发出了索赔通知，由于此事件具有延续性，因此承包商在提交最终的索赔报告之前，每隔28天向工程师提交了同期记录报告。

项目实施过程中主要的设计变更和图纸延误情况记录如下：

1. 修订的排水横断面在8月13日下发；
2. 在7月21日下发的道路横断面修订设计于10月1日进行了再次修订；
3. 钢桥图纸在11月28日下发；
4. 箱涵图纸在9月5日下发。

根据FIDIC合同条件第6.4款"图纸误期和误期的费用"的规定，"如因工程师未曾或不能在一合理时间内发出承包商按第6.3条发出的通知书中已说明了的任何图纸或指示，而使承包商蒙受误期和招致费用的增加时，则工程师在与业主和承包商作必要的协商后，给予承包商延长工期的权利"。承包商依此规定，在最终递交的索赔报告中提出索赔81个阳光工作日。最终，工程师就此项索赔批准了30天的工期延长。

事件3：边沟开挖变更

本项目的工程量清单中没有边沟开挖的支付项，在技术规范中规定，所有能利用的挖方材料要用于3km以内的填方，并按普通填方支付，但边沟开挖的技术要求远大于普通挖方，而且由于排水横断面的设计修改，原设计的底宽3m的边沟修改为底宽1m，铺砌边沟底宽0.5m。边沟的底宽改小后，人工开挖和修整的工程量都大大增加，因此边沟开挖已不适用按照普通填方单价来结算。

根据合同第52.2款“如合同中未包括适用于该变更工作的费率或价格，则应在合理的范围内使合同中的费率和价格作为估价的基础”的规定，承包商提出了索赔报告，要求对边沟开挖采用新的单价。经过多次艰苦谈判，业主和工程师最后同意，以工程量清单中排水工程项下的涵洞出水口渠开挖单价支付，仅此一项索赔就成功地多结算140万美元。

事件4：迟付款利息

该项目中的迟付款是因为从第25号账单开始，项目的总结算额超出了合同额，导致后续批复的账单均未能在合同规定时间内到账，以及部分油料退税款因当地政府部门的原因导致付款拖后。

特殊合同条款第60.8款“付款的时间和利息”规定：“……业主向承包商支付，其中外币部分应该在91天内付清，当地币部分应该在63天内付清。如果由于业主的原因而未能在上述的期限内付款，则从迟付之日起业主应按照投标函附录中规定的利息以月复利的形式向承包商支付全部未付款额的利息。”

据此承包商递交了索赔报告，要求支付迟付款利息共计88万美元，业主起先只愿意接受45万美元。在此情况下，承包商根据专用合同条款的规定，向业主和工程师提供了每一个账单的批复时间和到账时间的书面证据，有力地证明了有关款项确实迟付；同时又提供了投标函附录规定的工程款迟付应采用的利率。由于证据确凿，经过承包商的多方努力，业主最终同意支付迟付款利息约79万。

本 章 小 结

FIDIC合同条件是集工业发达国家土木建筑业上百年的经验，把工程技术、法律、经济和管理等有机结合起来的一个合同条件。并经FIDIC委员会始终不渝地跟踪调查和精心修订，已为国际金融机构认可，并在国际招标中广泛使用和比较完善的合同文本。

从目前来看，FIDIC合同条件在国内越来越受到人们的重视。随着中国市场与国际市场逐渐接轨，将有更多的国际承包工程需要我们面对。特别是我国加入WTO后，我国利用国际金融组织或外国政府贷款和外商投资的工程项目大都采用FIDIC合同条件进行国际竞争性招标承包。面对这种情况，系统地、认真地学习和掌握FIDIC合同条件是每一位工程管理人员掌握现代化项目管理、合同管理理论和方法，提高管理水平的基本要求，也是我国工程项目管理与国际接轨的基本条件。对FIDIC合同条件及管理模式有了一定的体会和认识。进一步加强这方面的学习，关注和及时获取这方面的信息，对提高管理水平是十分有益的。

思 考 与 练 习

一、填空题

1. 在FIDIC施工合同条件中，涉及的“证书”有__________、__________、

__________、__________。

2. FIDIC 施工合同条件中，规定的争议的解决方式有__________、__________、__________、__________。

二、选择题

1. 土木工程施工合同条件又称为（　　）。

A. 新白皮书　　B. 新黄皮书　　C. 新红皮书　　D. 新绿皮书

2. 关于指定分包商，以下说法错误的是（　　）。

A. 指定分包商是由业主指定

B. 指定分包商直接和业主签订合同

C. 指定分包商的利益受到业主的保护

D. 指定分包商的工程款由承包商支付

3. 关于争端裁决委员会说法正确的是（　　）。

A. 争端裁决委员会必须由 3 人组成

B. 争端裁决委员会不能被任命为仲裁人

C. 争端裁决委员会属于强制性的有效法律行为

D. 争端裁决委员会的任职至竣工验收时结束

4. FIDIC 合同条件规定，索赔事件发生后，承包商应当在（　　）天内，正式提交索赔资料。

A. 28 天　　B. 56 天　　C. 42 天　　D. 24 天

5. FIDIC 是（　　）的简写。

A. 欧洲国际建筑联合会的英文简写

B. 欧洲国际建筑联合会的法文简写

C. 国际土木工程协会英文简写

D. 国际咨询工程师联合会法文简写

6. 以下说法正确的是（　　）。

A. 因不可抗力导致的损失，承包商只能索赔工期

B. 因工程变更导致的费用的增加和工期的延误，承包商可以获得索赔

C. 工程师是作为独立的一方，参与合同管理

D. 对于被延期支付的工程款，承包商可以索赔相应的利息

7. FIDIC《施工合同文件》中具有第一优先解释顺序的文件是（　　）。

A. 合同专用条件　　B. 中标函

C. 合同协议书　　D. 合同通用条件

8. 在 FIDIC《施工合同条件》中，合同工期是指（　　）。

A. 所签合同内注明的完成全部工程的时间，加上合同履行过程中因非承包商应负责原因导致变更和索赔事件发生后，经工程师批准顺延工期之和

B. 所签合同内注明的完成全部工程的时间

C. 从材料或设备进场到竣工出场

D. 自合同签字日起至承包商提交给业主的“结清单”生效日止

9. FIDIC《施工合同条件》下，合同有效期是指自合同签字日起至（　　）止。

A. 合同内约定的合同终止日

B. 合同竣工验收日

C. 缺陷通知期结束

D. 承包商提交给业主的“结清单”生效日

10. FIDIC《施工合同条件》规定，用从（　　）之日止的持续时间为缺陷通知期，承包商负有修复质量缺陷的义务。

A. 开工日起至颁发接收证书

B. 开工令要求的开工日起至颁发接收证书中指明的竣工

C. 颁发接收证书日起至颁发履约证书

D. 接收证书中指明的竣工日起至颁发履约证书

（答案提示：1. C；2. B；3. D；4. C；5. D；6. D；7. C；8. A；9. D；10. D）

三、简答题

1. 简述 FIDIC 合同条件的特点和适用范围。

2. 施工合同条件按照什么原则划分双方的风险？哪些情况属于雇主风险？

3. 如果指定分包商的工作出现了问题，导致承包商遭受了损失，承包商能向业主提出索赔吗？为什么？

4. 新红皮书中，指定分包商有哪些特点？

5. 工程进度款的支付涉及哪些款项？支付程序是如何规定的？

6. FIDIC 施工合同条件中，规定的争议的解决方式有哪些？

7. 因不可抗力导致承包商遭受的损失，承包商只能索赔工期，这一说法是正确的吗？

四、案例分析

1. 承包商在施工过程中遭遇连续雨天，使得工期紧迫，业主、工程师和承包商研究采取措施保证工程进度。一天下午，工程师在做第三层隐蔽工程验收时因突下大雨使验收工作中断。当天晚上，出差回来的业主电话询问承包商关于进展的情况，承包商顺便要求当天晚上雨停后开始浇筑混凝土，业主同意，承包商当晚开始施工。第二天，当工程师进入工地准备验收时，发现承包商未经验收和签发混凝土浇筑令就施工，更主要的是当进一步检查，发现部分钢筋制作质量存在严重问题，于是工程师向承包商发出了停工令。围绕停工，业主、工程师、承包商之间发生了纠纷。

问题：

（1）从工程质量的责任看，应该由哪一单位负责？FIDIC 合同条款对此做了怎样的规定？

（2）承包商和业主签有承包合同，承包商不经过工程师而向业主要求开工，业主直接向承包商下达开工令，这种做法正确吗？

（3）基于上述事件，承包商可以向业主进行索赔。

（答案提示：（1）由承包商负责质量责任，FIDIC 合同条款（7.3 款检查）规定，承包商应通知工程师来验收，而且任何检验都不能免去承包商的责任。（2）不正确，承包商应该依据工程师的指令来施工。（3）不可以，这是由于承包商的错误引起的停工。）

2. 某工程业主和承包商按 FIDIC 施工合同条件签订了施工合同，在施工过程中发生如下事件：

事件1：业主提供了地质勘查报告，报告显示地下土质很好，承包商依次作了施工方案，拟用挖方余土作通往项目所在地道路基础的填方，由于基础开挖施工时正值雨季，开挖后土方潮湿，不符合道路填筑要求。承包商不得不将余土外运，另外取土作为道路填方。

事件2：施工过程中由于承包商遗失了工程某部位施工详图样，施工人员凭经验施工，工程师发现时，该部位的施工已经完毕，工程师指令承包商暂停施工，并报告了业主，业主要求设计单位对该部位进行核算，经设计单位核算，该部位结构满足安全和使用功能。设计单位电话告知业主，可以不作处理。

事件3：主体结构施工时，该地区发生了暴乱，造成施工现场用于工程的材料损坏，导致了经济损失和工期拖延，承包商按程序提出了工期和费用索赔。

事件4：承包商为了确保安装质量，在施工组织设计原定的检测计划的基础上，又委托一家单位加强安装过程的检测。安装结束时，承包商要求工程师支付其增加的检测费用，被拒绝。

事件5：该工程提供的总工期计划，应于某年某月某日现场搅拌混凝土。因承包商的混凝土搅拌设备迟迟不能到场，承包商决定使用商品混凝土，但被业主否决。而在合同中没有明确规定使用何种混凝土。承包商不得已，只有继续组织混凝土搅拌设备进场，由此致使施工现场停工，工期拖延和费用增加。

问题：

(1) 对于事件1，承包商是否可以提出索赔要求，为什么？

(2) 指出事件2中的不妥之处，写出正确的做法。

(3) 事件3中承包商提出工期和费用索赔是否成立，为什么？如果索赔可以成立，承包商要援引FIDIC合同条款哪一条款来进行索赔？

(4) 事件4中工程师的做法是否正确？为什么？

(5) 对于事件5，承包商是否可以提出工期和费用的索赔要求？为什么？

（答案提示：(1) 承包商不能提出索赔要求，合同规定承包商对业主提供的水文地质的资料负理解责任，而地下土质可用于填方，这是承包商对地质报告的理解，应自己负责，取土填方是承包商自己的施工方案也应由其自己负责。(2) 事件2中的不妥之处：施工人员不按照图纸施工，而是凭经验施工，正确做法是施工人员必须按图施工。设计单位电话告知业主，正确做法是设计单位用书面形式告知业主。(3) 承包商提出的工期索赔成立，理由是不可抗力导致的工期延误可以进行索赔。费用索赔也成立，由于事件中所述的不可抗力类型，也可以进行费用索赔。可以援引19.1、19.4进行索赔。(4) 事件4中工程师的做法正确，理由是施工单位为了确保安装质量采取的技术措施费用已经包含在合同价款内，由施工单位承担。(5) 承包商可以要求工期和费用的索赔，因为工期计划不是合同文件，合同中没有明确规定一定要现场搅拌混凝土，则混凝土只要符合合同规定的质量标准就可以使用，不必业主批准。在这个前提下，业主拒绝承包商使用商品混凝土，是一个变更指令，对此可以进行工期和费用的索赔。）

参 考 文 献

[1] 张水波，何伯森 .FIDIC 新版合同条件导读与解析. 北京：中国建筑工业出版社，2009.

[2] 张明峰. FIDIC 新红皮书精要解读. 北京：航空工业出版社，2002.

[3] 中国建设监理协会. 建设工程合同管理. 北京：知识产权出版社，2009.

[4] 何伯森. 国际工程招标与投标. 北京：中国水利水电出版社，1994.

[5] 何伯森. 国际工程合同与合同管理. 北京：中国建筑工业出版社，1999.

[6] 田威. FIDIC 合同条件应用技巧. 北京：中国建筑工业出版社，1996.

[7] 朱文斌. 工程量清单模式下的合同管理研究 [D]，2005.

[8] 中国建设监理协会. 建设工程合同管理. 北京：知识产权出版社，2009.

[9] 张志勇. 工程招投标与合同管理. 北京：高等教育出版社，2009.

[10] 张宝岭，高小升. 建设工程投标实务与投标报价技巧. 北京：机械工业出版社，2007.

[11] 中国建设监理协会. 建设工程合同管理. 北京：知识产权出版社，2009.

[12] 卢谦. 建设工程招标投标与合同管理. 北京：中国水利水电出版社，2008.

[13] 中国建设监理协会. 建设工程合同管理. 北京：知识产权出版社，2009.

[14] 何洪峰. 工程建设中的合同法与招标投标法. 北京：中国计划出版社，2002.

[15] 刘伊生. 建设工程招投标与合同管理. 北京：北京交通大学出版社，2009.

[16] 张新华. 招投标与合同管理. 重庆：西南交通大学出版社，2007.

[17] 全国一级建造师执业资格考试用书编写委员会. 建设工程法规及相关知识. 北京：中国建筑工业出版社，2007.

[18] 全国一级建造师执业资格考试用书编写委员会. 建设工程管理与实务. 北京：中国建筑工业出版社，2007.

[19] 何红锋. 建设工程合同管理. 北京：机械工业出版社，2006.

[20] 陈贵民. 建设工程施工索赔与案例评析. 北京：中国环境科学出版社，2005.

[21] 汤礼智. 国际工程承包总论. 北京：中国建筑工业出版社，1997.

[22] 成虎. 工程合同管理. 北京：中国建筑工业出版社，2005.

[23] 全国造价工程师职业资格考试培训教材编审组. 工程造价计价与控制. 北京：中国计划出版社，2009.

[24] 全国造价工程师职业资格考试培训教材编审组. 工程造价案例分析. 北京：中国城市出版社，2009.

[25] 全国造价工程师职业资格考试培训教材编审组. 工程造价管理基础理论与相关法规. 北京：中国城市出版社，2009.

[26] 何佰洲. 工程合同法律制度. 北京：中国建筑工业出版社，2003.

[27] 田恒久. 工程招投标与合同管理. 北京：中国电力出版社，2004.

[28] 全国招标师职业水平考试辅导教材指导委员会. 招标采购案例分析. 北京：中国计划出版社，2009.

[29] 全国招标师职业水平考试辅导教材指导委员会. 招标采购法律法规与政策. 北京：中国计划出版社，2009.

[30] 全国招标师职业水平考试辅导教材指导委员会. 项目管理与招标采购. 北京：中国计划出版社，2009.
[31] 杨庆丰. 工程项目招投标与合同管理. 北京：北京大学出版社，2010.
[32] 刘晓勤. 建设工程招投标与合同管理. 上海：同济大学出版社，2009.